ヴィットマン

Michael Wittmann

LSSAHのティーガー戦車長たち

パトリック・アグテ【著】

上

岡崎 淳子【訳】

MICHAEL WITTMANN

and the Tiger Commanders of the Leibstandarte

by Patrick Agte

大日本絵画

ヴィットマン

LSSAHのティーガー戦車長たち

パトリック・アグテ【著】
岡崎淳子【訳】

上

大　日　本　絵　画

漂白者よ、なおも太陽を仰ぎ、祖国へ
——我らがその命よりも愛した祖国へ挨拶を送る者。

——フランスのドイツ軍人墓地のエントランス・ゲートに掲げられた言葉

献辞

ミヒャエル・ヴィットマンに、
また彼の武装親衛隊の戦友に、
戦死者と行方不明者に、
そして捕虜となり抑留生活のなかで
その生命を失ったすべての人々に、
尊敬と感謝の念をこめて本書を捧げる。

序文

従来、戦争関連の文献のなかで、熾烈な戦闘を経験した一三個のドイツ重戦車大隊各々の歴史はさまざまな原資料をもとに検証されてきました。しかし、SS第101（後に第501）重戦車大隊の詳細な戦闘記録は表立って伝えられてはきませんでした。これこそ本書の著者がわずかに生き残った同ティーガー部隊の隊員との接触をはかり、入手可能なあらゆる資料を通じて同隊の歴史の再構築をめざした最大の動機であったかと思われます。彼のもとには、かつての戦車指揮官や砲手、装塡手、操縦手や無線手らから多くの個人的回想が寄せられ、その試みをおおいに支援しました。

今、ざっと挙げても、この部隊は以下の戦闘に参加しています。一九四三年冬のハリコフ、同年夏のクールスク攻勢（いわゆる『ツィタデレ』作戦）、同年一一月のキエフおよびジトーミルに続いて、チェルカースィ、『フーベ』ポケットにおける戦い、一九四四年夏のカーン～ファレーズ間、同年一二月のアルデンヌ攻勢、そして一九四五年のハンガリーおよびオーストリア——。本書には、これらの作戦行動の公式の報告書や戦車兵個々の回想あるいは手記を補完するものとして多数の写真が掲載されていますが、その多くは旧隊員の個人蔵のコレクションから提供されたものです。また、同隊の編成やその活動状況、作戦行動を記録した各種の地図や略図、戦闘要図なども掲載されています。

なかでもミヒャエル・ヴィットマンの戦歴や、賞賛に価するその人格、卓越した業績については特に詳しく紹介されていますが、これは彼が第二次世界大戦で最も功成り名遂げた戦車指揮官であったことを思えば、当然のことでしょう。ドイツの戦史においてばかりでなく、世界の戦史において、彼はまさしくそのように位置づけられ、認識されているのですから。ヴィットマンは、ティーガー部隊誕生の日からその一員であり、一九四四年八月八日にSS第101重戦車大隊指揮官としてノルマンディで戦死しました。本書を一読すれば、彼の人間性あるいは指揮官としての資質がいかに苛酷な試練にさらされたか、また、彼がいかに勇敢に戦ったかが、実際に彼の傍らにいた戦友たちによって、ありのままに——これまでの杜撰な記述とは一線を画して——語られているのがおわかりになるでしょう。紛れもなくミヒャエル・ヴィットマン以下『ライプシュタンダルテ』のティーガー中隊生え抜きの四人の騎士十字章保持者は、若い戦車兵たちとともに、同部隊の精神と行動──最後まで祖国に対する義務を果たすこと──に確かな足跡を残したのです。

それにしても、彼らは何者だったのでしょう？　戦い、負傷し、そして多くは死んでいった、この若い戦車兵たちは？

──彼らは大半が一九二三～二五年生まれの若者でした。戦争末期には、一九二六～二七年生まれの者も加わっています。その祖父は一八七〇～七一年（普仏戦争）にセダンやマルス-ラ-トゥールで戦い、父は一九一四～一八年（第一次世界大戦）にヴェルダンやアルゴンヌの森やフランドルで戦ったという世代です。〝タンネンベルク〟は学校の歴史の授業でおなじみの物語でした［訳注／タンネンベルクは一四一〇年にドイツ騎士団がポーランド・リトアニア連合軍に大敗を喫した古戦場。第一次大戦ではドイツ軍がロシア軍に圧勝した地］。つまり彼らにとって、軍人として義務を果たすというのは、ごく当たり前の、子供の頃から慣れ親しんだ考え方だったのです

そうした若者には、第二次大戦でドイツが窮地に陥ったとき、自分たちの祖国を守るために志願するのは当然のことでした。若者たちは理想主義に満ちて、旗の下に集まったのです。あらん限りの熱意と献身をもって彼らは戦い、死んでいきました。東部戦線で繰り広げられた仮借ない戦闘と苛酷な天候のなかで。また、西部戦線では、敵の圧倒的な物量の優位に苦しみながら。何とか生きのびたとしても、一九二三～二六年生まれの世代における統計上の数字が物語るのは、間違いなく彼らが──戦争捕虜として抑留生活を強いられた期間も含めて──人生で最良の日々を犠牲にしたということです。

そして、この若者たちを導き、鍛え上げたのが、ティーガー中隊創設以前から『ライプシュタンダルテ』に勤務し、その優秀さを実証してきた士官あるいは下士官たちでした。たとえば、パイパーSS大佐、ヴェンドルフSS中尉、クリングSS少佐、フィリプセンSS中尉といった定評ある指揮官、あるいは模範的人間像としてふさわしい人物がそこにいたのです。そしてもちろん比類なきミヒャエル・ヴィットマンも。その軍人としての力量や人間性あるいは徳性をもって、彼らは──そしてまた、ハルテル、ヘフリンガー、レッチュ各SS上級曹長、ヴォル、ゾーヴァ両SS曹長、シュタウデッガーSS連隊付士官候補生といった歴戦の下士官たちも──若い戦車兵たちの成功に大きく寄与したのです。なればこそ若者たちも、戦闘技能に加えて立派な熱意と勇気を発揮し、どの戦場においても自分たちの存在を知らしめることができたのでした。

ティーガー部隊の戦車兵が戦闘に際して、ある種の優越感を抱いていたのは否めませんが、それは紛れもなく自分

たちが世界最高峰の戦車を運用しているのだという意識によって培われたものでした。彼らはＫＶ-ⅠおよびⅡやＴ-34、シャーマンやクロムウェルなど、さまざまな戦車や自走砲に際限なく立ち向かってゆかねばなりませんでしたが、その過程で自分たちのティーガーの優秀さを認識したのです。これは、あるイギリスの高級将校の発言によっても裏付けられた事実です。ノルマンディの戦場でティーガー一両に対抗するにはシャーマン五両を投入しなければならなかった、と彼は明言したのですから。

『ライプシュタンダルテ』のティーガー大隊には、ドイツ全土から若者が集まっていました。この部隊では、あらゆる方言を耳にすることができました。ベルリンっ子もいればラインラントの出身者もいました。オストマルク(オーストリア)、シュレージェン、東プロイセン、ポンメルン、ホルシュタインの出身者も多ければ、アルザスやズデーテンラントから来た者も珍しくありませんでした。ドイツじゅうを見渡して、郷土からひとりの兵士もこの部隊に送り込んでいないという地域はなかったでしょう。さらにはバルト海沿岸やバルカン諸国などで生まれ育ち、ドイツ国籍こそ持たないもののドイツ語を話し、血統のうえではドイツ人と認められた、いわゆる〝民族ドイツ人〟も加わっていました。ウクライナやイタリアで、あるいはノルマンディで、まれに平穏な時間が訪れれば、そこにはアコーディオンやハーモニカの伴奏に乗って、故郷の歌が、それこそチロル地方から北海沿岸、シュレージェンからザールラントにいたるまでの各地の愛唱歌が流れたものでした。

今日では信じがたいことかもしれません。本書で語られているように、これらの若い戦車兵たちが日々刻々死と隣り合わせという状況のなかでもユーモアを忘れず、時間を見つけては、ささやかな娯楽に興ずることもあったなどというのは――。確かにそれは彼らが若かったからとも言えるでしょうが、どうか想像してみてください。昼夜かまわぬ戦車戦を生きのび、戦闘爆撃機の襲撃や絨毯爆撃に耐え、火砲や対戦車砲の咆哮を辛くもやり過ごした後で、突如として三日か四日ほど故障や損傷の修理のために工場へ送られることになったら、どういう精神状態になるかを。

前線から数キロ後方に離れたところで、テントを張って何日か野営する。しかもそれが夏のノルマンディの、うるわしい景色のなかでの出来事だったら――。洗濯をし、髭を剃る。久しぶりに清潔な服に袖を通し、手紙を書き、まともな食事をする。ともかくも、その何日間かは好きなことができるのです。若い彼らの揚々たる気分は、愉快なハーモニカの演奏につながったり、サッカーの試合で発散されたりしました。文字どおりの意味で炎と死の世界をともにくぐり抜けた戦友同士で分かちあった、こうした時間は記憶のなかで今も色あせることがありません。

全員に共通していたのは、おのれの最善を尽くして戦闘に臨むという心構えができていたことです。たとえ、その若い命を差し出すことになったとしても。「戦闘準備」の命令が下され、砲のロックが外されると、誰もが次は自分の番かもしれないと覚悟したものです。その戦闘が終わったとき、再給油や弾薬補給に戻ってきた戦車にテント用のシートに包まれてぶらさがり、戦友の手で異国の地に埋葬されるのを待っているのは自分かもしれない、と。それも、すべての戦死者が埋葬してもらえるとは限らなかったのです。戦車が敵の戦線上で撃破され、炎上あるいは擱座した場合、死者は埋葬という最低限の敬意さえ払ってもらえませんでした。

たとえば、ラングナーSS軍曹がそうでした。彼は一九四三年一二月、ザボローティ地区での戦闘時、赤軍兵が彼の戦車によじ登ってきたときピストルで自決したのです。戦友たちは、砲隊鏡を通して彼の最期を目撃していましたが、どうすることもできませんでした。騎士十字章佩用ヴェンドルフSS中尉と彼の無線手および装填手も同様の運命に見舞われました。死傷者リストには「(ヴェンドルフは)致命傷を負ったものと思われる」と付記されています。アルザス出身の小柄なブロンドの操縦手エアランダーSS上等兵は、搭乗車が走行装置に被弾して擱座した際、車長のハントゥシュSS少尉の制止を振り切って、損傷箇所を修理しようと敵火のなか車外に出ました。その瞬間、彼らの車両は再び被弾、エアランダーの姿は影も形もなくなったのでした。

装填手パウル・ズュムニッヒは、オルヌ河畔グランボスク付近で、擱座したヴェンドルフSS中尉の車両に牽引用ケーブルを取りつけようとしていたとき、対戦車砲弾に両脚を吹き飛ばされました。弱冠一九歳にしてすでに一九四二年から勤務していた古参の装填手であったギュンター・ボルトは、112高地で、両足を失いながらも炎上する車両から飛び出し、何メートルか這って進んだところで力尽きました。彼の亡骸はラ・カンブ軍人墓地に眠っています。

我らがティーガー大隊で、こうした運命を甘受した者の例をここに挙げ尽くすことはとうていできません。死んでいった彼らにとって、祖国に対する忠誠とは、単なる空疎な言葉には終わらなかったのです。そこにいた者は、彼ら死者あるいは行方不明者のことを決して忘れません。それとともに、未来の世代が戦死者と、彼らのドイツに対する献身について同じく敬意を払う気持ちを忘れないよう、これからも見守っていきたいと願っているのです。

ヴァルター・ラウ
もと『ライプシュタンダルテSSアードルフ・ヒットラー』SS第1戦車連隊第13（重）中隊／SS第501戦車大隊第2中隊砲手、SS伍長

著者より

本書は、ＳＳ第1戦車師団『ライプシュタンダルテＳＳアードルフ・ヒットラー』所属のティーガー戦車中隊――後にＳＳ第I戦車軍団隷下の重戦車大隊――の軌跡を初めて詳細に追ったものだ。記述の中心となるのは上記ティーガー中隊およびティーガー大隊の編成史や戦闘史である。とは言え、同師団隷下の各部隊のほか、ＳＳ第12戦車師団『ヒットラーユーゲント』も上記ティーガー部隊と肩を並べて戦っている。当然ながら、戦車戦を語る場合、ティーガー部隊の戦果のみを問題にするというわけにはいかない。ティーガー部隊と協同作戦を展開したこれらの各部隊の戦いぶりについても触れることになる。

読者諸氏は、ＳＳ第1戦車連隊第4中隊――後に第13(重)中隊に改称――の辿った道すじを、一九四二年一二月の部隊創設から克明に追体験されるだろう。一九四三年二月のハリコフ攻防戦、同年七月の大規模な『ツィタデレ』攻勢を経て、彼らは小康状態のイタリアで夏を過ごす。だが、一一月になると、戦況の悪化を受けて第13中隊は他の『ライプシュタンダルテ』隷下部隊とともに再び東部戦線へ送られる。ここから彼らはキエフで、ジトーミルで、またベルディーチェフ、コーロステニで際限なき戦いに突入し、ティーガー部隊なればこその数々の勝利をものにする。この間、ミヒャエル・ヴィットマンも印象に残る戦果を重ね、一九四四年が明けて早々に騎士十字章、次いで柏葉章を受章した。

その後、同中隊はチェルカースィ解囲攻撃に参加、他の残存部隊とともにフーベ・ポケット（孤立地帯）でも戦い、一九四四年四月には、その戦力を大幅に減らすに至る。これらの戦闘記録に続いては、ドイツ～イタリア～フランス～ベルギーでのＳＳ第１０１重戦車大隊の編成作業の詳細とともに、同大隊の将校あるいは基幹要員の経歴を紹介しよう。さらに、ノルマンディ侵攻をつぶさに再現した後、一九四四年秋のドイツ本国における再編作業を経て、同年一二月、ＳＳ第５０１重戦車大隊のアルデンヌ攻勢における活躍を見る。そして読者諸氏は一九四五年二月、ハンガリーのグラーン橋頭堡およびバラトン湖を巡る戦いを眺めた後、いよいよ同年三月から五月のドイツ本国への撤退戦と、オーストリアにおける最後の戦闘を見届けることになるだろう。

本書では、こうした戦闘の記録のほか、騎士十字章や黄金ドイツ十字章、戦功名誉章の受章者についても、その勲記なども交えて詳しく紹介する。掲載写真は個人的コレクションから提供していただいたのが大半を占め、ほとんどがこれまで未公開のものである。指揮系統の一覧表の作成には細心の注意を払ったが、今までになく完成度の高いものができたのではなかろうかと自負している。

第13中隊の編成表は、それぞれ一九四三年二月一日、同七月五日、一一月一日付けの計三点を掲載した。同様に、SS第501重戦車大隊の編成表は一九四四年六月六日、同一二月一六日付けの二点を掲載した。これには部隊の存続期間に生じた変更まで網羅した指揮系統名簿が含まれている。さらに、この年代記を始めるにあたっては、ティーガーIおよびIIの性能諸元や、さまざまな技術的データを付記した。

また、本書は、第二次世界大戦で最も有名になった戦車部隊指揮官ミヒャエル・ヴィットマンSS大尉の物語を主軸に据えている。ヴィットマンが伝説的な偉業を達成した背景が明らかにされるとともに、読者諸氏はヴィットマンという人間――これまで、何につけても引き合いに出されながら、実のところ、その取り上げられかたはまったく皮相的というほかなかった人間の実像を理解されるに至るはずだ。

そのうえ、本書はヴィットマンばかりでなく、この部隊の成功に貢献した多くの知られざる戦車兵の名前も明らかにする。『ライプシュタンダルテ』SS第1戦車連隊第13中隊は、五名の騎士十字章受章者――シュタウデッガー、ヴィットマン、ヴォル、ヴェンドルフ、クリング――を輩出した。ちなみにヴィットマンは騎士十字章獲得から二週間で柏葉章をも受章している。まさしくこの中隊は『ライプシュタンダルテ』のみならず武装SS全体を眺め渡しても最多の高位帯勲者を出した部隊なのだ。クリングは黄金ドイツ十字章も授与されている。さらにヴィットマンはSS第101重戦車大隊勤務時に剣章を獲得した。Dr・ヴォルフガング・ラーベ、ユルゲン・ブラント、トーマス・アンゼルグルーバーの三名も黄金ドイツ十字章を受章したほか、ハンネス・フィリプセンは戦功名誉章を授与された。だが、彼らは戦場から生きて故郷に戻るという計り知れない幸運には恵まれなかった。願わくは、本書がこれらの人々にまつわる記憶の風化をくい止める一助となりますように。

さて、ミヒャエル・ヴィットマンと言えば、ドイツ軍人でありながらドイツ以外の国々でも非常によく知られた、最も人気の高い戦車指揮官である。彼をそうあらしめているものは――彼が戦場で成功をおさめるのに不可欠であった驚くべき几帳面さ、あるいは細心さ、洗練された戦術、度胸の良さと巧妙な戦いぶりをまた別にすれば――やはり彼が示した人間性と戦友愛であろう。それは万人の認めていたところだ。剣・柏葉付き騎士十字章の佩用者となってからも、彼の態度は少しも変わらなかった。彼はどんな状況にあっても皆の模範たりうる人物、兵に安心感と信頼の念を抱かせる、常にもの静かで慎重な、思慮深い戦車指揮官であり続けた。彼は部下に慕われ、尊敬された。部下を思いやり、いかなる任務にも応えられる、結束の強い戦闘部隊をともに作りあげた。そして、一九四四年八月八日、彼はノルマンディで戦死した。大隊にとって、この日は最悪の一日として記憶されることになった。

読者諸氏は、本書によって『ライプシュタンダルテ』のティーガー中隊／大隊の神話の背後に隠れた事実を改めて認識されるだろう。確かに彼らは当時の世界最高の戦車を保有し、例外的と言えるほどに充分な訓練を積んでもいた。だが、ティーガー大隊の隊員は、自分たちを何か別格の、他よりも優れた存在と考えていたわけではない。上級司令部が自分たちに特別な希望をかけていることは承知していたにせよ、だからと言って、そこに特権や恩恵の類は何もなかったのだ。一個の部隊としてのティーガー大隊は、ノルマンディの激戦地に休む間もなく投入され続け、敵の集中的な防御砲火をかいくぐって友軍のために道を切り拓かねばならないことも珍しくなかった。しかも、攻勢ばかりでなく守勢の支柱としても奮闘しなければならなかったのである。

本書は『ライプシュタンダルテ』のティーガー部隊員を、これまでの匿名性から掘り起こし、彼らが全力を——時にはその若い生命さえも——戦車に注ぎ込むその様子を活き活きと描いた。読者諸氏は、この精鋭部隊の隊員の二年余りに渡る希望に満ちた日々、彼らの笑顔、彼らの戦いと勝利の瞬間、そして彼らの最期を目撃されるだろう。つまり、本書に描かれたのは掛け値なしに彼ら『ライプシュタンダルテ』のティーガー部隊員の在りようそのものなのだ。

本書に所収の記事は、入手可能なあらゆる原資料を細心の注意を払って調査の末、評価・厳選したものである。また、隊員による日記の抜粋や回想記も収録した。これらを補強するのに手紙類、死傷者名簿、叙勲のリストその他の公文書館所蔵の資料が一役買っている。もちろん、生還された旧隊員諸氏による証言も活用させていただいた。いずれの情報も、当の本人以外の関係者によって、また別の角度から裏付けを取り、最大限の客観性をもたせることが必要であり、そのために大変な労力を費やす結果となった。既存の文献を念入りに見直したことは言うまでもない。過去の出版物のなかには、記述が矛盾しているものがあるからだ。本書の著者として私は、ティーガー中隊／大隊の行動に関連する記述には、常に第一次資料を利用した。資料に確たる信憑性がない場合、あるいは、すでに集まっている情報と記述とが一致しない場合は、掲載を見合わせた。かくして、本書の記事はすべて実証可能と言って差しつかえなく、このような傍証を重ねる過程を経たからこそ軍事史的にも重要な意義あるものになったと考えている。

最後に、著者はヒルデガルト・ヘルムケ、ロルフ・シャンプ、ヴァルター・ラウ、ヴェルナー・ヴェント以上の皆様に謝意を表する。また、日記を検証することをお許しくださったロルフ・シャンプとボビー・ヴァルムブルン両氏には特に感謝する。レーオポルト・アウミュラー、エルンスト・クーフナー、アルフレート・リュンザー、アルフレート・レーザー、ヴァルデマール・シュッツ、ヴァルデマール・ヴァルネッケ、フーベルト・ハイル、クルト・フィッカート、フランツ・シュタウデッガー、ヴィリー・シェンク、マティーアス・フィリプセン、クルト・シュタム、グスタフ・ライマース、エリーザベト・フォン・ヴェスターンハーゲン、マティルデ・カリノフスキー以上の皆様のご尽力にも感謝申し上げる次第である。

パトリック・アグテ

最も成功した戦車指揮官と言われるミヒャエル・ヴィットマンSS大尉。

目次

序文……5
著者より……9
第1章　ドイツ軍戦車兵科の発展……19
前線からの重戦車待望論　21
ティーガー戦車の誕生　21
ティーガーの技術的進化　23
第2章　武装親衛隊のティーガー部隊……31
『ライプシュタンダルテ』ティーガー中隊創設に向けて　33
『ライプシュタンダルテ』再編成　34
重戦車中隊の誕生　36
『ライプシュタンダルテ』重戦車中隊の顔ぶれ　37
訓練と編成　43
・SS戦車連隊『ライプシュタンダルテSSアードルフ・ヒットラー』
第4(重)中隊一九四三年二月一日付の戦闘序列　47〜48

第3章　東部戦線……49

ハリコフへの移動　51
中隊の初陣　一九四三年二月一日〜三月一日　54
ハリコフの状況　54　　ハリコフ撤退　57
再びハリコフに向けて　一九四三年三月五日〜一四日　64
ハリコフ奪還　73　　ベールゴロド奇襲　84
ハリコフ駐屯　一九四三年三月二〇日〜六月二九日　89
技術面における戦訓　97　　休養と再装備　102
・SS第1戦車連隊第13(重)中隊一九四三年七月五日、『ツィタデレ』作戦開始時の戦闘序列　122〜123
クールスクの戦い　125
『ツィタデレ』作戦　一九四三年七月五日〜一七日　125
ソ連側の準備態勢　127　　アードルフ・ヒットラーの命令　130
『ライプシュタンダルテ』の任務　130
攻勢初日　137　　シュタウデッガーの夜間行軍、およびその結末　145
七月七日　149　　七月八日　151
シュタウデッガー、敵戦車二二両を撃破す　152
新聞発表　158　　『ダス・シュヴァルツェ・コーア』より「シュタウデッガーSS軍曹」　159
評伝フランツ・シュタウデッガーSS軍曹　160
プロホローフカ前夜　161　　プロホローフカの戦車戦　165
『ツィタデレ』補遺　177
前線からの撤退および移動　一九四三年七月一八日〜二八日　179

第4章　イタリアのティーガー中隊 …… 183

イタリアへの特急輸送　185
SS第101重戦車大隊編成―その初期の事情―一九四三年七月二九日～一〇月二二日　190
新たな計画　210
・SS第1戦車連隊第13(重)中隊の戦闘序列　223～225

第5章　再び東部戦線へ …… 227

頭部戦線への移動　229
ブルーシロフ攻防戦　一九四三年一一月一日～二五日　229
ラドムィーシル攻防戦　一九四三年一一月二六日～一二月一六日　248
ミヒャエル・ヴィットマン―中隊の理想像―　256
チェポーヴィチ戦　一九四三年一二月一七日～二三日　266
南下、ベルディーチェフ防衛　一九四三年一二月二四日～一九四四年一月一二日　270
ミヒャエル・ヴィットマン、騎士十字章を受章する　287
『ヴァトゥーティン』作戦―ヴィンニッツァ東　298
チェルカースィ解囲攻撃　一九四四年二月二日～二八日　310
ヴィットマンと総統　322　成功の秘密を探る　327
『ダス・シュヴァルツェ・コーア』より「ミヒェル・ヴィットマン」　331　「戦車一一七両―変貌を遂げた人生」　337

「〝ただ、おのれの本分を尽くすのみ！〟
柏葉章受賞のミヒャエル・ヴィットマン、故郷フォーゲルタールに錦を飾る」 344
『デア・ドーナウボーテ』紙より 346
インゴルシュタット市の芳名帳 347
顕彰板―受賞者名鑑― 348
ヴィットマンSS少尉に柏葉章 348
『ダス・シュヴァルツェ・コーア』より 356
プロスクーロフとタルノポーリ――ヴェンドルフ指揮下の中隊、一九四四年二月二九日～四月九日 357

第6章 SS第101重戦車大隊 …… 361
SS第I戦車軍団『ライプシュタンダルテSSアードルフ・ヒットラー』 363
SS第101重戦車大隊の創設 一九四三年七月一九日～一九四四年六月五日 363
アウグストドルフのSS第101重戦車大隊 一九四三年一一月五日～一九四四年一月九日 374
フィリプセンのクリスマス 378
モンス駐留 一九四四年一月一〇日～四月二日 384
評伝ハインツ・フォン・ヴェスターンハーゲン 385
第13中隊、大隊に合流 396
SS突撃旅団『ヴァローニエン』のブリュッセル凱旋 409
グルネ地区のSS第101重戦車大隊 一九四四年四月二〇日～六月四日 411
大隊演習 446
〝海峡の守り〟一九四四年六月二日 456
Ⅳ号戦車ティーガーⅠ／Ⅱ主要性能諸元 460
階級対照表 462

ヨーゼフ・“ゼップ”・ディートリヒSS最高集団指揮官兼武装SS上級大将。『ライプシュタンダルテSSアードルフ・ヒットラー』の実質的な創設者であり、隊員たちにとっては父親的存在であった。

ドイツ戦車科創設に尽力し、その基礎を作り上げたハインツ・グデーリアン上級大将。

第1章　ドイツ軍戦車兵科の発展

SS第101重戦車大隊第2中隊所属のティーガー。
潜伏するには格好の森林地帯で。

ドイツ軍戦車兵科の発展

前線からの重戦車待望論

一九三九年の対ポーランド戦、次いで一九四〇年の対ベルギー～フランス戦、また一九四一年のバルカン半島における作戦行動でも明らかになったドイツの軍事的優勢は、革命的とも言える戦車師団の運用術にその基礎を置いていた。戦車を歩兵の支援兵器として使用するというのが当時各国の陸軍で原則的な考え方であったのとは対照的に、ドイツ陸軍では、戦車を「敵陣深奥に突入し、奇襲効果によって相手を制圧する突破兵器」として用いた。柔軟な作戦指揮術に加えて、空軍や快速歩兵部隊との連携も奏功し、ドイツ陸軍戦車科は勝利を保証する切り札となっていたのである。

ところが、一九四一年、ソ連侵攻に打って出たとたん、ドイツ軍はKV-IとT-34に遭遇する。これらのソ連戦車は、多くの点でドイツ戦車を凌駕していた。すなわち、ソ連戦車は装甲が厚く、砲の射程も長く、構造は粗野であったが、これは言い換えれば、より頑丈であるということでもあった。ドイツ軍IV号戦車の短砲身七五ミリ砲ではKV-IおよびIIの前面装甲を貫通できないという事実は、驚愕の念をもって迎えられた。そのうえ、T-34の七六・二ミリ砲は、ドイツの戦車砲に対して、射程ばかりか装甲貫通力（貫徹力）の点でもまさっていたのだ。このように技術的に優位の相手から勝利をもぎ取ることができたのは、ひとえにドイツ軍の戦術が優れていたのと、戦車の搭乗員の練度が高かったからという理由に尽きる。

ドイツはこの事態に素早い対応を見せた。IV号戦車の短砲身七五ミリ砲は、長砲身七五ミリ砲に換装され、その結果、弾道はより水平に近くなり、命中精度が上がり、装甲貫通力も増した。だが、それでもまだ前線からは、さらに威力のある砲を搭載し、装甲の充実した、路外（不整地）走行能力も高い重戦車を望む声が絶えなかった。

ティーガー戦車の誕生

実のところ、ドイツで重戦車製造の試みがスタートしたのは一九三七年であり、一九四一年になると、その動きに弾みがついた。つまり、開戦よりさかのぼること数年前、最初にヘンシェル&ゾーン社へ重戦車の開発が委託され、同社では試作車両の完成にまでこぎつけたのだが、それらは要求と合致せず試作のままで終わっている。

一九四一年初め、今度はヘンシェル、MAN(マシーネンファブリーク・アウクスブルク・ニュルンベルク)、ダイムラー-ベンツ、ポルシェ各社に三〇トン級重戦車の設計が指示されたが、これには七・五センチ二四口径長もしくは七・五センチ四八口径長(長砲身)または一〇・五センチ二八口径長の戦車砲を搭載することになっていた[訳注/この「口径長」とは口径比砲身長、つまり砲身長を口径に対する比で示した数字である。たとえば 7.5cm KwK L/24 などと表記するが、その場合は、砲身長が口径七・五センチの二四倍の長さの戦車砲であることを表す]。

ところが、ヒットラーがベルヒテスガーデンの山荘で、居並ぶ高級将校や軍需産業の代表者を相手に次のように宣言する。新たに開発される戦車は、より強大な装甲貫通力をもった砲と、より重厚な装甲を兼ね備えたものでなければならぬ、と。曰く「第一に敵戦車に優る貫徹力、第二に今以上に強化された装甲、第三に少なくとも時速四〇キロメートル。我々の新型戦車は、かくあらねばならん!」[訳注/このベルヒテスガーデンの山荘での会議は一九四一年五月二六日のことと伝えられている]。

期待される新型戦車は、前面装甲が一〇センチ、側面装甲が六センチの厚さとされ、起動輪や誘導輪も同じく充分に装甲されていなければならなかった。主武装については、ヘンシェル社では試作車両の砲塔に0725型戦車砲を搭載の予定でいたが、かたやポルシェ社では、すでに威力を実証済みの八・八センチ砲を想定していた。なお、試作車両VK3001開発計画——これは新型戦車の競作に参加した各社に共通の名称であった——は、VK4501開発計画に切り換えられた。関係各部署内で〝ティーガー〟という呼称が使われるようになったのは、それから間もなくのことである。

[訳注/ティーガーIの開発期間中、兵器試験第6課や設計会社はこの重戦車を「装甲戦闘車両4501(ポルシェおよびヘンシェル型)」、「装甲戦闘車両VI H1型(VK45・01/H)」、「装甲戦闘車両VI(VK45・01/H)H1型(ティーガー)」などの名で呼んでいた。一九四一年より一九四二年三月まで、同戦車の設計・調達計画には「ティーガー・プログラム」という名がついていたものの、その戦車自体が「ティーガー」の名と結びつくようになったのは、一九四二年三月二日以降であった——以上、大日本絵画刊オスプレイ・ミリタリー・シリーズ/イエンツ×ドイル共著『ティーガーI重戦車 1942-1945』より抜粋]

ところで、主としてネコ科の、捕食性動物の名前に因んだ戦闘車両の命名法は、今日のドイツでも有効である。第二次大戦のティーガー、パンター、マーダーの伝統は、ブンデスヴェーア（ドイツ連邦軍）のゲーパルト、ルクス、そして当代最強の戦車と言われるレオパルトに踏襲されている。

ティーガーの技術的進化

以上のような経緯をもって、ヘンシェル社のカッセル工場では、ティーガーの開発が最優先で進められた。オスカー・ヘンシェル名付けるところによれば〝ティーガー生産のコミッサール（委員）〟であったフォン・ハイキングの指揮のもと、最初の試作車両は一九四二年四月二〇日には完成していた。

この車両は先述の基準をすべて満たしていた。主武装として、砲身長四・九三メートル、重量一三一〇キログラムの強力な八・八センチ砲が搭載されることになったが、そのために上部車体の幅を履帯の上に張り出すほど拡充しなければならず、また、砲塔回転リング内径は一・八二メートルになった。さらに、転輪の配置にも変更が加えられ、最外側にもう一枚が追加されることになり、車重の増加によって履帯幅を五二センチから七二・五センチに拡大する必要が生じた。

結果として、本車両は従来の標準的な貨車では輸送不可能となった。ドイツ国有鉄道 Reichsbahn には、ティーガーの輸送用に作られた積載重量八二トンの低床貨車二七〇両が配された。ティーガー自体も鉄道輸送時にはわざわざ幅の狭い履帯を装着することになった。これは目的地に到着して貨車から下ろされるときに取り外されるもので、それから改めて戦闘用履帯が装着される仕組みであった。そのうえ、本車両は、まったく新しい油圧式の操向装置と、セミ・オートマチックの変速機を採用していた。

かくて一九四二年四月二〇日、ヴォルフスシャンツェ（狼の砦／総統大本営）において、ヘンシェル社とポルシェ社の試作車両が、この日五三回目の誕生日を迎えたヒットラー総統に謹んで披露されたのである。

両社のティーガーの実演走行は、いくつかの細かな問題点を露呈しながらも、順調に進んだ。ポルシェ社のティーガーの方が、より深刻な欠陥を抱えているように見えたにもかかわらず、このときヒットラーは明らかにポルシェ社のティーガーを気に入った様子であったという。結局、両社のうち、どちらがティーガーを量産すべきかという最終決定は先送りされる。そこでシュペーア国務大臣（軍需相）は、ヘンシェルとポルシェそれぞれの試作車両のいずれが有望であるかを判断する作業を、補充軍司令官と自身とをつなぐ連絡将校で騎士十字章保持者のトーマレ大佐に委ねた。

一九四二年五月初旬、ヘンシェルとポルシェ両社から数両ずつのティーガーが、実用試験のため、ベルカ演習場に送られた。そして、トーマレ大佐とフォン・エーベラン工学教授の主導による専門委員会が発足した。トーマレは前線指揮官としての観点から、また、ドレスデン工科大学教授のフォン・エーベランは技術的側面から、ともに両社のティーガー

SS第101重戦車大隊のティーガー、1944年春の演習風景。

を吟味し、評価をくだすことになった。

その後の徹底的な調査と耐久試験のすえ、満場一致で選ばれたのはヘンシェル製ティーガーであった。その際、決め手となった要因のひとつは、整備・補修の容易さである。ポルシェ製ティーガーは新機軸の電気駆動方式を採用していたが、それがために前線での整備が困難になるだろうと判断されたのだ。トーマレ大佐は委員会の審議結果をヒットラーに報告した。ほどなくヘンシェル社はティーガー量産の契約を取りつけた。総じて、このティーガーが当時のドイツの工業技術の頂点を一身に体現していたのは間違いないが、非常に短期間のうちに設計から量産に至ったのもまた事実ということである。こうして、その名も〝Tiger I, Ausführung E, VK4501(H), Sd.Kfz.181〟が登場する運びとなった。

本車両は、重量五六・九トン、装甲厚は前面一〇センチ、側面八センチ、砲塔および後面一〇センチである。防盾の厚さは一二センチであった。主武装は八・八センチ五六口径長36式戦車砲（8.8cm KwK36 L/56）、同砲弾の携行数は計九二発。さらに、副武装としてMG34（34式機関銃）二挺を搭載した。燃料タンクは四個、容量はあわせて五三四リットルである。ティーガーのエンジンが消費する燃料は、路上走行一〇〇キロあたり五〇〇～五三四リットル、不整地の場合は一〇〇キロで九〇〇～九三五リットルであった。巡航速度は並程度の不整地で時速一五キロ、路上で時速二〇キロ、また最高速度は時速三五キロであった。最初に生産された四九五両は、水深四メートルの潜水渡渉能力を備えていた。

当初ヘンシェル社が搭載を想定していた0725型戦車砲は砲口に向かって徐々に口径が狭まる、いわゆる口径漸減砲であった。しかし、これには弾芯にタングステンを使う特殊弾が必要であり、タングステンの大量安定供給が見込めなかったために、ヘンシェル社は試作を中止せざるを得なかったという事情がある。

一方、ポルシェ博士は、八・八センチ対空砲をもとにした戦車砲およびそのための砲塔をあわせて開発するようクルップ社に要請した。八・八センチ砲は、二段式（複孔作動式）の砲口制退器を備えたドイツ軍では初の戦車砲となった。これがすなわち 8.8cm KwK36 L/56 である。ティーガー開発当時、ヒットラーはヘンシェルとポルシェが各々独自にVK4501計画を推進するよう要求している。そのために両社がしのぎを削ることになったわけだが、ポルシェ社ではフェアディナント・ポルシェ博士が陣頭指揮を取り、ヘンシェル社では大学教授資格を持つエルンスト・アーダース博士がティーガー開発における技術面の責任者であった。

このティーガー開発当時の状況をふり返って、アーダースは一九四五年二月六日に、次のように記している。

「一九四一年七月に、ソ連軍がT-34や、さらにその上をゆく重戦車を装備していて、しかもそれらがヴェーアマハトの擁するどの戦車よりも優れているというのがわかったとき、それはもう大変な騒ぎになった。三六トン戦車VK3601は、まだ砲塔が未開発で、実験段階を出ていなかった。だが、ここから重要な部品をティーガーE型——このときはまだVK4501と言っていたはずで、その年の半ばに基本仕様が決まったのだったが——に転用する可能性が浮上した。つまり、変速操向機、最終減速機、起動輪と誘導輪を含めての走行装置である。新たな設計作業が始まって三週間後、製鋼会社に車体用の鋼板製造についてのプログラムが提示された。さらに二ヶ月後、彼らのもとに最も重要な装甲板の図面が送られた。

しかし、当初からこの開発計画は、陸軍兵器局の幾つかの特別な要求によって、複雑で厄介なものになっていた。その要求事項には、水深四・五メートルまでの潜水渡渉能力というのが入っていたのだ。また（平地を走行中の正面からの砲撃を想定して）履帯も上下可動式の装甲スカートで保護されるべしとの要求もあった。そうした次第で、車両の全容が細部まで決定したとき、その総重量は五八トンと算出された。そうなると、長距離を走行する場合、転輪用に新開発された硬質ゴムのタイヤが車体の重量に耐え得ないだろうと判断された。それで、二枚ひと組だった転輪を、もう一枚増やして三枚ひと組としなければならなくなった。そのために、さらに解決すべきデザイン上の問題も生じた。

すでに一九四一年半ばには初回の生産台数として六〇両という数字が確定しており、一〇〇両分の部品が調達された——これが最低限の調達レベルであるというヘンシェルの意向に基づいてのことだった——が、ひと月と経たないうちに実際に受注は一〇〇両に増大した。最終的には一三〇〇両を製造すべく、それに見合うだけの資金が調達され、予備部品も含めて資材が発注された。この時点では試験用の車両さえただの一両も完成していなかったのだが。

なお、ティーガーE型のため特別に開発された部品あるいは機構は以下のとおりである。

・機関室外側の冷却装置。各二個の冷却ファンが付属するラジエーター二基——これは、それまで前例のない配置によるもの。装甲グリル、水密式の機関室上面ハッチ。
・排気マニホルドの冷却システム。これは主変速機を冷却する機能も兼ねていた。
・砲塔旋回用の動力は主カルダンシャフト（エンジンと変速機を繋ぐドライブシャフト）から得る。
・タンク四個から成る燃料供給システム。うち二個は水深四・五メートルを想定した潜水走行に対応できるようにする必要があった。
・潜水走行をおこなう際の、取り外し可能な吸気筒。
・（左右の最前・後の）転輪のスイングアームの基部と緩衝器の配置。

・八・八センチ砲弾しめて九二発の格納方法（当初、手もとのデータが不正確だったため、再設計したもの）。
・車内および車外の各種付属品・装備品の取付具。
・無線装置とアンテナの配置（後に指揮戦車用の特殊なアンテナが開発された）。
・砂漠地帯での作戦行動用の防塵フィルター。
・車体上面の近接戦闘用擲弾発射装置（実際には、砲塔両側面に、電気点火式による三連装の擲弾／発煙弾発射筒が装着されるようになった）。
・油圧作動式による、上下可動の装甲スカート。その作動機構と制御装置、高圧の油圧ポンプ装置。
・潜水走行時に使用されるビルジポンプ（汚水排出用ポンプ）装置。
・冷却ファンの補助駆動装置（量産二五〇両目の車両からパンター用のエンジンが搭載されるようになり、それにあわせた変更である）。

また、他社開発の装備あるいは部品は以下のとおり。

・エンジン　マイバッハ発動機製造所
・OG4G12 16主変速機　マイバッハ発動機製造所
・履帯　リッチャー－モーアブルク
・ブレーキ　南ドイツ・アルグス製作所
・装甲砲塔と主砲　フリードリヒ・クルップ株式会社
・機関銃用球形銃架　ダイムラー－ベンツ株式会社
・操縦手用バイザー　アルケット社／ベルリン

一九四二年四月二〇日には総統大本営でヒットラーに第一号車を披露しなければならないというので、ヘンシェル＆ゾーンの別の事業部（機関車・自動車製造）からも人員を引き抜き、集められる限りの設計技師と製図工を集め、さらに勤労動員の労働力をも利用して、ようやく作業を早めることができた。このときの資材調達部はじめ、鋳型製作や鍛造部門から機械工作部門に至るまでの各現場の努力、技師や工員たちの献身ぶりについて語れば、ちょっとした本一冊分にはなるはずだ。

晴れて工場から（最初のティーガーを）出荷するまでの最後の日々は、まさしく昼夜兼行で作業が続けられた。組立て工も職工長も技師も不眠不休で働いた。設計、調達、製造の各分野によるこれほどまでの一致協力態勢、そしてその成果は他に類を見ない。あのようなことは二度と起こり得ないだろうし、あれ以上のことは不可能でもあろう。かくも切迫した状況で操業しなければならなかったのだから、そのまま円滑に量産体制に入れなかったとしても何ら驚くべきことではない。また、当初は採算が度外視されていたことも。

にもかかわらず、改良のための比較的短い中断があったものの、その後すぐに量産が実現したのは、これもやはり関係各部署の一致協力の賜（たまもの）と言っても良いかもしれない。もちろん、この量産という点に関しては、多くの問題――あるいは希望が叶えられないままであったことも言っておかねばならない。つまり、アメリカやロシアが追求し、実行しつつあったのと同じような大量生産を目指すには、生産計画――実際には九ヶ月だったが、そんなものではなく二年～二年半を見越した、生産計画の徹底的な見直しが図られねばならなかったのだ」。

ティーガーE型にはおおまかに初期生産型、中期生産型、後期生産型の三タイプが存在する。車長用キューポラ（司令塔）の変化を見るのが、最も簡単な識別方法である。

初期型のキューポラは砲塔天井にボルト留めされており、非常に背が高い。対して、その後のキューポラは溶接留めで、背も低くなった。また、初期生産型にはヘッドライト（前照灯）が車体左右に装備されていたが、中期・後期生産型では車体中央に一個だけとなった。さらに、初期・中期生産型は、ゴムタイヤ付きの転輪四八個が配されていたのに対し、後期生産型ではこれが鋼製転輪三二個に変わっている。SS第1戦車連隊の第13（重）中隊は初期型と中期型を実戦運用した。また、SS第101重戦車大隊には中期型と後期型が配備された。

ヘンシェル社は一九四二年四月から一九四四年八月までに計一三五五両のティーガーI（E型）を生産した。その第一号車の車台番号は250001である。当初は三連装の発煙弾発射器が砲塔の左側面に装備された。これは車内から電気点火方式により点火操作し、離脱・後退時に煙幕を展張できるようにしたもの。車内での乗員同士のやり取りはインターコムでおこなう。乗員は全員が喉当てマイクを装着した。

ティーガー戦車は独立重戦車大隊で運用されたが、隷下の戦車連隊内にティーガー中隊を擁する師団もわずかながらあった。ティーガー大隊は、軍もしくは軍団の直轄部隊として、その隷下部隊に――場合によってはそこに一時的に配属されつつ――支援をおこなった。彼らは、激戦地であればどこにでも投入された。ティーガー部隊は北アフリカを含むあらゆる前線で戦ったのだった。

第2章　武装親衛隊のティーガー部隊

演習場のティーガー。

武装親衛隊のティーガー部隊

一九四二年、新設のSS戦車軍団用に重戦車大隊の創設が計画された。だが、同年一二月、この計画は頓挫し、戦車軍団隷下の各師団――『ライプシュタンダルテSSアードルフ・ヒットラー』『ダス・ライヒ（帝国）』『トーテンコップフ（どくろ）』――それぞれの戦車連隊に、固有のティーガー中隊が配されることになる。ただし、その中隊の編制（組織内容）は独特のものであった。つまり、当初は各ティーガー中隊ともⅢ号戦車装備の軽小隊を保有したのだが、この軽小隊というのは重戦車を近距離の脅威から守るという役割を期待された部隊だったのである。

その後、さらなるSS戦車軍団の創設にあわせて、武装SSのティーガー部隊もまた、軍団の常設部隊としての独立重戦車大隊に統合されてゆく。『ライプシュタンダルテ』と『ダス・ライヒ』のティーガー中隊は、それぞれの所属連隊から外され、新設成ったSS第Ⅰおよび第Ⅱ戦車軍団の戦車大隊へ配属された。そして、SS第Ⅰ、第Ⅱ、第Ⅲ戦車軍団はティーガー大隊を受領したが、SS第Ⅳ戦車軍団――『トーテンコップフ』師団と『ヴィーキング（バイキング）』師団はこれに所属する――は、ついにそれが叶わぬまま、戦争終結を迎えている。『トーテンコップフ』師団のティーガー中隊は、最後まで同師団の戦車連隊所属部隊として戦ったのだ。

一九四三年一月、『ライプシュタンダルテ』師団の戦車連隊第4中隊はティーガーを受領し、装備を整えた。このとき、パウル・ハウサー率いる戦車軍団の他のふたつの師団『ダス・ライヒ』と『トーテンコップフ』の戦車連隊にも最初のティーガーが引き渡された。

『ライプシュタンダルテ』ティーガー中隊創設に向けて

武装SSの筆頭部隊である『ライプシュタンダルテSSアードルフ・ヒットラー』は、ポーランド戦をはじめオランダ、ベルギー、フランス戦役に参加、バルカン作戦を経て、対ソ戦に臨んだ。しかし、この部隊は一九四二年夏まで、増強連隊もしくは旅団規模に過ぎなかった［訳注／ライプシュタンダルテ Leibstandarte は〝近衛騎兵連隊の旗〟の意。転じて連隊規模の部隊を指すと解釈され、部隊名の訳語としては『アードルフ・ヒットラー親衛旗』『アードルフ・ヒットラー親衛連隊』というのが代表的。ここでは『ライプシュタンダルテ』とする。なお、原著と同様に本書でも適宜『LSSAH』『LAH』の略称を用いる」。

フランス戦の終了後、初めて『ライプシュタンダルテ』は固有の対戦車（戦車駆逐）部隊、対空砲部隊、工兵部隊および突撃砲中隊を擁するまでに拡充され、その際、砲兵大隊と偵察大隊各一個も増強分として追加された。また、ソ連侵攻に先立って四個目の歩兵大隊が加えられ、『バルバロッサ』作戦の開始時、ゼップ・ディートリヒSS上級大将は、歩兵大隊四個、軽・重歩兵砲中隊を配した重大隊一個、五センチ対戦車砲中隊一個のほか、四・七センチ対戦車自走砲中隊と突撃砲中隊から成るシェーンベルガー大隊、軽対空砲大隊と一個砲兵連隊――これは二個大隊の兵力しかなかったが――を、その指揮下に置いていた。つまり、一九四一年六月の時点で、『ライプシュタンダルテ』は増強連隊に相当していたということになる。

すでに彼らは、ある種の伝説にも似た名声を獲得しており、決して彼らが自らそのように標榜したわけではなかったのだが、ライヒすなわちドイツ国を代表する軍隊であるとの呼び声も高かった。そのため『ライプシュタンダルテ』を指揮下に置く軍団は、どうしても彼らに対して、本来ならば師団規模の部隊に与えられるような任務を課してしまうという傾向にあった。いつのまにか織り上げられた部隊にまつわる神話は、彼らに何の利益ももたらさなかった。それどころか彼らは、数々の困難な任務を通して、その伝説を幾度となく実証しなければならなかったのだ。『ライプシュタンダルテ』は、まさしくそうした試練に耐えたが、所属各中隊の損失もまた当然のように大きなものであったと言えよう。

当時、『ライプシュタンダルテ』唯一の機甲部隊であった突撃砲中隊は、隷下各部隊を支援すべく――通常は小隊単位で、また時には個々の車両ごとに――分散投入され、それでも目覚ましい戦果をあげた。この中隊は優秀な高位帯勲の士官・下士官を輩出した。前線部隊の指揮官たちは、そこにもっと多くの突撃砲の姿を見ることができれば、どれほど嬉しく思ったことだろうか。

『ライプシュタンダルテ』再編成

そうしたなかで『ライプシュタンダルテ』をさらに強化する計画が具体化しつつあった。彼らは東部戦線（の南部戦区）にあって、サンベクの冬季陣地に入っていた。このとき――一九四二年二月――『ライプシュタンダルテ』の戦車大隊編成の作業がドイツ本国ヴィルトフレッケンで始まった。大隊要員は『ライプシュタンダルテ』はもとより、他の多くの補充部隊、訓練部隊からも集められた。そして、三個中隊および大隊本部中隊が編成され、当初はモーンケSS少佐の指揮下に置かれた。だが、ほどなく同少佐が病に倒れたため、二月二〇日付けでシェーンベルガーSS少佐が大隊長に就任した。隷下各中隊には、短砲身の七・五センチ戦車砲装備のIV号戦車が支給された。

編成作業は一九四二年六月にハウステンベックのゼンネラーガー（草原演習場）で完了し、SS戦車大隊『ライプシュタンダルテ』は、東部戦線の野戦部隊に合流すべく列車で移送された。彼らはスターリノ地区で列車を降りたが、そこでは二個歩兵連隊の編成作業が始まっていた。これに加わるためレニングラード戦線から回されてきた歩兵第V大隊、補充大隊から新たに編成された第VI大隊が、いずれも到着済みであった。続いて一九四二年七月に『ライプシュタンダルテ』は全隊揃って列車でフランス（カーン）へ送られた。同地で『ライプシュタンダルテ』は機甲擲弾兵師団として改編を完結することになる。

隷下全隊とも規模が拡大され、対戦車および突撃砲大隊が新設された。対空砲大隊は六個中隊編成に、砲兵連隊は四個大隊編成に拡充されている。また、二個の歩兵連隊内に、対空砲、歩兵砲、対戦車（戦車駆逐）――後に偵察、工兵の各中隊が特設された。（第二次）ハリコフ戦が終わった時点で、『ライプシュタンダルテ』の二個機甲擲弾兵連隊の中隊の定数は最大に――第1連隊が二〇個中隊、第2連隊が一九個中隊――達していた。

一九四二年秋、第2連隊の第III大隊が装甲兵員輸送車完備の機械化歩兵大隊として再編された［訳注／この〝歩兵大隊〟は原語でSchützenbataillonであり、直訳すれば〝狙撃兵大隊〟であるが、この場合の〝狙撃兵〟はスナイパーのことではなく、小銃を主武装とする〝銃卒〟つまり一般の歩兵を指す］。これと同時に、ふたつめの戦車大隊の編成作業がフランス・ノルマンディ地方のエヴルーで開始された。既存の戦車大隊はSS戦車連隊『ライプシュタンダルテ』第II大隊となり、それに伴って中隊番号も――それまでの第1、第2、第3中隊から第5、第6、第7中隊に――変更となった。第I大隊長はマックス・ヴュンシェSS少佐、第II大隊長はマルティーン・グロースSS大尉である。シェーンベルガーSS少佐は連隊長を拝命した。各大隊は三個戦車中隊および本部中隊という構成であった。

このとき、武装SSの最古参部隊である三個の機甲擲弾兵師団――『ライプシュタンダルテ』『ダス・ライヒ』『トーテンコップフ』――を、パウル・ハウサーSS大将指揮下のSS戦車軍団にまとめて編入することも計画されていた。

そして、同じ一九四二年秋にドイツ本国ファリングボステルでは、新設の軍団のための重戦車大隊を編成する作業が始まったのである。その部隊にはドイツ最新・最強の戦車すなわちティーガーが装備されることになっており、上述の三個の師団が要員を提供した。こうして軍団の直轄大隊の編成作業は、ヘルベルト・クールマンSS大尉が第2中隊長に選ば

ハインツ・クリングSS大尉。1942年12月よりSS戦車連隊『ライプシュタンダルテSSアードルフ・ヒットラー』第4（重）中隊長。

ヴァルデマール・シュッツSS中尉。第Ⅰ小隊長兼中隊長副官。

れるところまで進んだが、そこで停滞してしまい、結局、各師団がそれぞれに固有のティーガー中隊を受領することになった。つまり、『ライプシュタンダルテ』とティーガーとの関わりは、この一九四二年一一月に端を発するわけである。

重戦車中隊の誕生

SS中央司令局 SS-Führungshauptamt は〝SS師団『ライプシュタンダルテSSアードルフ・ヒットラー』のSS戦車連隊のための重戦車中隊創設〟に関する命令を、一九四二年一〇月一五日にさかのぼって発令した。最初は軍団直轄の戦車大隊の第1中隊と目され、０３８２８の野戦郵便用識別番号も付与されながら、この部隊は今や『ライプシュタンダルテSSアードルフ・ヒットラー』SS戦車連隊重戦車中隊と呼ばれることになり、改めて野戦郵便番号４８１６５を割り当てられた。

上述の命令は、部隊創設地をエヴルーとしていた。『ライプシュタンダルテ』の戦車連隊は同地に駐屯していたのである。しかし、当のティーガー中隊とその配下部隊は専らファリングボステルにあり、したがって、連隊および師団とは遠く離れていた。だが、指揮要員は師団がその責任において提供することになっており――この時点で、まだ中隊はほとんど書類上の存在にとどまっていたのだが――、補充要員はSS中央司令局が要請に応じて手配するとされた。下士官と兵卒も、やはり師団が供給しなければならなかったが、補充要員も必要であった。というわけで、要員の大多数は師団の戦車連隊から確保されたが、なかには師団突撃砲大隊から、あるいはSS戦車訓練・補充大隊から配属された者もいたのである。

『ライプシュタンダルテ』重戦車中隊の顔ぶれ

ハインツ・クリングSS大尉が重戦車中隊に着任したのは一九四二年一二月二五日、ちょうどクリスマス当日である。

クリングは一九一三年九月一〇日、カッセルに生まれた。一九三五年八月二七日、バート・アーロルゼンでSS連隊『ゲルマーニア』の第7中隊の一員となり、さらにバート・テルツのSS士官学校 Junkerschule に送られる。

一九三八年一一月九日、ズデーテン行動の終了後［訳注／一九三八年一〇月、ドイツと国境を接し、ドイツ系住民も多かったチェコ・スロヴァキアの山岳地帯ズデーテン地方の占領・併合を目的に、ヒットラーが同地に国防軍を進駐させた際、武装SSの前身であるSS執行部隊 SS-Verfügungstruppe 略称SS-VTの各連隊もこれに参加していた］、クリングはSS少尉に任官を果たし、『ゲルマーニア』連隊第10中隊の小隊長になった。

翌年、ポーランド戦当時のクリングは同第9中隊に勤務していたが、その直後、SS第12トーテンコップフ連隊に配転となり、その第6中隊長を拝命する［訳注／〝トーテンコップフ〟部隊 SS-Totenkopfverbände 略称SS-TVは、SS執行部隊と並んで親衛隊武装組織のもう一本の柱とも言うべき勢力であり、テーオドーア・アイケ率いる強制収容所監視部隊に端を発する。一九三六年四月時点で五個大隊編制だったのが、一九三七年七月に再編され、三個連隊四五〇〇名の構成になる。ズデーテン地方占領軍にも加わり、一九三九年にはさらに一二個連隊を数えただけでなく、ポーランド戦終了後はSS『トーテンコップフ』師団の誕生を見る。つまりトーテンコップフ部隊は武装SSに編入され、その一翼として戦う前線部隊と、強制収容所の監視業務にあたる部隊とに分化したということになる］。

さらにSS中尉に昇進後は同第3中隊を率い、一九四〇年八月二〇日、第二級鉄十字章を獲得する。だが、この夏に同連隊が解隊されると、彼はSS第15トーテンコップフ連隊に移り、第10中隊の指揮を執ることになった。次いで同年一二月には、SS第5『トーテンコップフ』歩兵連隊の第1中隊長に就任、この中隊は一九四一年六月、ほぼ全隊がラステンブルクからブリュン（ブルノ）に近いヴィッシャウに送られ、『ライプシュタンダルテ』の第Ⅳ大隊第18中隊になった。その六月に始まった対ソ戦でクリングは短期間に二度の負傷を経験している。

一九四一年七月一六日、彼は第一級鉄十字章を受章し、一一月九日にはＳＳ大尉に昇進した。その後、またも負傷して病院で日々を過ごした彼は、一九四二年六月、まずＳＳ戦車補充大隊に、次いで戦車中隊指揮官のための訓練課程に送られた。同年一一月、彼はＳＳ戦車連隊『ライプシュタンダルテ』の第Ⅱ大隊へ転属、一二月二四日にファリングボステルに到着した。以来クリングは『ライプシュタンダルテ』のティーガー中隊を率いることになった。

この中隊は装備ならびに要員の定数の点で異例の部隊であった。すぐに士官・下士官・兵あわせて三〇六名に、戦車を含め一一九台の車両を抱えるようになったのだ。このような特大級の中隊を指揮するとなると、クリングの仕事は大隊長のそれに近いものになる。また、中隊のナンバー・ツーにあたるのはヴァルデマール・シュッツＳＳ中尉で、公式にはあくまでも小隊長であったが、やはり中隊の規模から言って、その業務は実質的に中隊長のそれに匹敵した。そもそも『ライプシュタンダルテ』ティーガー中隊は、指揮系統の構築からして型破りであって、中隊が列車で東部戦線に向けて出発したとき、シュッツが第Ⅰ小隊長に決まったのである。

ヴァルデマール・シュッツは一九一三年一〇月九日、ウンターラーン（ラーン下流）管区ダウゼナウに生まれた。一九三七年から彼は『オルデンスブルク』［訳注／Ordensburg-en、原意で〝騎士団の城〟とは、ゾントホーフェン、クロッシンゼー、フォーゲスラント、マリーエンブルクなど、人里離れた城館に設立されたナチスの騎士団的幹部養成学校。教育費は党が負担した――以上テーラー／ショー著　吉田八岑監訳　三交社『ナチス第三帝国事典』を参考に］で、幹部候補生 Ordensjunker の教育を受ける。

一九三九年、ポーランド戦を終えた『ライプシュタンダルテ』がプラハを経由して下（しも）ラーン渓谷に入り、その本部と、いくつかの中隊はダウゼナウにも近いバート・エムスに宿営した。そして同一二月七日、市長がゼップ・ディートリヒＳＳ上級大将とその幕僚を招いて歓迎晩餐会を催した際、親交のあったシュッツも市長の招待客のひとりとして、その場に同席したのである。そこでシュッツは、自分が『ライプシュタンダルテ』に加わることはできないかと直談判に及んだ。ゼップ・ディートリヒは彼の首席参謀を見返った。「どうかね、カイルハウス、できるかね？」参謀は応えて言った。「我々には何ともいたしかねますが、仰せとあればいかようにでも！」――というわけで、話は決まった。シュッツは『ライプシュタンダルテ』第13軽歩兵砲中隊に勤務することになった。一九三九年一二月八日、彼は『オルデンスブルク』の制服を脱ぎ、武装ＳＳの灰色の制服に身を包んだ。

明けて一九四〇年三月、シュッツはディートリヒの命令によりバート・テルツのＳＳ士官学校へ送り出され、士官候補生訓練課程に入り、同一一月九日にはＳＳ少尉に任官を果たす。そして原隊復帰してバルカン作戦と続く対ソ戦を迎えたが、その頃には彼の部隊は第V重大隊の第1中隊に改まっていた。その年（一九四一年）、彼は歩兵突撃章と第二級鉄十字章を獲得した。その後、短期間の派遣勤務を経て、一九四二年春、彼はヴィルトフレッケンでSS戦車大隊『ライプシュタンダルテSSアードルフ・ヒットラー』第1中隊に加わった。次いで、いったんはエヴルーで第7戦車中隊長に任命された後、一九四二年一一月、ファリングボステルのティーガー中隊にSS中尉として赴任したのだった。

第II小隊長はフィリプセンSS少尉であった。愛称ハンネスで知られるヨハネス・フィリプセンは一九二一年一二月一六日、フレンスブルク管区ドレルップに生まれた。一九三九年九月、一七歳の農業専門学校生であり、そのかたわらドイツ少年団 Deutschen Jungvolk ［訳注／ヒットラーユーゲントの下部組織もしくは年少組。一〇歳から一四歳までの少年を対象とした］の大隊指導員を務めていた彼は兵役に志願し、エルヴァンゲンの『ゲルマーニア』連隊第2オートバイ中隊に加わる。

基礎訓練終了後の一九四〇年五月五日、彼は編成されて間もない『ライプシュタンダルテ』突撃砲中隊に配される。同隊で彼は砲手の訓練を受けたが、一九四〇年一〇月から翌四一年三月までは帰休扱いとなり、その間はロートリンゲン（ロレーヌ）地方ボルヒェンでヒットラーユーゲント第715連隊の指揮官として過ごした。現役復帰は一九四一年三月四日、以後は突撃砲中隊のオートバイ伝令兵を務める。三月一四日、フィリプセンは中隊で初の第二級鉄十字章受章者になり、さらにその直後、一般突撃章を授与された。同年六月に対ソ戦が始まると彼も東部戦線に赴いたが、一一月には本国に戻されてバート・テルツのSS士官学校へ送られ、第五期予備士官候補生訓練課程に参加する。一九四二年三月一日、同課程を上首尾で終了し、今や予備士官候補（もしくは予備士官志望）SS曹長の彼は『ライプシュタンダルテ』戦車大隊に加わり、IV号戦車装備の小隊の指揮を執ることになった。そして同年一一月九日にはSS少尉に任官を果たし、一二月一五日には小隊長のひとりとしてファリングボステルに向かったのだった。

フィリプセンは、理想主義にあふれた、非常に前向きなタイプの将校であり、その公正な態度と戦友愛の強さから、たちまちのうちに部下から無条件の尊敬を勝ち得た。どのような状況でも、まず自らが先頭に立って手本を示し、常に部下とともにあるという意味でも、模範的な将校であった。ファリングボステルに向かった当時のフィリプセンは二一歳だったわけだが、彼のほかにも最年少の将校としてグスタフ・ミュールハウゼンとオルトヴィーン・ロールがおり、ともにSS少尉で二一歳であった。

第Ⅲ小隊の指揮を執ったのはヴェンドルフSS少尉である。ヘルムート・マックス・エルンスト・ヴェンドルフは一九二〇年一〇月二〇日、シュヴァイニッツ管区グラウヴィンケルに生まれた。一九三一年、ウッカーマルクのダメに父親が農場を借りたのを機に一家――両親と彼、彼の姉妹――は同地に移り住む。

一九三九年秋、ヴェンドルフは寄宿制の国立政治教育学院ナウムブルク校を卒業してアビトゥーア（大学入学資格）を得た［訳注／国立政治教育学院 Nationalpolitischen Erziehungsanstalt、略称ナーポラ NAPOLAは、アードルフ・ヒットラー学校や前述の『オルデンスブルク』と並んで、ナチ体制を支えるエリートを訓育するために開校した特殊学校。プロイセンの士官学校を継承するという位置づけで「政府の要職につく人材を育成するために設立された……中略……一九三三年四月に最初の学校が創設され、三八年までにその数は二三校にふえた。」――以上「　」内はB・R・ルイス著／大山晶訳　原書房刊『ヒトラー・ユーゲント』より抜粋。一九三六年になるとその運営はSSに委ねられ、一九四二年には四〇校を越えた］。

だがドイツが開戦すると兵役に志願して、一九三九年九月四日に『ライプシュタンダルテ』の一員になる。一一月六日、彼は当時ポーランド戦を終えて一時的にプラハに宿営していた野戦連隊に加わった。所属は第11中隊だったが、翌年二月には突撃砲中隊に移籍する。そして、同中隊員としてバルカン作戦を経て対ソ戦に臨んだ。一九四一年九月一四日、ヴェンドルフSS上等兵は第二級鉄十字章と戦車突撃章を手にする。同一一月一日、SS曹長になっていたヴェンドルフはバート・テルツのSS士官学校へ送られた。一九四二年四月、彼はSS少尉として突撃砲大隊に復帰するが、その年のクリスマスにはファリングボステルのティーガー中隊へ転属となった。

部下には〝ブービィ〟（坊や）の渾名で親しまれたヘルムート・ヴェンドルフは、有能で、誰からも好かれる人気者の将校でもあった。彼の教養やマナー、そして軍人としての力量はまさしくぬきんでていた。そればかりでなく彼は部下たちを彼に劣らぬまでに鍛え上げることにも成功したのである。

Ⅲ号戦車装備の軽小隊を率いるのはヴィットマンSS少尉である。ミヒャエル・ヴィットマンは、一九一四年四月二二日、オーバープファルツのバイルングリースに近いフォーゲルタールに農業経営者の息子として生まれた。一九三四年一〇月三〇日から一九三六年九月三〇日まで第19歩兵連隊第10中隊で兵役に就いた後、彼は一九三七年四月五日に『ライプシュタンダルテ』第17中隊に加わった。しかし、この機甲偵察中隊は、一九三八年夏には小隊規模にまで縮小されてしまった。彼自身は八輪装甲偵察車の車長を務めるSS軍曹と

第Ⅲ小隊長ヘルムート・ヴェンドルフSS少尉。

第Ⅱ小隊長ハンネス・フィリプセンSS少尉。

して一九三九年の開戦を迎えている。一九四〇年二月、彼は突撃砲中隊へ移った。このときのヴィットマンは、戦車科に少なくとも「類似している」くらいは言っても良いであろう兵科に所属してはいるが、まだわずか三年の経験しかない、一介の下士官なのだった。

中隊は突撃砲六両編成で、ヴィットマンはそのうちの一両を任された。彼がハンネス・フィリプセンやヘルムート・ヴェンドルフ、アルフレート・ギュンターらと出会ったのは、この当時である。彼らは互いに親しい友人となり、他には容易に見当たらないような強い絆で結ばれることになった。

一九四一年、ヴィットマンはギリシアでの戦闘を経て対ソ戦に赴き、同年七月一二日、第二級鉄十字章を得た。その後に負傷するものの、そのまま部隊に残って戦功を重ね、九月八日には第一級鉄十字章、ロストフ攻防戦を経て一一月二一日には戦車突撃章を授与される。総じて、突撃砲の車長時代のヴィットマンは、特に目立つこともないまま、淡々と冷静に任務をこなしていたという。彼はSS曹長に昇進し、一九四二年六月四日から九月五日まで、バート・テルツのSS士官学校で士官候補生課程に参加した。そして、予備士官候補（予備士官志望）SS曹長となった彼は、SS戦車訓練・補充大隊へ送られた。一九四二年一二月二一日、彼はSS少尉に任官を果たして、同二四日には『ライプシュタンダルテ』ティーガー中隊に加わる。

ヴィットマンは、その穏当で模範的かつ控えめな態度によって、新しい中隊でもすぐに周囲の好意を獲得した。とは言え、無類の人気を誇るドイツ軍人という座に彼を押し上げることになる後々の勝利あるいは武勲を示唆するようなものは、まだ何もなかった。

ヴィットマン率いる軽小隊の主な任務は、近距離での襲撃からティーガーを防御することであり、攻撃は副次的な任務とされていた。要するに、彼の小隊はティーガー戦車のための防壁もしくは牽制部隊と位置づけられていたのだ。この小隊に配備されていたのは長砲身五センチ砲を搭載し、車体および砲塔前面に増加装甲板をボルト留めしたⅢ号戦車である。

その車長のひとりに、当時一九歳のフランツ・シュタウデッガーSS伍長がいた。もとより中隊の下士官の出身はさまざまである。たとえばユルゲン・ブラントSS軍曹は、当初、東部戦線で突撃砲大隊の兵器・装備の管理係を務めていたが、一九四一年秋からは砲手になった。そして一九四二年秋には『ライプシュタンダルテ』戦車連隊に転属となり、在ウィーン-メードリンクの陸軍第4戦車訓練大隊で戦車指揮官になるための訓練を受けた後、ティーガー中隊に配属されたのである。

カール・ヴァーグナーSS伍長は、一九四〇年六月当時『デア・フューラー（総統）』補充大隊第2中隊所属の歩兵であった。その後、ミュンヒェンのSS砲兵補充連隊第10中隊に配属され、18式軽榴弾砲の操作訓練を受けた。そして一九四二年六月、彼は『ライプシュタンダルテ』砲兵連隊の、一五センチロケット砲（ロケット弾発射器）中隊に転属する。さらに同一〇月二八日には『ライプシュタンダルテ』戦車連隊第3中隊の一員となり、砲手の訓練を受けた。同一二月一日、彼はSS伍長に昇進し、同八日にはティーガー中隊に移籍した。中隊人員名簿におけるヴァーグナーの番号は２０６番だったが、この数字は当時すでに中隊が特大の規模に達していたことを示すものだ。

いまひとつティーガー中隊が『ライプシュタンダルテ』の他の戦車中隊と異なるのは、固有の整備小隊を確保していた点だ。これはティーガーという重車両の複雑な機構に精通し、その整備補修に必要とされる高度な技能と資格を身につけた専門要員で構成されていた。回収分隊と武器工作分隊を含むこの小隊を率いたのは、ユーリウス・ポルプスキSS上級曹長である。オーストリア南部のケルンテン州出身で、それ以前は『ライプシュタンダルテ』の古参部隊である第1中隊に勤務していたポルプスキはこのとき三〇歳、中隊内では〝ビンボ〟の通称で知られていた。

整備分隊（整備隊）Instandsetzungsstaffel/I-Staffel を率いるのはエーリヒ・コラインケSS軍曹である。また、クルト・ハーバーマンSS上級曹長は、神出鬼没の中隊先任下士官（俗に〝シュピース〟と呼ばれる）として、中隊発足当初から有名だった。このほか、戦闘部隊に補給をおこなう燃料・弾薬補給縦列が組織されていた。新しい野戦郵便番号が交付されて間もなく、ティーガー中隊は公式に「SS戦車連隊『ライプシュタンダルテSSアードルフ・ヒットラー』第4（重）中隊」と称されることになった。第4中隊であるかららには、本来これは戦車連隊の第I大隊に従属すべきところ、ティーガー中隊であったために、連隊の直属部隊として位置づけられた。

ところで、若い中隊員たちは、どこから集まってきたのだろうか。たとえばアルフレート・リュンザーは、自分が戦車兵としてティーガー中隊に配属された経緯と、同隊での最初の経験を次のように語った。

「私は一九二五年六月二日に生まれて、一六歳で志願した。四二人の志願者のなかで合格したのはたった七人、私はそのうちのひとりだった。一九四二年六月一九日、私は一七歳と一七日で、ベルリン近郊リヒターフェルデ駐屯の『LSSAH』に入隊した。歩兵部隊で、私の認識票には〝8./E.LSSAH〟と刻まれていた［訳注／Eは補充（Ersatz）の略か］。訓練は厳しく、二七〇人いた訓練中隊の仲間は三～四ヶ月後には一八〇人に減っていた。この短い期間が、その後の私の人生に決定的な意味を持つことになった。ここを通過できなかった者は、いずれ命を落としたわけだから。

一九四二年一〇月、私は仲間たちとフランスのエヴルーに移った。歩兵中隊三個ほどが、もとはフランス軍のものだった兵舎に到着していた。このなかから、つまり私たちのなかから、こんな調子で戦車部隊が編成された。『全員、整列！運転免許を所持する者、前に出よ。諸君は操縦手になる！アビトゥーア保持者、前に出よ。諸君は無線手になる！（これは彼らの知性が買われたということだったのだろうか？）重機関銃の訓練を受けた者、前に出よ。諸君は砲手になる！』

私は最後の組のひとりだった。私たちは機関銃の間接照準射撃を習得済みだったからだ。だが、私たちは相変わらず歩兵の灰色の制服を着たままだったし、三個中隊の訓練用に用意された戦車は三両だった。しかも最初の頃、戦車の技術面のことを何でも知っている教官は、ほんの数人しかいなかった。大半は理論講習だった。小隊長が何やら図版を見せて説明してから、こう言うのも珍しくはなかった。実は私たちもまだ実物は見たことがないんだが、と。」

訓練と編成

リュンザーの回想は以下のように続く。

「一九四二年一一月、私たち数十人は（ニーダーザクセンのリューネブルク原野の）ファリングボステルに送られた。再訓練された歩兵だった私たちは、その頃から、戦車部隊の兵卒という意味でパンツァーシュッツェン Panzerschütze-n、つまり〝戦車兵〟と自称するようになった。このとき、私たちばかりでなく、シュテッティーン（シュチェチン）からは衛生兵の一団、ニュルンベルクからは無線手たち、ヴァイマール近郊ブーヒェンヴァルトからは操縦手たち、ミュンヒェンからは砲兵の一団が到着していた。『ライプシュタンダルテ』の野戦部隊から直接来た者もいた。

中隊長はクリングだった。彼の傍らにシュッツ、フィリプセン、ヴェンドルフ、そしてヴィットマンがいた。けれども、まだクルー（搭乗員）の割り振りは何も決まっておらず、現場は大混乱と言っても良かった。

一九四二年一二月二五日、クリスマス当日に、小隊長と伍長、上等兵各一名に戦車兵（二等兵）一五名が特別任務のために集められた。朝も早くから、それも朝食のすぐ後だった。『これより陸軍兵器廠へ戦車を受領しに行く。各自、携行品は背嚢のみ。すなわち、所要日数は二～三日だ。一時間で準備を整え、申告せよ』というわけだ。その日の午後、私たちは列車で出発し、ハノーファーを経由してマクデブルクに近いケーニヒスボルンの陸軍兵器廠へ向かった。そこではⅢ号戦車が待機していたが、引き渡しは拒まれた。搭載砲（長砲身の五センチ戦車砲だ）のブレーキオイルが準備できていないからだと言う。私たちは、ある古い旅館の大広間に泊まっ

軽小隊長ミヒャエル・ヴィットマンSS少尉。

整備小隊長ユーリウス・ポルプスキSS上級曹長（1944年、SS中尉当時の写真）。

た。一〇〇人ばかりの客でごった返す真ん中に、だるまストーブが置かれていた。翌朝、凍結を免れていた中庭のポンプで顔を洗った。それから食糧配給切符を渡された。

毎日、午前中は車両部隊の冬季に特有の問題について講義を受けた。教室に使われたのは酒場の集会室だ。午後はマクデブルクの街までドライブを許された。私は、そこで前妻と知り合った。私は一九四八年一月まで彼女と文通を続けたものだ。六年に渡って、まず軍人として、後にはアメリカ軍とイギリス軍の戦争捕虜として。今ではなかなか理解してもらえないことだろうが、故郷に誰かが、つまり、自分が心の支えとする人がいるというのは、当時の私たちにはとても大事なことだった！　自分がハリコフから手書きで便箋二四枚もの長い手紙を出したのを思い出すよ。

私個人にとっては、イギリスで釈放された一九四七年の年の暮れが、本当の終戦だった。私はマクデブルクに手紙で報せた。SS隊員だった自分はソ連の占領地区（であるマクデブルク）に行くわけにはいかない、と（イギリスでは、新聞全紙を読むことが許されていた。と言うのは、私はSS隊員だったのでケンブリッジの特別捕虜収容所で二度目の収容生活を送っていたが、そこでは噛んで含めるように民主主義というものを私たちに教えるのが目的だったからだ）。もっとも、そのとき彼女はもう別の男性を見つけていた。だから私としても今さらマクデブルクに行く理由はなくなったんだ。

それはさておき、私たちはマクデブルク-ケーニヒスボルンで各自Ⅲ号戦車を受領して戻らねばならなかった。戦車は貨車に載せられ、現地の専門員の手で固定された。それから付属品のリストが読み上げられた。何であれ、私たちが『それは見当たらないようだ』と指摘すると、即座に何の確認もせずに、その項目に欠品の印がつけられた。そういう次第だったから、結局、気がつけば私が担当していた車両には、工具セットがふたつもつけられていた。

こうして私たちはⅢ号戦車とともにファリングボステルに戻った。一九四三年一月初旬のことで、その間にクルーの編成が進んでいた。また、その頃にはⅥ号戦車ティーガーも到着していた。私たちは夜更けまで訓練や、その他の任務に忙殺された。エヴルーではⅣ号戦車だったが、このファリングボステルではⅢ号戦車とⅥ号戦車の訓練だった。それも、大急ぎの詰め込み教育だった。この月のうちに乗員の編成が完了した。私はシュタウデッガーのクルーの砲手になった。操縦手はフォッケ、装填手はグラーフだった。無線手の名前は思い出せない。私たちは三月中旬、ハリコフ奪還まで一緒だった——。」

ロルフ・シャンプSS上等兵はSS戦車訓練・補充大隊第2中隊からファリングボステルに送られた。彼の小隊長はミヒャエル・ヴィットマン予備士官候補SS曹長であった。以下は電報のように簡潔な文体で綴られた、当時のシャンプの日記である。

「一九四二年一二月二八日／ファリングボステル到着。

一二月二九日／軽小隊、ヴィットマン小隊長。

一二月三〇日／中隊、閲兵式。小隊長（原注／ヴィットマン）の砲手。

一二月三一日／講義、歌。大晦日の夜。

一九四三年一月一日／集合、整列。

一月二日／清掃作業。」

上記の〝歌〟はともかくとして、この寒い冬の日々、厳しい訓練が続いた。乗員はすぐに自分たちのティーガーに慣れ親しみ、このドイツ最新鋭の戦車の取り扱いに熟達していった。

厳しい寒さの続く一月に入って、ハノーファーのナチ党大管区指導官 Gauleiter であったハルトマン・ラウターバッハーが、中隊を視察に訪れた。このとき彼をファリングボステルの町の入り口で出迎え、車で中隊に案内したのはヴィットマンSS少尉である。ラウターバッハーは、ある事故に遭うまで『ライプシュタンダルテ』の補充・訓練大隊で訓練を受けていたことがあり、自分の管区内にティーガー中隊が駐屯しているというので、その庇護者を演じる機会を巧みに掴んだのだった。

この一九四三年一月初旬に一五両のティーガーと五両のⅢ号戦車が到着したのを受けて、中隊の戦力は定数に達した。ファリングボステルにおける搭乗訓練を監督したのは、某陸軍中尉である。何人かの車長と操縦手は、ヘンシェル社カッセル工場へ三週間の技術研修に派遣された。訓練は速いペースで進み、個々の車両あるいは小隊単位での模擬戦闘や、戦車砲と搭載機銃の射撃演習がおこなわれた。個々の車両単位の訓練が完了すると、中隊単位で楔形（V字）隊形 Kompaniespitz 、または逆楔形（傘形）隊形 Kompaniebreitkeil を展開しての攻撃訓練――その際、ヴィットマンの軽小隊による側面掩護をともなう――が実施された。

こうして、訓練期間はたちまちのうちに終了し、一月末には貨車積載の準備が始まった。ティーガーとⅢ号戦車には白の冬季迷彩が施された。すでに中隊員は皆、自分たちがどこへ行こうとしているのかを承知していた。

SS戦車連隊『ライプシュタンダルテSSアードルフ・ヒットラー』第4(重)中隊

1943年2月1日付の戦闘序列

中隊長

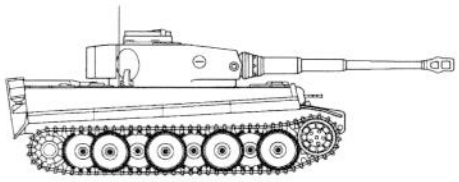

405
ハインツ・クリングSS大尉

中隊本部分隊長

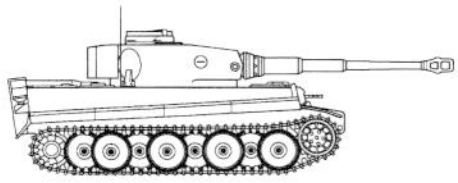

404
オルトヴィーン・ロールSS少尉

中隊予備戦車

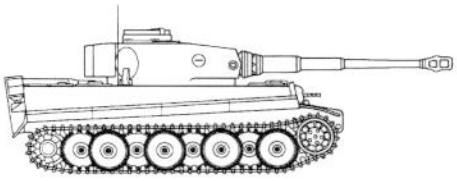

403
グスタフ・ミュールハウゼンSS少尉

軽小隊

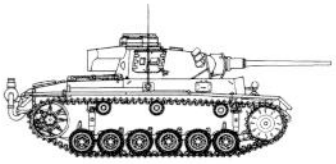

4L1
ミヒャエル・ヴィットマンSS少尉

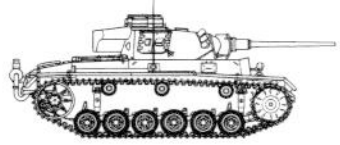

4L2
マックス・マルテンSS曹長

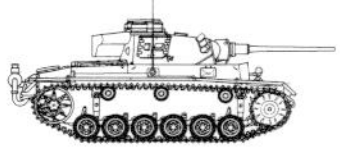

4L3
フランツ・シュタウデッガー SS軍曹

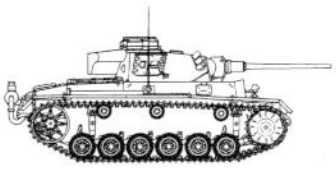

4L4
ゲオルグ・レッチュ SS下級曹長

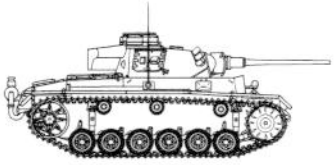

4L5
シュヴェリンSS軍曹

砲手

ロルフ・シャンプSS戦車上等兵
フリッツ・ジーデルベルクSS戦車二等兵
バルタザール・ヴォルSS上等兵
カール - ハインツ・ヴァルムブルンSS戦車二等兵
ヴェルナー・ヴェントSS伍長
アルフレート・リュンザー SS戦車二等兵
クラウス・シェーン・フォン・SS戦車上等兵
カール・ヴァーグナー SS伍長
ジークフリート・ユングSS戦車二等兵
ジークフリート・フンメルSS戦車二等兵
レーオポルト・アウミューラー SS戦車二等兵
ヴィレムスSS上等兵
ハインツ・ブーフナー SS戦車二等兵
フリードリヒ・アウマンSS上等兵
ヘルムート・グレーザー SS伍長
ゲーアハルト・クノッへSS戦車二等兵
ハインツ・シンドヘルムSS戦車二等兵

装填手

エーヴァルト・グラーフSS戦車二等兵
ルディ・レッヒナー SS戦車二等兵
イーヴァニッツSS上等兵
グスタフ・グリューナー SS戦車二等兵
ヒルシュ SS上等兵
ラインハルト・ヴェンツェルSS戦車二等兵

無線手

ヘルベルト・ヴェルナー SS戦車二等兵
ヴォールゲムートSS上等兵
ヴェルナー・イルガングSS戦車二等兵
ユストゥース・キューンSS上等兵
ローレンツ・メーナー SS戦車二等兵
カミンスキー SS戦車二等兵
ハインツ・シュトゥスSS上等兵
ゲーアハルト・ヴァルタースドルフSS戦車二等兵

第Ⅰ小隊

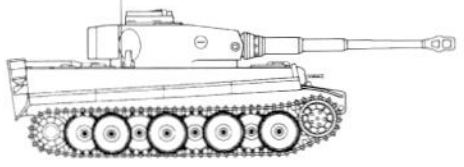

415
ヴァルデマール・シュッツSS中尉

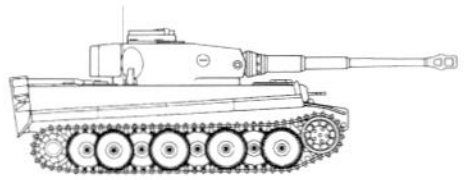

416
アウス・デア・ヴィッシェンSS軍曹

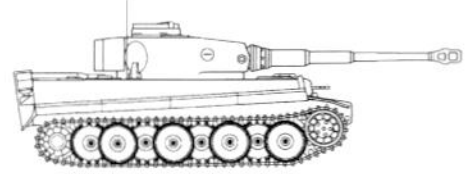

417
車長不明

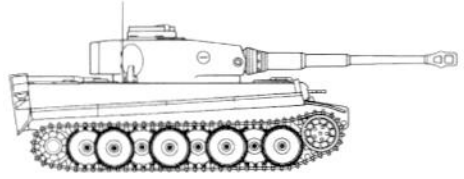

418
フリッツ・ハルテルSS上級曹長

第Ⅱ小隊

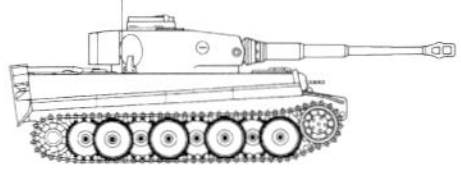

425
ハンス・フィリプセンSS少尉

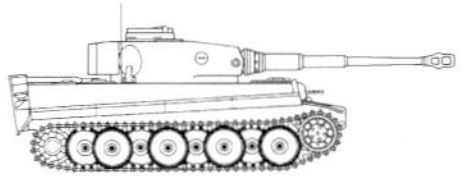

426
ベンノ・ペーチュラークSS上級曹長

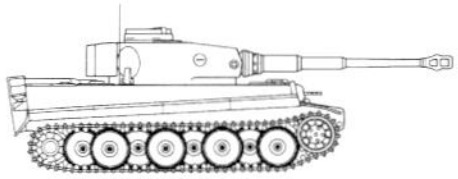

427
ハインツ・メンゲレSS曹長

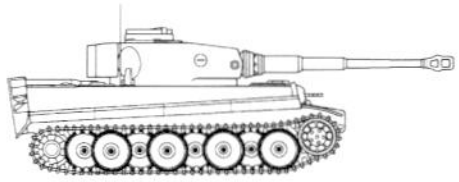

428
モーデスSS軍曹

第Ⅲ小隊

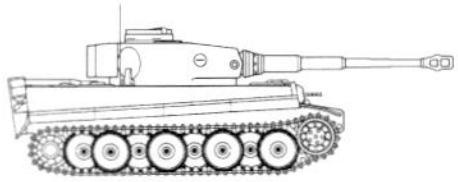

435
ヘルムート・ヴェンドルフSS少尉

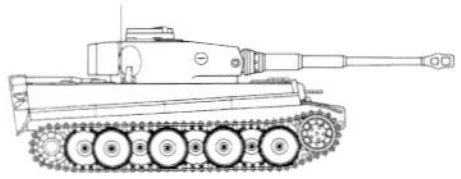

436
ユンゲン・ブラントSS軍曹

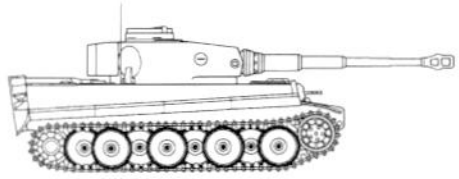

437
車長不明

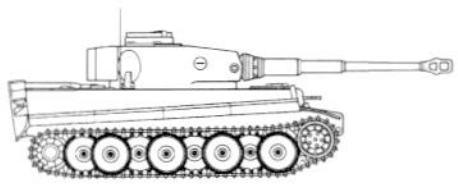

438
エーヴァルト・メリー SS軍曹

操縦手

ハインリッヒ・ライマースSS戦車二等兵
ヴァルター・ビンガートSS上等兵
ヴィリー・レップシュトルフSS上等兵
ヴェルナー・ヘーペSS戦車二等兵
クルト・ゾーヴァ SS伍長
フォッケSS伍長
フランツ・エルマー SS上等兵
オットー・アウクストSS軍曹
ピパー SS戦車二等兵
オイゲーン・シュミットSS戦車二等兵
ハイム・リュットガースSS上等兵
ジークフリート・フースSS戦車二等兵
ヴァルター・ペーヴェ SS上等兵
クルト・ケンマー SS戦車二等兵
アルトゥール・ゾンマー SS上等兵

第3章　東部戦線

ティーガー“411”、シュッツSS中尉の搭乗車。1943年5月、演習中に。重戦車の開発は、ドイツ戦車兵科の戦術的優位を維持し、その戦力を向上させるのに避けては通れないことであった。機動性を損なわずに装甲を厚くするだけでなく、射程・命中精度・装甲貫徹力とも改善された戦車砲が前線から要求された課題であった。ティーガーの開発過程では、これらの課題達成に精力が傾けられた。

ハリコフへの移動

多数の車両を抱えるティーガー中隊の貨車積載は困難で、しかも特別な手間と時間を要する――ことに操縦手には高度な注意力が要求される――作業であった。新編のティーガー部隊には多大な期待が寄せられていた。だからこそ、東部戦線への彼らの到着は秘匿され、事前に発表されることもなかった。ティーガーは輸送中ずっとタールを塗った防水シートで覆われ、人目につかないよう配慮されていた。

このときアウス・デア・ヴィッシェンSS軍曹［訳注／原著独語版でも英訳版でも、この初出部分に限ってヴィースヒェン Wieschen となっているが、以下ヴィッシェン Wischen で登場している］を車長とするクルーの砲手になっていたロルフ・シャンプSS上等兵は、以下のように書きとめている。

「一九四三年二月一日／2330時、ファリングボステルで貨車積載開始。

二月二日／ベルリン。

二月三日／0412時、ライヒ（ドイツ国）国境を越える。

二月四日／ヴィルナ、コーヴノ。

二月五日／ミンスク、ゴーメリ。

二月七日／ハリコフで卸下《しゃか》。凍てつく寒さのなかで、せっかくありついたコーヒーも凍るほど。」

中隊は一九四三年二月一日に三本の輸送列車で移動を開始した。二月九日までに列車は順次ハリコフに到着した。

当時SS伍長で砲手だったヴェルナー・ヴェントは、この移送中に起きたある出来事を語ってくれた。

「一九四三年二月初め、列車でロシアへ向かう間、私たちクルーの操縦手は車体の上に大事な服務規定書を置きっ放しにして、忘れてしまった。ヴィットマンSS少尉がそれを見つけ、本人を呼んで厳しく注意したが、中隊に報告を上げるようなことはしなかった。どんな罰を与えるより、その方が効果的だとヴィットマンは判断したんだろう。部下の立場に立って、その気持ちや考え方を理解することができるという天性の能力こそ、彼を将校として際立たせるものだった。」

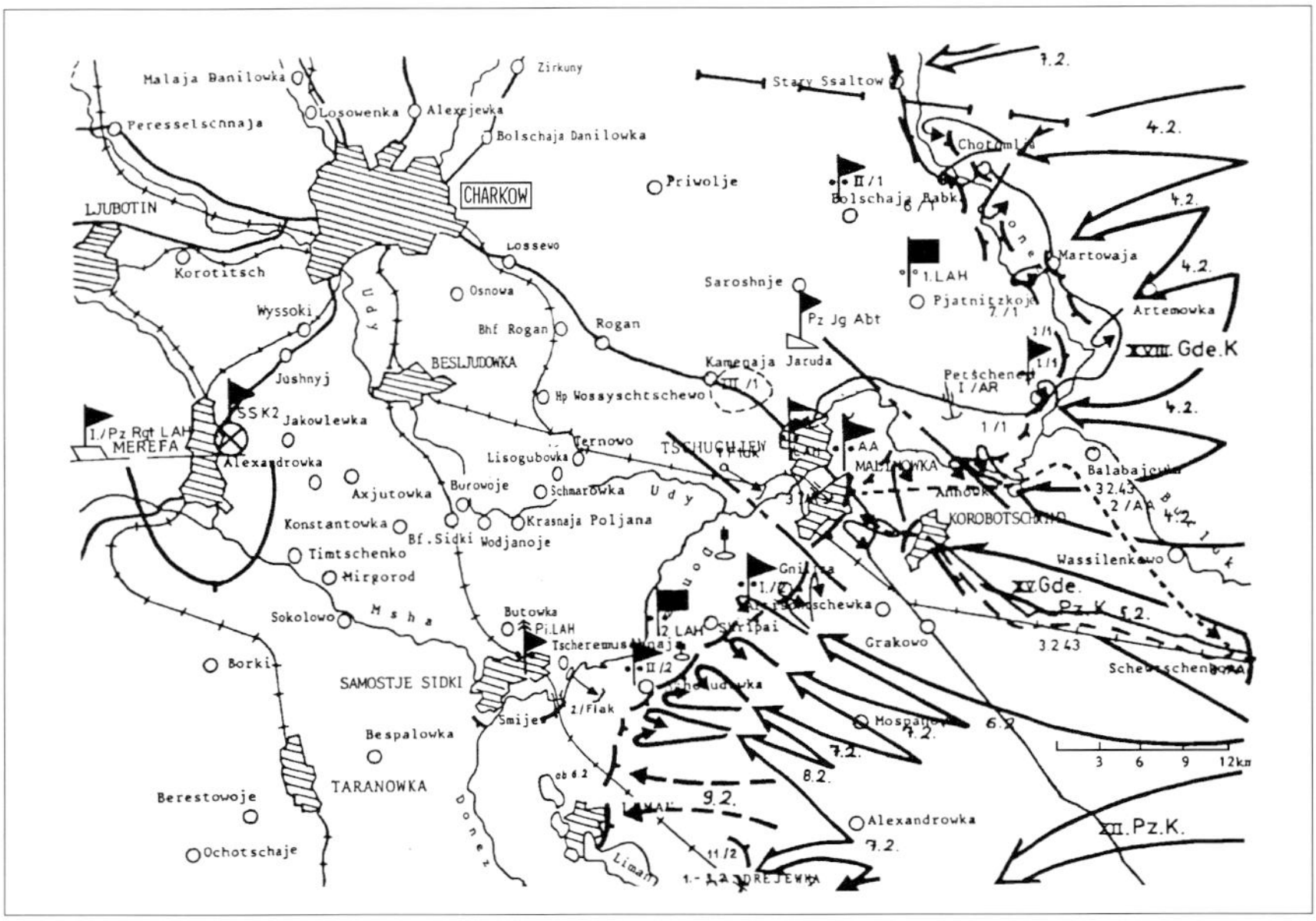

地図1　1943年2月3日〜9日の戦線

途中、一本の列車に火災が発生するという事件もあったが、被害は出なかった。なお、移送に際して全乗員が戦車の車内にとどまることはなかった。酸欠状態に陥るのを回避するためだ。ヴィットマンのⅢ号戦車小隊に配されたアルフレート・リュンザーは、この旅の様子を次のように伝える。

「私たちは二本目の列車で行くことになったが、それに先立ってファリングボステルでは、道中誰がⅢ号戦車の車内で見張りをすべきかで、話し合いがおおいに盛り上がった。二月とは言え、それほど極端に寒くはなかった。ティーガーは防水シートをかぶっていた。ハノーファーとマクデブルクを通過したとき、沿線の工場の窓から工員たちが大喜びで手を振ってくれた。だが、東へ進むにつれて、歓呼の声もそれほどではなくなっていった。それに、だんだん寒くなった。国境を越えてからは、もう誰も自発的に車内に座りたがる者はいなくなった。以来、常に車上監視を置くよう命令が出た。ロープその他の固定用具が緩んで戦車が貨車から滑り落ちたりしないよう必ず誰かが注意していなければならなかったからだ。それに、パルチザンにも気をつけていなければならなかった。だが、ハリコフまでの七日間、どうやら何事もなかった。寒さはますます厳しくなっていったが。

ハリコフで卸下作業に入ったとき、私たちのⅢ号戦車は、どうしてもエンジンがかからなかった。車体の下で藁束を燃やしてみたりもしたが無駄だった。結局、牽引してもらっ

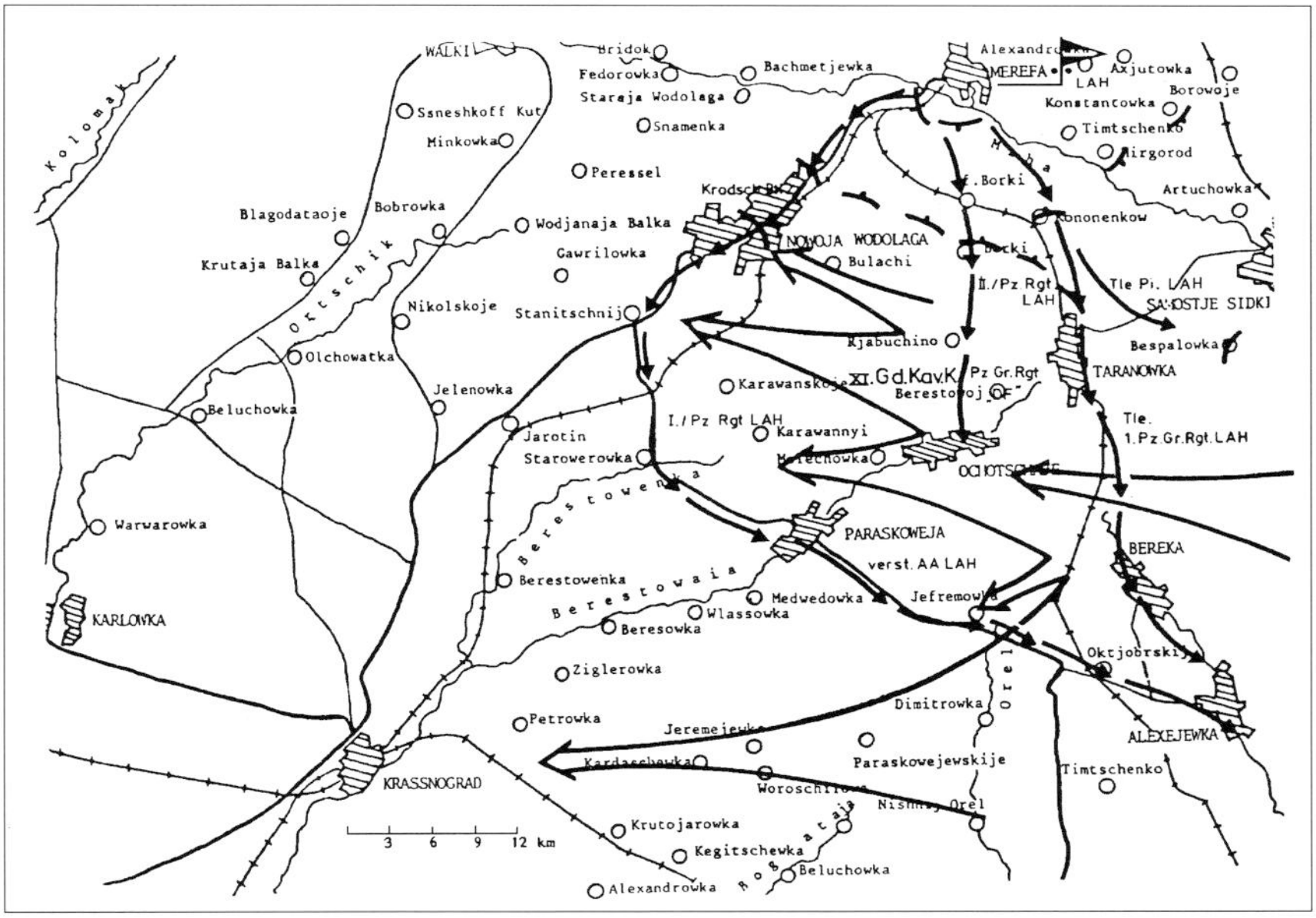

地図2　第1SS戦車軍団の攻撃　1943年2月10日の情勢および攻撃計画

て貨車から引きずり下ろすしかなかった。すでにソ連軍の"ラッチュ・ブム"（七六・二ミリ汎用砲）の唸りが効果音のように私たちの耳にも届いていたから、ぐずぐずしていられなかった。中隊の整備班が飛んできてエンジンがかかるようにしてくれたので、私たちクルーは中隊のあとから出発した。駅前に同盟国——ルーマニア、ハンガリー、スロヴァキアなどの部隊の武器や装備品が山ほど積み上げられていた。ここでソ連軍が攻めてきたら、彼らがあっさり優位に立つだろうというのは私たちにもわかった。私たちはこのハリコフの駅で糧食を余分に調達しておいた。それは発煙弾のラックにぴったり収まった。」

なお、このとき最後の列車だけは、ハリコフに到着後、ヴィットマンの指揮下さらにポルターヴァへ送られ、同地で積載品を下ろした。六両のティーガーと三両のIII号戦車がそのまま同駅近辺に待機した。結局、これらの車両は次の命令を待って三月六日までそこにとどまり続けた。

中隊の初陣

一九四三年二月一日～三月一日

ハリコフの状況

一九四三年二月初旬、パウル・ハウサーSS大将麾下のSS戦車軍団諸部隊は、ハリコフ周辺に集結した。当初、軍団の持ち駒は『ライプシュタンダルテ』と『ダス・ライヒ』両師団しかなかった。『トーテンコップフ』師団は未だ到着していなかったのだ。彼らの北には陸軍の『グロースドイッチュラント』機甲擲弾兵師団が集結していた。これらの部隊には、ハリコフ奪還をめざす赤軍の攻撃を阻止することが期待されていた。

『ライプシュタンダルテ』の諸部隊はハリコフの東および南東に、ところによっては一般市民の協力を得て、防御陣地を築いた。進出してくる敵に対し、暫時、戦線は維持された。敵の局地的な突破もおこなわれたが、これはドイツ側の反撃により排除された。だが、二月八日、赤軍がハリコフ包囲の準備を固めているのが明らかになる。これと同時に彼らはドネツ盆地に北から攻勢をかけた。その狙いは、ミウース川のドイツ軍防御線と補給基地の連絡を断ち、戦線を破壊することにあった。この赤軍の意図が成功していたならば、ドイツ軍南方軍集団も後方連絡線を断たれていただろう。そうなれば東部戦線そのものが危機に瀕したはずだ。しかし、ハウサーは決然と遅滞作戦［訳注／撤退を控えて、できるだけ敵を釘付けにし、あるいは敵を誘導し、その進撃を遅れさせる作戦行動］の実施を命じた。

『ライプシュタンダルテ』も後退を命じられた。一九四三年二月一〇日、厳しい寒さのなか、降りしきる雪をついて離脱作戦が始まった。いくつかの地点では即座に敵の追撃が開始された。その日、『ライプシュタンダルテ』は一個の攻撃部隊を形成する。彼らは『ダス・ライヒ』師団のクムSS中佐の指揮下に入った。そして、『ライプシュタンダルテ』戦車連隊も、この攻撃部隊の一翼を担ったのである。このとき、荒涼たる雪景色のなかで展開された撤退行動に数両のティーガーも参加した。結果、二両がエンジンおよび走行装置の損傷により失われ、一両が橋を壊して川に転落、水没した。さらに、ハリコフ南東のロガーニ駅を巡って、ティーガーが敵の強襲部隊と交戦する一幕もあった。これはかなりの激戦になった。敵はSS第1機甲擲弾兵連隊の第Ⅱ大隊（ハンゼン）と第Ⅲ大隊（ヴァイデンハウプト）の境界を突破しようと試みていたのだ。ハウサーが麾下戦車軍団の壊滅を回避すべく、総統命令を無視し、ハリコフ放棄を決意したのは、まさにこのときであった。

1943年1月末日、ハリコフ地区へ到着する輸送列車。積載されているのはSS第2機甲擲弾兵連隊第11（装甲車化）中隊の装甲兵員輸送車Sd.Kfz.251 C型。

SS戦車連隊『ライプシュタンダルテ』第6中隊所属のIV号戦車G型。
ハリコフ地区に到着後、部隊はただちに交戦状態に入った。

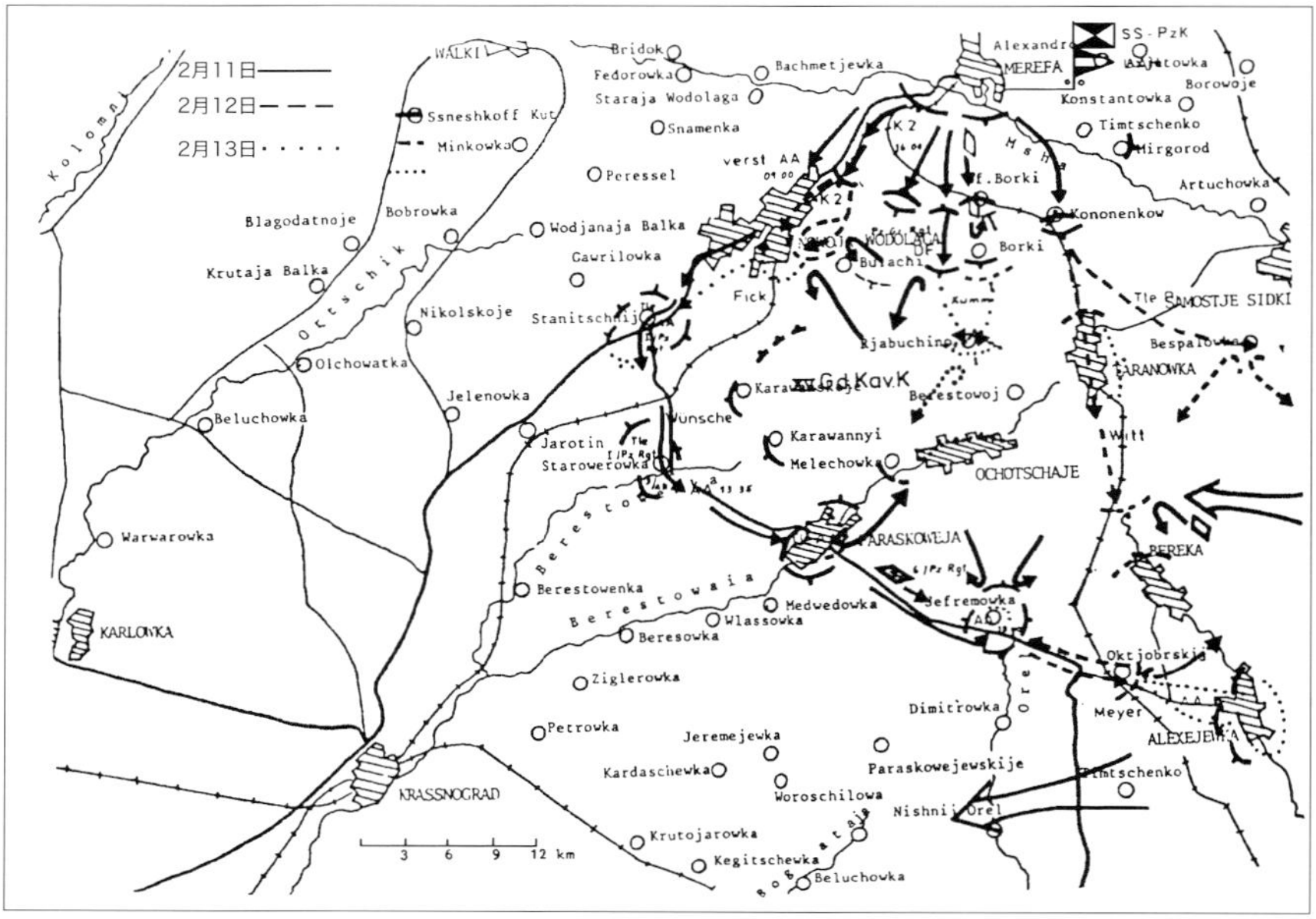

地図3　状況の進展

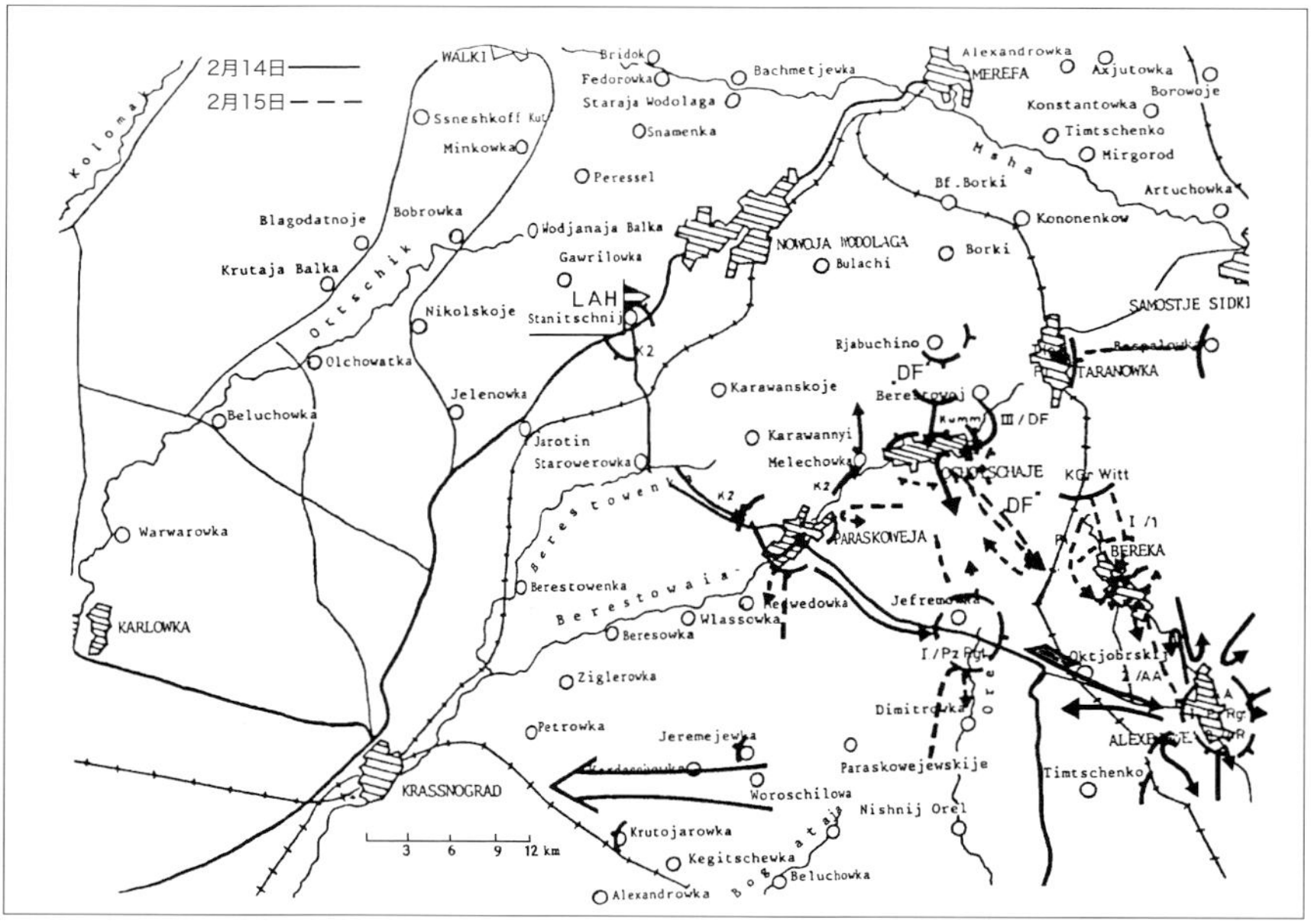

地図4　2月中旬の情勢

ティーガー中隊の多くの隊員にとっては、これが初陣となった。弱冠一七歳のIII号戦車砲手であったアルフレート・リュンザーは次のように回想する。

「私たちはパイパーの装甲兵員輸送車大隊に配された。我らが車長は、一九歳のシュタウデッガーSS軍曹だった。操縦手のフォッケSS伍長も一九歳だった。この男は戦車戦の経験があった。前の年の冬は突撃砲の操縦手だったからだ。それで〝冷凍肉勲章 Gefrierfleischordens〟をつけていた。私は砲手で、一七歳だった。装塡手はグラーフ、無線手の名前は覚えていない。

私たちはパイパーに率いられ、遅滞作戦に従事した。戦区の長さは八〇キロメートルにもおよんでいた。通常、一個の師団が担当するのは約二〇キロだ。このとき、私たちの車内で、ちょっとしたもめごとが発生した。戦闘のさなか、車長は興奮して苛立ち、つまりは当時の私たちの言い方で〝ぶっ飛んだ〟状態になり、フォッケの操縦に我慢ならなくなった。揚げ句、インターコム（車内通話装置）でフォッケに文句をつけはじめた。フォッケは——経験豊かな操縦手というのが私たちの一致した意見だったが——あっさりとエンジンを切って言い放った。『軍曹、もしあなたが私よりうまく操縦できるものなら、どうぞここに降りてきてくださいよ』と。シュタウデッガーが怒鳴り返す。『フォッケ、貴様を軍法会議にかけてやるからな！』『どうぞ、ご勝手に！』フォッケはそう応えて、結局は再びエンジンをかけ、操縦を続けた。彼は軍法会議には送られなかったし、この一件は、車長についてすでにクルーが密かに抱いていた評価を確認しただけで終わった。」

ハリコフ撤退

『ライプシュタンダルテ』を取り巻く状況は、かなり切迫してきていた。師団南翼の攻撃部隊は南方軍集団と連絡がつかなくなってしまった。その間には二〇〇キロもの間隙が横わっている。しかも、まさしくこの間隙に、赤軍のポポフ将軍は麾下の戦車師団、狙撃兵（歩兵）師団を投入してきたのだった。彼らはドネツ盆地北縁にあった南方軍集団主力の側面に回り込み、ドニェプル川めざして足を速めた。このポポフ戦車兵団の進撃はソ連第6軍により掩護された。彼らの左翼、第VI親衛騎兵軍団が『ライプシュタンダルテ』隷下部隊の相手となった。『ライプシュタンダルテ』は彼らの南下に対処しつつ、背後からの襲撃をも想定しなければならなかった。

一九四三年二月一五日、赤軍はハリコフ市の北西部、西部、南東部へ同時になだれ込む。『ライプシュタンダルテ』が防御を委ねられた戦区は幅八〇キロである。そして、ハウサー発令のハリコフ撤退が、ついに開始された。同日、『ライプシュタンダルテ』は、第VI親衛騎兵軍団を粉砕したと報告す

ティーガー中隊軽小隊のIII号戦車J型の上でポーズを取るのは砲手ハインツ・ブーフナー。

ることができた。偵察大隊、それにマックス・ヴュンシェSS少佐率いる第I戦車大隊が、この戦闘に参加していた。

『ライプシュタンダルテ』はハリコフ南西の新たな防御陣地に就いた。ところどころで積雪は二メートルにもおよび、これが戦車の投入をひどく困難にしていた。雪の表面はかなりの厚みをもって凍結していたので、シュヴィムヴァーゲンのような軽車両や、場合によっては装甲兵員輸送車の重量にも耐えた。だが、これが戦車だと、走り出すことはできても、結局は操縦手の視界をさえぎるほどの雪の壁に突き当たるような格好になり、最後には停止せざるを得なくなるのだった。ティーガー中隊は、部隊としてまとまって戦闘に参入するのが不可能となり、可動車両が個々にメレーファ付近で戦うという状況であった。たとえば、二月七日にはペーヴェSS上等兵の操縦するティーガーが、メレーファに向かう途中で土手から滑り落ちた第7中隊のIV号戦車（″717″番車両）を救出している。この期間については詳細な記録がほとんどないに等しいが、ティーガーもまた、これと似たような事故で損害を被っていたものと思われる。おなじみのシャンプSS上等兵の日記には次のような記述がある。

「二月八日／夜間行軍。車両火災。
二月九日／メレーファ。ロシアの農民と朝食。」

二月一二日にアウス・デア・ヴィッシェンSS軍曹を車長とするティーガー（砲手は上記のシャンプ）はメレーファからポルターヴァに向かった。ところが、操縦手がギアを入れ変えたとき、火災が発生しているのがわかった。1100時、彼らは車両を放棄せざるを得なくなる。このように、初期のティーガーは原因不明の火災を起こすことが珍しくなかった。ティーガーを置き去りにするのは許されていなかったので、彼らクルーはその場に待機した。その後アウス・デア・ヴィッシェンと部下たちは、二月一五日まで車両のそばに――身も凍るほどの夜間は、車内にもどって――とどまっていなければならなかった。二月一六日の1115時、このティーガーは爆破処分された。クルーは一七日にノーヴァヤ・ヴォドラーガに着き、同地では翌日に煉瓦製造工場で歩哨に立った。そのまま彼らは二一日まで継続斥候班を務め、二五日にクラスノグラードに至る。なお、アウス・デア・ヴィッシェンは一九四三年三月九日に帰らぬ人となる。

シュタウデッガーのIII号戦車の砲手アルフレート・リュンザーは、この時期、惨憺たる目に遭っている。

「私たちは遅滞作戦の支援に投入された。それはソ連軍が立ち往生するまで続けられた。この作戦行動のために私たちはヨッヘン・パイパーの装甲兵員輸送車大隊――彼らは半装軌車両とシュヴィムヴァーゲン、オートバイという構成だっ

氷が割れて進退きわまった戦車。リュボーティン付近。

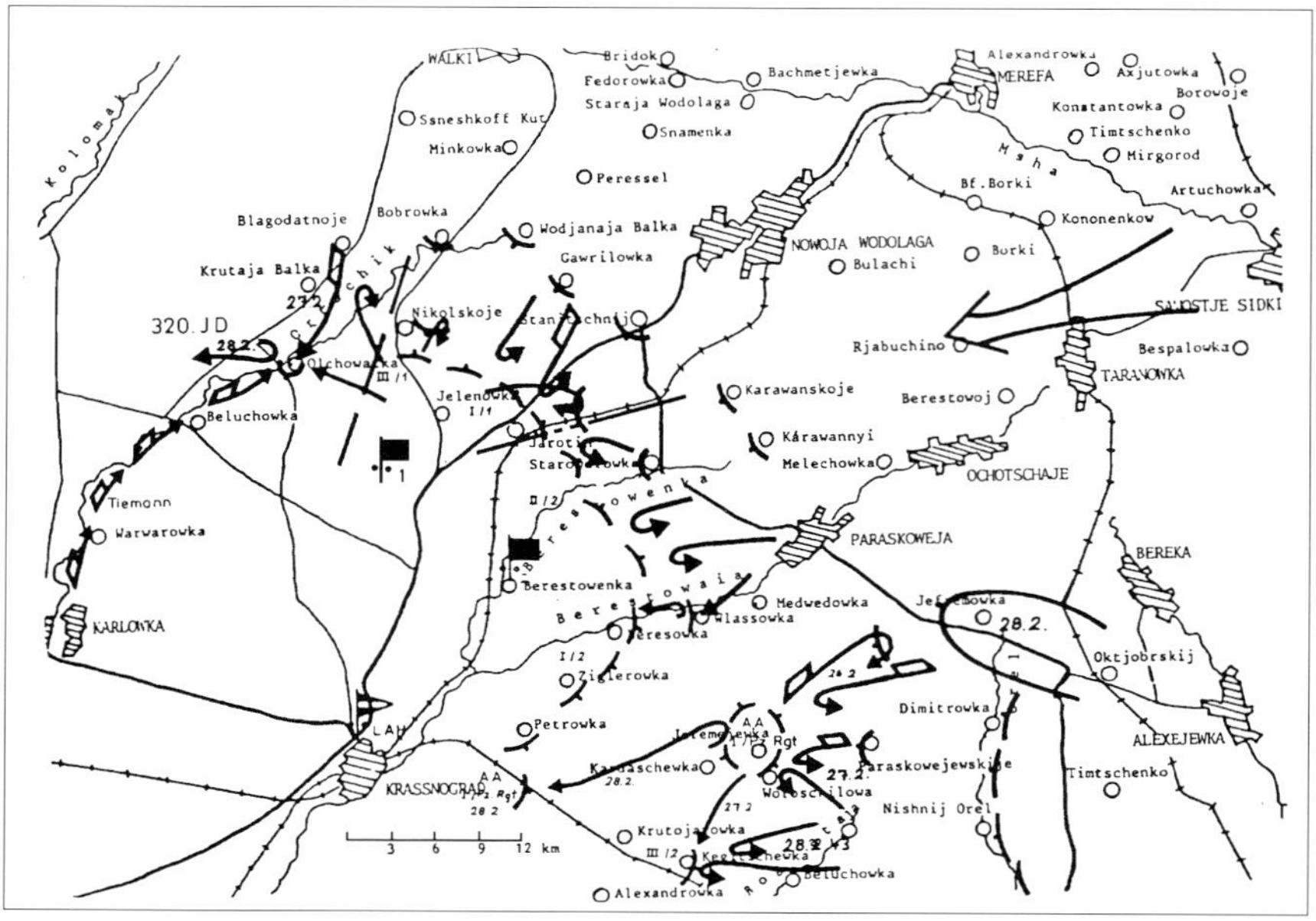

地図5　1943年2月26日～28日の情勢

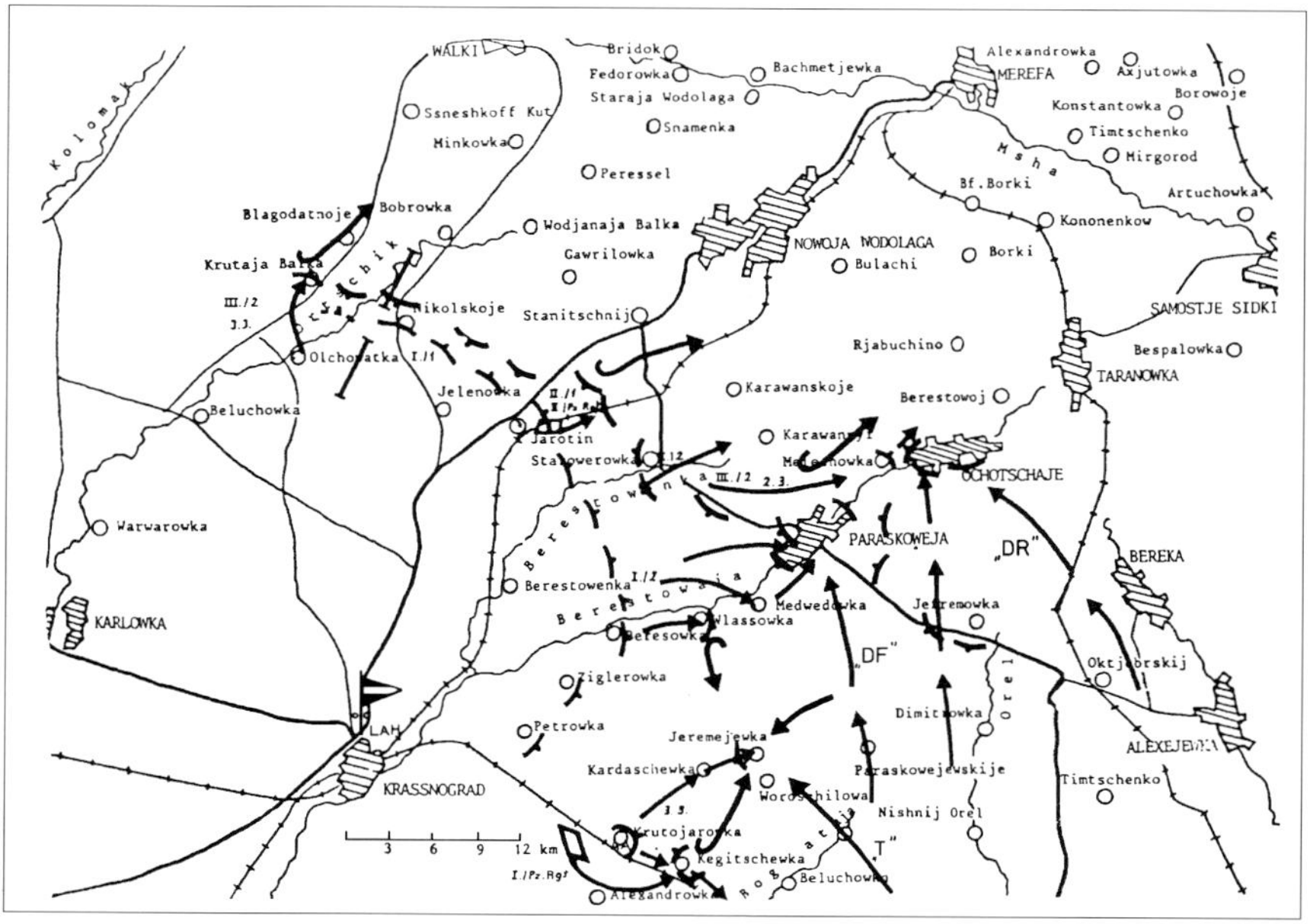

地図6　1943年3月2日～3日の状況

た――に一時配属されていた。実は私もこの防御戦で負傷した――と言ってもいいかと思う。よく晴れた朝、ポルターヴァとハリコフの間のある村でのことだ。私たちの車両は村の街道沿いの、ある一軒の民家の陰に停車していた。パイパーの戦闘指揮所がちょうど目の前にあった。突然、遠くにソ連軍のトラックの縦隊が現れた。まるで無警戒な様子で、のんびり走っている。これを知ったパイパーが簡単に一言。『おい、あの図々しい奴らに一発くらわしてやれ。』

私たちの操縦手は、たまたま不在だった。だが、自由に射撃するには車両を少し前進させなければならなかった。シュタウデッガーが『リュンザー、誘導しろ！』と言うなり、操縦席に飛び込んだ。私たちは全員、戦車の動かし方を教えられてはいたが、だからと言って誰にも操縦手が勤まるわけじゃなかった。もちろんシュタウデッガーにしてもだ。けれども彼は、操縦手が不在だということがパイパーに知れたらまずいと思ったんだろう。それで自分で操縦する気になったんだ。私たちは戦車を誘導する方法も習っていた。だが、そもそも操縦手に正しい方のブレーキレバーを引いてもらわないことには話にならない。シュタウデッガーはみごとに反対の方のレバーを引いてくれた。その瞬間、私は我らがIII号戦車と一両の装甲兵員輸送車との間に挟まれてしまった。ごていねいに彼が戦車を後退させたものだから、ズボンが履帯に巻き込まれ、私は装甲車の車体前部に放り上げられた。パイパーが、またしてもたった一言。『何たる間抜けだ。』

今に至るも、このとき彼が私のことを言ったのか、それともシュタウデッガーのことを言ったのかわからない。私はパイパーの宿舎に運ばれ、何も敷かれていない、下の金網がむきだしの寝台に寝かされた。それから衛生兵が呼ばれた。その日は気温が零下二八度という大変な寒さだったので、みんな何枚も重ね着していた。私が身につけていたのは長靴下、長いズボン下、ダンガリーのズボン、青いデニム地のズボン、黒い戦車兵のズボン、キルティングのつなぎ、麻の白い――オイルやグリースで灰色になっていたが――冬季迷彩のズボンだ。これだけ厚着していたおかげで、私の右脚は助かった。臑（すね）は紫色に腫れ上がり、脚全体がこわばって動かなかった。とは言え、包帯を巻かねばならないような傷は見当たらなかった。

それでも戦争は続く――というわけで、私は抱え上げられて戦車の砲塔に押し込まれることになった。交替要員がいなかったから、私が砲手を続けるしかなかったんだ！　そのまま二週間か三週間も経ったろう。脚がずっとこわばったままだったので、私は朝みんなに担がれて戦車に運び込まれ、夕方に引っぱり出された。一日の終わりに、乗員が総出で車両の整備をし、砲身の清掃をする間、私だけは、その辺の小屋のなかに座って、砲尾の閉鎖装置や砲塔機銃の手入れをしていた。そこに弾薬箱も持ち込まれた。つまり、機銃弾を弾帯

1943年3月、ハリコフ前面で攻撃前の最後の協議をおこなう。左から、SS第1機甲擲弾兵連隊長フリッツ・ヴィットSS大佐、SS第1戦車連隊第Ⅰ大隊長マックス・ヴュンシェ SS少佐、SS第1偵察大隊長クルト・マイヤー SS中佐。

『ライプシュタンダルテ』のティーガー。ハリコフ前面で。
ドイツ軍の攻勢は3月6日に開始された。

に詰める――五発ごとに曳光弾を混ぜながら――というのも私の仕事とされたんだ。要するに、私は文字どおりみんなの〝お荷物〟になっていたんだが、補充が来る見込みがない以上、そんな私でもいなければどうしようもなかった。だが、ついに補充要員が来てくれて、私はトラックに乗せられ、シュピース（先任下士官）のハーバーマンのもとへ送られた。」

SS戦車軍団はソ連の三個軍をくい止め、状況は一時的にもせよ安定した。一九四三年二月一九日、ハリコフ南の防衛戦が、攻勢の形を取って開始された。それより先、一七日に『ライプシュタンダルテ』はエフレーモフカ～オホーチャエ東～タラーノフカ戦区を出て、ベリョーゾフカ～メレーコフカ～オホーチャエ北丘陵～リャブーキノ東端～ボルキー南丘陵を結ぶ新たな戦線に布陣した。二月二一日付の日報によれば、この日『ライプシュタンダルテ』の戦車可動状況はティーガー六両、Ⅳ号戦車四九両となっている。二四日、同戦車連隊は、本部および隷下部隊（戦闘中の部隊を除いて）を、休養・再装備のためクラスノグラードに移すよう指令を受けた。師団の前線司令部もやはり二月二四日から同地に置かれた。しかし、ヴィットマンに率いられた例の中隊の移送第三陣のティーガーとⅢ号戦車は、依然としてポルターヴァにとどまっていた。

ヴェルナー・ヴェントSS伍長が、この時期のエピソードを披露してくれた。

「ポルターヴァで、ヴィットマンSS少尉はたびたび私たちの宿舎へやって来た。私たちのところに突撃砲部隊出身の彼の古い戦友がいたから、雑談しに来ていたんだ。あるとき、私は彼の面前で拳銃の手入れを始めたことがある。そして、まったくの不注意から拳銃を暴発させてしまった。叱責の嵐が吹き荒れるのを覚悟で、私は恐る恐るヴィットマンを見た。ところが彼は厳しい目つきでしばらく私を眺めていたかと思うと、一言も発しないまま、ぷいと部屋から出ていった。これはこたえたよ。私のような古参兵にきまりの悪い思いをさせるには、罵声を浴びせるよりもよほど効き目ある方法だった。事実、私は自分で自分の不注意を責めたからね。ヴィットマンの無言のひと睨みは、まったく望ましい効果をあげたわけさ。」

一九四三年二月二五日、ポルターヴァにとどまっていた部隊は、別の戦区に展開した中隊の仲間と合流することになった。そろそろ泥濘の季節が本格化しつつあり、路面の凍結は緩みはじめていた。三月一日、『ライプシュタンダルテ』に、オリョール～ベレストヴァーヤ川間の敵勢力を粉砕せよという攻勢作戦の命令が下る。

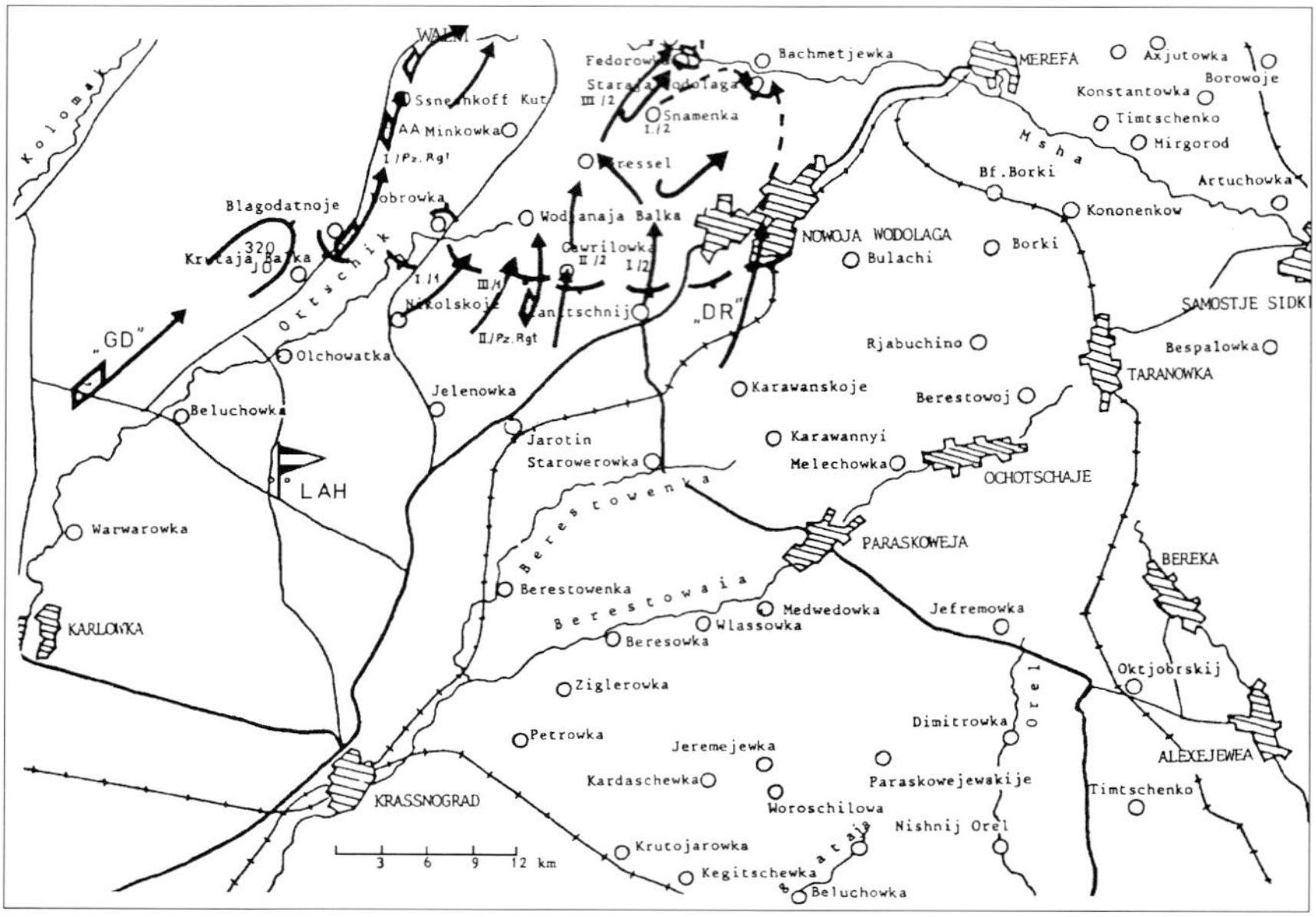

地図7　1943年3月6日〜7日の情勢

再びハリコフへ向けて

一九四三年三月五日〜一四日

一九四三年三月五日、ポルターヴァを出たティーガー中隊は、クラスノグラード北約三〇キロメートルの地域に配置転換となった。行軍中、ユルゲン・ブラントSS軍曹のティーガーが出火・焼失した。その頃のティーガー部隊が直面していた問題のひとつ、エンジン火災を起こしたのだ。また、他のティーガー数両も途中で機械故障に見舞われ、その場に残置されて修理部隊を待つことになった。目的地に着いたティーガーは四両だけである。

この日、以下の指示を含む師団命令が出されている。増強されたSS第2機甲擲弾兵連隊は、ベレーツコヴォを落とした後、フョードロフカ、ブリドク集団農場を確保し、その間に同じく増強されたSS第1機甲擲弾兵連隊は、スハーヤ・バルカ、さらにペスキーならびにヴァルキー東を占領せよ、と。ティーガー中隊は、『ライプシュタンダルテ』のSS戦車連隊第I大隊、同SS砲兵連隊第3中隊、同SS戦車駆逐大隊第2中隊、そして第55ヴェルファー（ロケット砲）連隊第I大隊とともに、『ライプシュタンダルテ』偵察大隊の指揮下に置かれた。クルータヤ・バルカの南東で準備を整えた

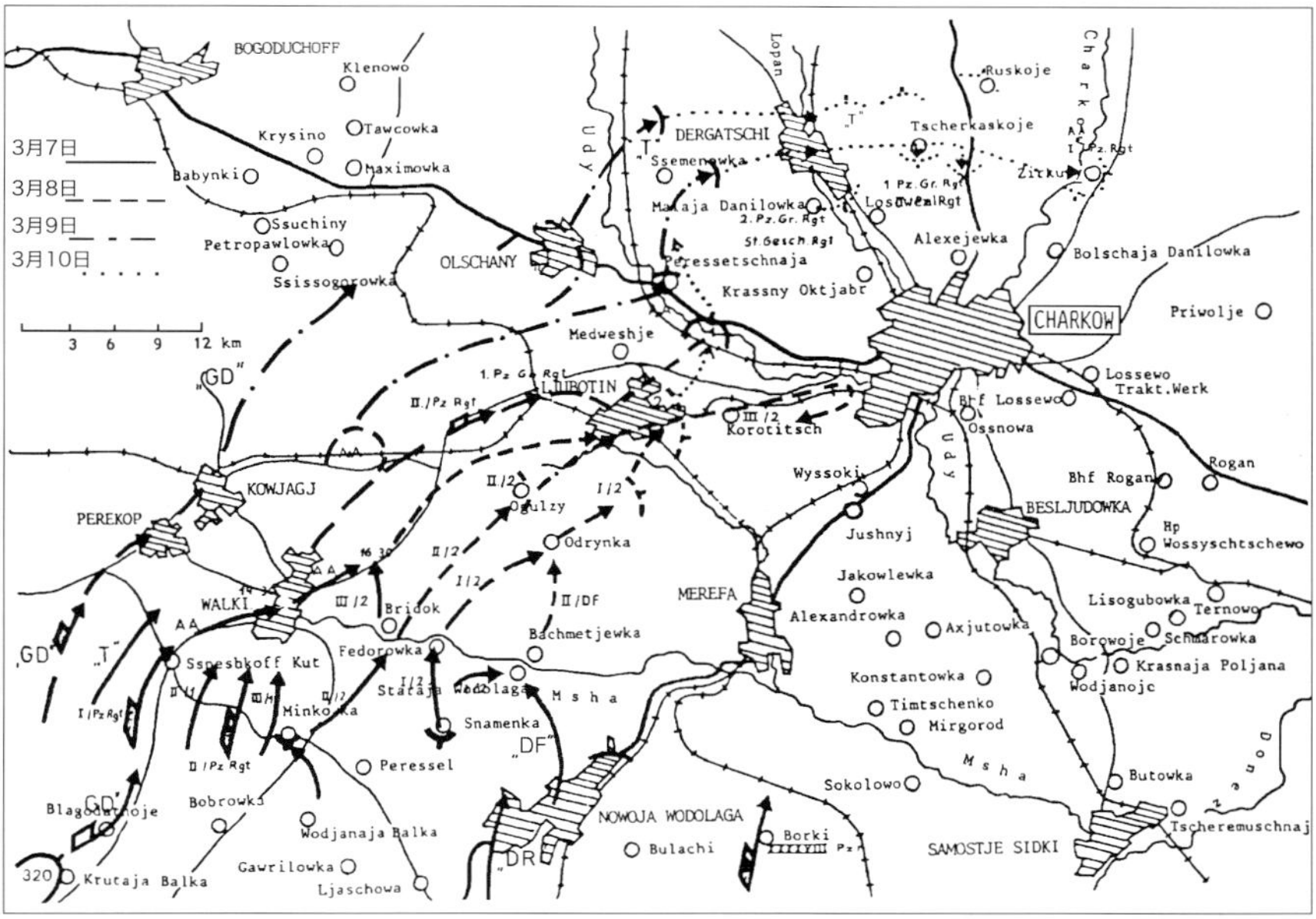

地図8　3月7日〜10日の戦況

後、中隊はランドゥイシェーヴォとブラゴダートノエ両村に攻撃をかけ、続いてスネシュコフ・クート方面に突破することとされた。攻撃初日の第一目標はランドゥイシェーヴォ／ブラゴダートノエ、第二目標はヴァルキー西である。道路状況が確認され次第、ティーガー中隊はヴュンシェの第I戦車大隊と合流、その指揮を仰ぐことになった。

三月六日夜間、攻撃準備が開始された。0100時から0600時の間に準備は整い、師団はその旨報告を受け取る。しかし、偵察大隊は、0700時現在で集結地に到着したティーガー中隊の車両が四両のみで、残りは行軍途上で行動不能に陥っていることを報告しなければならなかった。つまり、以下で語られる戦闘に参加できたティーガーは、それぞれクリングSS大尉、ヴェンドルフSS少尉、ペーチュラークSS上級曹長、ハルテルSS上級曹長を車長とするその四両だけだったのだ。1100時、劣悪な道路状況をおして、彼らはクルト・マイヤー率いる偵察大隊、第I戦車大隊、そしてSS第1機甲擲弾兵連隊と並んで出発した。出足は快調だった。だが1400時頃、彼らはスネシュコフ・クートの数キロ南で強力な対戦車防御陣地に行き当たる。

ヴュンシェの第I戦車大隊副官イーゼッケSS中尉は、その戦闘の模様を以下のように伝える。

「我々の戦闘団は師団左翼にあった。我々はこのとき初めて

軽小隊のIII号戦車J型、1943年2月、ポルターヴァ。
ヴィットマンはここで3月まで待機させられる。

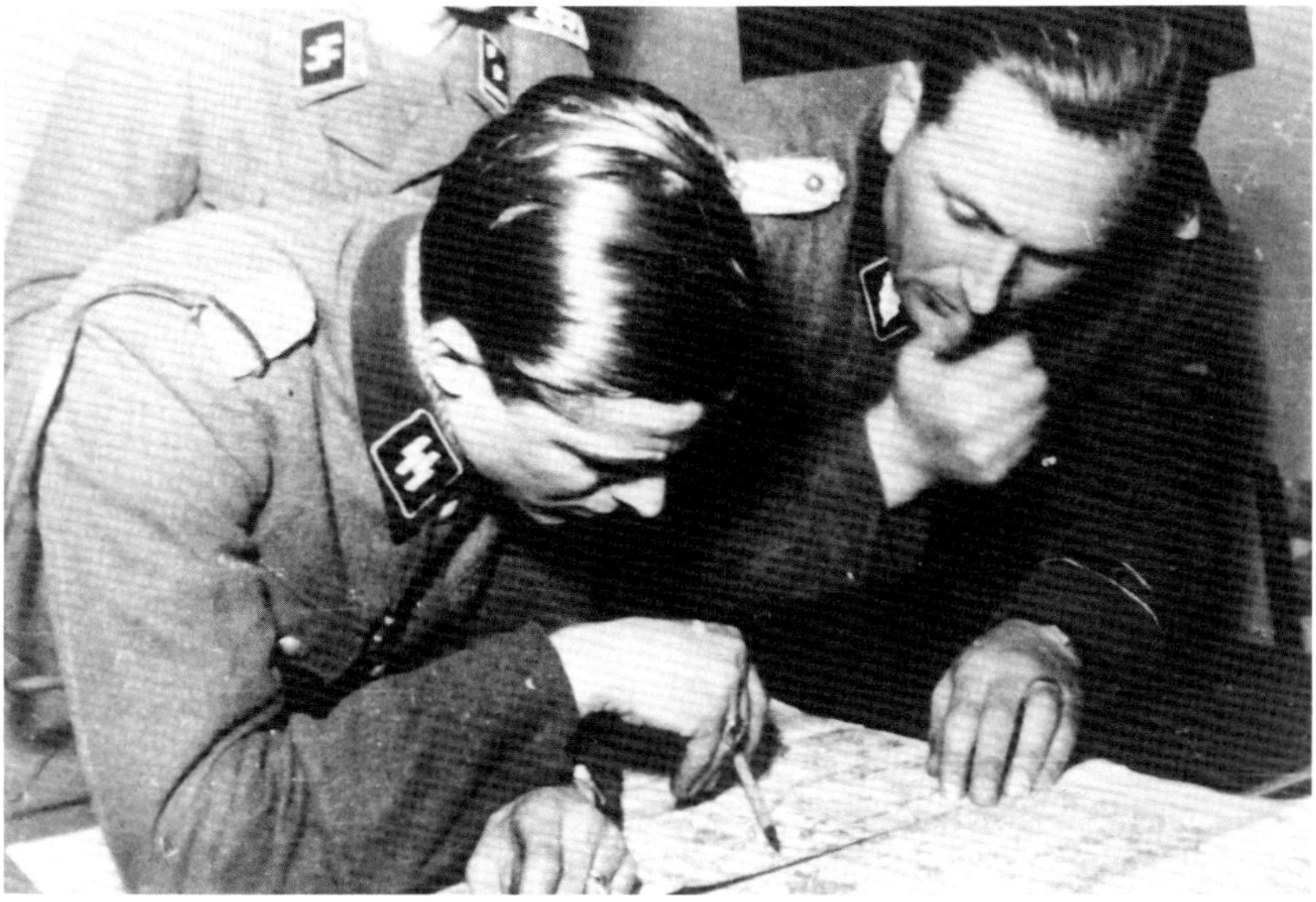

『ライプシュタンダルテ』装甲兵員輸送車大隊長のヨッヘン・パイパー SS少佐（左）と、彼の上官の第2機甲擲弾兵連隊長テディ・ヴィッシュ SS大佐。

ティーガー中隊の支援を受けることになっていた。出撃の直前になって、大隊長がフェルナウと名乗る従軍記者を私のところに連れてきた。『この男を一緒に乗せてやれ。攻撃に参加したいそうだ』と。だが、狭い車内のどこへ彼を押し込んだものやら。結局、乗員一同と相談して、砲尾の横に潜り込ませるのがよかろうということになった。そうこうするうち砲兵による急襲射撃が始まり、我々も出発した。

突破は成功だった。雪が深く積もっていたので、オートバイ狙撃兵二個中隊の隊員は戦車に跨乗しなければならなかったが、偵察大隊の軽装甲兵員車は何とか随伴してきた。シュヴィムヴァーゲンは牽引された。マイヤーSS少佐が、第2戦車中隊長ベックSS中尉の戦車から攻撃指揮を執る。大隊長ヴュンシェSS少佐の車両は中央に占位していた。右手には『ライプシュタンダルテ』戦車連隊の第3中隊(ラムブレヒトSS大尉)、その五〇〇メートル後方にユルゲンセンSS大尉の第1中隊。ヴュンシェ大隊長の後ろに二両のティーガーがいた。それ以外のティーガーのほとんどは、車内の備品支持架や部品の脱落により、あるいはそのせいで乗員が怪我をした例もあって、作戦に参加できなかったのだ。

我々の左背後から戦闘音が聞こえていた。そのあたりには第320歩兵師団がいるはずだった。我々は広正面隊形で大雪原をさらに進み続けた。地平線に、我々の進撃をさえぎるかのごとく家並みが横たわっていた。スネシュコフ・クートに違いない。小停止したとき、ヴュンシェ大隊長が第1中隊に右へ旋回しろと指示した。そして、東からこちらに向かって伸びている村を叩け、と。一方、我々はそれまでの方向を維持して攻撃することになった。村の正面はなだらかな丘になっていて、特にその左側は敵に占有されているらしく、いくつかの閃光が見えた。

進撃続行。我が乗客フェルナウは、ヘッドホンにガーガーと奇妙な雑音が入るのと、いささか窮屈なのを除けばとても楽しく、刺激的な体験だと感想を述べた。その間にも我々は丘から2キロにまで迫っており、向こうの様子が先刻よりはよく見えるようになった。相変わらず雪は我々の周囲に巻き上がり、それを切り裂いて弾丸が飛んでゆく。

我々は一八両の集団で進み、その後ろから二両のティーガーが追走してくる。戦車に跨乗する歩兵たちは砲塔の後ろにじっとうずくまっていた。『止まれ、撃て!』それに呼応するように丘の正面で、いや、いたるところで閃光があがる。畜生め! あれはまさしくパックフロント(密集対戦車砲陣地)じゃないか。大隊長が両方の中隊に呼びかけた。『急げ、もっと展開しろ! 前へ出るんだ!』左手では、ベックのクルーが車両を放棄した。マイヤーSS少佐はどうしただろう? ただ、ベックの車両は燃えているわけではなかったので、その陰で誰か動いているのが確認できた。私の車両からの速射は丘の敵に何らかの効果を与えたようだった。が、先

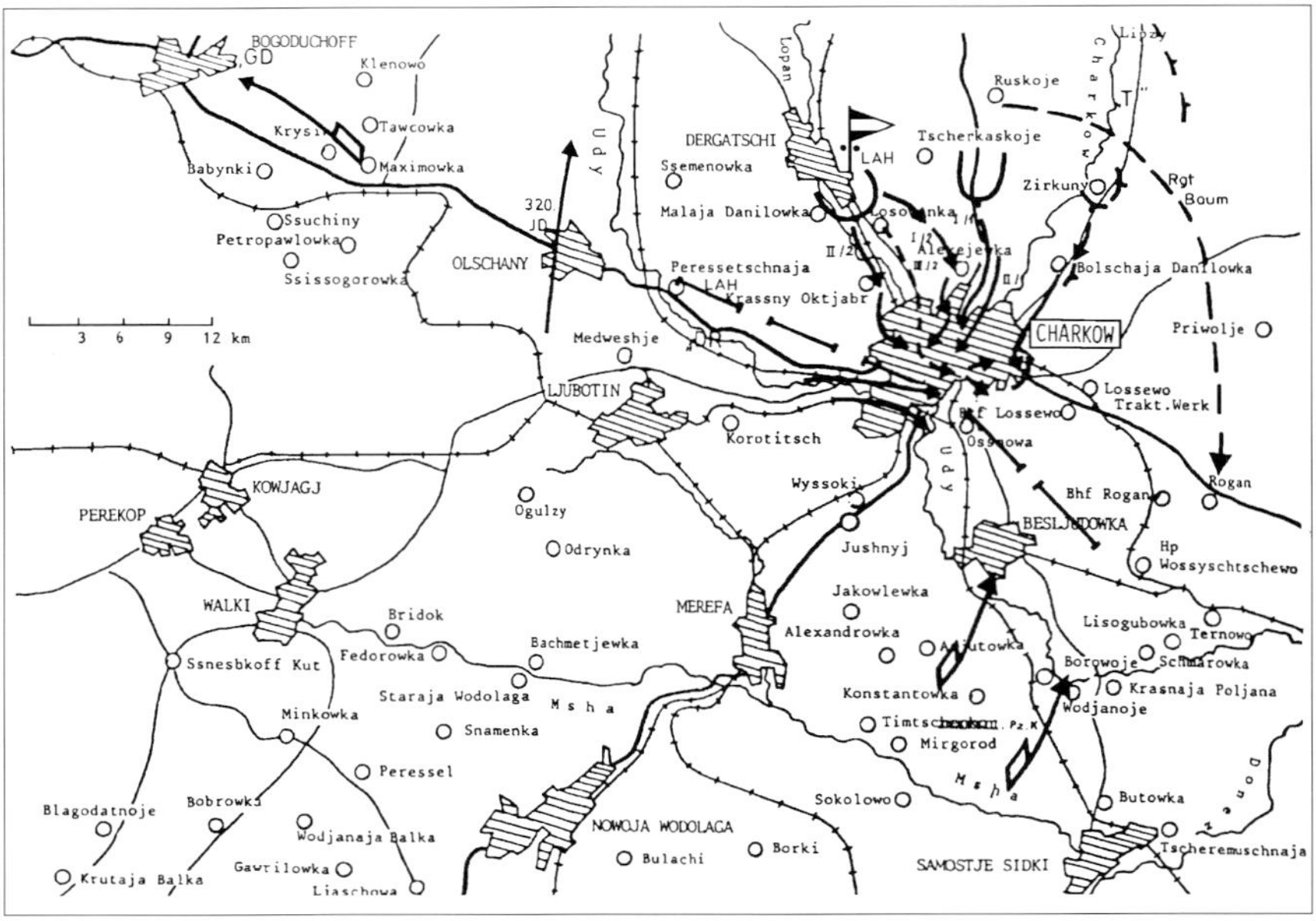

地図9　1943年3月11日～13日の情勢

頭をゆく戦車は丘までまだ八〇〇メートルを残している。

改めて左右を見渡すと今度は二両の戦車が炎に包まれていた。こうなっては戦車による突入は危険だといやでも気付かざるを得ない。この瞬間、誰もが動きを止めた。ほんの少し前に第1中隊長のユルゲンセンから連絡が入ったばかりだったのだが。『オリーオンよりメルクーアへ、村の手前二キロまで接近。抵抗の気配はなし。』大隊長は『よし、速度を上げろ！』と応じ、続いて『大隊長より全車両へ。我に続け！』と送信してきた。私は副官として指揮戦車の五〇メートル横を、それが巻き上げる雪煙を浴びつつ、やや後方から随伴していたが、自分のクルーに『これより全速前進、しっかりつかまっとけよ』と告げた。次いで緊張しながら覘視孔のガラスブロック越しに側面と後方を確認したが、特に異常はなかったはずだった。

だが、そのまま一五〇メートルほど進んだところで、私は指揮戦車が右に逸れ、一軒の納屋に向かうのを見たのだった。どうやら、その陰に停車して状況評価をおこなうことにしたらしい。そのとき、いきなり周囲の空気が唸りはじめたように感じられた。問題の丘は今やはっきりと見えるようになり、そこで明滅するマズルフラッシュ（砲口焰）の数は不愉快なほど多くなりつつあった。だが、納屋の方向を狙った砲撃は、明らかにたいしたことはない。他の戦車も再び動き出してい

SS第1戦車連隊『ライプシュタンダルテ』第2中隊の
IV号戦車G型。1943年3月。

た。我々が丘に接近し——私の右手では大隊長車が納屋までの最後の一〇〇メートルを征服した——、二〜三〇〇メートル向こうに最初の家並みが現れたときだ。その最初の一軒の家に閃光が見えた。と、何かが我々の車両を叩いた。吹き上がる炎を目にして私は怒鳴った。『後退しろ！』数秒後、再び衝撃が来た。『脱出！』と私は叫び、全員が雪のなかに転がり出た。皆それぞれ喉当てマイクのコードを頸から垂らし、火傷を負っている。全員、本能的に雪のなかに頭を突っ込んだ。六人とも——幸いなことにフェルナウも含めて、だった——這うようにして何とか車両から遠ざかった。最初に炎があがったにもかかわらず、なぜか本格的な火災にはつながらなかった。

　我々の車両は片側の履帯だけでさらに二〇メートルばかりずるずると後退した。あとで判明したのだが、あの一軒目の家にはT-34が潜んでいて、そいつからの最初の一発で左側の起動輪が粉砕されたのだ。さらに私の命令で後退したとき、車両は地雷を踏んでしまったのだった。だが、それについてぐずぐず考えているひまはなかった。銃弾が飛んできて、依然として敵が陣地に健在であることがわかった。僚車はどこにいるのだろう？　砲撃の音、弾着の音が、この戦車と対戦車砲の戦いも最高潮に達していることを告げていた。指揮戦車もどこにいるのかわからなかった。ほどなく一両のティーガーが我々のすぐ目の前八〇メートルほどのところを通っ

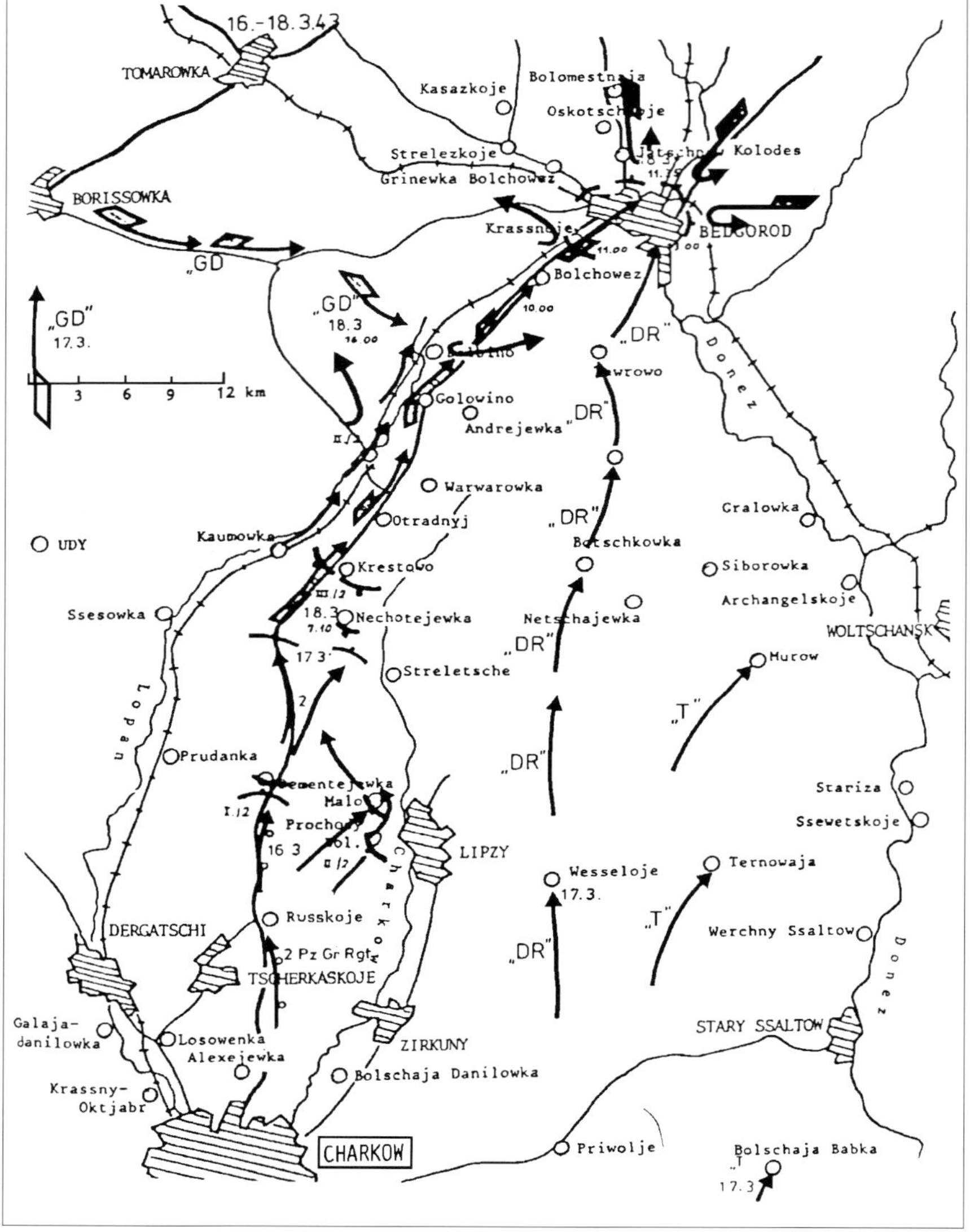

地図10　1943年3月16日～18日の情勢

て、丘に近づいていった。気をつけろ、そこにT-34がいるぞ——そう乗員に教えてやりたかったが、もちろん我々の声は彼らには届かない。そして、次に目撃した光景に我々の気分は激しく高揚したのである。

我々が火傷の痛みも忘れ、腫れ上がったまぶたの奥から目を凝らして、催眠術にでもかかったように一斉に注視するなかを、そのティーガーは今にも丘の頂上に到達しようとしていた。瞬間、凄まじい音がした。火花や砲弾片がここまで降ってくる。再び見上げると、ティーガーの砲塔に大きな——一平方メートルくらいの——〝あざ〟ができていた。と同時に、八・八センチ砲が指さすようにぴたりと目標に向けられるのが我々の目に映った。その砲口から炎が噴流となって吹き出る。もう我々は見物に夢中で、半ば立ち上がっていた。例の家は半分ほど吹き飛ばされ、砲塔を失って炎上する戦車が丸見えだった。我々は快哉を叫んで互いに抱き合った。

それ以降、事態は速やかに展開した。村の境界線に潜んでいた少なくとも二ダースほどのT-34が、それぞれの潜伏陣地から飛び出してきた。その間にも、さらにもう一両のティーガー（車長はヴェンドルフSS少尉だった）が登場した。結局、友軍戦車はスネシュコフ・クート手前で八両の敵戦車を撃破した後、村を駆け抜けて、さらに四両を始末した。この残りのT-34は北東のヴァルキーの方向に逃げ去った。この間、ヴュンシェSS少佐は、パックフロント前面で大隊の攻撃を指揮していた。戦闘終了後に数えたところでは、対戦車砲が五六門あったという。それから少佐は偵察大隊の指揮官とともに村の掃討作戦を取り仕切った。私はと言えば、火傷の治療を受けた後、頭に包帯を巻いた姿ながら任務に復帰することができた。」

ペーチュラークSS上級曹長のティーガー（砲塔番号426）は、上述の戦闘でキューポラと防盾の数カ所に被弾し、主砲が使いものにならなくなった。ペーチュラーク本人も頭部に重傷を負った。車両は工場で修理され、後日モーデSS軍曹がこれを引き継いだ。その砲手が、すでに本章でたびたび紹介しているヴェントSS伍長である。

このときクリング中隊長車の砲手を務めていた一八歳の〝ボビー〟ことカール-ハインツ・ヴァルムブルンSS戦車二等兵にとっては、これが初の実戦であった。彼はこの日の日記に「砲火の洗礼。T-34を一両、それに七六・二ミリ対戦車砲五門を粉砕」と記した。

アウス・デア・ヴィッシェンSS軍曹のティーガーは、さらに四〇キロ南西、カーロフカ付近で戦闘に参加していた。この日、アウス・デア・ヴィッシェンも負傷した。また、この日は故郷から初めての手紙が彼らに届いた日でもあった。

凍結が緩んで氷も溶けはじめ、身動きが取れなくなった『ライプシュタンダルテ』のIII号戦車。

ソ連側はハリコフに増援を送った。だが今や『ライプシュタンダルテ』は、SS戦車軍団総出の攻勢作戦の一翼を担い、攻撃に転じていた。『ライプシュタンダルテ』の左側面は『トーテンコップフ』師団が守り、右側面では『ダス・ライヒ』師団が戦っていた。

翌三月七日1315時、ティーガー中隊は、フリッツ・ヴィットSS大佐率いるSS第1機甲擲弾兵連隊および増強偵察大隊とともにヴァルキーへ到達する。そして、その南西から攻撃をかけて、1630時には同村を奪取、北寄りにいたパイパーの装甲兵員輸送車大隊と連絡を確立した。この攻撃の過程で、彼らはパックフロントをまたひとつ突き破った。

三月八日、部隊はさらに北上する。『ライプシュタンダルテ』に与えられた任務は次のようなものだった。「リュボーティン北側にてハリコフへ至る街道を封鎖すべく、オグールツィからリュボーティン西の各村落を目指して攻撃を続行せよ。」ティーガー中隊は、偵察大隊とともにヴァルキーからボルガールを経て、正午頃にシュリャーチの鉄道と街道の交差地点まで進出した。このときの抵抗は無視できる程度のものでしかなかった。

三月九日、ペレセーチナヤが落ちた。同日夕刻、偵察大隊と同行のティーガー中隊は、ヴィットのSS第1機甲擲弾兵連隊の指揮下に入った。すでに彼らはリュボーティンにあった。ちなみに、ヴァルキーでシャンプSS上等兵は、撃破されたT‐34の車内からソ連軍の戦車指揮官がティーガーと交戦する際に参考にするための射表——しかもきちんと印刷されたもの——を発見している。これは、ソ連側がドイツ新型戦車の登場に関して最新の情報を入手し、さらにはそれにあわせて対策を練るだけの充分な時間の余裕さえ確保していたことを示す証拠であった。

三月一〇日、SS第1機甲擲弾兵連隊は、デルガチーへ向けて出発した。道路状況はおおむね悪かった。夕方近く、偵察大隊とティーガー中隊はツィルクヌイに達する。さらに夜間、同連隊はハリコフ北端の飛行場を目指した。ティーガー中隊のグスタフ・ミュールハウゼンSS少尉が、この日、戦死した。

ハリコフ奪還

一九四三年三月一一日を期して『ライプシュタンダルテ』司令官ゼップ・ディートリヒはハリコフ奪還を発令した。前夜、ディートリヒはヒットラーからの電話を受ける。このときヒットラーは（前月の一七日に続いて再び）ザポロージェの南方軍集団司令部を訪れていたのだ。彼は『ライプシュタンダルテ』の活躍ぶりについて質問し、その損失状況をしきりに気にする様子を見せた。そして、このような言葉で通話を締めくくった。「我が『ライプシュタンダルテ』が常日頃

マックス・ハンゼンSS少佐（左）が部下に指示を出す。
ハリコフ市街戦で。

1943年3月、ハリコフ市街戦。対戦車自走砲と戦車が一丸となって敵の抵抗を排除する［訳注／大日本絵画刊『ハリコフの戦い』に掲載の同じ写真には「いずれも7.5cm砲を装備したⅣ号戦車、マーダーⅢ、そして対戦車砲が強大な火力を見せつける」とのキャプションがふられている］。

の敢闘精神を発揮して攻撃に出るならば、我々のハリコフ奪還はもう成功と決まった！」

ティーガー中隊とSS第1機甲擲弾兵連隊は、三月一一日０４００時に行動を開始した。

熾烈な戦闘を経て、彼ら『ライプシュタンダルテ』隷下部隊は、北東から市内に侵入する。ロケット弾発射器装備の第55ヴェルファー連隊は効果的な支援を提供した。夕刻、先頭を進む部隊が、この大都市の中心部〝赤の広場〟への道を切り拓いた。なお、ハリコフ外縁での戦闘中、フィリプセンSS少尉はT-34を一両と対戦車砲一門を撃破した。

『ライプシュタンダルテ』戦車連隊第6中隊所属の操縦手であったヴァルター・シューレSS上等兵によれば、この戦闘は以下のように展開された。

「ヴュンシェ指揮の戦車部隊に混じって、我々はⅣ号戦車三両で一晩じゅう泥を掻きまわすようにして沼地も同然の軟弱地を進み、ハリコフの外縁に達した。我々の正面左手に貯水塔が見えた。そこにはソ連軍砲兵の観測員がいた。

朝になり、後続部隊が追いつくのを待って、我々は市中心部へ攻撃をかけるべく街道の両側に待機した。だが、いざ市内へ突入というとき、Ⅳ号戦車が何両か——あとでわかったことだが、ある一軒の家の陰に隠れていたKV-Iによっ

1943年3月18日、ベールゴロド攻略にあたりティーガー部隊は重要な役割を演じた。右にヴィットマンの軽小隊に所属するIII号戦車が見える。

ハリコフの橋。

1943年3月、ハリコフ前面。“スペインの騎手”と呼ばれた対戦車障害物によってバリケードが築かれている。向こうに見えているのはT-35。

SS最高集団指揮官兼武装SS上級大将パウル・ハウサー。南方軍集団隷下にあったSS戦車軍団は、1943年3月14日にハリコフを奪還する。それより先、軍団長ハウサーは「ハリコフ死守」命令に敢えてさからい、自身の責任において同市からの撤退を断行した。

て——撃破された。そこへティーガーが一両、到着した。それはヴュンシェSS少佐を目指して、ゆっくりと我々の傍らを通り過ぎた。ティーガーが実際に動いているのを見たのは、それが初めてだった。噂では、ティーガーのほとんどはすでに故障して使いものにならなくなったと言われていた。それに、ティーガーの戦闘室には問題が多く、決して完璧ではないという話だった。ともあれ、随分と唐突な出現だったにせよ、それは来てくれたのだ。ヴュンシェはその車長に要点を説明してから『ようし、このでかい奴を先に通してやれ！』と怒鳴った。道が空けられ、ティーガーは悠然と進みはじめた。長い主砲はわずかに下げられ、ヴュンシェに指示された目標をいつでも射撃できる態勢で、左にカーブした街道の向こうを威圧するように睨んでいた。

街道上に一ヶ所、そこを通過しようとした車両が必ず粉砕されて、どうしても突破できないところがあったのだが、ティーガーはここに突進して道を開いてくれた。砲弾が車体を叩く音が何度か聞こえた。そのうちの一発でティーガーの照準器がやられたらしい。明らかにKV-Iからの砲撃に違いなかった。が、どこから撃ってくるのか正確には特定できなかった。このとき、ティーガーとKV-Iは相撃ちになったようだ。ティーガーは主砲を6時方向に向け、ゆっくりと後退した。こうして我々の攻撃が始まった。

私がこの一件を鮮明に覚えているのは、戦車砲の照準器が

シュトゥーカの攻撃の後、『ライプシュタンダルテ』の戦車と機甲擲弾兵はハリコフ市中へ進撃した。

直撃されるなど、非常に珍しいと思われたからだ。もっとも、その後——一九四三年七月一二日に、私も同じ体験をすることになったが。」

事実このとき、ソ連軍の徹甲弾がティーガーの照準器開口部に命中、砲塔内で破裂した。砲手のヴィレムスSS伍長は即死、車長フィリプセンSS少尉も脚に重傷を負った。ちなみに、残る乗員は操縦手ヴィリー・レップシュトルフSS上等兵、装填手ルーディ・レッヒナーと無線手ローレンツ・メーナーの両SS戦車二等兵であった。『ライプシュタンダルテ』戦車連隊第5中隊マルヒョウSS中尉のⅣ号戦車も、ハリコフ外縁で撃破された。マルヒョウの操縦手ハイダーは、一両のティーガーが、六両のT-34と一両のKV-Ⅱを撃破したのを憶えているという。また、第7中隊のハインツ・フライベルクは「ティーガーの支援なしでは、我々Ⅳ号戦車部隊も一連の戦闘を生きのびることはできなかっただろう」と日記に書きとめ、ティーガーが機械的故障に見舞われもせず、またその能力を最大限に発揮できる場所で戦術的に正しく運用された場合、どれほどの勝利をもたらし得るかを認めている。

市内でも激しい戦闘が待っていた。侵入したドイツ軍部隊は、家屋に潜む赤軍の狙撃兵に悩まされた。この市街戦には対空砲大隊の重砲も投入された。突撃砲部隊、装甲兵員車部

ハリコフ郊外を進むSd.Kfz.251/1 C型装甲兵員輸送車。

炎上するソ連戦車の横を通り、市中へ突入するIV号戦車。

隊も激戦を繰り広げた。三月一一日夕方遅くにハリコフ市内へ偵察に送り出されたSS第1機甲擲弾兵連隊第11中隊のエトガル・ベルナーSS一等兵は、以下のように述べている。

「我ら斥候班は、夜陰に乗じて〝赤の広場〟まで進んだ。敵との接触はなかった。広大な広場は皓々と月に照らされ、一見したところでは静まりかえっていた。我々の第2連隊がおそらくすでに広場にいるはずだったので、しばらくしてから数人の歩兵に『君は第2連隊か』と声をかけてみた。返事はなく、その代わり一〇〇メートルばかり離れたところから巧みに隠蔽された戦車が一発撃ってきて、それが我々の頭上の高層住宅に飛び込んだ。我々は手近な地下室に這いこみ、これを報告するため、大隊長ヴァイデンハウプトSS少佐のもとに伝令を送った。すると伝令は『終夜〝赤の広場〟にとどまり、監視を続けよ』という命令を携えて戻ってきた。我々は野戦電話で連絡を確立した。地下室は少なくとも夜の寒さからは守られていた。

しかし、一夜明けて、我々は自分の目を疑った。広場全体がソ連の歩兵でいっぱいだったのだ。連中は肩にかけた小銃を揺らしながら、朝食を受け取っているところだった。我々はこれをじっと眺めているしかなかった。マックス・ハンゼンSS少佐の第Ⅱ大隊が来てくれて、ようやく我々はそのネズミの巣穴から這い出すことができた。」

必死になった敵の抵抗は翌日、翌々日も続いた。街の区画をひとつ、またひとつと奪い取ってゆかねばならないような、厳しい戦いであった。ソ連兵は家屋のなかから対戦車砲や機関銃あるいは対戦車ライフルを撃ってくる。戦車も住宅の中庭や車寄せなど、そこここに潜んでいた。一日かけて『ライプシュタンダルテ』隷下部隊は、じりじりと南東方向に道を開いていった。夕刻までには、市の三分の二はドイツ軍の支配下におさまった。

三月一四日には、さらに苛烈な戦いが展開された。1645時、『ライプシュタンダルテ』はSS戦車軍団に対し、市中心部を確保した旨報告する。同日午後、大ドイツ放送局は、全送信所を介して特報を伝えた。曰く「特報！一九四三年三月一四日、総統大本営発表。国防軍最高司令部の報ずるところによれば、一週間に渡って続いた反撃作戦で敵をドネツ対岸に撃退した南方軍集団が、ルフトヴァッフェ(ドイツ空軍)の効果的支援のもと、武装親衛隊による北と東からの挟撃で、数日来の激戦の末にハリコフを奪還。敵の人的・物的損害の程度は未だ計り知れず。」

ハリコフ奪還の功績により、ゼップ・ディートリヒSS大将は、剣・柏葉付騎士十字章を受章した。市中での最後の掃討作戦がおこなわれたのは三月一五日である。スターリングラードの戦いとその余波で戦線に生じた三〇〇キロメートル

市の南部ではいちだんと激しい抵抗を排除しなければならなかった。

の間隙は、とりあえず修復された。続く数日で、周辺の町村もドイツ軍の手中に落ちた。『ライプシュタンダルテ』にはハリコフ北方に位置するベールゴロドという新たな目標が与えられた。

快晴の一九四三年三月一八日、『ライプシュタンダルテ』の、増強されたSS第2機甲擲弾兵連隊はパイパー率いる装甲兵員輸送車大隊ともども行動を起こした。同大隊には、その前夜、二両のティーガーが派遣されていた。0640時、攻撃開始。0700時にはシュトゥーカ部隊がクレストーヴォ～カウモーフカの敵戦線を襲撃、その一〇分後にパイパーは「敵の阻止線を破ってオトラードヌイへ進撃中」と報告した。これに参加していたティーガー二両のうちの一両はモーデスSS軍曹を車長とする車両で、操縦手はオットー・アウクストSS軍曹、砲手はヴェルナー・ヴェントSS伍長であった。次節でヴェントの言葉を借りて、この進撃の様子を再現してみよう。

ティーガー戦車の装填手席。

無線手席。

望遠照準眼鏡が装備された砲手席。

操縦手席。

砲手席。

車長席。

操縦手席。

ベールゴロド奇襲

以下はヴェルナー・ヴェントによるベールゴロド強襲の体験談である。

「いたるところまだ雪が残っていて、とてもじゃないが望ましい道路状況じゃなかった。ただ、その日の明るい青空が私たちの背中を押してくれた。0710時、SS第2機甲擲弾兵連隊の第Ⅲ大隊（パイパーSS少佐指揮）がソ連軍の前哨線を突破した。私たちはエンジンを始動させ、整列した。行軍序列や進軍方向、目的地は、前もって知らされていた。先頭はⅣ号戦車、それに私たちティーガー戦車が続いた。

ところが、ようやく動き出して前線を越えたとたんに、巧妙にカモフラージュを施して伏撃陣地に潜んでいたT-34を二両発見した。私たちは砲塔を旋回させ、射撃した。これがみごとに命中して、T-34は陣地から這い出してきた。これこそ連中のおかした致命的なミスだった。もちろん連中は逃げ出そうとしたわけだが、そのまま私たちにあっさりと粉砕される羽目になったんだからね。連中にはほとんど応射する余裕もなかっただろう。

我らがティーガーのエンジン音は力強く轟き渡り、履帯はウクライナの大地にしっかりと噛みつき、歩みは順調だった。そのとき、上空に戦術偵察機（ヘンシェルHs126）が現れたかと思うと、さっと急降下してきて、発煙通信筒を投下した。中に入っていた通信文で、まだ何両かのソ連戦車が私たちの進撃路の周囲をうろついているらしいというのがわかった。おかげで私たちの緊張感はいやがうえにも高まった。

最初にT-34との交戦があってから、私たちは部隊の先頭を引き受けていたので、充分に注意深くあらねばならなかった。さあ次の村に突入、というときだった。道路はわずかに右にカーブしていた。そこで思わず目を疑うような光景を見た。行く手にラッチュ・ブム、つまり七六・二ミリ対戦車砲が陣取っているじゃないか。だが、私たちの登場が連中にとってまったくの不意打ちだったのは確かだね。なにしろ、その赤軍兵たちときたら、対戦車砲を放り出して、すぐ近くの小さい田舎家の前で、村の娘たちとベンチに腰かけていちゃついていたんだ。

これは砲撃するまでもなかった。私たちは遠慮なく全速力でその対戦車砲を轢き潰した。そいつがスクラップになったからには、もう脅威でも何でもない。さらに先へ進んで、二両のT-34と遭遇したが、これも簡単に片づけた。そして道路の左手を見ると、私たちの快進撃に恐れをなしたか、何百という赤軍兵士が巨大なかたまりになって今まさに退却してゆくところだった。連中は、ひたすら恐怖に駆られている様子だった。近づきつつある災厄から何とか逃れようと、外套をばたばたいわせながら走ってゆく。もっとも、こっちだって連中にかまってはいられなかった。私たちの関心はもっぱら目標――ベールゴロドに集中していたからだ。私たちはさらに速度を上げた。

正午近く――正確には1130時、前方にベールゴロドが見えてきた。キリル文字に不慣れなので、里程標などは読めなかったが、おそらくベールゴロドに違いなかった。私たちが奇襲攻撃で落とすことになっていた町。それに南西から接近する形で、私たちは慎重に一本の木造の橋を渡った。橋は戦車の重量にも何とかもちこたえた。私たちは北に向かって走り続け、ベールゴロドに足を踏み入れた。二両の装甲兵員輸送車が私たちに随伴していた。そのまま市街地のはずれにさしかかったとき、不意に誰かが叫んだ。『後ろに戦車がいるぞ!』装甲兵員輸送車から乗員が飛び降りて、道路脇の溝に身を隠す。『砲塔、6時!』と車長が命じた。私たちは急いで砲塔を旋回させた。ソ連戦車がもう二〇〇メートルにまで追いすがってきている。だが、初弾があっさりと命中した。このときの相手は背の高い〝グラント将軍〟(アメリカからソ連に供与されたM3中戦車〝ジェネラル・グラント〟)だったので、はずす方がむしろ難しいというくらいのものだった。

この戦闘の後、後続の弾薬輸送トラックその他の車両に複数のソ連戦車が射撃を加えているとの無線連絡が入った。何としても進撃路を自由に使えるようにしておけというのが、

GUDERIAN
BEI DEN ϟϟ-PANZERN

Das Innere des „Tigers" ist sehr geräumig

Der deutschen Rüstungsindustrie ist es gelungen, den „Tiger" in überraschend kurzer Zeit zu entwickeln und fertigzustellen. Die Sowjets, die die außerordentliche Kampfkraft dieser neuen Waffe schon in früheren Kämpfen kennenlernen mußten, haben ihn die deutsche „Geheimwaffe" genannt

1943年4月、グデーリアン上級大将、ハリコフの『ライプシュタンダルテ』ティーガー中隊を訪問。

グデーリアンがクリングSS大尉（膝をついている人物）からティーガーの説明を受ける。

私たちに課せられた任務だった。柔らかな路面に履帯を食い込ませながら、ただちに回れ右。さっきの木造の橋に近づいたとき、橋をはさんで三〇〇メートルばかり向こうにT-34が橋への進入路をふさいで待ちかまえているのが見えた。私たちは即座に射撃した。それが機関室に命中して、煙が吹き出す。相手はめげずに応射してきたが、こっちの次弾がまたしてもうまい具合に命中し、その主砲もついに沈黙した。

道路は再び通行自由になった。この間に、私たちの中隊僚車――この奇襲に参加したもう一両のティーガーも駆けつけて、進撃路の掃討に加わった。これで、すべての友軍車両が安全にベールゴロドに入れるようになった。ベールゴロドは陥落し、私たちの任務は完了した。ともかく大変な勢いで突進したものだから、私たちはベールゴロドに一番乗りの戦車となったばかりか、その後も勢いにまかせて市内を走り抜けた。私たちはこれでおおいに意気が揚がったし、自信もついた。と同時に、ティーガーへの信頼感をますます強めた。」

もう一両のティーガーは、クリングSS大尉の搭乗車であった。砲手は〝ボビー〟・ヴァルムブルンSS戦車二等兵である。彼らはT-34とM2を各一両、七六・二ミリ対戦車砲を三門、装甲偵察車一両を撃破し、さらに一五〇ミリ砲一門を蹂躙した。1135時、パイパーは無線で報告を送った。

「ベールゴロドを確保せり。戦車八両を撃破。」

クリングSS大尉が、ハリコフ戦で得られたティーガーに関する戦訓をグデーリアンに説明する。左はフリッツ・ヴィットSS大佐、右はSS戦車軍団のIa（首席作戦参謀）ヴェルナー・オステンドルフSS大佐。

一九四三年三月一九日、ベールゴロド北部を維持していた装甲兵員輸送車大隊に対する敵の圧力が強まった。１３１５時、同大隊は第７戦車中隊、それに二両のティーガーとともに、北西に移動を開始する。１５３５時、パイパーＳＳ少佐の報告によれば、彼らはストレレーツコエ村の近くで敵戦車と交戦、友軍の損失皆無のうちに敵戦車七両を撃破した。だが、村内の橋が破壊されていたため、同大隊と戦車部隊は夜の間に東へ退いた。なお、上記の戦闘でクリング-ヴァルムブルンのコンビはＫＶ-Ⅱ超重戦車一両を撃破している。

一九四三年三月二〇日０６１５時、ティーガー数両をともなったパイパー戦闘団は街道沿いにクールスク方面へ進み、ショーリノとゴンキーで強烈な抵抗に遭う。彼らはあらかじめ与えられていた命令にしたがってヤーチュエフ-コーロデスとオスコーチノエの線まで後退し、そこで布陣した。ベールゴロドの北一二キロである。翌日、『ライプシュタンダルテ』の各展開部隊は割り当てられた目標をすべて確保・維持した。敵との接触はほとんどなかった。

三月二二日、『ライプシュタンダルテ』への初の補充要員として、六〇〇名の下士官および兵がハリコフに到着、さっそく各部隊に振り分けられた。続く数日間で、師団全隊は指定の休養地区に入った。戦闘による消耗を回復させるための当然の措置であった。同師団の戦果は、ＳＳ戦車軍団や軍、

ティーガー“405”（中隊長車）の砲塔に収まっているのはヴィットマン。グデーリアンの技術面からの質問に答える。手前の人物はクリングSS大尉。

軍集団が発した日々通達のなかで高く評価された。それより先、三月一九日には、アードルフ・ヒットラーも南方軍集団および中央軍集団に対して、称賛の意を伝える日々通達を出している。

『ライプシュタンダルテ』師団は、防御作戦に始まり、三月五日からは攻勢作戦において見られた抜群の働き――すなわち家々を、また街路の一本一本を巡って戦われた熾烈な市街戦でハリコフを奪還したその功績により、それにふさわしい数多くの受勲者を出すことになった。同師団の活躍は新聞各紙やラジオの特報で大々的に扱われた。彼らは優勢な敵から堂々たる勝利を奪ったことで、その師団旗をさらなる名声で飾ったのだった。

ハリコフの手前で故障して行動不能に陥っていたティーガー各車も、その後、同市に到着し、中隊に合流した。たとえばロルフ・シャンプは、ハリコフ市内での戦闘には参加していない。彼は三月一一日にも依然としてヴァルキーにとどまっていた。この間、同地ではタツィナSS上等兵がソ連軍の不発弾をもてあそんでいて命を落とすという事故があった。シャンプが他の乗員とともにヴァルキーを発ってリュボーティンに到着したのは三月一三日のことだ。彼らは翌日、デルガチーに着いた。春の雪解けとともに道路は沼地と化し、三五キロを進むのに一二時間もかかる始末だった。三月一六日、シャンプらはようやくハリコフに辿り着いた。

オルトヴィーン・ロールSS少尉は負傷がもとで三月二四日に死亡した。この時点で『ライプシュタンダルテ』ティーガー中隊は一二人を失ったということになる。

ハリコフ駐屯

一九四三年三月二〇日〜六月二九日

ティーガー中隊は、ハリコフ郊外の、戦火を免れた労働者用団地に宿営を構えた。中隊員はこの休養期間を目一杯活用した。つまり、入浴し散髪し、汚れた衣類を取り替えるという、いたく平凡な〝日常業務〟にいそしんだのである。衣類の洗濯は地元の民間人にまかせた。しかも、このときは全中隊員が個室を与えられるという贅沢を享受した。中隊と地域住民との関係は良好であった。言葉の壁も決して克服できない問題ではなかったようだ。地元の農家との物々交換で、食事の内容を改善することもできた。多くのドイツ兵が夕食に招かれたりもした。総じて、食事に関しては文句のつけようもなかった。時にはドイツ兵が団地の住民を招いて、糧食でもてなすこともあったらしい。彼らは特に団地の住民とはきわめて友好的で、親しい関係を築きあげた。なかにはピアノが置かれている住宅もあったので、腕に覚えのある者が夜に演奏会を開いた。ここには蓄音機やドイツのレコードさえあったのだ。

ドルマン大将と会談中のグデーリアン［訳注／デルタ出版『グランドパワー』1996年10月号特集中の"ティーガー大隊の編成と戦歴"の説明によれば、これはケンプフ大将であり「アグテ氏はケンプフ大将をドルマン上級大将と勘違いしている」とのことであるが］。左から、オステンドルフSS大佐、ドルマン大将、グデーリアン上級大将、『ライプシュタンダルテ』Iaのレーマン SS少佐、クリングSS大尉、『ライプシュタンダルテ』砲兵連隊長シュタウディンガー SS准将。

怠惰に陥ることは許されなかったが、彼らに課せられた日課は厳しいものではなかった。夜間も自由時間があり、外出も認められていた。ロルフ・シャンプは、Ⅲ号戦車の車長であると同時に中隊長付きの通訳を務めていたタルノポーリ出身のガリツィア・ドイツ人グスタフ・スヴィーツィSS伍長と多くの時間、行動をともにした［訳注／ガリツィアはポーランド南東部からウクライナ北部にかけてを指す］。

ある日、スヴィーツィを誘いに行ったシャンプは、その場でクリング中隊長につかまり、しばらく会話につきあわされた。クリングSS大尉は自分と同じヘッセン州出身者には特に目をかけたというが、このときシャンプは、ティーガーとⅢ号戦車が従事した先の戦闘について、レポートを書かされる羽目になった。レポートは三月二〇日に書き上がり、シャンプはそれについてまたクリング中隊長と討論した。それが済むと中隊長はシャンプをコーヒーに誘った。

同じ三月二〇日、ティーガー中隊にとって初めての勲章授与がおこなわれた。中隊はハリコフ奪還に部隊単位で参加したわけではなく、所属する戦車の何両かが参戦しただけであったのは先述のとおりだが。この日、フランツ・シュタウデッガーSS軍曹、アルトゥール・ゾンマーとカール・ヤウスSS伍長のほか、フィリプセンSS少尉のクルーのヴィリー・レップシュトルフSS上等兵、ローレンツ・メーナー、ルードルフ・レッヒナー、ハインツ・ヴィレムス、それにボ

（左右とも）グデーリアンはドイツ最新鋭の戦車と、
その実戦投入の手応えに多大な興味を示した。

ビー・ヴァルムブルン（いずれもSS戦車二等兵）が、第二級鉄十字章の受章者となった。続いて四月一日には、戦車突撃章銀章の授与があった。これは少なくとも三日間の戦闘を戦車に搭乗して経験した者全員に与えられた。

ロルフ・シャンプSS上等兵はティーガーの車長になった。当時としては異例の――彼の階級を考えれば――大抜擢である。シャンプの日記の文面にも興奮が見て取れる。「418番の戦車長――万歳、いつになったら戦いに出られるのだろう？」

この間、一九四三年三月三一日にはクルーの再編成が実施された。ロルフ・シャンプはティーガー〝426〟番車の車長に決まった。彼のクルーは、いずれも戦車二等兵のフリッツ・ザイデルベルク（砲手）、ヴェルナー・イルガング（装填手）、ヘルベルト・ヴェルナー（無線手）、名前は不詳のピーパー（操縦手）である。非番のときには、彼らは揃って集会所でおこなわれる催し物を見物に出かけた。観劇や映画に行くこともあった。いずれにせよ、退屈がそれほど問題になることはなかったものと思われる。

この時期、戦車兵総監グデーリアン上級大将とケンプフ大将がハリコフ駐留の『ライプシュタンダルテ』ティーガー中隊を視察に訪れた。〝赤の広場〟――当時は〝ライプシュタ

左から、フォン・リッベントロップSS少尉、グデーリアン司令部の将校、半ば隠れて見えないが『ライプシュタンダルテ』Ib（兵站参謀）のエーヴァートSS中佐、オステンドルフSS大佐、グデーリアン、ドルマン、クリングSS大尉、『ライプシュタンダルテ』戦車連隊長シェーンベルガー SS少佐。

ンダルテ広場〟に改められていたが――の中央に中隊長のティーガーが停められ、グデーリアンの検分に供された。このとき、グデーリアンから出された技術的な質問に答えたのがヴィットマンSS少尉であった。四月五日にはモーデル上級大将がやはりティーガー中隊を訪れている［訳注／ヴォルフガング・シュナイダー著・富岡吉勝監訳　大日本絵画刊『重戦車大隊記録集②』によれば、グデーリアンの来訪は「四月中旬」である］。

新しいティーガーも五両到着した。ヴィットマンは第Ⅲ小隊を引き受けることになり、晴れてティーガーの車長になった。また、『ライプシュタンダルテ』の補給部隊から一〇人ほどがティーガー中隊に転属してきた。全員、中隊勤務を強く希望して、受け入れられたのだった。

そのなかに、ハインツ・ヴェルナーとハンス・ローゼンベルガーがいた。ふたりともSS軍曹で、後に軽小隊の車長になる。ちなみに、それまでⅢ号戦車の車長であったマルテンSS曹長、レッチュSS上級軍曹、シュタウデッガーSS軍曹はティーガーの車長に転じた。いずれもSS二等兵のヴァルター・ラウとヘルマン・グローセも上記一〇人の仲間で、装填手の訓練を受けていた。

ところで、アルフレート・リュンザーはその後ハリコフ市内の病院に送られていた。

マクデブルクまで新しいティーガーを受領しに行くハルテルSS上級曹長（ひさし付き帽を被っている）の一行。1943年4月。

「病院は何もかもそっくりドイツ軍に引き継がれていた。蚤も虱も、ロシア人の看護婦も、血で汚れた藁のマットレスを敷いたベッドも。私は脚の治療を受けたが、退院するまで長く——何週間もかかった。おまけに、それでもまだ完治していなかった。四月から五月にかけてのある日、私は原隊に戻された。当時、部隊はハリコフの北で休養中だった。そのとき新しい車長に会った。ブラーゼ軍曹といって、空軍から転属してきた男だ。そして、もうⅢ号戦車ではなく、私もついにティーガーに乗り換えることになった。ただ、脚はおおいに悩みの種だった。日なたに座っていると、膝から下が汗をかいたように膿でじっとりと濡れた。軍医の指示で私はクレメンチュークの野戦病院の皮膚科に送られた。そこでもいろいろな治療を受けたが、少しもよくならなかった。

そんなある日、そこの医長が——たとえて言うならトーマス・マンの『フェーリクス・クルル』からそのまま抜け出してきたようなタイプだったが——私のところに来て言った。『君のためにキエフの陸軍医療品保管庫から薬を取り寄せたぞ。』数日して私の蜂巣織炎——皮膚炎の一種だ——は、どうにか治った。」［訳注／『フェーリクス・クルル』／トーマス・マン（一八七五～一九五五年）の最後の長編『詐欺師フェーリクス・クルルの告白』。その第二部第五章、徴兵検査会場の場面に、徴兵忌避をもくろむ主人公クルルの詐病の演技にあっけなく騙されてしまう尊大な軍医が登場する］。

新しい迷彩塗装が施された第4中隊のティーガー、1943年春、ハリコフ。

整備小隊の宿営地にて。

"歓びを力に"の団体旅行の一行が、中隊所属のティーガーの上で記念撮影のポーズを取る。[訳注／"喜びを力に Kraft durch Freude„は、第三帝国時代唯一の労働組合組織であるドイツ労働戦線の余暇担当部門により運営された制度で、国民に旅行その他さまざまな娯楽を格安で提供した。詳しくは次章の訳注を参照されたい。]

比較的軽傷だった負傷者がぽつぽつと中隊に戻りはじめた一方で、重傷者はドイツ本国の病院で治療を受けていた。ハンネス・フィリプセンSS少尉は後者のひとりで、一九四三年三月一一日にハリコフ前面で負傷したのは前述のとおりである。入院中の三月二〇日、彼は第一級鉄十字章を授与され、ティーガー中隊では同章の受章者第一号となった。四月二〇日、彼はマイニンゲンの病院から両親にあてて手紙を書いている。それは、戦争が始まる前にドイツ少年団の指導員をしていた当時を懐かしむ言葉で始まっていた。

「ピンプフ指導員だった僕にとって、今日という日（ヒットラー誕生日）は、常に一年でもっとも心楽しい日でありました。毎年、この日になると、初々しく元気な子供たちが新たに僕らの仲間に加わるのです。そして最年長組の少年たちは僕らのもとを巣立ってゆきます。僕は彼らを誇りに思ったものです。おわかりでしょう、あの少年たちも今や優れた前線兵士であり、彼らには不可能なことなどないのです。僕らとて当時から考えていました。いつの日か、愛する祖国がそれを命ずるならば、僕らはボルシェヴィズムとの戦いに武器を取るであろう、と。これは、僕らが家で、あるいは学校で過ごした幾多の日々を通して、まったく自明のこととして理解されていました。ですから、まだほんの子供の頃から僕らは身体を鋼（はがね）のように鍛え、愛国心を我が信念としてきたわけです。

昨日、僕は、マリーエンブルク城で一〇歳の子供たちがそれぞれ少年団少女団への入団式に臨んだというニュースと全国青少年指導者アクスマンの演説、それに、夜遅くになってからでしたが我らが総統の祝辞を感激とともに聴きました。こんな時は自分もピンプフに戻ってしまったかのような気持ちになります。実際、数年前にはそうだったわけですが。でも、戦争によって僕らはいろいろと多くのことを考えるようになりましたし、僕らの理想主義はますます堅固なものになっています。僕は今日、気持ちだけでも中隊の戦友たちとともにあります。なぜなら、総統の警護部隊たる僕ら『ライプシュタンダルテ』兵士にとって、今日という日は常に偉大な日だからです！

ところで、昨日ようやく脚の副木がはずされました。今はギプスで固められていますから、膝はきちんと治るでしょう。明後日になれば、歩行訓練を始めてもいいと言われています。ですから、マティーアスが来るときは、もしかしたら起きて庭かバルコニーに座って話ができるかもしれません。マティーアスが来るのを僕はとても楽しみにしているのです。きっと僕らふたりにとって愉快な復活祭になるでしょう。僕に限って言っても、もうベッドで寝ている必要はないのですから！

愛するご両親様、風薫る五月、もしもおふたりがこちらへ来てくださるなら、僕は最高にうれしいのですが。まだ三週

左からヴェンドルフSS少尉、シュッツSS中尉、ヴィットマンSS少尉。1943年4月20日、ハリコフ。

操縦手を務めていたヴェルナー・ヘーペSS戦車二等兵。

ヴォールゲムートSS上等兵。搭乗車の前で。主砲に描かれた10本のキル・リングに注目。

間はギプスのままでしょうし、それが取れて完全に歩けるようになるには、さらに数週間かかるかと思われます……」

［訳注／ピンプフ Pimpf-en とはドイツ少年団の団員のこと。また、文中のマリーエンブルク城とは、一三世紀から東方植民の尖兵となったテュートン騎士団の本部で、一三〇九～一四五七年まで団長の居城であったという歴史をもつ東プロイセンの古城。一九三六年以来ヒットラーの誕生日にあわせ、一〇歳になった子供を集めて少年団／少女団への入団・宣誓式をおこなう格好の舞台のひとつになった。現ポーランドのマルボルクに所在。やはり文中に登場するアルトゥール・アクスマンはバルドゥール・フォン・シーラッハの後任として一九四〇年八月からユーゲント組織の最高指導者に就任している。］

さて、ここで、ゼップ・ハーフナーという中隊員の名前を挙げておかねばならないだろう。彼はマイバッハ社からティーガーのエンジン担当として中隊に派遣されてきた職工長 Werkmeister である。最初の頃、彼は青いつなぎの作業服姿で歩きまわっていたが、まもなく、ＳＳ曹長の階級章つきの制服を支給された。ハーフナーは有能な技術者であり、その専門知識の確かさゆえに、高い評価を得ていた。

技術面における戦訓

ティーガーは長距離を走行することができなかった。長距離の自走行軍を強いられると走行装置が五七トンの車体重量に耐えきれなくなるのだ。具体例をあげれば、内側転輪のタイヤが摩耗し、転輪そのものに悪影響がおよぶ結果、緩衝器のスイングアームが破損する。このような事例では修理にたっぷり三六時間もかかった。後部緩衝器のスイングアームを交換するには、エンジンを取りはずさねばならない。となると、まず砲塔を除去する必要が生ずる。最終減速機にも故障が頻発した。

また、長時間の運転により〝オルファー Olvar〟型変速機が過熱状態を呈し、オイルの粘性が低くなる。結果、個々のシリンダーの機能不全が起こり、ギアの切り替えに滞りが発生し、ひいてはそれが変速装置全体の機能不全につながる。そのうえ、初期のティーガーは敵の攻撃によらずに出火し、焼失することがあった。当初これは説明がつかなかったが、排気管が灼熱すること、機関室内で燃料が発火点に達することが原因と判明した。これらの初期不良を速やかに解決するには、正当な資格を持った、熟練の整備要員が欠かせなかった。

ゼップ・ハーフナーに続いては、ヴァルター・ヘーリング

ハリコフ奪還後、〝ライプシュタンダルテ広場〟と改められた〝赤の広場〟で、グデーリアンのティーガー中隊視察の一場面。左から、ヘルトSS軍曹（車長）、いずれもSS戦車二等兵のヴァルムブルン、ビュルフェニッヒ（砲手と装塡手）、SS上等兵のヴォールゲムート、ライマース（無線手、操縦手）。

もエンジンと変速機の専門家としてマイバッハ社からティーガー中隊に送りこまれてきた。彼は以下のように記している。

「いわゆるティーガー戦車は、マイバッハ社のエンジン――最初はＨＬ２１０、その後すぐにＨＬ２３０に換装になったが――と、同じくマイバッハ社のオルファー型変速機を搭載したうえ、新開発の砲と諸装備をもって実戦に臨んだ。オルファー型は〝ヴァリオレックス Variorex〟型変速機を発展させたもので、油圧制御式だった。オルファー型の採用によって（ティーガーの）配備部隊には、特別に訓練された組立工もしくは整備員――変速機の構造ダイアグラムを参照しながら、どうしても発生する不具合の原因を即座に突きとめ、なおかつその修理を引き受けられるような整備員を会社から派遣することが必須条件になった。この整備員たちはＯＫＨ（陸軍総司令部）の了解のもとに、個々の整備中隊へ配された。とはいえ、あくまでも民間人（軍属）の扱いであったので、派遣先で戦闘に参加することはできなかった。したがって、これらの整備員は〝戦時配属職工長 Kriegswerkmeister〟の肩書きで制服を支給され、そのように遇されたが、従来どおりマイバッハ社の社員である点に変わりはなかった。

派遣整備員はマイバッハ社の〝外部派遣・顧客応対課〟の指示と支援を受けながら活動した。派遣員と本社との間には不断の情報交換がおこなわれた。派遣員はエンジンと変速機に関して実戦の場で得られた経験を、常に本社へ報告する

ティーガー“411”。

義務を負っていた。それらの報告書は会社の外部派遣課で検討・評価された後、設計開発課や試験課に回覧される。これを見て、開発課は改修などの必要な措置を取る。こうして会社側が打ち出した対応策は、たとえばエンジン番号あるいは変速機番号の何番から、それらの改修が導入されるのかといった問題、または、交換品はいつ部隊に届けられるのかといった問題をも含めて、派遣整備員に知らされる。もちろん、最優先されるのは生産中の製品に改修を施すことである。

大規模な前線修理基地に派遣された整備員の処遇も、上記と同様である。ただ、前線部隊ではエンジンや変速機の交換、およびそれほど深刻でない故障などの比較的簡単な修理しか手がけられないが、それとは対照的に、前線の背後に設けられた修理基地では大がかりな整備補修作業が実施された点が異なる。たとえば、エンジンや変速機の全面的オーバーホール（分解検査）だ。こういった修理基地には、関係各社から組立工や主任級の整備士、取付け監督など、専門技術者が集められていた。これらの整備要員は、現場での保守点検業務が円滑に機能するのを重視するそれぞれの会社から、充分な支援を得て活動した。

マイバッハ社の外部派遣の仕組みは以上のとおりである。言うまでもなく、この制度はマイバッハ製の変速機を搭載した戦車が配備された部隊にのみ適用された。マイバッハ製変速機が故障した場合、構造ダイアグラムを参照しながら修理

ビュルフェニッヒSS戦車二等兵、ヴォールゲムートSS上等兵、ライマースSS上等兵。

できるのは、これらの派遣員だけとされたからである。この制度は、ヴェーアマハトの関係各部署、OKHとグデーリアン戦車兵総監の配慮によって、きわめて良好に機能した。

初期にあっては、エンジン関連の最大の問題は、クランクケースの過剰な圧力に由来するファン駆動系およびクランクシャフトのオイル漏れであった。これが車両火災につながったのである。HL230エンジンの投入数が増えるにつれ、コンロッド破損の報告も増えた。それには同型のエンジンを搭載していたパンター戦車からの報告も含まれていたが。ロシアでは、その原因を知らされるまでかなり長くかかった。

燃料が満タンの場合、その液面の高さは、気化器もしくはそのフロート室をはるかに越えてしまう。結果、気化器のニードルバルブは漏れやすいために、燃料がシリンダー内に流れ込む（一二個のシリンダーのうち、六個まで吸気バルブが常に開いたままの状態になった）。これでエンジンを始動させると、いわゆるハイドロスタティック・ロック hydrostatic locks を起こす。結果として、もっとも弱いコンロッドにしわよせが来て、たちまち破損するのである。フライホイールギアに対するエンジン始動用セルモーターのギア比が非常に大きいために、エンジンがかかりやすかったのも一因である。

この問題は、気化器——2ステージのツインバレル型が四個——の手前側にあたる燃料配管に油圧作動のバルブを組み

中隊員を集めて一場の訓話をおこなうヴァルデマール・シュッツSS中尉。1943年ハリコフ近郊。

込むことで解決された。これでエンジンが停止して油圧が落ちると、燃料の流入もなくなる。ひとたびこの件が解決すると、エンジンに関して、通常の摩損以外には何の問題もなくなった。この段階でマイバッハ製エンジンの性能は敵の所有するエンジンに比べた場合どうだったのかということについては、マイバッハ製の方がはるかに優れているというのが私の印象だった。

むしろ私たちの側の最大の不利は、戦車そのものの保有数があまりに少ないということだった。ソ連のT-34を鹵獲し、補修して使用する戦闘部隊もあったのは、そういう事情による（『ダス・ライヒ』戦車連隊には鹵獲したT-34装備の一個中隊があった）。とは言え、予備部品の供給態勢は概して良好に機能していた。空襲により、数々の生産隘路あるいは輸送隘路が生じたのは確かだが。これは戦車の生産に総力が結集され、その供給は最優先とされたからだ。多くの生産施設が、より脅威の少ない、あるいは安全な場所に移転しなければならなかったにもかかわらず、その間も生産が停止することはなかったし、供給システムもしっかりと維持された。」

この時期、中隊の訓練を監督し、講義までほとんど一手に引き受けていたのはヴァルデマール・シュッツSS中尉である。総統誕生日の四月二〇日、彼は中隊員を集めて恒例の訓話をおこなった。その後、中隊員には自由時間が与えられ、酒保の食料品が特配された。

またこの日は勲章授与と昇進の告知もあって、彼らをよろこばせた。『ライプシュタンダルテ』砲兵部隊の出身で、砲手を務めていたヴェルナー・ヴェントSS伍長は、ベールゴロド強襲の際に敵戦車六両を撃破した功績により、SS軍曹に昇進した。その他ゾーヴァ、スヴィーツィ、カール・ヴァーグナーは、ともにSS伍長からSS軍曹へ昇進した。いずれもSS軍曹でティーガー車長のユルゲン・ブラント、ハンス・ヘルト両名と、軽小隊の戦車長マックス・マルテンSS曹長、グスタフ・スヴィーツィSS軍曹は第二級鉄十字章を得た。ハイン・ライマースSS上等兵、オットー・アウクストならびにフリードリヒ・アウマンSS軍曹、ロルフ・ヘスSS戦車一等兵、ローラント・ゼフカーSS戦車二等兵も同章を授与された。

他方、これより数日前、彼らは尋常ならざる光景を目撃している。あるSS上等兵が脱走罪により野戦軍事法廷において死刑を宣告された。そして四月一二日、整列した中隊員の面前で刑が執行されたのである。

休養と再装備

この当時二〇歳だったヴァルター・ラウSS二等兵は、先述のとおり『ライプシュタンダルテ』の補給部隊からティーガー中隊へ転属してきた一〇人のうちのひとりである。

シュッツSS中尉、投宿していた民家の前で。背景に写っているのは、この
家のウクライナ人家族。中隊員と地元住民とは良好な関係を築いていた。

シュッツと中隊先任下士官のハーバーマンSS上級曹長。

ヴェルナー・ヴェントSS軍曹。シュッツ搭乗車の砲手。

左ページ／シュッツSS中尉、搭乗車ティーガー"411"の試験走行で。

「ハリコフ奪還の数日後、一九四三年三月一五日、私たち――ジープケンSS少佐指揮の師団補給部隊に属する補給中隊――は〝ライプシュタンダルテ広場〟近くの宿営地に入りました。ハリコフを取り返して以来〝赤の広場〟はそう呼ばれていたのです。ハリコフのことは、とてもよく憶えています。そのコンクリート舗装の広場のことは、集隊形の訓練だの小銃射撃だのをやらされることになったのですから。

四個小隊編成――対空砲、対戦車砲小隊各一個に歩兵（小銃）小隊二個――の補給中隊は、なかなか侮れない中隊でした。中隊長のシュタンプSS大尉は『ライプシュタンダルテ』の古参兵のひとりでしたし、下士官――特に上級の下士官は、大半が俗に言う〝最後の息子〟たちでした。つまり、その家で生き残っている最後の男子は、彼らのように戦闘部隊から引きあげられて補給部隊へ回されるか、でなければ補充訓練大隊勤務になるきまりだったのです。彼らは皆、鉄十字章や突撃章を佩用していました。一九四二年の八月から一二月、フランスにいたあいだに、本当に言葉どおりの意味で彼らが私たちを本物の兵隊に鍛えあげてくれたのです。

そのときのモットーに曰く『SS隊員は宝石だ、磨くほどに光る。』それでも私たちは、はなはだ面白くありませんでした。何と言おうと、ただの補給部隊じゃないか。おれたちは〝運送屋〟として戦争に参加するため志願したわけじゃな

いぞ、と。仲間の多くはすでに何度も口頭で、あるいは文書で、機甲擲弾兵部隊か、もっと高望みするならパンツァーマイヤー率いる偵察大隊への転属を願い出ていました。そして、一九四三年三月、ついに私たちの願いがかないました。ハリコフ戦で生じた欠員を埋めるため、師団補給部隊から一〇〇人ほどが前線部隊へ転属になったのです。

全員、行き先は戦車連隊でした。ハリコフの北のはずれにあった連隊指揮所の正面でシェーンベルガーSS少佐が私たちを迎えてくれました。当時はルードルフ・フォン・リッベントロップSS中尉［訳注／リッベントロップ外相の息子］が連隊副官を務めていて、彼が私たち新参組を各隊に割り振ったのでした。大半は第II大隊でしたが、何人かは整備中隊に、そして一〇人ほどがティーガー中隊に配されました。

ここで、ある出来事についてお話ししたいと思います。ティーガーにまつわる私の最初の体験ですが。まだ二月の、ヴァルキー前面のどこかでのことです。私たちは本街道に沿った、ある村のなかにいました。一軒の田舎家の横に、ティーガーが一両停まっていました。故障して動けなくなっていましたが、初めて戦闘に出たらしいそのティーガーの巨体を間近で見た私たちは、ただもう驚くばかりでした。しかし、金髪の若い車長――二級鉄十字章をつけたSS少尉でした――にはもっと驚きました。彼は修理作業を手伝っていました。それから三週間足らずで私は、彼がヘルムート・ヴェ

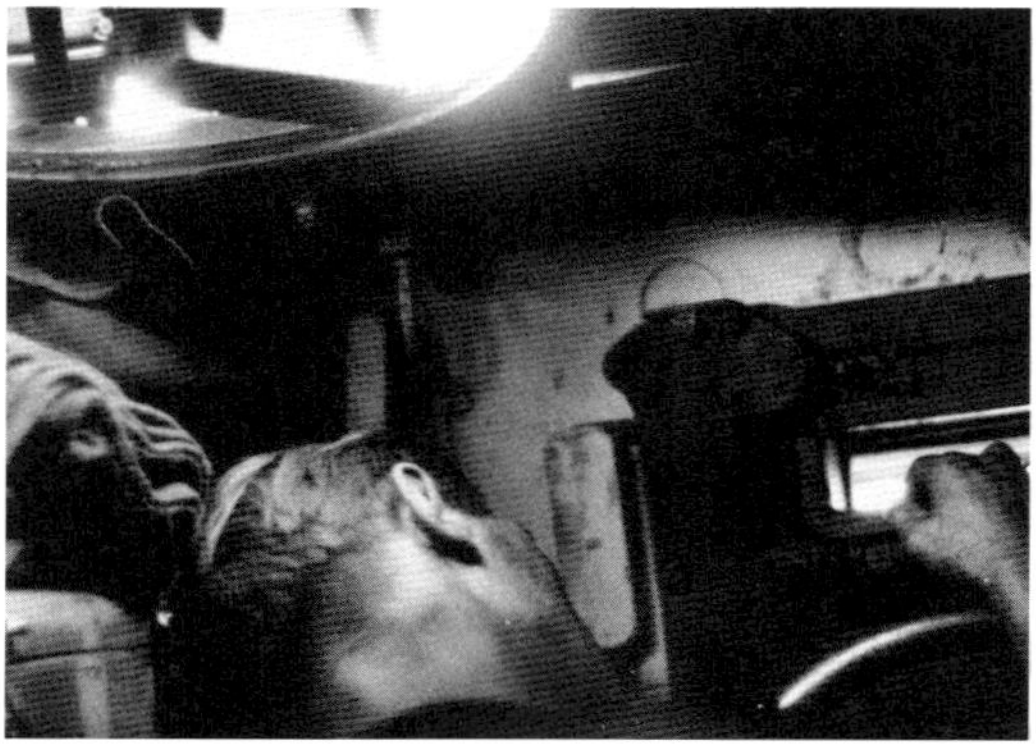

（2枚とも）ティーガー〝411〟の車内。操縦手ハイン・ライマースがステアリングホイールに手をかけている。

シュッツが乗員に戦車突撃章の銀賞を授与する。左から、ヴェントSS軍曹、ライマースSS上等兵、ビュルフェニッヒSS戦車二等兵、ヴォールゲムートSS上等兵。

ンドルフSS少尉だったと知ることになるわけですが、そのときはまさか自分が彼と行動をともにするようになろうとは思いもよりませんでした。

いや、しかし、ハリコフの北の郊外のティーガー中隊宿営地に話を戻しましょう。私たち一〇人の補給部隊あがりは、二週間から三週間、まずⅢ号戦車に搭乗してスヴィーツィSS伍長やシャンプSS上等兵から手ほどきを受けました。それからⅥ号戦車すなわちティーガーでの訓練になって、これはシュタウデッガーSS軍曹とゾーヴァSS軍曹が教官でした。その頃の日課は、だいたいこんな風でした。0600時起床、0700時にハーバーマン中隊先任下士官による朝の点呼、続いてシュッツSS中尉による教練が一時間から二時間、それからようやくヴェンドルフとヴィットマン両SS少尉の指導で小隊単位の戦車戦闘訓練。宿舎の前庭には彼らの手によって砂盤［編注／地形の高低や樹木、河川や道路などを地面上に再現した簡略なジオラマ。戦車をはじめ、部隊を模した駒を使って作戦などを検討する］が据えられており、それを使った演習で私たちは個々の車両や各小隊の役割を次から次へと叩き込まれました。そのうえ実弾射撃があり、理論学習や技術講習がありました。まもなく私たちは、目を瞑っていても履帯や転輪の交換ができるほどになりました。」

この間、『ライプシュタンダルテ』はルフトヴァッフェ（ドイツ空軍）からも多数の補充要員を受け取っている。ティーガー中隊も空軍からの転属組を何名か迎えた。彼らは隠語で〝ゲーリング閣下御下賜品 Hermann-Göring-Spende〟と呼ばれた。もっとも、彼らは下士官であれ兵卒であれ、すでに歩兵用火器の操作については徹底的に訓練されていた。彼らは戦車兵としても優秀でありたいという意欲にあふれ、事実、熱心な勤務ぶりを見せた。彼らのために、そして、その他ドイツ本国からの補充兵のために訓練小隊が編成された。このときティーガー中隊に供給された人員に長期勤務下士官はいないが、空軍では優秀な下士官がパイロット訓練課程に選抜される制度があり、今回、そうした人材が戦車指揮官として訓練を受けることになったのだ。すなわちエーリヒ・ラングナー、オットー・ブラーゼ、アルトゥール・ベルンハルト、クルト・ヒューナーバイン、フランツ・エンダールといった面々（階級はいずれもSS軍曹）である。

一九四三年四月二九日、ティーガー中隊はさらに北へ移動し、いったんハリコフ市外の宿営地に入るも、五月五日には再び市内に帰った。

五月二日、シャンプ上等兵のティーガーが、ポンプ軸の破損により修理工場へ送られ、同一五日に戻ってきた。同日の彼の日記によれば「0400時、ハリコフに向けて出発。森林監視員の官舎で休憩、目玉焼きと蜂蜜。1800時、中隊

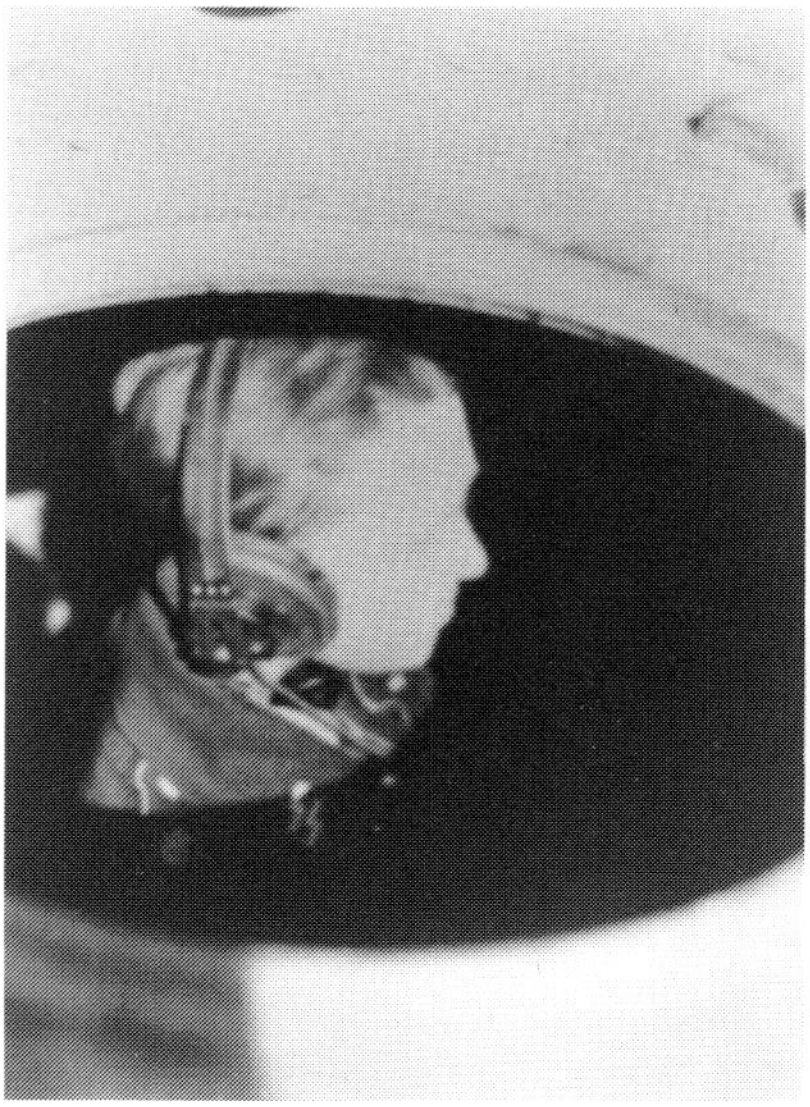

無線手ヴォールゲムートSS上等兵。

操縦手ハイン・ライマース。

8.8cm砲弾を抱えもつ装填手クラウス・ビュルフェニッヒ。

に帰着。」

日記は以下のように続く。

「五月二一日／砂盤演習。

五月二五日／不整地走行訓練。

五月二六日／小隊訓練と野外演習。」

これは、この頃の典型的な日常業務であり、あいまに戦車に関する技術講習もおこなわれた。新人の訓練はヴィットマンとヴェンドルフに委ねられた。前述のラウの回想にもあるように彼らは弾薬貯蔵庫背後の中隊区域内に砂盤を設え、戦術の講習会を開いた。若い新人戦車兵らはヴィットマンに強い印象を受けたようだ。砂盤を使って彼がおこなった講義には、戦術家としての彼の技量がよくあらわれていたからだ。地形把握、測距、攻撃速度、射界、射撃位置、奇襲要素といった各課題に関する彼の技量は、新人たちに感銘を与えた。ヴィットマンは、単なる形式的な講義をしたのではない。彼の授業は活気にあふれ、なおかつ非常にわかりやすかったと言われる。

ところで、シャンプは、数年前にハリコフに移住したという年輩のオーストリア人と知り合った。その人物は手先が器用だったので、木を削ってミニチュアの戦車を作ることができ、実はそれが砂盤演習に重宝されたのである。彼への報酬はパンと燃料で支払われた。そのオーストリア人は養蜂家でもあって、時折シャンプは彼から蜂蜜をもらい受け、クリング中隊長やスヴィーツィにも進呈した。

以下に紹介するのは中隊長の当番兵であり通訳も務めていたグスタフ・スヴィーツィにからむ、ささやかな逸話である。彼はⅢ号戦車の車長として戦闘に参加し、第二級鉄十字章を獲得して、すでにSS軍曹に昇進していた。ある日、親しくしているルードルフ（ロルフ）・シャンプと雑談中、彼は感慨深そうに、おおよそ次のようなことを語った。自分はⅢ号戦車で何度もT-34と渡りあった。つまりこれは、ティーガーで渡りあうよりも価値あることなのではなかろうか——と。実のところ自分は第一級鉄十字章をもらってもいいくらいだと思う、とスヴィーツィは結論したものだ。シャンプは、それなら中隊長にそう言ってみればいいではないかと助言した。すると、この善良なるスヴィーツィは、自分が正しいと心から確信して、あろうことか本当にそれを実行してしまったのだ。そして、すぐに彼は失意の塊になって戻ってきた。無論、クリング中隊長がスヴィーツィの言い分に賛成しなかったからである。

この頃、ミヒャエル・ヴィットマンとヘルムート・ヴェンドルフ——ヴィットマンは彼をただ〝アクセル〟と呼んだが——のもとに、しばしば突撃砲中隊の騎士十字章佩用者アルフレート・ギュンターSS上級曹長が訪ねてきた。彼らは一九四〇年に突撃砲中隊の発足時からの隊員として顔を合わせて以来の親しい友人であった。〝フレディ〟・ギュンターは

乗員による主砲の清掃。

一九四一年のロシア戦線でヴィットマンの突撃砲の砲手を務めていたこともあった。

新人たちがクリング中隊長の顔を見ることは滅多になかった。ある意味、クリングは戦前の習慣から完全に脱却することができなかったのだとも言える。彼の最優先事項は、規律正しく、統制された厳しい訓練にあった。彼が直接言葉を交わす相手は将校や下士官に限られ、彼の関心はもっぱら中隊全体の訓練状況にあった。もちろんクリングの権威は、彼が尊敬すべき人物であると認識されている点に発していたし、彼は中隊をしっかり掌握していた。ただ、彼は〝たるんだ〟状態には我慢できない性格で、時には中隊に凄まじい雷を落としたと伝えられている。通常の日課は小隊長によって決定され、中隊内の業務はシュッツSS中尉の監督下にあった。

五月下旬、再びルフトヴァッフェからの補充用員――下士官数名と、兵卒三〇名――が中隊に加わった。クルト・クレーバー、ヘルベルト・シュティーフ、クルト・ディーフェンバッハ、名前不詳ながらゲールケ、カップらである（階級はいずれもSS軍曹）。このなかにベーレンスSS曹長の姿もあったが、ただひとり彼だけが長期勤務下士官であった。これら空軍からの流入組も、もともと連帯感の強い中隊にうまく溶け込んだのは幸いであった。ところで、この空軍から

シュッツを中心に翌日の勤務予定表を検討中。左から、ビュルフェニッヒ、ライマース、ヴェント、シュッツ、ヴォールゲムート。

の流入組というのは、どのような背景の持ち主であったのか？

彼らの多くは本来、パイロット訓練課程の受講候補者であった。それ以外は、空軍基地要員であり、少数ながら基礎訓練課程から直接ティーガー中隊へ配属になった者もいた。ひとりだけ、地上戦の経験者がいた。オーストリアのランゲンローア出身のエードゥアルト・シュタードラーSS軍曹は、一九四一年二月にドイツ空軍へ入隊、空軍地上師団勤務で東部戦線に臨み、空軍地上戦章を授与されている。

戦車中隊というまったく異なった環境は、これら空軍出身者に速やかな適応と再調整を要求した。それでも、ほぼ全員がこれをうまく成し遂げ、自分の新しい立場に慣れたことを言っておかねばならないだろう。これは、中隊の雰囲気が全般に良かったというのもさることながら、自分が今や『ライプシュタンダルテ』というドイツで最も有名な師団の一員であるという彼らの意識もおおいにその一助となったと思われる。

そうした実例を紹介しよう。空軍からの流入組のもうひとつの典型、ルーディ・ヒルシェルである。彼は弱冠一九歳で第71飛行連隊に召集されたが、一九四三年三月二九日に空軍勤務を解かれ、四月二日にはティーガー中隊のハリコフ駐屯地へ到着する。ここで彼は再訓練を受け、やがては無線手として戦闘に赴くことになった。彼は言う。

勤務を終えて2000時、それぞれに磨き仕事や繕いものにいそしむ。恒例の“プッツ・ウント・フリックシュトゥンデ　Putz- und Flickstunde”すなわち“身だしなみと裁縫の時間”。ライマース、ヴォールゲムート、ヴェント。

「自分は一九四三年一月二〇日に空軍に応召した。それから二ヶ月半、フランスで歩兵の基礎訓練を受けた後、『ライプシュタンダルテSSアードルフ・ヒットラー』の重戦車部隊勤務となった。栄えある部隊の一員になれて自分はおおいに満足だった。」

この時期、中隊員にグリーンの濃淡の斑点迷彩地の新しい略帽が支給された。戦闘部隊にはこれと同時に、同じ迷彩生地のつなぎの戦車搭乗服も支給された。有名な黒の搭乗服よりも、こちらの方が泥汚れを気にせずに済み、車内の種々の固定具や備品に引っかかることもなさそうだった。ヴィットマンとヴェンドルフは、訓練中は突撃砲部隊の灰色の搭乗服を着用することも多かったが、これも黒の搭乗服よりは泥汚れが目立たなかったからであろう。

中隊段列（輜重隊）は箱形密閉式の荷台を持つオペル-ブリッツ三トン トラックを装備することになった。この装備変更の結果、移動事務室、無線主任用、武器工作主任用、糧食運搬用に各一台、野戦炊烹車として二台のトラックが揃った。整備隊 Instandsetzungsstaffel/I-Staffel でも同様の装備変更が実施され、彼らが保有するMAN社製五トン トラックのうち一台が予備部品車両として箱形荷台のタイプに改められた。

ある日、連隊長シェーンベルガーSS中佐が訓練の進み具

ドイツ兵とは切っても切り離せないカードゲーム“スカート”を楽しむシュッツら。

合を見るため、演習中の中隊を視察に訪れたときのことだ。当然ながら彼は、上等兵でしかないのに戦車長を務めるシャンプの存在に気づく。連隊長はシャンプを呼び寄せ、君はそこで何をしているのかと尋ねた。すかさずクリング中隊長が割って入り、この男は非常に優秀なので車長に抜擢いたしましたとシャンプに代わって答え、その判断の正当性を弁じるという一幕があった。

その後の数週間は、戦術を焦点に据えた訓練が続いた。開始日が何度も延期されてはいたものの、ドイツ軍の夏季大攻勢は目前に迫っていた。そうしたなか、『ライプシュタンダルテ』は、かなりの数の将校および下士官・兵を、このとき編成作業中であった『ヒットラーユーゲント』師団の基幹要員として放出した。転出した彼らの地位を引き継ぐべく、新しい将校あるいは下士官が着任することになった。新任指揮官は、五月一三日にそれぞれの部隊を引き継いだ。この人事は下位の部隊の指揮官を昇進させる形で、師団内でやりくりされた。彼らはその双肩に今まで以上の重責を担うことになった。

マックス・ヴュンシェSS少佐率いる戦車連隊第I大隊は、『ヒットラーユーゲント』師団の戦車連隊を構成する基幹部隊として、『ライプシュタンダルテ』師団から転出した。だが、それに代わる新しい第I大隊はドイツ本国で編成された。

（見開き3枚とも）ヴァルデマール・シュッツSS中尉、ティーガー中隊宿営地の整備小隊作業場にて、1943年春、ハリコフ。

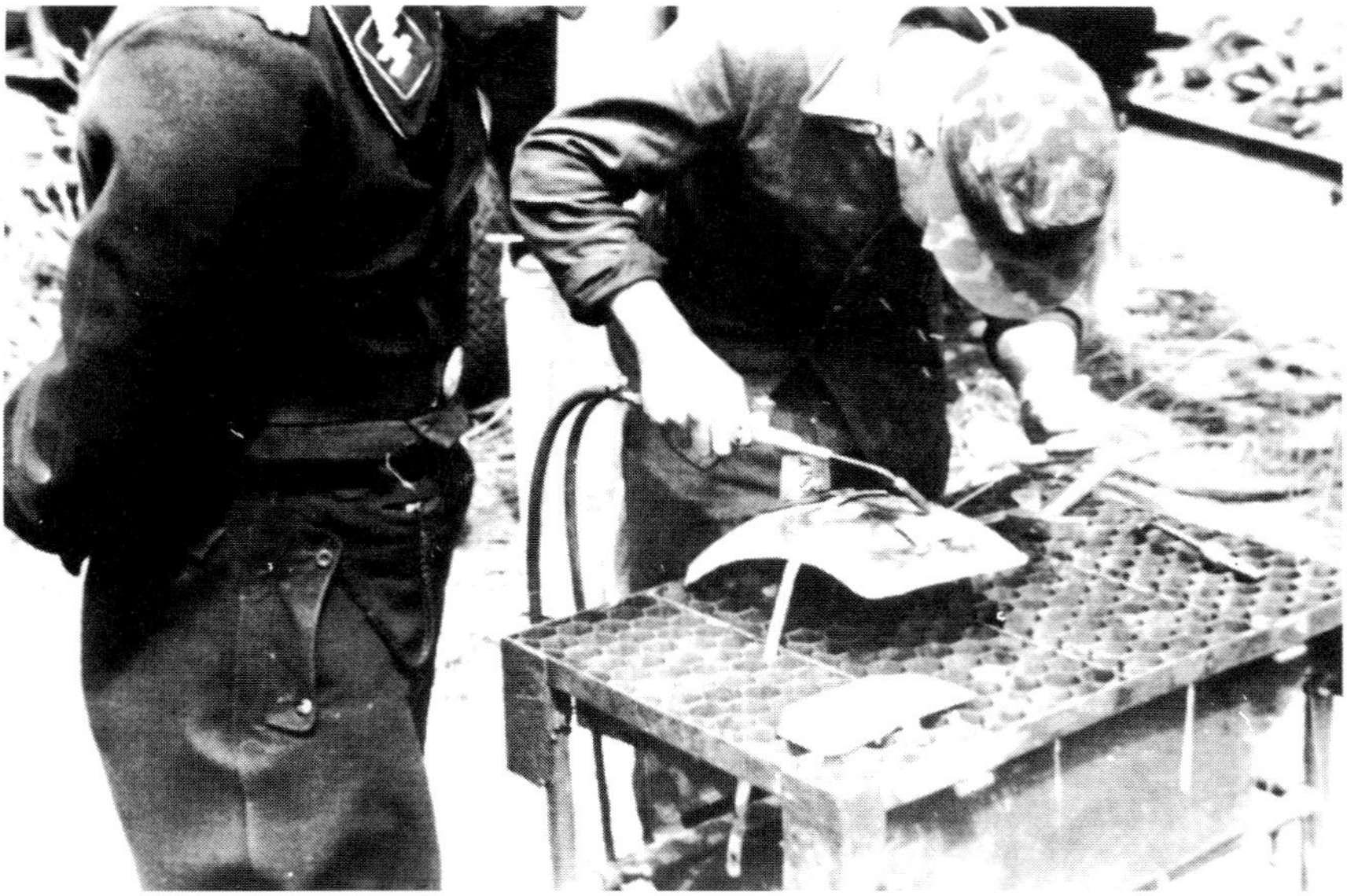

整備小隊員、ガンツとナイジーゲ。

パンター装備のこの部隊が師団に到着するのはまだ先の話であった。一九四三年六月四日、ゼップ・ディートリヒの後任として、〝テディ〟・ヴィッシュSS大佐が師団長に就任した。ディートリヒは新設のSS第I戦車軍団『ライプシュタンダルテ』の司令官に栄転したのである。

ティーガー中隊は五月末に、それまでの第4中隊から、SS戦車連隊『ライプシュタンダルテSSアードルフ・ヒットラー』第13（重）中隊に改称された。これがなぜ〝13〟なのか、理由は不明である。あるいは、ティーガー中隊は連隊直轄部隊であって、ふたつの大隊のいずれにも隷属していないという意志表示だったのかもしれない。どのみち新しい第I大隊の第4中隊がすでに編成を終えていたので、このことからも〝第4中隊〟の名称はもはや使えなかったのだろう。中隊所属の全戦車――軽小隊の車両も含めて――の砲塔には〝13〟の数字が描きこまれた。それ以外の、小隊や車両固有の番号は〝13〟に続いて、やや小さく描かれた。また、このとき初めてティーガーに多色使いの迷彩塗装が施された。もちろんウクライナの風景によく溶け込む色調が採用されたのである。

一九四三年六月一八日、中隊は演習をおこなった。空軍からの移籍組で、今や揃ってSS軍曹であるエンダール、ベルンハルト、ラングナー、ヒューナーバインは車長を務めていた。この演習の最中、フランツ・エルマーSS上等兵操縦のティーガーは、ギアが抜けて横滑りし、斜面から滑落するという事故を起こした。言うまでもなく大変な騒ぎになったが、訓練は快調に続行された。

訓練に不可欠な厳しさはあっても、そのために中隊内に漂う人間的雰囲気が損なわれることはなかった。たとえば、ヴェンドルフは訓練中に偽装を命ずるのに、こんな言い方をしたことがある。「各車とも偽装しろ。さあ、頼むぜ、うまくやれよ！」これを耳にしたシェーンベルガー連隊長がヴェンドルフに注意した。「君はSS中尉であって、上等兵ではないのだぞ！」シェーンベルガーにはヴェンドルフの口調が気になったのだ。ヴェンドルフは、部下が彼の命令を厳密に実行し、すべての攻撃訓練に合格し、訓練目標が達成されたと確信してから、ようやく彼らしい、あるいは彼にふさわしい口調で命令を下したのだった。「アハトゥンク(注意)！地平線を目標に前進……休憩、煙草よし」と。

あのヴィットマンにしても、やはり連隊長に注意を受けたことがあるという。それはラウSS戦車二等兵の伝えるところによれば、こういうことであったらしい。

「五月のいつだったか、中隊はハリコフ市外で演習をおこないました。走行訓練のほか、行軍中の安全確保、逆楔形隊形の展開、固定された大きな金属板を標的にした射撃といった内容でした。そのときのシェーンベルガー連隊長の講評を憶えています。各クルーが彼のまわりに半円形に集まりました。連隊長は、ヴィットマンSS少尉を名指しして質問しました。『T－34約三〇両が距離一五〇〇メートルから迫ってくる。君はどうするかね？』ヴィットマンは『全速で突進し、叩きます！』と答えました。連隊長は微笑しながら『そうじゃない、遮蔽物を確保し、そこで増援を待つんだ』と訂正したのでした。」

ところで、通常、ティーガーの車内には九二発の砲弾が搭載可能であったが、砲弾ラックの改装でそれが一二〇発にまで増えた。その工夫を思いついたのは第13中隊員で、褒美代わりにSS軍曹に昇進したというが、残念ながら名前はわかっていない。空軍からのいちばん新しい転入組は、来るべき攻勢には参加しないことになっていた。そして一九四三年六月三〇日、第13戦車中隊は北へ向かって出発する。七月一日、行軍途上で中隊長車が減速機の故障により擱座、シャンプ車がこれを牽引した。七月四日、ティーガー〝1321〟番車はトマーロフカで新しいエンジンを受領した。中隊は、もう間もなく戦闘に臨もうとしていた。すでに通信用の暗号類は変更済みであった。いよいよ攻勢の時が来たことを、誰もが痛いほど意識していたはずだ。

第4戦車中隊の整備小隊、1943年3月。

1943年3月、第4中隊整備小隊の面々。

昼食時をとらえたスナップ、左からビュルフェニッヒ、ライマース、ヴォールゲムート。

シュッツの指導風景。

第Ⅰ小隊

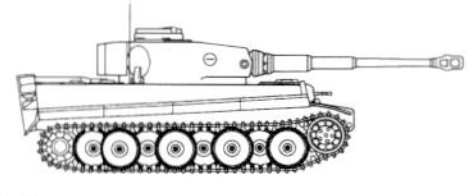

1311
ヴァルデマール・シュッツSS中尉

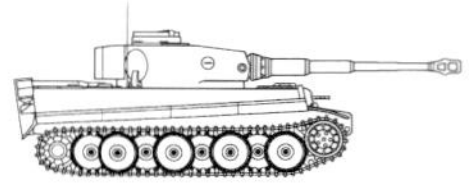

1312
アルトゥーア・ベルンハルトSS軍曹

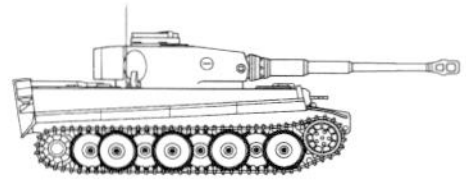

1313
オットー・アウクストSS軍曹

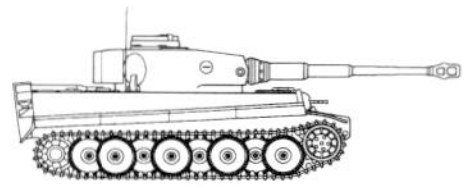

1314
フリッツ・ハーテルSS上級曹長

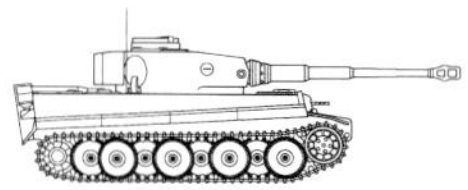

1315
フランツ・エンダールSS軍曹

第Ⅱ小隊

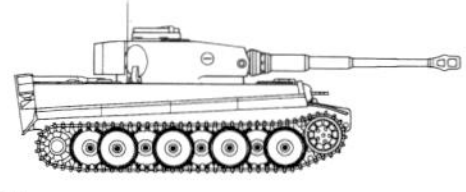

1321
ヘルムート・ヴェンドルフSS少尉

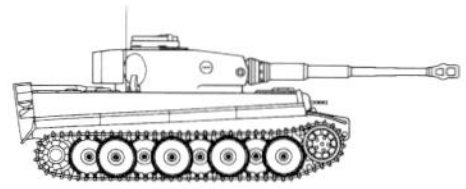

1322
エーヴァルト・メリー SS軍曹

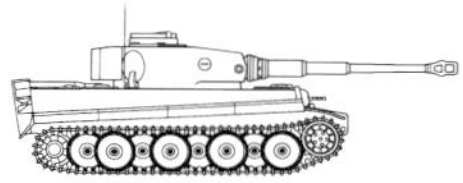

1323
ゲオルク・レッチュ SS下級曹長

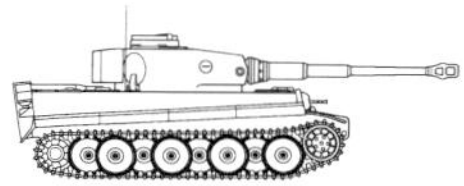

1324
ロルフ・シャンプSS上等兵

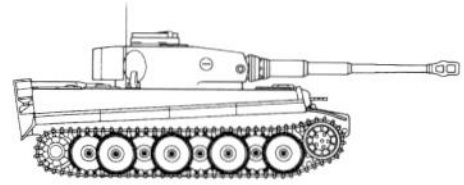

1325
フランツ・シュタウデッガー SS軍曹

第Ⅲ小隊

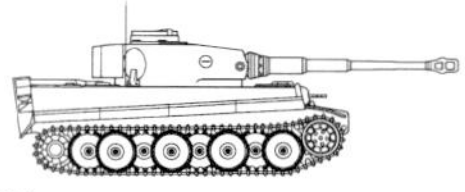

1331
ミヒャエル・ヴィットマンSS少尉

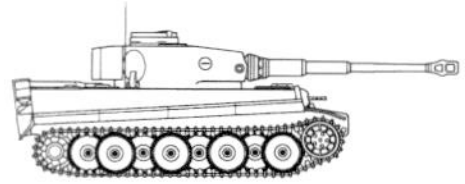

1332
マックス・マルテンSS曹長

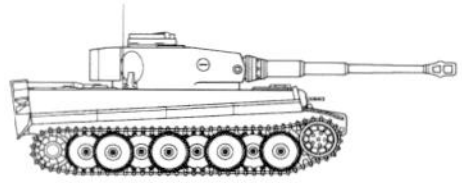

1333
ハンス・ヘルトSS軍曹

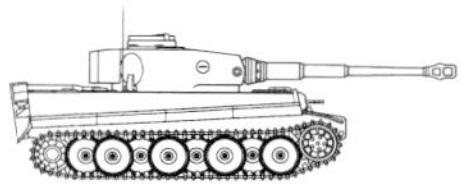

1334
ユルゲン・ブラントSS軍曹

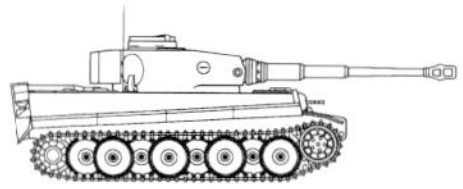

1335
クルト・ゾーヴァ SS軍曹

操縦手

フランツ・エルマー SS上等兵
ルートヴィッヒ・ホフマンSS上等兵
ヴェルナー・ヘーペSS上等兵
オイゲーン・シュミットSS上等兵
ハインリッヒ・ライマースSS上等兵
ヴィリー・レップシュトルフSS伍長
ピパー SS上等兵
クルト・ゾーヴァ SS軍曹
ポラックSS軍曹
ヴァルター・ビンゲルトSS戦車一等兵
フォッケSS伍長
ヘルベルト・シュテルマッハー SS上等兵
ハイン・リュットガースSS上等兵
ジークフリート・フースSS上等兵
ユップ・ゼルツァー SS伍長
ヴァルター・ペーヴェ SS上等兵
クルト・ケンメラー SS戦車二等兵
アルトゥーア・ゾンマー SS伍長

SS第1戦車連隊第13（重）中隊

1943年7月5日、『ツィタデレ』作戦開始時の戦闘序列

中隊長

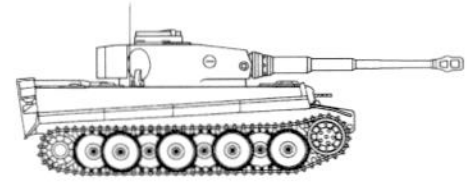

1301
ハインツ・クリングSS大尉

中隊本部分隊長

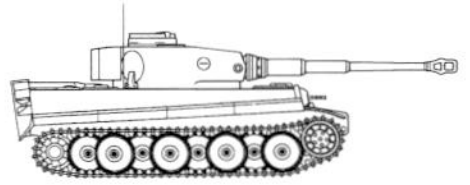

1302

軽小隊

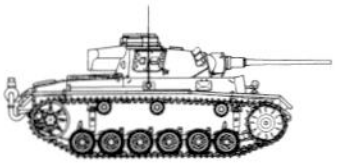

1300
グスタフ・スヴィーツィー SS軍曹

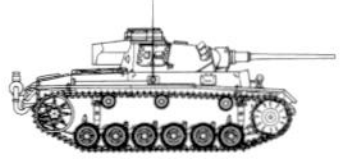

1310
ハインツ・ヴェルナー SS軍曹

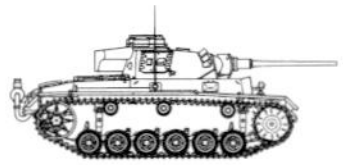

1320
シュヴェリンSS軍曹

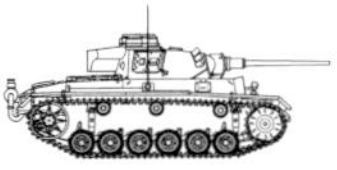

1330
ハンス・ローゼンベルガー SS軍曹

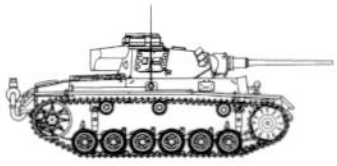

1340
クルト・ヒューナーバインSS軍曹

砲手

ハインツ・ブーフナー SS戦車二等兵
バルタザール・ヴォルSS上等兵
カール - ハインツ・ヴァルムブルンSS上等兵
フリッツ・ジーデルベルクSS戦車二等兵
ヴェルナー・ヴェントSS軍曹
ジークフリート・ユングSS上等兵
ヘルムート・グレーザー SS伍長
ハインリッヒ・クネースSS上等兵
ローランド・ゼフカー SS上等兵
カール・ヴァーグナー SS軍曹
ロルフ・シャンプSS上等兵
ジークフリート・フンメルSS上等兵
レーオポルト・アウミューラー SS上等兵
アルフレート・リュンザー SS戦車二等兵
フリードリヒ・アウマンSS伍長
エーヴァルト・ケーニヒSS上等兵
ゲーアハルト・クノーヘSS戦車二等兵
アルフレート・ファルトハウザー SS上等兵
ハインツ・シントヘルムSS戦車二等兵

装塡手

ヴァルター・ラウSS戦車二等兵
ルディ・レッヒナー SS戦車二等兵
ヴァルター・ヘンケSS戦車二等兵
ヨハン・シュッツSS上等兵
パウル・ズュムニッヒSS戦車二等兵
エリッヒ・ティッレSS戦車二等兵
イーヴァニッツSS戦車二等兵
ヨーゼフ・レースナー SS戦車二等兵
マックス・ガウベSS戦車二等兵
エーヴァルト・グラーフSS戦車二等兵
ヘルマン・グロッセSS戦車二等兵
アルフレート・ベルンハルトSS上等兵
グスタフ・グリューナー SS戦車二等兵
マントフSS上等兵
ギュンター・ブラウバッハSS上等兵
ヒルシュ SS上等兵
ラインハルト・ヴェンツェルSS上等兵

無線手

ヴェルナー・イルガングSS戦車二等兵
ゲーアハルト・ヴァルタースドルフSS戦車二等兵
ユストゥース・キューンSS上等兵
ヴォールゲムートSS上等兵
ペーター・ヴィンクラー SS上等兵
ヘルベルト・ヴェルナー SS上等兵
ルードルフ・ヒルシェルSS戦車二等兵
ローレンツ・メーナー SS上等兵
カミンスキー SS戦車二等兵
ハインツ・シュトゥスSS上等兵
ヴンダーリッヒSS上等兵

上左／ハリコフのティーガー中隊の中隊事務室前で歩哨に立つアーロイス・プンベルガー。
上右と下2点／巡察中のシュッツSS中尉。

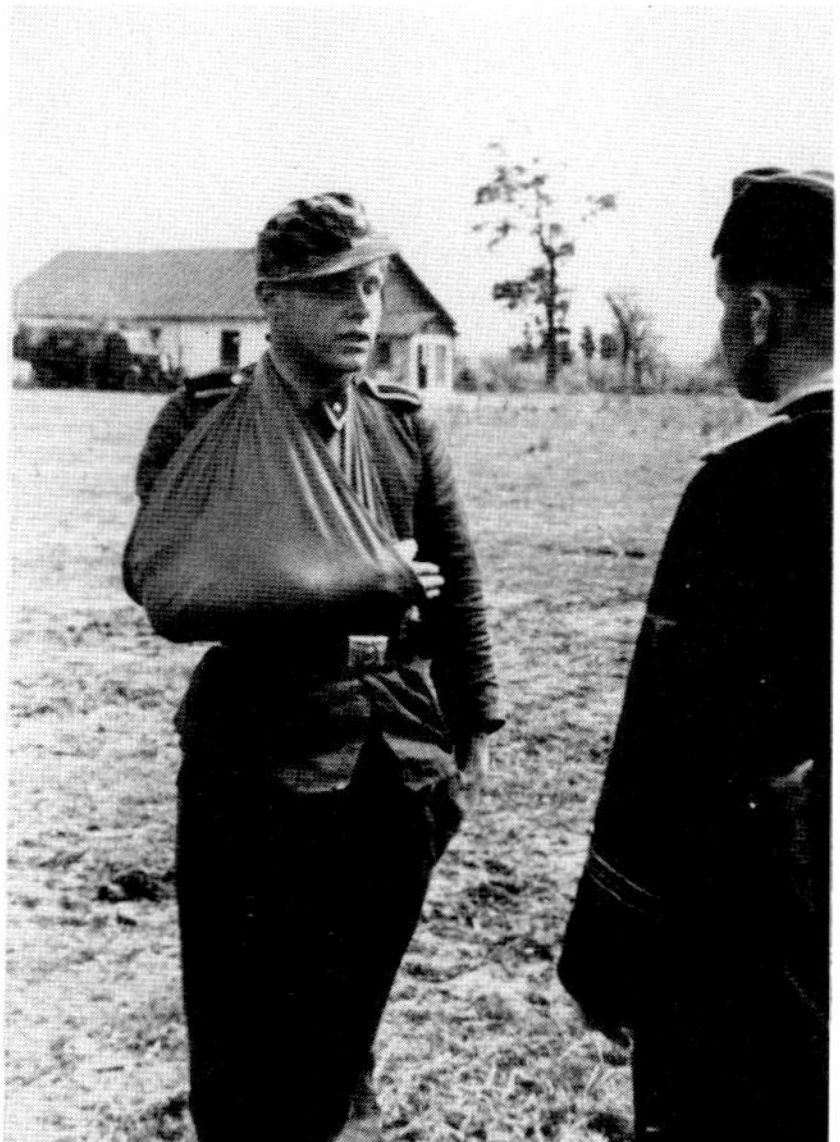

クールスクの戦い

『ツィタデレ』作戦

一九四三年七月五日～一七日

ハリコフの奪回により、結果として戦線には西寄りに、つまりドイツ軍側に食い込む形で突出部が出現した。中央軍集団と南方軍集団とを隔てて大きく張り出したこの突出部の幅は約二〇〇キロメートル、中心はクールスク。すでに少なからぬ時間をかけて計画されてきた『ツィタデレ（城塞）』作戦とは、まさしくこの突出部に向けられたものである。作戦目標は、突出部を包囲・分断し、そこに展開中のソ連軍の一大戦力を撃滅することにあった。それによって、ソ連軍から当該戦区における戦略的主導権を奪い、なおかつ自軍戦線を手堅く縮小することができる。具体的には、突出部の南北両側から攻撃を開始し、大規模な包囲を完成させることで、作戦は完遂されるはずであった。『ライプシュタンダルテ』は、SS第II戦車軍団隷下の僚友たる『ダス・ライヒ』『トーテンコップフ』両師団とともに、突出部の南から北へ向けて攻撃に出ることになった。

第4戦車軍（第XXXXVIII（48）戦車軍団、第LII（52）軍団、SS第II戦車軍団）は、以下の指令を受けた。

「第4戦車軍司令部は『ツィタデレ』攻勢の一環として、クールスク突出部内の敵戦力の包囲殲滅に乗り出すべし。

同戦車軍は、Xデイを期して、計画攻撃によりベールゴロド～コローヴィノの北西丘陵地帯を走る敵第一線陣地を突破する。なお、それに先立つX－（マイナス）1デイに、第XXXXVIII戦車軍団によりブートヴォ両側面およびゲルツォーフカ南の丘陵が奪取さるべきこと。

続いて同戦車軍は敵第二線陣地におけるあらゆる抵抗を速やかに切り崩し、その戦車戦力を粉砕した後、東進してオボヤーニを迂回、クールスク方面を目指すべし。同戦車軍の作戦東翼はケンプフ軍支隊による積極的なる掩護を受けるものとする。軍支隊の左翼（第6戦車師団）は、ベールゴロドよりサブイニノを経て、プローホロフカ方面へ攻撃に出る。

Xデイ当日、砲兵の集中的な攻撃準備射撃の後、SS第II戦車軍団は『LAH』『ダス・ライヒ』『トーテンコップフ』各機甲擲弾兵師団、加うるに第167歩兵師団の三分の一をもって計画攻撃を展開、ベリョーゾフ～サーベリノエ戦区の敵の前方防御帯を、上記師団の戦車部隊の支援を得て突破する。砲兵観測員に不可欠な高地は、夜の間に確保されねばならない。いずれか一個師団は、右翼後方に向かって梯陣を組みつつ、まずジュラーヴリヌイ付近まで進み、さらにベールゴロド～ヤーコヴレヴォ間の街道を開放する。

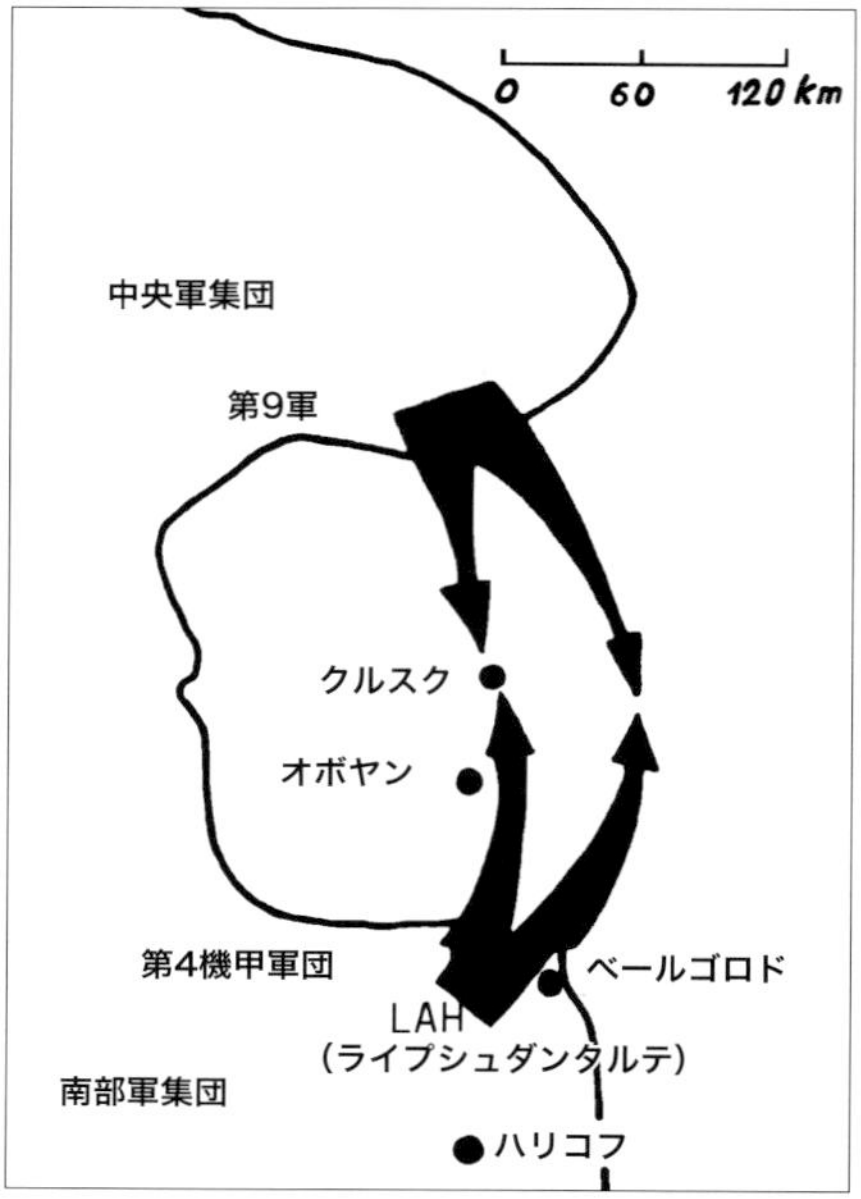

地図11　ドイツ軍による狭撃計画

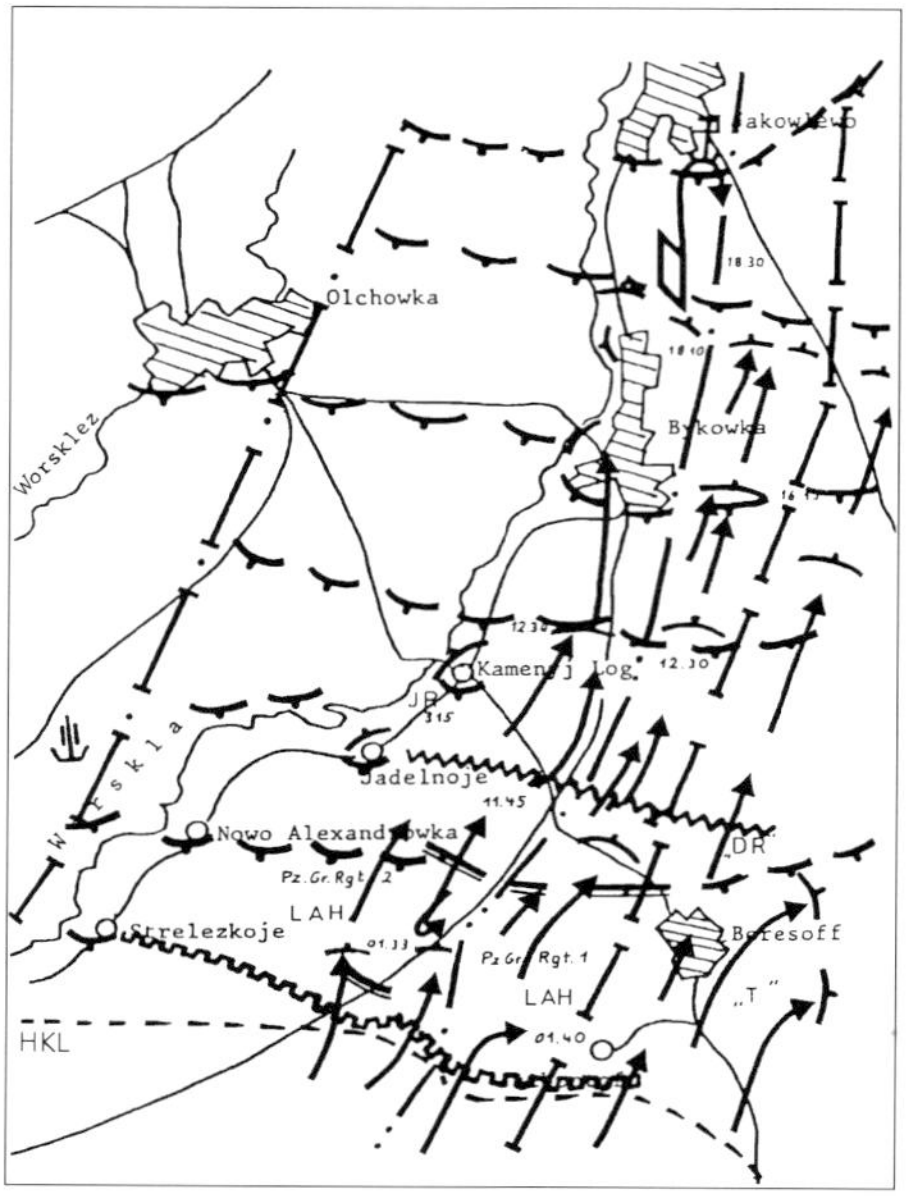

地図12　1943年7月5日の情勢

敵の前方防御帯を突破後、軍団は時を移さずルチキー〜ヤーコヴレヴォ間の敵第二線陣地に向けて攻撃を続行する。左側面の防御はヴォールスクラ河畔の第167歩兵師団に委ねらるべきこと。敵第二線陣地を突破後、軍団は右翼後方に梯陣を組みつつ、プショール川南の主力をもって北東へ進撃する態勢を整える。その右翼はプローホロフカに達するものとする。」

軍団命令第17号で機甲擲弾兵師団『ＬＡＨ』に与えられた任務は、次のようなものであった。「『ライプシュタンダルテＳＳアードルフ・ヒットラー』は、第315擲弾兵連隊および第238砲兵連隊第Ⅱ大隊による増強を受け、トマーロフカ〜ブイコフカ街道沿いの敵陣地線を襲い、特にカーメンヌイ・ローク〜サーベリノエ付近の敵から左側面を防御することに留意しつつ北上。なお、この両地点とも奪取さるべきこと。師団はそのまま速やかに進撃を続け、ヤーコヴレヴォの東で強行突破を図るべし。

続く任務として、師団は時を移さず北東へ突破、まずミハイロフカ〜クリュチー戦区内でプショール渡河地点を確保すべし。準備砲撃終了後、第55ヴェルファー連隊ならびに第861軽砲兵大隊は『ＬＡＨ』指揮下に置かれるものとする。

なおＳＳ第Ⅱ戦車軍団の攻撃は、第Ⅷ航空軍団がこれを支

III号戦車装備の軽小隊を視察するシュッツ。

援する。爆撃第一波の目標は、SS機甲擲弾兵師団『ダス・ライヒ』の正面に当たるベリョーゾフおよび同北東地域（ただし橋梁は除く）。Y＋50時に爆撃完了。また220・5地点両側および同北側、『LAH』正面はY＋65時に爆撃完了。

近接支援部隊は攻撃開始時より『ダス・ライヒ』『LAH』の先鋒部隊に随伴すべし。」［訳注／〝擲弾兵 Grenadier〟とは、フリードリヒ大王時代の、手榴弾で敵に迫った精鋭歩兵を指す言葉であったが、これに因んでヒットラーが一九四三年三月からドイツ陸軍歩兵の呼称を〝擲弾兵〟と改めたもの］。

ソ連側の準備態勢

ソロヴィヨフの『クールスクの戦い』によれば、赤軍は以下のような準備態勢を敷いていた。

「ソヴィエト司令部は、戦闘工兵部隊を総動員して、作戦地域の隅々にまで重厚な防衛線を張り巡らすことに熱を入れた。特に対戦車、対空防御施設の構築には格別の注意が払われた。ドイツ軍の攻勢が始まったとき、そこには八本の防衛線が重なり、その縦深は三〇〇キロメートルにもおよんだ。さらに言うなら、中央およびヴォローネジ前線の隷下部隊が掘開した塹壕は、連絡壕も含めて総延長九二四〇キロメートルに達した。

この戦いに備えて、オリョールやクールスク、ヴォローネジ、ハリコフの各方面から労働者が数十万人の規模で集まり、赤軍の戦闘準備に協力した。クールスク突出部に限っても、四月には一〇万五〇〇〇人、六月には三〇万の地域住民が防御施設の構築に参加した。他方、クールスク戦の準備の一環としてソヴィエト陸軍将兵は軍事技術の向上に励んだ。各部隊では入念な政治工作が展開された。すなわち、クールスク戦を控えて、何千という兵士が共産党に入党したのだ。いざ戦いの火蓋が切って落とされたとき、中央前線隷下部隊には一二万人、ヴォローネジ前線隷下部隊には九万三〇〇〇人を越える党員兵士が数えられた。このふたつの前線には、党の末端組織が七〇〇〇以上も存在した。

［訳注／ソ連の〝前線／フロント〟は軍集団に相当し、兵力はドイツの〝軍〟と同程度。〝方面軍〟とする訳書もある。］

あるひとつの地域が、ここまで徹底して防衛陣地帯に作りかえられた例はかつてなかった。クールスク突出部はいたるところ塹壕が走り、トーチカ、歩兵陣地、対戦車砲陣地で覆いつくされ、パックフロントが築かれ、着弾観測所が設けられた。

「戦車の一両、砲の一門あるいは機関銃の一挺ごとに射撃陣地が用意され、それぞれの射撃区域と標定点が決定され、射撃統制図が作成された。主陣地、代替陣地のほか囮陣地まで築かれた」と、ソ連第1機械化旅団長ドラグンスキー中将は記している。前述の引用にもあるとおり彼らは対戦車防御施設の構築にはとりわけ熱心だったが、それは特にティーガーとパンターの出現を予期してのことだった。

中央前線司令官ロコソフスキー上級大将はこう書いている。「我々は、敵が八八ミリ砲搭載のティーガー重戦車を投入してくると予想していた。それで、将校にも兵にも、この戦車の戦術的・技術的データ、弱点など、対処の仕方を周知徹底させた。」どの狙撃兵中隊（＝歩兵中隊）にも、モロトフ・カクテル（火焔瓶）や対戦車地雷、手榴弾で武装した、対戦車肉攻班からなる小隊があって、ドイツ戦車を待ちかまえていた。

このとき、赤軍は新型の対戦車ライフルに加えて、五七ミリ対戦車砲――通称〝野獣殺し〟――を防御陣地に配備した。それと並んで、戦車や突撃砲も砲塔だけを覗かせた格好で埋められ、対戦車防衛拠点に定置された。さらに、そうした拠点には対空砲や〝スターリンのオルガン〟［訳注／トラックを架台にした多連装ロケット弾発射器、ソ連側の〝カチューシャ〟の愛称でも有名］も投入された。また、クールスク突出部では一キロあたり約一五〇〇個の対戦車地雷が敷設されたといわれる。たとえば第81狙撃兵師団の戦区だけに限定しても、対戦車地雷二一三三個、対人地雷二一二六個が埋設されていた。

つまりソ連側は、ドイツの攻撃を迎え撃つべく、定置戦車や対戦車砲、火焔放射器の密集する要塞さながらの陣地帯を

クールスク攻勢を翌日に控えて、出撃線へ移動する
『ライプシュタンダルテ』戦車連隊。1943年7月4日。

構成したのだった。

クールスク戦を目前にして『ライプシュタンダルテ』は人員・装備ともに再び定数を満たすまでに戦力を回復していた。ただし、パンター装備の第I戦車大隊が未だドイツ本国で編成作業中であったため、実際に投入できる戦車大隊は第II大隊に限られた。夜間行軍を経て、一九四三年七月二日にはすべての隷下部隊が出撃陣地に到着していたが、この時点で『ライプシュタンダルテ』の可動戦車戦力は、ティーガー一一両、IV号戦車七二両、II号およびIII号戦車一六両、突撃砲三一両であった。

SS第1戦車連隊、SS第2機甲擲弾兵連隊第III（装甲車化）大隊、偵察大隊、戦車駆逐大隊からなる『ライプシュタンダルテ』集成機甲グループは、一九四三年七月四日夜間、集結地域に入った。同日2300時、敵の戦闘前哨を占拠し、ドイツ軍は突撃開始地点に進入した。

アードルフ・ヒットラーの命令

その日、周囲が闇に包まれる頃、各中隊では中隊長がアードルフ・ヒットラーの命令を読み上げていた。命令書は直後に破棄された。以下はその概要である。

「兵士諸君よ！　本日、諸君は今次大戦の帰趨をも決するであろう重大な攻勢作戦に乗り出すのだ。諸君の勝利によって、ドイツ軍に対するいかなる抵抗も究極的に無益であることを、今まで以上に全世界に確信せしめねばならぬ。あるいはロシアのこの新たな敗北によって、すでに彼らの軍内部で色あせつつあるボルシェヴィキの勝利の可能性への信仰が、さらに確実に粉砕されねばならぬ。何がどうあろうとも、彼らはいつかたおれる運命にある。まさに先の大戦でそうであったように。

これまでロシアに仮にも勝利を許してきた理由は、ひとえに戦車にあった。しかし、私の兵士諸君！　今や諸君は、彼らの戦車よりはるかに優れた戦車を保有している。無尽蔵の兵を抱えるかに見えたロシアといえども、この二年におよぶ戦争で、子供や老人まで駆り出さねばならぬほどに疲弊し、衰えを見せはじめた。対するに、我々の歩兵は優秀である。我々の砲手が、対戦車兵が、戦車操縦手が、戦闘工兵が、そして何よりも空軍が、常に優秀であったように。

この夜明け、ソヴィエト軍に下される凄まじい一撃は、彼らを芯まで揺さぶることになろう。諸君は理解すべきである。すべてはこの作戦の勝利にかかっているのだと。私もひとりの軍人として、自分が諸君に何を要求しているかを正確に自覚している。だが、ひとつひとつの戦いがいかに苛酷で困難なものになろうとも、やはり我々は最終的勝利を達成せねばならぬ。祖国ドイツでは、女性たちも少年少女も含めて賞賛すべき勇敢さで空襲の恐怖をはねのけ、皆一丸となって勝利のためにたゆみなく働き続けているのだ。その祖国ドイツが、私の兵士諸君よ、今、熱い信頼のまなざしで諸君を見つめている。アードルフ・ヒットラー」

『ライプシュタンダルテ』の任務

このとき、『ライプシュタンダルテ』師団命令によって規定された隷下各部隊の任務は以下のとおりである。

（中途より抜粋）

「６・Ⅱ・Ｘデイ（一九四三年七月五日）当日の侵入と突破に関して

夜間、友軍の前方警戒線の掩護のもとに接近を開始。敵の防御陣地帯の深さと、友軍の各進撃路の狭さとに鑑みて、当然ながら激戦が予想される。侵入は突撃班を編成し、砲兵の攻撃準備射撃とシュトゥーカ（急降下爆撃機）部隊による爆撃の後、時を移さず実行するを要す。その際、ティーガーと突撃砲が、掩護射撃を担当する。

戦場を観察する。『ライプシュタンダルテ』の担当戦区にて。

攻撃の前には入念な観察が必要である。

（左右とも）1943年7月5日、『ツィタデレ』作戦初日。

砲兵の準備射撃はY＋15時から＋65時（0315時から0405時）。特にY＋60時から＋65時（0400時から0405時）までは集中射撃とする。シュトゥーカによる220・5地点爆撃はY＋50時より。投弾完了はY＋65時。

詳細

a）『LAH』第1機甲擲弾兵連隊は、『LAH』戦車駆逐大隊の隷下一個中隊と同対空砲大隊第4（中対空砲）中隊による増強を受け、砲兵部隊が弾幕を張る間にヤホントフ北西の峡谷沿いに道を開いて突撃開始地点まで進出、シュトゥーカ部隊の投弾が終了し次第、ただちに敵陣内へ突入を図るべし。しかるのち、連隊主力をもってヤーコヴレヴォ東の敵第二線陣地へ向けて攻撃続行。これと同時に、一部はブイコフカの東外縁に向けて攻撃続行すべきこと。攻勢初日の目標はヤーコヴレヴォとする。

b）『LAH』第2機甲擲弾兵連隊——ただし第Ⅲ（装甲車化）大隊を除く——は、『LAH』突撃砲大隊、同戦車連隊第13（ティーガー）中隊、同工兵大隊の隷下一個中隊、同対空砲大隊第5（中対空砲）中隊による増強を受け、砲兵部隊が弾幕を張るY＋15時からY＋65時の間に、突撃開始地点へ道を開き、220・5地点への爆撃終了後、ただちに突撃砲大隊とティーガー中隊による支援射撃を得て敵陣内へ突入

すべし。しかるのち、ブイコフカへ至る街道の両側で攻撃を続行、ヴォールスクラ川沿いの各村落を掃討し、進撃側面への同西岸からの脅威を排除せよ。攻勢初日の目標はブイコフカとする。

なお、敵第一線陣地の突破成功後、『ＬＡＨ』突撃砲大隊のいずれか一個中隊は第３１５擲弾兵連隊へ派遣され、その指揮下に入るものとする。同様に突破成功後、第６２７工兵中隊と『ＬＡＨ』工兵大隊は、対戦車壕の架橋作業あるいは何らかの超壕手段の構築に投入されるものとする。

ｃ）両機甲擲弾兵連隊の乗員降車後の輸送縦列は、その先頭が七月五日０８００時には街道分岐点１８５・７（トマーロフカ南西約一キロ地点）に達することを前提に、散開して待機する。

ｄ）第３１５擲弾兵連隊は、第２３８砲兵連隊第Ⅱ大隊、第２３８工兵大隊第1中隊、第55ヴェルファー連隊の隷下一個中隊と、後には『ＬＡＨ』突撃砲大隊の隷下一個中隊による増強を受け、『ＬＡＨ』第2機甲擲弾兵（増強）連隊の攻撃部隊の最後尾に追随し、その突破点を活用して北西の敵陣を包囲殲滅すべし。特にカーメンヌイ・ロークとサーベリノエを奪取し、ヴォールスクラ川西岸の橋頭堡を含めて、これらの町の確保・維持に務めよ。攻勢初日の目標はカーメンヌイ・ローク～サーベリノエとする。

ｅ）『ＬＡＨ』戦車連隊――ただし第13（ティーガー）中隊と第Ⅰ大隊を除く――と『ＬＡＨ』第２機甲擲弾兵連隊第Ⅲ（装甲車化）大隊、同戦車駆逐大隊の隷下一個中隊、同砲兵連隊第Ⅱ（装甲化）大隊、同対空砲大隊第６（軽対空砲）中隊で構成予定の『ＬＡＨ』戦車集団は、対戦車防衛拠点の排除後に、ヤーコヴレヴォ東を北東方面へ突破すべく待機する。なお、その途上においては、ブイコフカ東に進出し、プショール川橋頭堡を奪取するを要す。

ｆ）『ＬＡＨ』偵察大隊と同戦車駆逐大隊の残余は、状況の進展に応じて、前項の戦車集団に合流して戦闘加入すべく、あるいは偵察任務または警戒任務に就くべく態勢を整えるものとする。なお、運用上これらは戦車集団が出撃するまで、その指揮下に置かれる。

ｇ）砲兵部隊命令により、第８６１砲兵大隊の増強を受けた『ＬＡＨ』砲兵連隊――測距中隊と一〇センチ カノン砲中隊を除く――は、攻撃準備射撃実施後、下記のような協同態勢を取る。

・『ＬＡＨ』砲兵連隊第Ⅰ大隊と第８６１砲兵大隊は『ＬＡＨ』第１機甲擲弾兵連隊と協同する。
・『ＬＡＨ』砲兵連隊第Ⅱ大隊は『ＬＡＨ』第２機甲擲弾兵連隊および第３１５擲弾兵連隊と協同する。
・『ＬＡＨ』砲兵連隊第Ⅲ大隊は、両機甲擲弾兵連隊に前進観測員を派遣する。
・『ＬＡＨ』測距中隊は任務完了後、砲兵連隊に帰還する。

『ＬＡＨ』砲兵連隊の主任務は、発煙弾による遮断射撃を含む集中射撃の実施をもって敵の対戦車防衛拠点の制圧を図ることにある。なお、同連隊は、ヤーコヴレヴォ方面への攻撃支援の過程で、大隊単位による陣地変換の実施を想定し、態勢を整えよ。新たな陣地はブイコフカ東に設けられるものとする。

ｈ）『ＬＡＨ』第２機甲擲弾兵連隊との協同作戦を遂行する第55ヴェルファー連隊――ただし第Ⅱ大隊の隷下一個中隊を除く――は、砲兵部隊命令にしたがって、突破支援をおこなう。すなわち友軍攻撃経路の側面に対するヴォールスクラ西岸からの脅威を排除し、ブイコフカへの突破を支援すべく態勢を整えるべし。

ｉ）『ＬＡＨ』戦車連隊第13（ティーガー）中隊と突撃砲大隊は、七月五日夜間に集結地へ到着し次第、『ＬＡＨ』第

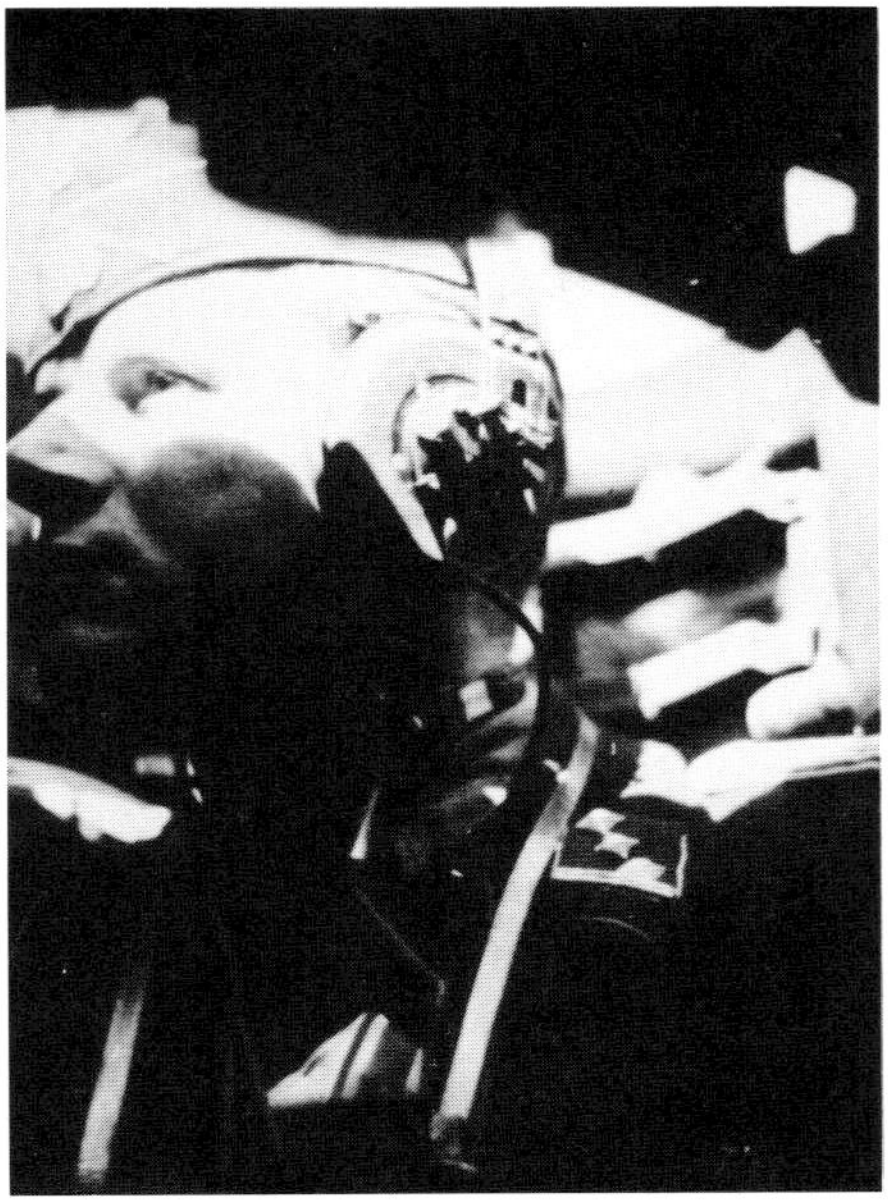

搭乗車の砲塔にて、シュッツSS中尉。

ソ連軍砲兵部隊の激しい砲撃が、戦車部隊の行く手を阻む。

2機甲擲弾兵連隊の指揮下に置かれ、街道沿い228・6地点南の出撃待機地区へ向かう。」

かくて一九四三年七月五日未明、トマーロフカからブイコフカへ至る街道の南、222・3地点付近に可動ティーガー一一両の姿があった。彼らは0315時に前進を開始した。突撃砲部隊とともに彼らはトマーロフカ～ブイコフカ街道を228・6地点に向かって可及的速やかに駆け抜けることになっていた。だが、彼らの待機地区は敵の激しい砲撃にさらされた。つまり、正確な攻撃開始時間までが敵に知られていたのだ。B・ソロヴィヨフはソ連軍の観点から次のように書いている。「ソ連側は偵察活動によって相手の攻撃計画を入手していた。ファシスト・ドイツの司令部が攻撃準備の隠蔽と奇襲要素の保持にたいそう腐心していたにもかかわらず。」

ヴァルター・ラウSS戦車二等兵は、このときのティーガーによる集結地までの行軍と、攻撃前の数時間の様子を以下のように伝える。

『城塞』作戦は、私個人にも大きな意味を持っていました。私はこの戦いで砲火の洗礼を受けたわけですし、しかもティーガーに搭乗していたのですから。作戦に赴く直前に、私は友達でもあったシュタウデッガーSS軍曹の車両に装塡手として配されていました。私たち第II小隊の小隊長は〝ブービィ〟・ヴェンドルフでした。一九四三年六月三〇日、私たちは集結地をめざして出発しました。ここで是非言っておきたいのですが、私たちが宿営地を離れるとき、地元住民は心の底から別れを惜しんでくれました。私たちはそれぞれ投宿先の家族と本当にいい関係を築いていましたから。これは何も特別な例ではなく、戦車兵にはどこでも当たり前のことだったのです。

集結地までの行軍中、三回野営したのを憶えています。最初の晩は雨模様でしたから、戦車の下にもぐり込んでしのいだものです。ヴェンドルフ小隊長、ハインツ・ブーフナー、フランツ・シュタウデッガーほか何人かが一緒にいました。ヴェンドルフとブーフナーは彼らのナーポラ［前出／国立政治教育学院］時代の思い出話をしていました。

次の晩は、平らにならされた麦畑で野宿でした。ヴェンドルフは――いつもの彼のやりかたでしたが――小隊員を半円形に集めて休息させました。全員、腹這いになって、頭を真ん中に向けて。すると案の定ヴェンドルフが一曲歌おうと言いだしたのです。歌を唄ううちにその夜は更けてゆきました。最後の夜は、家々が細長く連なったある村で休息しました。そこでようやく私たちはこの先何が起ころうとしているのかを小隊長から教えてもらったのでした。総統命令が伝えられ――命令書がそっくりそのまま読み上げられたのか、それとも要旨だけが告げられたのかは今となってはもうわから

前進する『ライプシュタンダルテ』戦車連隊第13（重）中隊のティーガー。いよいよクールスク攻勢が始まった。

なくなりましたが——作戦のあらましが説明されました。私たちは南から攻撃をかけるのだということでした。それにあわせて北からも別の軍集団が攻撃する作戦でした。

そうやって私たちはこの作戦の意義について説明を受け、総統や最高司令部の命令に表れた口調から、これが決定的な戦いになるはずだということを知ったのです。当然ながら期待感と高揚感が一挙に高まりました。もっとも、私はすでに胃のあたりに少し不快感を覚えていたのですが。何と言っても、このとき初めて実戦に臨もうとしていたのですから無理もないでしょう。こうして一九四三年七月五日のまだ暗いうちに、私たちは出撃陣地に向かったのです。」

攻勢初日

七月四日2315時、『ライプシュタンダルテ』SS第2機甲擲弾兵連隊の先発部隊が、ヤホントフ西の丘陵地帯と228・6高地の敵の各戦闘前哨の奪取に乗り出した。明けて七月五日0133時、熾烈な白兵戦の末に同連隊第9中隊カルクSS中尉らが228・6高地を落としたのに続いて、ストレレーツコエ北側を占拠した。228・6高地奪回を図る敵の反撃も、0215時、これを撃退した。そして砲兵部隊による弾幕射撃の後、0300時、『ライプシュタンダルテ』両機甲擲弾兵連隊は前進を開始する。0315時には、ティーガー部隊が228・6高地へ乗り込んだ。

『ライプシュタンダルテ』の戦車駆逐部隊。38(t)式戦車車台を利用した7.5cm40式3型対戦車砲搭載の対戦車自走砲（マーダーIII）。

０４０５時、両機甲擲弾兵連隊が、いずれも二個大隊を先頭に立てて攻撃に出た。目標は２２０・５高地。彼らの行く手には地雷と有刺鉄線とで強化された防御陣地帯が延々二〇キロもの深さで続いていた。埋められたT‐34と偽装された対戦車砲が、ティーガーと突撃砲の前進を阻む。さらに擲弾兵たちは２２０・５高地の手前で対戦車強化壕を発見した。このときティーガー中隊はブイコフカ南から南東にかけての敵防御陣地帯を突破せよとの指示を受けていた。

　クリングSS大尉が配下の全車両に無線で攻撃命令を下す。「戦車、前進！」一一両のティーガーは北へ向かって速力を上げた。が、すぐに彼らはあちこちで敵の対戦車砲の砲口焔があがるのを発見する。とは言え、発砲されたからこそわかったようなもので、この危険きわまりない兵器は巧妙に偽装されて随所に潜んでおり、あらかじめ見つけ出すなどとうてい不可能だった。ドイツ軍戦車部隊がこれほど大量の対戦車砲と埋設定置戦車に遭遇したことはなかった。

　ことカモフラージュに関しては敵の手際は見事というほかなく、彼らの対戦車砲は地形に合わせて設けられた掩蔽壕や射撃陣地に配され、巧みな偽装によって、風景に完璧に溶け込んでいるのだった。そのように隠蔽された対戦車砲というのは実に厄介な相手なのだが、他方、彼らが発砲してくれれば、その所在はたちどころに知れた。ティーガー各車は応射すべく暫時停止した。ヴィットマンSS少尉のもとで砲手を務めるヴォルSS上等兵は砲塔を左に旋回させた。望遠照準眼鏡に一門の対戦車砲が大写しになる。ヴォルは初弾でそれを撃破した。続いて彼はそれよりもっと左に別の砲口焔を認めた。ザールラント出身の、この小柄な砲手は素早く反応し、狙いを定めるやこれも難なく撃破した。他のティーガーも正確な射撃によって、次々と対戦車砲陣地を沈黙させた。前進を続ける彼らの前に、代わってT-34が姿を現す。その数、ほぼ一ダース。クリングは有利な位置にいた。彼の砲手ヴァルムブルンSS上等兵は、ものの数分で二両のT-34を撃破した。他のティーガーもそれぞれに戦果をあげ、どうにか生き残ったT-34は恐れをなして遁走した。

一方、深々と連なる防御陣地帯には、また新たな脅威が潜んでいた。突如、一メートルばかりの紅蓮の炎の槍が戦場を飛び交い、周囲一帯を火の海に変えたのだ。防御陣地に据え付けられた自動火焔放射器は、擲弾兵にとって、接近するのも困難な、恐ろしい兵器であった。クリングは、火焔放射器が設置されたトーチカのひとつに向かって自分の車両を誘導し、そこに榴弾をたたき込んだ。この日が刻々と過ぎゆくなかで、クリングの砲手ヴァルムブルンは少なくとも九基の火焔放射器を粉砕し、トーチカ七ヶ所を破壊し、四両のT-34と一九門の七六・二ミリ対戦車砲を撃破した。

ティーガー部隊は工兵が地雷原に通路を啓開し、対戦車壕に架橋するのを待っては、進撃を続行した。そして、ほどなく彼らは２２０・５高地の要塞化陣地の正面に出た。対戦車砲がひしめいている。さらには砲塔だけを覗かせて埋められたT-34。それらが一斉にティーガー部隊へ向かって火を吹いた。何両かが履帯に被弾、擱座したが、それでも彼らは応射を続けた。埋設T-34の最初の一両が火柱を上げて爆発する——。

後日のクリングへの黄金ドイツ十字章推薦状によれば、このとき「敵の陣地帯の手前で擲弾兵の攻撃が停滞した際、クリングSS大尉は、無数の地雷が敷設され、対戦車砲その他火砲の密集する地形的状況をものともせず、彼の中隊による突破を企図した。戦車一一両をもって彼は焦点の丘陵陣地に一歩また一歩と迫った。その過程で四度に渡って車両の乗り換えを強いられるも、ついには最後に残った数両で突破を果たした。」隠蔽された対戦車砲はティーガーを二〇メートルまでひきつけた。まさに死闘が展開されたのだ。

結局、火砲およびロケット砲（ロケット弾発射器）による支援砲撃を受けた後、１１４５時に、ティーガーと突撃砲そしてSS第２機甲擲弾兵連隊は２２０・５高地を奪取した。ほぼ五時間に渡って切れ目なく続いた戦闘の末に、である。ティーガー部隊は多数の敵戦車と対戦車砲を粉砕した。

１２３０時、フーゴー・クラースSS中佐率いるSS第２機甲擲弾兵連隊主力は、攻勢初日の目標であるブイコフカの南

ソ連軍の塹壕を奪取した擲弾兵。背景に追撃に向かうティーガーが見えている。

宣伝中隊の隊員が描いたクールスク戦のティーガー。

二・五キロに位置する215・4高地に到達した。さらに午後には『ライプシュタンダルテ』の両機甲擲弾兵連隊が揃ってブイコフカに入ったのだった。第2連隊の一部は、同町から逃げ去る敵を追撃した。

ソ連軍のI・I・マルキン大佐は『クールスク戦』で次のように書いている。

「ソ連軍兵士の勇気と決断力をもって、第28戦車駆逐旅団ならびに戦闘工兵部隊は、SS機甲擲弾兵師団『ライプシュタンダルテ』『トーテンコップフ』［原注／実際には『ダス・ライヒ』］が突進の重点を置いた戦区に移った。移動中の第1008戦車駆逐連隊はブイコフカ南五キロの防御陣地に就いた。

ドイツ軍は中戦車の掩護に一八両のティーガーを投入した［原注／実際には一一両］。これに対し、ソ連軍砲兵は数分の間にティーガー四両を炎上させた。このうち二両は完全に行動不能に陥っている［原注／二両が履帯を損傷したが、全損に追い込まれた車両はない］。さらに、第52親衛狙撃兵師団隷下部隊の協力を得て、第1008戦車駆逐連隊は一時間に四度もの敵襲を撃退し、敵戦車一八両を破壊した。ドイツ軍の南方軍集団司令部は進撃を促進すべく同戦区に持てる限りの航空戦力を投入したばかりか、その狭い正面にほとんど三〇〇両近い戦車を集注し、ブイコフカ南方のソ連軍の抵抗を回避しようとの意図でヴォールスクラ川沿いに攻め上った。

攻撃開始直前、擲弾兵を跨乗させたティーガー。左は“1311”。右の“1332”の車体後部には、エンジン吸気に埃や砂塵が混入するのを防ぐファイフェル・フィルターが装備されているのがわかる。

夕刻近く、ドイツ軍によってブイコフカとコージモ・デミヤーノフカに細い楔が打ち込まれた。第52親衛狙撃兵師団は、軍団司令官命令に応じて、ブイコフカ南西のヴォールスクラ西岸陣地に二個連隊を急派する。と同時に、同師団第3連隊がコージモ・デミヤーノフカ北の防御陣地に入り、第96戦車旅団とともに敵襲をくい止めた。またさらに第6親衛軍の総司令官は攻撃第二陣として控えていた第51親衛狙撃兵師団を急遽投入した。こうして敵の北進は阻止されたのである。」

『ライプシュタンダルテ』各部隊は、攻勢初日にして多数の敵戦車を破壊した。夕刻、同師団はヤーコヴレヴォの前面にあり、その右翼では『ダス・ライヒ』師団も追いついてきた。

ティーガー中隊では、いずれもSS上等兵のゲオルク・ゲンチュ、ハインツ・オヴチャレク両名が戦死、ヴェンドルフSS少尉も負傷した。ヴィットマンSS少尉はこの日、戦車八両と砲七門を撃破している。その他の車長たちも一様にそれなりの戦果をあげた。その一方で、中隊の糧食運搬トラックが敵陣内に迷い込み、ドイツ人運転兵と二名のロシア人補助員［訳注／志願による補助員／Hilfswillige-n、略称でヒーヴィース Hiwi-s と称した。ドイツ占領地域における地元住民あるいは捕虜の対独協力者］の計三名が命を落とした。ティーガー中隊にあっては、補給要員も常に戦場の真っ只中で死と隣り合わせの立場にいたということである。

ヴァルター・ラウは攻勢初日をこう振り返る。
「最初の攻撃準備射撃が始まったとき、私たちティーガー部隊は、ひとすじの小川を渡らねばなりませんでした。これは操縦手には苦労の多い仕事です。もっとも、ティーガーならちょっとした小川を渡るくらい簡単でしたが。そろそろ夜が明けようかという頃でした。広い原野を目の前にして、私たちティーガー部隊は出撃態勢を取りました。攻撃開始直前のこの数分間で、いちばん印象に残っているのは、ロケット弾の一斉射撃とシュトゥーカの登場です。ロケット弾の恐ろしい飛翔音を耳にしたのは初めてでしたし、あんな煙の壁はそれまで見たことがありませんでした。

ロケット弾の斉射が終わって、煙の壁が崩れたとき、シュトゥーカの編隊が現れました。その瞬間、私たちも行動を開始しました。しかし、突撃路を数百メートル進んだところで最初の対戦車壕に行き当たり、早くも停止することになったのです。と言っても、ここはフライ連隊（SS第1機甲擲弾兵連隊）が確保していて、すでに工兵が橋を架ける準備をしているところでした。

ここを最初に越えたのは、第Ⅲ小隊長のヴィットマンの車両です。それにヴェンドルフ車が続きました。行軍中はまだシュタウデッガーが私たちの車長でした。ところが、何かの事情でヴェンドルフが――多分、彼の車両が故障したか何かで――私たちの車両に移ってきたので、シュタウデッガーは降りることになりました。それで私たちの車両は、ヴェンドルフ車長に、砲手がブーフナー、装塡手は私、操縦手がシュテルマッハー、無線手がヴァルタースドルフという顔ぶれでした。それにしても、このときの対戦車壕の横断は大変でした。私たちはしばらくそこで待たされました。工兵たちが一両のT-34を壕に引きずり込んで、それを土台に戦車の通路を作ろうと奮闘していたからです。それがみごとに成功して、私たちの中隊は無事にそこを通過し、進撃を再開するため逆楔形に展開しました。敵は盛大に撃ってきます。正直なところ、私個人は大丈夫とは言いかねる状態でした。恐怖感からだったのかどうかわかりませんが、腹具合が変に怪しくなっていたのです。と、そのとき、私たちの車両は被弾しました。

私には、それがどの程度の被弾なのか見きわめられるほどの経験がまだありませんでした。どうやら対戦車ライフルによってキューポラと足回りがいっぺんにやられたようでした。ヴェンドルフSS少尉は血まみれで、それを見たとたん、私もさらに具合が悪くなりました。SS少尉は見るからに重傷でした。が、幸いなことに、覘視孔のガラスブロックの破片が顔に当たっただけで、それほどたいした怪我ではないことがすぐにわかりました。脱出を命ずる声が確かに聞こえたので、私は砲塔の緊急脱出用ハッチを開いたのでしたが、ヴェンドルフの怪我も、それから車体の被弾状況も深刻なものではないことが判明して、命令は撤回されました。ところがど

ティーガー“1313”。対空識別用として車体後部にスヴァスティカ（かぎ十字）の旗を立てている。砲塔に立つのは砲手のハインリヒ・クネーシュ。

うしてもハッチを内側から閉めることができなかったのです。

　ここでヴェンドルフと工兵大隊の中隊長との間で口論が起こりました。私がそれをよく憶えているのは、そもそも私が悪かったからです。馬鹿な話ですが、ハッチを閉めるとき、力が足りなくて、それ(ハッチ)をまた倒してしまいましてね。そこに工兵中隊長の手があったというわけです。もう私は一気にどん底まで落ち込んで、最悪の気分でした。敵の抵抗線のど真ん中で私たちの車両はぴったりと停止したままです。横にはシュッツSS中尉の車両がいました。これは装塡手用の覘視孔に対戦車砲の直撃弾を受けたようでした。シュッツの装塡手を務めていた金髪の若い戦車二等兵クラウス・ビュルフェニッヒは重傷を負いました。

　そのとき私はシュッツSS中尉の車両に移れと言われました。これで私はますますうろたえてしまいました。なにしろ、シュッツは副中隊長です。それに彼の砲手はヴェルナー・ヴェントSS軍曹、私たちのなかでは年配の、熟練の砲手でした。けれど、それ以上考え込んでいる余裕はありませんでした。私たちはクリングSS大尉の指揮下、逆楔形で攻撃を続行中だったのですから。それから私たちは対戦車壕の向こうにあった丘に何度か攻撃をかけ、あっという間に砲弾を使い果たしました。

　思い出してみると、その日の朝から午後にかけて、給弾のため三回も後退しました。そうなると、いったい装塡手が何

奪取した壕のなかでしばし休息する擲弾兵。背景を通過してゆくのは『ライプシュタンダルテ』戦車連隊第II大隊のIII号戦車。

発の砲弾を装塡しなければならなかったか、何本の薬莢を始末しなければならなかったか、ちょっと考えるだけでもおわかりでしょう。おまけに凄まじい七月の暑さがそれに加わるのです。腹具合がおかしかったのはいつの間にかすっかり忘れることができましたが、その代わりに猛暑の車内で八・八センチ砲弾を捌くという重労働で疲労困憊でした。夕方には、ティーガーの装塡手は全員、傍目にもはっきりわかるほど疲れきっていました。その夜は車両の陰で眠りました。」

神経がすり減るような攻勢初日が過ぎて、夕刻、戦車兵たちは互いにその日の経験について語りあった。間もなく夜が訪れ、酷暑の一日の終わりに、いささかの安らぎをもたらした。

この夜、歩哨に立ったなかに、士官訓練を希望するある若い兵がいた。ところが、昼間の試練で疲れ果てていたのか、彼は眠りこんでしまった。見回りに来たヴィットマンがこれを見つけた。自身、疲れて睡眠を必要としていたはずだが、彼は眠った若者の代わりを自ら務めた。ヴィットマンという人間は、こうしたことについて多くを語らなかった。おそらく彼にとってはこの行為も若い部下たちに対する責任感のひとつのあらわれであったというだけのことなのだ。ちなみに、この若い兵とはローラント・ゼフカーSS上等兵であったと推測される。

シュタウデッガーの夜間行軍、およびその結末

一方、夜が来ても休めないクルーもあった。シュタウデッガーのクルーである。シュタウデッガーSS軍曹の車両は、中隊と合流すべく、周囲がすっかり暗くなってから単独行で出発した。森を抜ける狭い道を彼のティーガーはゆっくりと進んだ。底知れない闇のなかで道を見失わぬよう、シュタウデッガーは砲塔の開いたハッチから身を乗り出していた。しばらくの間、彼のティーガーは森のなかを何事もなく進み続けた。そのエンジンの唸りを別にすれば、あとはまったく静かな、暑い七月の夜であった。

突然、シュタウデッガーは真正面で小さな火花がちらつくのを認めた。彼は即座に操縦手に停止を命じた。そこに戦車がいる。輪郭でわかった。相手の排気管から出た火の粉のおかげで、どうにか衝突を免れたようなものだった。シュタウデッガーは相手の車長を怒鳴りつけてやるつもりで砲塔から飛び出した。何だってこんな真夜中に、こんなところでのんびり構えて道をふさいでいるのか問い質さなくてはならない――。

相手の車長は砲塔に突っ立って、煙草をふかしていた。吸差しが赤く光るのがシュタウデッガーに見えた。相手もやはり驚いているのは間違いなかった。自分の車両のエンジン音で、ティーガーの接近に気付かなかったらしい。彼はシュタウデッガーに、気は確かかと訊いた。ただし、ロシア語で。シュタウデッガーは一瞬たじろいだ。敵の戦車の真ん前に、たったひとりで立っているのだ！　彼は恐怖心を抑えつけ、ベルトにつけていた手榴弾に手を伸ばして、ソ連戦車の開いたハッチにそれを投げ込むや遮蔽物を求めて身を翻した。そうしながらも彼は、さらに数メートル向こうに仲間がもう一両いるのを確認していた。くぐもった爆発音がして、ソ連戦車の巨体が揺れた。シュタウデッガーは自分のクルーに大声で警告を発した。が、それ以上の指示を出しているひまはない。彼は次なる相手に走り寄って、その車体に飛び乗った。

同時にハッチが開いた。爆発音を聞きつけた乗員が、何事かと外を確かめる気になったのだ。シュタウデッガーは正確にその動きを読んでいた。すかさず、その開いたハッチに二発目の手榴弾を放り込む。この戦車もまた戦闘不能となった。こうしてシュタウデッガーは数分のうちに二両のソ連戦車を破壊したのだった。咄嗟に手榴弾に手を伸ばしたのが、生死の分かれ目だった。相手の車長はすぐにシュタウデッガーが敵であるのに気がついただろうからだ。もと歩兵であったシュタウデッガーは、常に手榴弾を携帯していて、しかもその使い方に熟達していたのである。彼は自分の車両に戻り、単独行軍を再開して、中隊との合流を果たした。そして、この迅速かつ勇猛果敢な行動が認められ、翌日七月六日付で第一級鉄十字章を受章することになった。

七月六日

夜の間に、敵はヤーコヴレヴォ東の陣地から撤退し、新たな防御陣地——特に243・2高地——で態勢を固めた。『ライプシュタンダルテ』と『ダス・ライヒ』に割り当てられた翌七月六日の任務は、ヤーコヴレヴォ南東の敵の強化陣地を突破することであった。ティーガー中隊は、地雷が敷き詰められ、有刺鉄線が張り巡らされ、厳重に要塞化された243・2高地の奪取を命じられた。

攻撃は朝に開始された。243・2高地の敵は頑強な抵抗を示した。ティーガーは地雷原をじりじりと進まねばならなかった。第I小隊長シュッツSS中尉の車両には、従軍記者のヨーアヒム・フェルナウが同乗した。この車両は攻撃中に被弾し、覗視孔のガラスブロックが外れて、シュッツの腹部を直撃した。瞬間、シュッツは、自分の両脚が引きちぎられたと思ったという。そうでなかったのは幸いだった。戦闘に際して、若い戦車兵たちはしばしば自分の神経とも闘わねばならなかった。たとえば、攻撃に向かうあいだ、インターコムを通してウィーンっ子の愛唱歌を唄い続けていた操縦手のヨハン・グラーフなどがいい例だ。

ロルフ・シャンプSS上等兵はティーガー〝I324〟番車の車長であった。彼のクルーは砲手ジークフリート・ユング、操縦手フランツ・エルマー（いずれもSS上等兵）、装塡手ラインハルト・ヴェンツェル、名前不詳ながら無線手イヴァニッツ（この両名はSS戦車二等兵）である。後述するが、この日の攻撃中にシャンプ車は地雷を踏んで右側減速機が破損し、行動不能になった。周囲一帯、木箱に入った地雷が大量に仕掛けられていた。これにやられたドイツ戦車は相当数に上る。

クリングSS大尉は、最後に残った三両のティーガーをもって敵の各拠点を制圧し、正午には243・2高地を奪取した。そればかりでなくティーガー部隊は追撃の成功に不可欠な条件をも整えた。1315時、『ライプシュタンダルテ』SS第1機甲擲弾兵連隊に対して、戦車三八両の支援を得たソ連軍がヤーコヴレヴォから攻撃をかけてきた。ティーガー中隊は『ライプシュタンダルテ』戦車集団と行動をともにしてそれを撃退し、その過程で戦車八両を撃破した。

クリングはさらに勝算ありと見て、残りわずかなティーガーで「追撃を開始し、自らの危険をかえりみず、戦車集団の先導を務めてプローホロフカ西の丘陵地帯を獲得した。これによって我が方の先鋒部隊は今や敵陣内六〇キロから七〇キロにまで到達した。この両日で、彼の中隊はT-34を五〇両、KV-I／IIを各一両、対戦車砲四三門を撃破した。クリングSS大尉自身、九両の戦車を撃破して、この勝利に大きく貢献している。」——と、これはクリングへの黄金ドイ

砲火にさらされ、遮蔽態勢の擲弾兵部隊。

糧食の足しになる新鮮な卵を確保し、いかにも嬉しそうな『ライプシュタンダルテ』の若い兵。

ツ十字章推薦状の記述である。

ヴィットマンも彼の小隊を率いて数両の戦車を撃破した。ただ、この日の彼には運がなかった。彼のティーガーは地雷に乗り上げ、右側履帯の破損によって立ち往生した。そこを狙い撃たれて車体前面に数発の直撃弾を受け、無線手の機銃が破壊されたほか、ハッチが吹き飛ばされた。装填手ヴァルター・コッホは破片を浴びて頭部を負傷した。しかし、この危機的状況においてもヴィットマンの冷静さと強靱な神経は少しも損なわれることなく、それが彼の乗員を安心させ、元気づけた。実際、救援はすぐそこまで来ていた。擱座したヴィットマンのティーガーは、ブラントSS軍曹の車両に牽引され、敵の射線の外に連れ出された。その後、マックス・ガウベSS戦車二等兵がコッホの後を引き継いで、ヴィットマンの装填手になった。

その他の車長——ブラント、ヘルト、レッチュといった面々もまずまずの戦果をあげた。地上の激戦に劣らず、その上空もまた戦闘機や爆撃機、シュトゥーカで一杯だった。ルーデル大尉は、試験的に〝空飛ぶ対戦車砲〟すなわち主翼下面に二門の三・七センチ機関砲を装備したユンカースJu87による対地攻撃を実施し、多大な戦果をおさめていた［訳注／ハンス・ウルリヒ・ルーデル、最終階級は大佐、第2急降下爆撃／地上攻撃航空団〝インメルマン〟を率いて活躍。

塹壕からまさに攻撃に出ようとする機甲擲弾兵。

対地攻撃の分野における第一人者で、一九四四年一二月制定の「ダイヤモンド・剣付き黄金柏葉騎士十字章」の全軍で唯一の受章者」。

ソ連軍のヤクボフスキー連隊長は記した。「ティーガーを先頭に立て、その後ろに軽戦車や装甲兵員車を連ねて『ライプシュタンダルテ』師団の攻撃は終日続いた。」ここまでのところティーガーは、ソ連戦車と対戦車砲の双方に対して優位に立っていることを、有無を言わせぬ形で実証したようである。埋設T-34や対戦車砲によるソ連側の必死の抵抗にもかかわらず、ティーガーは要塞化陣地をたびたび突破し、その突破口を機甲擲弾兵のために〝地均し〟した。

ソ連側は手当たり次第ありったけの武器を——火焔放射器も含め——投入して応戦した。偽装を施して干し草の山に見せかけたT-34は、もう驚くには価しなかった。だが、地雷には常に警戒する必要があり、工兵は休むひまもなかった。シュタウデッガーと、続いてその直後にシャンプのティーガーが、それぞれ触雷・擱座した。夕刻、ゼップ・ディートリヒが中隊を訪れ、何か不足はないかとふたりに訊いた。そして、ふたりの訴えを聞いて、破損した減速機の代わりを必ず都合してやろうと約束した。この日は数人の搭乗員が夏の暑さと、攻撃の緊張感に耐えかねて、交替の対象となった。それに、彼らには戦車の車内は外よりもさらに高温になる。

戦闘による極度の緊張あるいは重圧がかかるのだ。

シュタウデッガーの装塡手は、このように書いている。

「装塡手にとって、『城塞』作戦の最初の二日間は、おそろしく辛かった。ひどい暑さで、おまけに三回も四回も砲弾の再補給を迫られた。これがどういうことかと言えば、つまりそのたびごとに四〇発から五〇発の砲弾を積み込み、同じ数だけの薬莢を放り出し、またせっせと再装塡する――これを三回も四回も繰り返すということだ。交替が必要だったのは、もっぱら装塡手だったと記憶している。私もそのひとりだった。」

そしてまた夜が訪れた。ティーガー部隊のクルーは野外でそのまま、もしくはテントのなかで、暑い夜をやり過ごした。近在の民家に宿を求めれば、ほとんどと言っていいほど南京虫や虱その他の害虫に悩まされることになったからだ。そのため、天候さえ許せば、車両の傍らで野営する方が好まれたのだった。だが、彼らは体を休めるより先に、また明日に備えて車両の戦闘準備を整えておかなくてはならなかった。八・八センチ砲弾を積み込み、車載機銃の弾帯に銃弾を詰め、給油をおこない、冷却水を満たす等々。

それからクルーのなかの誰か――通常は無線手――が、食料の調達に走る。はるか後方から来る司厨部隊の野戦炊烹車(フィールドキッチン)が、前線の戦車部隊を必ず見つけてくれるとは限らなかったからだ。前線の戦車兵は待たされるのを嫌ったし、待たされるよりは自分たちで何とかする方を選んだ。その間に残りの乗員たちは顔や体を洗った。と言っても、いつもそうしたことが可能であったわけではない。特に、うだるような暑さのなかで展開された『ツィタデレ』作戦においては、戦車兵の疲労は極限に達した。彼らは戦闘中のほんのつかのまの休息のときでも、たちまち眠り込んでしまうことがあったほどなのだ。

七月七日

日付が変わって七月七日、まだ暗いうちに、歩兵を跨乗させた敵戦車三両が、『ライプシュタンダルテ』戦車集団が野営するテテーレヴィノを通過しようとした。付近の街道で警戒任務についていた一両のティーガーが短時間の射撃戦でこれを三両とも撃破した。敵は朝になって再び来襲、戦車三〇両でテテーレヴィノに突入した。これをまた撃退したのは『ライプシュタンダルテ』のSS第2機甲擲弾兵連隊第Ⅱ大隊である。1000時には、同SS第1機甲擲弾兵連隊がポクローフカとヤーコヴレヴォを完全に制圧した。

『ライプシュタンダルテ』戦車集団は、『ダス・ライヒ』の同種の部隊とともに、シュトゥーカによる対地攻撃の後を受けてテテーレヴィノ～プローホロフカ街道に沿って突進した。0710時、同集団は、北から二〇両のT-34による攻撃を

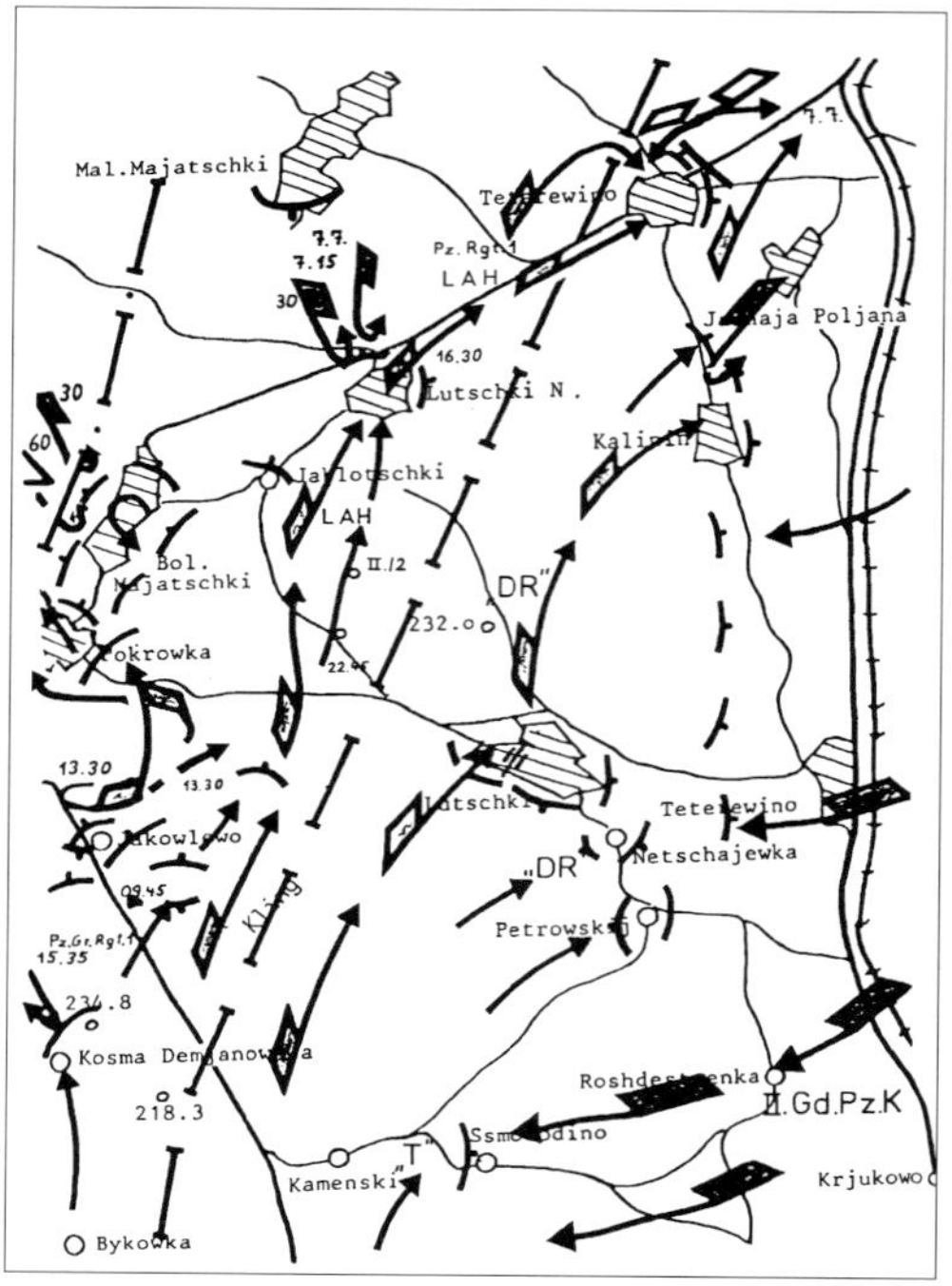

地図13　1943年7月6日～7日

受けた。しかし、戦車同士の何回かにおよんだ熾烈な戦闘を経て、正午までにはこれら敵勢力を一掃した。

この進撃中、数両のティーガーがシュトゥーカ部隊に誤爆された。ヴィットマンはシュトゥーカの投弾の最中に砲塔のハッチを開けて車体後部に対空識別用の旗を広げ、それ以上の誤爆をどうにか防いだ。

夕刻、彼の無線手のベンダーSS戦車二等兵が、顎の傷の化膿と発熱により交替を余儀なくされた。ヴィットマンのクルーにはまたジークフリート・フースSS戦車二等兵が操縦手として加わった。このフースのほか、砲手〝ボビー〟・ヴォル、無線手カール・リーバー（いずれもSS上等兵）、装填手マックス・ガウベSS戦車二等兵というヴィットマン車の顔ぶれは、その後一九四四年一月まで変わらなかった。

しかしこのときドイツ第4戦車軍は、ソ連第1軍隷下の第II親衛戦車軍団と、その他二個戦車軍団に脅かされていた。ことにSS第II戦車軍団の側面には、はっきりと危険が迫っていた。そのため『トーテンコップフ』師団が『ライプシュタンダルテ』師団の左翼に占位し、軍団の先鋒を補強することになった。『ライプシュタンダルテ』左翼――言い換えれば西翼ということになるが――の南縁に展開していた第167歩兵師団は、『トーテンコップフ』と交替する形で東翼に移動した。

ちなみに同日（七日）、ソ連の情報部から次のような発表があった。「ドイツ軍の攻勢的突進の中軸たるティーガー戦車部隊は、我が方の対戦車部隊の特別な注意の的となった。結果、彼らは甚大な被害を出すことになった。初日の戦場で、この重戦車少なくとも二五〇両が炎上した」と。さらには、七月七日の一日だけでティーガー七〇両のほか四五〇両ものドイツ戦車を撃破した、と彼らは主張する。もちろん、これは現実の数字とは何の関係もない。彼らは七月七日までに計三二〇両のティーガーを撃破したと言っているわけで、そうなると、この戦区へティーガーが実際に投入された数よりも撃破された数の方がはるかに多いという不思議なことになってしまうのだが、この問題については、また後述する。

七月八日

一九四三年七月八日０７１０時、ＳＳ第１機甲擲弾兵連隊は南西のボリシーエ・マヤキーを奪取した。０８００時、『ライプシュタンダルテ』と『ダス・ライヒ』の戦車集団は北西方向へ攻撃に出た。そして『ライプシュタンダルテ』戦車集団はヴェショールイの南東で敵戦車八〇両と遭遇する。彼らとの戦闘は１０３０時まで続いたが、その後、相手は南に方向転換し、ヤブロチキーのＳＳ第２機甲擲弾兵連隊第Ｉ大隊を襲った。『ライプシュタンダルテ』戦車集団は再集結の後、さらに西へ進撃した。１２０５時、強固に要塞化されたヴェショールイを巡って戦闘が始まった。

以下はすでに何度か引用しているクリング大尉への黄金ドイツ十字章推薦状に記された、ヴェショールイおよびルイリスクにおけるティーガー部隊の戦闘の様子である。

「ＳＳ第１戦車連隊第Ⅱ大隊の攻撃が、対戦車砲と埋設戦車による強固な防衛線に阻まれた後、クリングＳＳ大尉と配下の戦車四両は敵側面から離脱して、埋設戦車数両に砲撃を加えつつ道を開いた。戦闘の進展に伴い、同ＳＳ大尉は再び自ら混成部隊の先頭に立って果敢に突撃、装甲車大隊とともに敵の背後に食い込んだ。これで敵は恐慌状態に陥り、潰走した。なお、この日は同ＳＳ大尉の中隊の戦果に限定しても、敵に四二両のＴ-34と三両の〝リー将軍〟を失わしめた。」

クリングの砲手ヴァルムブルンＳＳ上等兵は、混戦のさなか、三両のＴ-34を撃破した。戦車集団の攻撃開始地点はテテーレヴィノであった。攻撃が始まった時点では、ティーガー中隊も同集団に加わっている。テテーレヴィノには、すでにこの日早朝、『ダス・ライヒ』師団のSS機甲擲弾兵連隊『ドイッチュラント』第Ｉ大隊が布陣していた。

前線はテテーレヴィノの東を走っていた。プローホロフカからの鉄道線路が、そのまま彼我の境界線になっており、敵の主抵抗線はそのさらに北から西へ伸びていた。ヴェンドルフの第Ⅱ小隊に所属するフランツ・シュタウデッガーは、中隊によるこの七月八日朝の攻撃には参加できなかった。彼のティーガーが機械故障を起こしたからだ。そのせいで彼はテテーレヴィノにとどまっていたが、数時間後、北東からT-34戦車五〇〜六〇両が接近中であるとの情報を得た。

シュタウデッガー、敵戦車二二両を撃破す

このとき「中隊に報せに走るより、おれはこのまま奴らを狩りに行く。その方が中隊のためだ」と、シュタウデッガーは同じく車両故障で残留していたロルフ・シャンプに告げたという。シュタウデッガーは一瞬も迷うことがなかった。ありとあらゆる手を尽くし、自分のティーガーが何とか走行可能な状態になると、彼は敵戦車が出現したとされる方向に、またしても単独行で出発した。彼のクルーは操縦手ヘルベルト・シュテルマッハーSS上等兵、無線手ゲーアハルト・ヴァルタースドルフ、砲手ハインツ・ブーフナー、装塡手ヴァルター・ヘンケ（以上三名はSS戦車二等兵）である。

途中、擲弾兵が彼に声をかけ、すでに五両のソ連戦車がドイツ軍陣内に突入したと伝えた。それを聞いて間もなく、シュタウデッガーは擲弾兵がそのうち二両のT-34を撃破するのを見た。シュタウデッガーはただちに残る三両を引き受け、みごとこれを始末した。だが、息をつく暇もなく、鉄道線路の土手に二両のT-34が現れる。これらもほんの数秒で片づけると、シュタウデッガーは歩兵陣地を走り抜けて、中間地帯へ入った。ただ一両で、敵戦車六〇両に立ち向かおうというのである。

そして彼は目指す相手を発見する。線路の土手の向こうに広がる森のなかから、戦車五両が湧いて出た。シュタウデッガーは素早く命令をくだした。即座にブーフナーが照準をつけ、相手の砲塔に命中弾を叩き込む。これでまず一両が爆発。しかし、残った四両のT-34が、たった一両のティーガーを狙っていっせいに砲撃を始めた。シュタウデッガー車は応射し、このきわめて困難な射撃戦を切り抜け、結局五両全部を撃破した。

続いて、同じ森のなかから、新手のT-34が次々と姿を現した。シュタウデッガーは躊躇することなく戦闘を開始した。砲手に向かって流れるように指示を出す。「狙え、撃て、よし、命中だ！」かたわらで装塡手のヘンケが黙々と八・八センチ砲弾を装塡するという、いちばんの重労働をこなしていた。操縦手のシュテルマッハーは、敵戦車の大群を前に寸時も車両を停止させることなく、巧みにその位置を変え続けた。そのため、敵はこのたった一両のティーガーになかなか照準を合わせることができなかった。赤い星をつけた緑のT-34［訳注／蛇足ながら〝緑の〟という言葉には〝未熟な〟という意味もある］の群は、かなり近くまで迫っていた。ティーガーの文字どおりの孤軍奮闘は二時間ばかり続き、ここまでで計一七両を撃破するにおよんだ。

クールスクの夏、焼けつくような暑さのなかで進撃は続く。

その間にはこちらも被弾したのだが、損害らしい損害には結びつかなかった。最終的に敵は、ここでは突破の術なしと認めて、撤退した。シュタウデッガーの方は、そこで『ドイッチュラント』連隊の警戒線まで引き揚げるつもりはなかった。さらなる戦果を望んだのである。実に大胆なことに、彼は敵戦車の軌跡を追って、ティーガーを敵陣の奥へと進めたのだった。ほとんど無謀とも言える決定であった。勝利の可能性はごくわずかだ。むしろ待ち伏せに遭うなど、敵の術中にはまる公算が大きかった。だが、シュタウデッガーには、それなりの勝算があったと見える。

ティーガーの巨体は、ゆっくりと進んだ。車長シュタウデッガーはもっぱら地形に注意を注いでいた。砲尾に徹甲弾が用意されている。神経を張りつめて望遠照準眼鏡を覗くブーフナー。突然、彼らが——窪地の一画に再集結した敵戦車の群が、ブーフナーの視界に飛び込んできた。エンジンの派手な唸りとともにティーガーは接近し、ぴたりと停まった。瞬間、その長大な砲身から一発目が飛び出し、最初の標的に命中する。矢継ぎ早に徹甲弾が放たれる。こうしてシュタウデッガーはT-34の群の中央にいた五両を狙い撃ちにした。そして徹甲弾を使い果たしてからは、榴弾に代えて射撃を続け、さらに四両に命中させたように見えた。

相手はまったく度を失っていた。シュタウデッガーのティーガーはまるで無敵になったかのようだった。敵戦車の

敵を迎え撃つ機甲擲弾兵。

ソ連軍陣地への攻撃。若い兵の緊迫感に満ちた表情が印象的だ。

群は崩れはじめ、まだ動ける車両は、完全に撃破されるのを免れようとして、まさしく恐慌状態で遁走にかかっていた。シュタウデッガーは、不意の逆襲を警戒すべく、どこまでも相手を視界から逃さないよう留意しながらティーガーを徐々に後退させた。砲弾はすべて使い尽くしたし、そろそろエンジンが息切れしていた。離脱の潮時だ。『ドイッチュラント』連隊の擲弾兵たちが、シュタウデッガーと彼のクルーに向かって熱狂的に手を振っていた。彼らは感謝しなければならない理由――つまり、自分たちがこのたった一両のティーガーに助けられたことを、よく心得ていたのだ。

オーストリア南部ケルンテン州出身の、この二〇歳の戦車長の大胆な行動によって、敵戦車部隊――彼らは補給線を断たれた南西地区の友軍のために道を開こうとしていた――の突破は阻止された。その過程で、シュタウデッガーは計二二両の戦車を撃破した。その後、『ドイッチュラント』連隊第2中隊から出された斥候班が、シュタウデッガーの戦果を確認した。

翌日、『ライプシュタンダルテ』戦車連隊長シェーンベルガーSS中佐は、シュタウデッガーへの騎士十字章を推薦する文書を提出した。そして早くもその翌日――七月一〇日に、フランツ・シュタウデッガーは待望の勲章を授与されたのだった。

シュタウデッガーが騎士十字章を獲得したというニュースは、当初、中隊の仲間たちを驚かせた。中隊はその日（七月八日）別の場所で戦闘中で、彼の車両の単独行動については誰も知らなかったからだ。ともあれ、彼はティーガー中隊員としてばかりでなく、『ライプシュタンダルテ』師団のオーストリア出身者としても、騎士十字章受章の第一号となった。

以下はシュタウデッガーへの騎士十字章推薦状の日本語訳である。

直属上官による推薦、ならびに理由の開示

一九四三年七月八日、『LSSAH』SS第1戦車連隊はテテーレヴィノから西へ出撃した。なお、これは同日朝テテーレヴィノにて『ドイッチュラント』連隊隷下部隊による交替を受けての行動である。連隊の出発から数時間後、五〇～六〇両のT-34から成る戦車部隊が北東方向より来襲するのが確認された。

この日、シュタウデッガーSS軍曹は車両故障により出撃できず、テテーレヴィノに残留となるも、敵戦車来襲の一報を聞くや、手段を尽くして彼のVI号戦車を走行可能に導いた。そして迫りくる敵戦車部隊に対し、単独での出撃を敢行、二時間におよぶ戦車戦で一七両のT-34を撃破した。

その結果、敵戦車部隊は形勢不利と見て戦闘を打ち切り、自陣内の窪地の一画に撤退した。ここでシュタウデッガーSS軍曹は命令を待つことなく、再集結中の敵戦車部隊に追撃をかけることを自ら決意した。友軍戦線をはるか離れ、何の支援もないまま、彼はさらに五両のT-34を撃破した。残余の戦車は遁走したとのことである。

シュタウデッガーSS軍曹は、この痛快無比の離れ業を、ことごとく自らの判断において——全力を傾け、なおかつ何らの損失を被ることなく——実行した。彼の行動は、それなくしては避け得なかったであろう敵戦車部隊の我が方陣地への突破を阻止し、これを決定的に弱体化せしめ、ひいては彼らの戦術的目標——すなわち、南西地区において事実上補給を断たれ、孤立する友軍との連絡をつけること——を挫折せしめた。

シュタウデッガーはⅢ号戦車長として参加した先のハリコフ戦における勇敢な戦いぶりによって第二級鉄十字章を獲得した。

また、トマーロフカ北東の敵防御陣地を破った際の、きわめて大胆不敵な行動によって第一級鉄十字章をも獲得した。

今般、彼は最高殊勲章たる〝騎士十字章〟を受けるにふさわしいと判断されたため、ここに推薦する。

シェーンベルガー（署名）
SS中佐、連隊長

師団長による承認

これを承認し、推薦する。

ヴィッシュ（署名）
SS准将

左ページ／シュタウデッガーへの騎士十字章推薦状。連隊長シェーンベルガーと師団長ヴィッシュのサインに注意。

Begründung und Stellungnahmen der Zwischenvorgesetzten

Am 8.7.1943 trat das SS-Panz.Rgt. 1/L.SS A.H. aus Teterewino nach Westen zum Angriff an. Das Rgt. war am Morgen desselben Tages von Teilen des Rgt. "Deutschland" abgelöst worden. Wenige Stunden nach dem Antreten des Rgt. wurde ein aus nordostwärtiger Richtung angreifender Panzerverband von etwa 50 – 60 T 34 gesichtet.

SS-Unterscharführer S t a u d e g g e r, als Panzerführer eines technisch ausgefallenen Wagens, konnte an diesem Angriff nicht teilnehmen und war deshalb in Teterewino verblieben. Nachdem er von dem Panzerangriff erfahren hatte, machte er mit allen Mitteln seinen Pz.Kpfw. VI notdürftig fahrbereit. Er fuhr den angreifenden Feindpanzern, ganz allein auf sich gestellt, entgegen und schoß 17 T 34 in einem 2-stündigem Panzerkampf heraus.

Der feindliche Panzerverband drehte daraufhin ab und zog sich in eine Mulde zurück. Jetzt entschloß sich SS-Uscha. Staudegger, ohne dazu Befehl zu haben, den feindlichen Verband, der sich mittlerweile wieder bereit gestellt hatte, weit über die eigenen Sicherungslinien hinausfahrend, ohne jede Unterstützung, anzugreifen und schoß dabei im Feuerkampf weitere 5 T 34 heraus. Der Rest flüchtete.

SS-Uscha. Staudegger hat diese einmalige Tat aus eigenem Entschluß, unter Einsatz seiner ganzen Person und ohne jede Verluste durchgeführt.

Er hat damit einen sonst unvermeidlichen Panzreinbruch in die eigenen Sicherungen verhindert, den feindlichen Panzerverband entscheidend geschwächt und so den taktischen Zweck des Gegners, die Freikämpfung der Rollbahn für seine im Südwesten vom Nachschub fast abgeschnittenen Verbände, verhindert.

Staudegger wurde in der Winterschlacht im Kampf um Charkow als Panzerführer eines Pz.Kpfw. III wegen Tapferkeit mit dem E.K. II ausgezeichnet.

Das E.K. I erhielt er wegen besonders tapferen Verhaltens mit seinem Pz.Kpfw. beim Durchbruch durch die feindliche Verteidigungsstellung nordostwärts Tomarowka.

Er ist würdig, mit der höchsten Auszeichnung, dem "Ritterkreuz des Eisernen Kreuzes" beliehen zu werden.

SS-Obersturmbannführer u. Rgt.-Kdr.

Stellungnahme des Divisions-Kommandeurs:

Einverstanden und befürwortet.

SS-Oberführer

新聞発表

『ティーガーただ一両にてT-34戦車二二両を撃破す』

【総統大本営発】一九四三年七月一〇日、総統は機甲擲弾兵師団『ライプシュタンダルテSSアードルフ・ヒットラー』戦車連隊の戦車指揮官フランツ・シュタウデッガーSS軍曹

に騎士十字章を授与された。過日、同SS軍曹は車両に発生した技術的問題のために所属連隊による攻撃に参加できずにいたところ、我が軍の後方にT-34戦車五〇〜六〇両からなるソ連戦車部隊が接近中との一報を受けた。敵の圧倒的優位にもかかわらず、同SS軍曹は単独でこれに対処すべく自らの判断にしたがって出撃を決行。ただ一両のティーガーを巧みに誘導して二時間に渡る射撃戦をみごと切り抜け、一七両のT-34を撃破した。のみならず、形勢不利と見て敵が撤退するや、これを追撃、自軍戦線をはるか離れ、何の支援も得られぬまま、さらに五両のT-34を撃破するという快挙を成し遂げた。なお、残るボルシェヴィキの戦車はことごとく遁走したと伝えられている。同SS軍曹は勇敢な決断により、それなくしては避け得なかったであろう敵戦車部隊の突破を阻止し、これを決定的に弱体化せしめたものである――。

『ダス・シュヴァルツェ・コーア』より
シュタウデッガーSS軍曹

【SS宣伝中隊発】 強大なソ連戦車部隊が出現した——。それを聞いたケルンテン出身の大男フランツ・シュタウデッガーSS軍曹は彼のティーガーの砲塔に駆け上り、エンジンの咆哮とともに前線へ向かった。途中、ひとりの擲弾兵が彼に告げる。早くも五両のソ連戦車が我が陣内に姿を見せたと。果たして、今しもそのうち二両に擲弾兵が身を挺して立ち向かい、近接戦闘兵器を用いてこれを破壊したところだ。さあ、我らがシュタウデッガーSS軍曹の出番。たちまち彼のティーガーの主砲が火を吹き、残る三両のT-34を撃破する。続いて同SS軍曹は彼のティーガーを中間地帯に進めた。

すると今度は鉄道沿いの土手に二両のT-34が現れた。だが、SS軍曹の号令とともにこれもまた一瞬にして煙の柱に変じた。土手の向こうの木立から、さらに五両がのこのこと登場する。しばし激しい射撃戦となるも、SS軍曹はこの五両をもみごと撃破した。それから彼は、報告のあった戦車部隊が、とある窪地の一画に集結しているのを発見、好適な位置から稲妻のごとくこれを襲った。砲手が狙いを定めるや、次から次へと砲弾が放たれる。こうして二二両を撃破したところで、徹甲弾が使い果たされた。しかし、なおも残る戦車を榴弾で砲撃、相当数に手痛い損害を与えたのである。

そこでようやくシュタウデッガーSS軍曹はティーガーをゆっくりと後退させた。そうしながらも彼は注意深くその視界に敵の姿をおさめていたが、これが戦闘離脱の潮時であった。無念なる哉、もはや砲弾がほとんど尽きていたのだ。エンジンが咳込み、燃料もそろそろ底をつきそうであった。すでに擲弾兵たちが防御陣地から彼に向かって熱狂的に手を振り、歓呼の声をあげている。連隊長は手ずからこの剛勇無双の戦車長に第一級鉄十字章を与えた。

彼の類まれなる勇敢さと任務への献身を称え、総統は彼に騎士十字章を授与された。以上、SS従軍記者ヴォンドラッチュ記す。

［訳注／ダス・シュヴァルツェ・コーア／黒色軍団とは、一九三五年三月六日号を創刊号とする週一回発行のSSの機関紙。当初は紙数一六ページ、四万部でスタートしたが、これが二〇ページに増え、発行部数も一九三七年には約二〇万部、開戦後には七五万部に飛躍した。党とSS本部の機関紙を謳うだけあって、人種イデオロギー的ナチ思想の浸透と戦意高揚を狙うのは無論のこと、ナチ体制が理想とする〝政治的兵士〟の育成を目的に武装SSの活躍を大々的に記事に盛り込み、武装SSの隊員募集にも貢献した。］

評伝フランツ・シュタウデッガーSS軍曹

フランツ・シュタウデッガーは一九二三年二月一二日、オーストリア南部ケルンテン州ブライブルクに近いウンターロイバッハに生まれた。三人の兄弟がおり、父親は旅館の経営者であった。クラーゲンフルトのギムナジウムに進学し、ラーヴァントタール（ラーヴァント渓谷）のザンクト・パウルにあった国立政治教育学院シュパンハイム校を経て、結局は一九四〇年にウィーンのテレジアーヌム（マリア・テレジア陸軍幼年学校）を卒業、マトゥーラ［訳注／高校卒業／大学入学資格、ドイツのアビトゥーアに当たる］を取得。このとき一七歳になっていた彼は戦時志願兵となり、同年七月八日に『ライプシュタンダルテ』の補充・訓練大隊に入隊する。翌四一年『ライプシュタンダルテ』第1中隊員として初陣に臨んだが、まもなく負傷。これで彼は黒色戦傷章を授与され、一九四二年三月にSS上等兵に昇進した。

負傷から回復後、彼は戦車兵になるための再訓練を受け、一九四二年末には当時ファリングボステルで編成中だったティーガー中隊に加わった。ここで彼はヴィットマン率いる軽小隊に配されⅢ号戦車の車長に任命された。さらに、明けて四三年一月三〇日にはSS軍曹に昇進する。その数日後、彼の戦車長としての戦歴がハリコフ前面の雪原でスタートする。ハリコフ奪還後、三月二〇日に彼は第二級鉄十字章を、続いて四月一日には戦車突撃章の銀章を授与された。このとき彼は新たにティーガーの車長となる。夏のクールスク攻勢においては、初日に二両のT-34を肉薄攻撃で撃破した功によって、翌七月六日に第一級鉄十字章を獲得した。また、それにとどまらず七月八日には与えられた機会を逃さず利用して二二両撃破の快挙を成し遂げ、正真正銘の英雄として有名になった。

二〇歳のシュタウデッガーは黒い髪に青い瞳、身長一九〇センチの偉丈夫であった。乗員からは敬意を払われていたが、どうやら誰にでも好かれる人気者というタイプではなかったようだ。彼はそれなりに洗練されたマナーを身につけていたのだが、おそらくそれが彼を必要以上に堅苦しく形式ばった男に見せていたのだろう。また、彼はその言動にもよく現れていたように大変な自信家でもあって、往々にしてそれが傲慢に傾く嫌いがあった。だが、それでも彼は中隊の仲間たちからその実力を認められ、おおむね好意的に受け入れられていたのである。

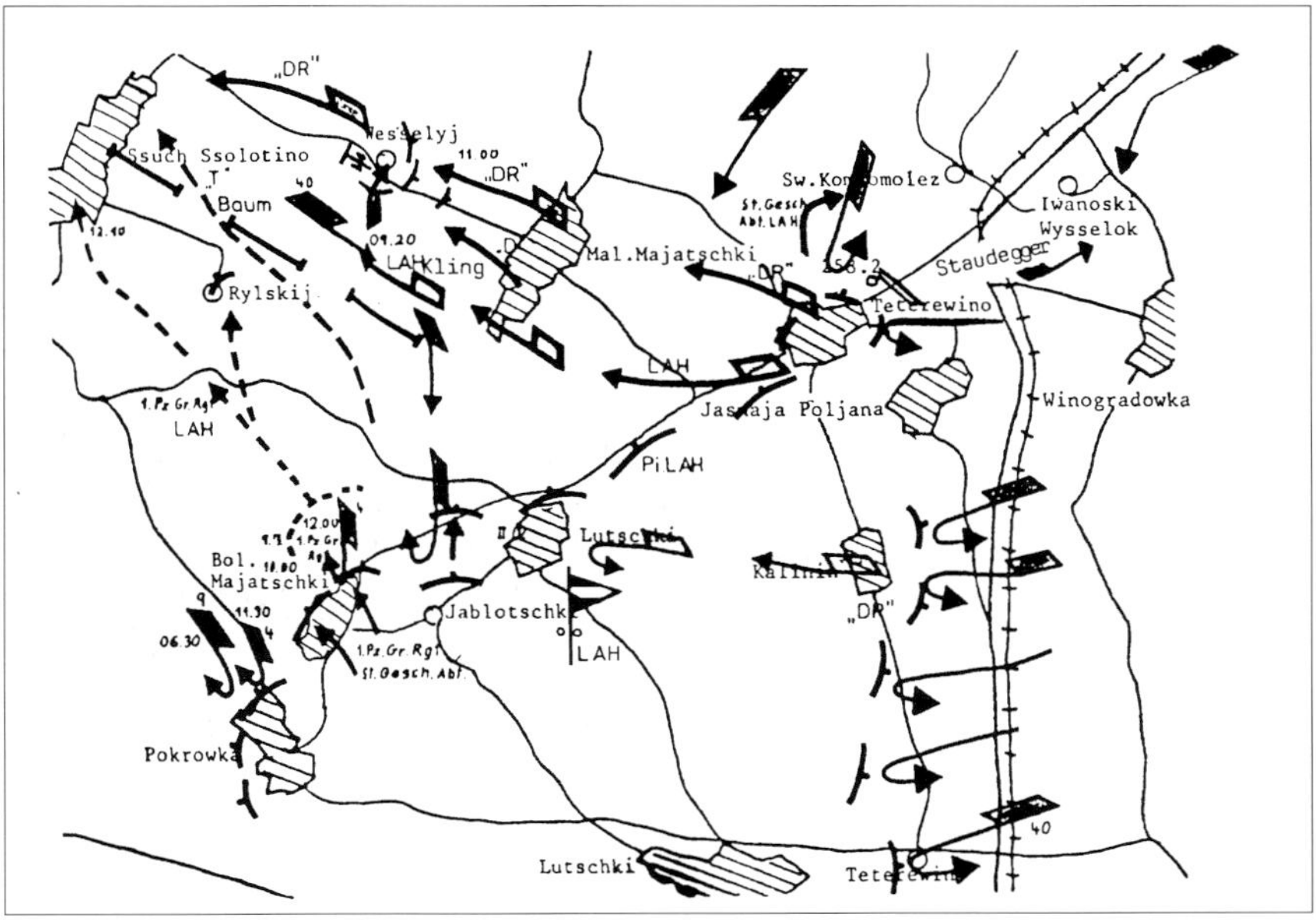

地図14　1943年7月8日〜9日

プローホロフカ前夜

テテーレヴィノにいたティーガーにとって七月九日は休養日となった。故障車は大急ぎで修理され、各クルーはこの貴重な一日を利用して連日の戦闘による疲れを癒した。シャンプSS上等兵のティーガー〝1324〟番車はヴィットマンSS少尉が引き受けることになった。なお、彼が以前率いていた軽小隊とその装備車両であるIII号戦車は『ツィタデレ』作戦においてはティーガーと肩を並べて戦うというわけにいかず、もっぱら警備・警戒任務に従事している。攻勢初日に負傷して、基幹救護所で治療を受けていたヴェンドルフSS少尉は中隊に復帰、ひとまず（テテーレヴィノの）戦闘段列（中隊付の補給隊）に加わった。

この日1210時、『ライプシュタンダルテ』SS第1機甲擲弾兵連隊はさしたる抵抗も受けずにルイリスクに到達、スハーヤ・ソローティノに進出して弱体の敵を一掃した。この日の戦闘でティーガー車長を務めるフランツ・エンダールSS軍曹が戦死した。

一九四三年七月一〇日、ティーガー中隊は――『ライプシュタンダルテ』隷下のSS第1対空砲大隊第5中隊、突撃砲大隊、工兵1個中隊とともに再びクラース率いる『ライプシュタンダルテ』SS第2機甲擲弾兵連隊の指揮下に置かれ

進撃の途上にあるティーガーと突撃砲。

ていたが——火砲およびロケット砲の弾幕射撃の後ただちに敵陣に突進、プローホロフカへ進撃せよと命じられた。その際、『ライプシュタンダルテ』砲兵連隊と第55ヴェルファー連隊が全隊あげて協力することになっており、航空支援も約束されていた。『ライプシュタンダルテ』戦車連隊は、クラース連隊の背後、テテーレヴィノ〜ルチキー間の街道の南に控えていた。地雷原の存在が予想されたので、クラース連隊には工兵一個中隊が配され、彼らはルチキーの東に待機して地雷原の通路啓開・拡張の準備を整えていた。

この日、ルチキー北のクラース連隊第10（重）中隊の陣地に四両のT-34が突入を図った。民家の庭先に布陣していたフュルストSS軍曹の対戦車砲がすかさず前進したが、何かの穴に(砲車の)車輪がはまり込んで身動きが取れなくなった。そこへ運悪くT-34の先頭の一両が姿を見せ、ほんの数メートル先から主砲をこちらに向けた。そのとき、ルーディ・ナードラーSS上等兵がT-34の車体に飛びつき、吸着式の成形炸薬弾を側面の傾斜装甲板に押しつけて身を翻した。爆発。これで相手は行動不能となった。次に現れたT-34は、あらかじめこの手の攻撃を警戒して車体側面に太い角材を取りつけていた。だが、ナードラーは怯むことなく、またもやその車体に駆け上り、今度は砲塔に吸着爆薬を押しつけた。

結局、ナードラーの勇敢な行為によって、T-34突破の脅威は去った。この当時は、彼のような機甲擲弾兵により、こうした離れ業が数多く演じられたのである。クラース連隊第7中隊の衛生兵が同様にT-34を成形炸薬弾で撃破した例もあるくらいだ。

火砲とロケット弾発射器は七月一〇日の夜明けと同時に修正射撃を始めた。ティーガー部隊は、クラース連隊および臨時配属部隊ともども、すでに夜間0000時にテテーレヴィノ南西の集結地域に向けて動き出した。0300時、戦闘準備が完了する。もっとも、プショール川湾曲部の北にあって一帯を瞰制する226・6高地を『トーテンコップフ』師団が夜の間に奪取しておく予定だったのだが、これが失敗に終わったため、SS第Ⅱ戦車軍団の北東への進撃の重要な前提のひとつはもう失われていた。

1045時、SS第2機甲擲弾兵連隊の各大隊は攻撃を開始した。第Ⅰおよび第Ⅱ大隊は、『トーテンコップフ』師団が激戦を展開しているはずのプショール丘陵方面からの凄まじい砲撃にさらされた。1300時、両大隊はスロエヴォーエ森林地帯の南西端、座標241・6地点に突進した。この日は昼近くなってから雨が激しく降り始めていた。だが、ザンディッヒSS少佐率いる第Ⅱ大隊が、ついに241・6高地に進出する。抵抗は激しかったが、ティーガー部隊と突撃砲部隊が強力な支援を提供した。

攻撃は順調に進展し、突破は目前と思われた。高地前面はおびただしい数の埋設定置戦車に守られていたが、攻撃部隊はすでにそのうちのいくらかを撃破した。機関銃や軽自動火器の陣地になっている掩蔽壕をティーガーが榴弾で次々と潰し、機甲擲弾兵を支援する。この期におよんで、巧妙に偽装されて点在する対戦車砲が発見されるも、直射弾によってこれも撃破された。この間、シュッツSS中尉が他の車長と協議中に飛んできた砲弾片で負傷した。彼のティーガー"1311"番車の指揮は砲手のヴェントSS軍曹が引き継いだ。

その後、ザンディッヒ大隊は第Ⅰ大隊と偵察大隊の支援を得て敵陣を蹂躙、1630時には高地を獲得した。クリング中隊長の砲手ヴァルムブルンSS上等兵は、T-34を九両、七六・二ミリ対戦車砲三門を撃破した。一方、ティーガー車長のひとりベルンハルトSS軍曹が戦死した。

また、この日の正午頃、約二〇名の中隊員が見守るなかフランツ・シュタウデッガーへの騎士十字章授与式がおこなわれ、師団長のヴィッシュSS准将が同章をシュタウデッガーに手渡した。中隊初の騎士十字章とあって、当然これを祝うためのパーティーが急拵えながら催された。酒がふんだんに供されたせいもあって、中隊員以外の者も数多く祝宴に駆けつけた。シュタウデッガーは自分の幸運を信じられずにいたようだが、彼はさらにアードルフ・ヒットラーの招きを受けることになった。ヒットラーはシュタウデッガーがわずか一両のティーガーをもって成し遂げた快挙について知らされ、本人との会見を望んだのだった。

シュタウデッガーはつなぎの迷彩服といういでたちのまま総統大本営に飛び、自分がティーガーに搭乗して経験した戦車同士の戦いについて、総統に問われるまま詳しく語った。その後、シュタウデッガーは休暇を与えられた。彼の故郷ブライブルクでは、この郷土の英雄のために盛大な祝賀行事が用意されていた。集まった大勢の地元民の前で、彼は記念品の目録——フォルクスワーゲンの乗用車一台——を贈呈された。故郷での休暇中、シュタウデッガーは請われて何度か東部戦線における経験やティーガーについて講演をおこなっている。また彼は前線にいる中隊の仲間たちに宛てて、いくつもの小包を送ることも忘れなかった。

七月一一日、プローホロフカへの攻撃が始まった。攻撃開始と同時に『ライプシュタンダルテ』は左右両翼とも敵火にさらされた。SS第2機甲擲弾兵連隊はヤムキー付近で戦車部隊の攻撃を受け、さらに、オクチャーブリスキー国営農場南西で事前の偵察では発見できなかった対戦車壕に行きあたる。0900時、第2機甲擲弾兵連隊正面の敵をシュトゥーカ部隊が空襲、それに続いて同連隊および偵察大隊が252・2高地北側に突進し、これをティーガー部隊が支援した。壕のひとつひとつを奪ってゆくという典型的な白兵戦により——これは言うまでもなく熾烈な戦いとなったが——彼らは高地の奪取に成功した。

この間、ベッカーSS大尉の第I大隊は問題の対戦車壕の一部を占領し、SS第1工兵大隊第1中隊が地雷原に通路を啓開して、ティーガーの速やかな追随を可能にした。その直後、パイパーの戦闘団が対戦車壕を越えて前進、『ライプシュタンダルテ』機甲グループともども252・2高地南側を攻撃した。一進一退の攻防が続き、1310時に高地が奪取された後、パイパーはシュトゥーカの支援を得て、さらにオクチャーブリスキー国営農場めざして攻撃を続行した。1330時、252・2高地南にいた第I大隊は、戦車部隊を伴った敵に襲撃されたが、彼らはこれを徹底的に撃退、相手をその出撃地点まで後退させた。

ある記録によれば、この七月一〇日、一一日の両日、ティーガー中隊は以下のような奮闘ぶりを見せた。

「中隊がテテーレヴィノにいったん後退し、再びプローホロフカ西一・五キロの高地へ進撃が始まると、クリング中隊の戦車四両は友軍陣地の防衛に参加、数度に渡る敵襲を首尾よく撃退した。クリング車をはじめとする四両の可動戦車は、八方から来襲する敵戦車部隊を求めて疲れも見せずに駆け回り、七月一〇日、一一日の両日でT-34さらに二四両を撃破した。クリング本人も、対戦車砲二八門と野砲六門を粉砕して、プローホロフカ西一・五キロの高地に対する我が方の攻

敵の塹壕を奪い取ったSS第2機甲擲弾兵連隊第7中隊。

撃に決定的な貢献を果たした。だが、これがために自身も重傷を負った。」

クリングの砲手ボビー・ヴァルムブルンは同日（一一日）、T－34を一両と対戦車砲五門を撃破した。クリングの地位を引き継ぐべき副官シュッツもやはり負傷して戦列を離れたため、中隊の指揮はヴィットマンSS少尉が代行することになった。プローホロフカ正面突破は、プショール川北西の252・4高地への対戦車砲および野砲の激しい集中砲撃を理由に、翌日まで延期となった。翌七月一二日、『ライプシュタンダルテ』機甲擲弾兵連隊は、プショール河岸の『トーテンコップフ』機甲グループならびに偵察大隊とともに同第2師団が側面への脅威を排除するのを受けて、後者師団との合同攻撃でプローホロフカを奪取する予定であった。

プローホロフカの戦車戦

一九四三年七月一二日は、軍事史上最大規模の戦車戦が展開された日として、後世に伝えられることになった。この日、SS第Ⅱ戦車軍団に対して、ソ連側からは二個戦車軍団が投入された。SS第Ⅱ戦車軍団隷下の三個師団は揃って進発した。

この日の朝、『ライプシュタンダルテ』機甲グループは、行動開始早々にプローホロフカ～ペトローフカの線を越えた

SS第2機甲擲弾兵連隊第10中隊のルーディ・ナードラーSS上等兵。1943年7月9日、ルチキー付近においてT-34に肉薄攻撃をかけ、成形炸薬弾で3両を撃破する。

ソ連軍戦車部隊に襲いかかるドイツ空軍近接支援機（写真、丸で囲んである部分）。

ところで敵戦車五〇両の襲撃を受ける。『ライプシュタンダルテ』SS第1機甲擲弾兵連隊もヤムキーから来襲した四〇両に攻撃された。『ライプシュタンダルテ』戦車駆逐大隊第3中隊のクルト・ザメットライターSS曹長は敵戦車二四両を撃破し、後日、騎士十字章を受章する。

0920時、歩兵を跨乗させた敵戦車一五〇両が、大々的な火砲の支援を受け、プローホロフカから高速で迫ってきた。SS第2機甲擲弾兵連隊の警戒線は破られ、オクチャーブリスキー国営農場の警戒任務に就いていたフォン・リッベントロップSS中尉指揮下の（『ライプシュタンダルテ』戦車連隊第6中隊の）Ⅳ号戦車七両のうちの四両が撃破される。残る三両は、ソ連戦車の大群に紛れながら、至近距離から一四両を撃破した。その後方、マルティーン・グロースSS少佐の『ライプシュタンダルテ』戦車連隊第Ⅱ大隊の集結地にもT-34の大群がなだれ込んだ。この場にヴィットマン率いるティーガー部隊も居合わせた。同様に装甲兵員輸送車大隊もソ連戦車部隊の大集団に呑み込まれた。

第11（装甲車化）中隊の装甲兵員輸送車操縦兵ヨハネス・ブロイアーSS伍長は、現場の視点から、そのときの様子を次のように伝える。

「対戦車壕を越えて、私たちは前夜のうちに――つまり、七月一一日の夜間に集結地域に入った。周囲の状況が正確に把握できたのは夜が明けてからだ。まわりじゅうどこを見渡しても車両と兵の大集団がびっしり並んでいた。私たちは辛うじて推測するだけだった。もうすぐ何かとんでもないことが始まりそうだと。どのみち私たちのような下士官兵には、この先我が身に何が起ころうとしているのかなど、考えもおよばぬことだった。私自身は東方戦役の開始以来、あらゆる戦いに参加してきた。ジトーミル、ロストフ、そして冬季戦まで。だが、このときほどの奇襲は――それに、これほどの地獄も――経験がなかった。すべてが驚くほど短い時間、と言うより、ほとんど何をどうすればいいのかさえわからないうちに起こった。」

このときブロイアーは砲弾片を浴びて眼と肺を負傷した。同じ中隊のエーアハルト・クネッフェルSS軍曹は、ブロイアーの説明をこう補足する。

「我々装甲車大隊は七月一一日に待機陣地に入り、師団の戦車部隊と突撃砲部隊に挟まれて、反斜面に整然と控えた。傍から見ればまるでチェス盤に並べられた駒のようだったろう。それから自分たちの半装軌車両の下に浅い穴を掘って、たとえ二、三時間でも眠ろうとした。我々のあいだで言う〝夜間休憩〟だ。戦車部隊の連中は夜明けとともに動き出した。我々はあと三〇分やそこらは眠れるな、などと考えていた。ところが、事態はまるで思わぬ方向に展開した。我が方の戦車部隊が丘の上に到達するのと、そこへ赤軍の戦車部隊が現

1943年7月10日、フランツ・シュタウデッガーSS軍曹にティーガー中隊で最初の騎士十字章受賞者となった。

れたのとがほぼ同時だった。我が方の戦車部隊が後退してくるのと一緒になって、歩兵を満載した赤軍戦車がなだれ込んでくる。なかでも一両のT－34が我々に目をつけ、突っ込んできた。こっちは成形炸薬弾で応戦したが、周囲の混乱がひどく、失敗が多かったようだ。ヴォルフSS少尉は、その混戦のさなかに一両を撃破した。我々は彼に率いられて戦ったが、これが実に長い一日だった。

そうこうするうち、否応なしに我が部隊は、戦車に跨乗していた赤軍の歩兵相手の戦いに巻き込まれた。その間、グリレ（一五センチ33式自走重歩兵砲）その他の自走砲が対戦車壕の向こうから直接射撃で〝刈り取り〟を始めた。これでソ連軍の勢いは怪しくなった。まさしく大混乱だった。其処こそで炎の噴流。戦車の砲塔が宙に吹き飛ばされる。もちろん、我々も無傷では済まなかった。私自身は中隊本部の分隊車両にグールと一緒にとどまっていた。衛生兵の私には充分すぎるほどの仕事があった。おまけに、負傷者の手当てをするのにひざまづいていたちょうどそのとき腿を撃たれた。私は（手当てに邪魔な）拳銃をベルトごとはずし、傷口に包帯を巻きつけてから、待避できる場所はないかと探した。うまい具合に近くに穴があった。飛び込もうとしたその瞬間、私が何を見たかわかるだろうか？　撃破された敵戦車の搭乗員が二人——私と同じように丸腰だった——それぞれ恐怖に満ちた目で私を凝視していたのだ。」

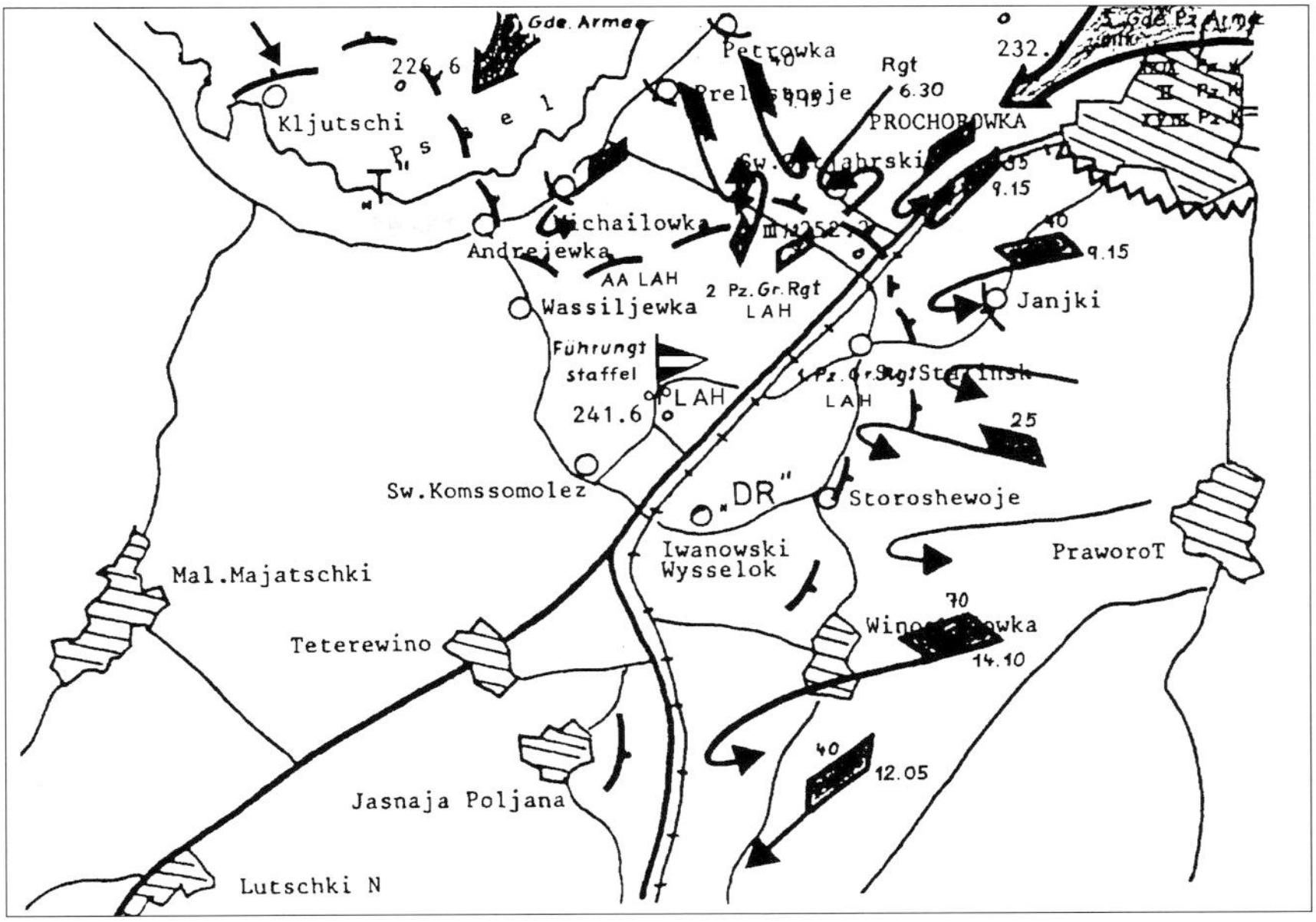

地図15　1943年7月12日

エーアハルト・ギュールスSS少尉は第14（装甲車化重）中隊の対戦車砲小隊長であった。彼は言う。

「彼らは朝いちばんに攻撃してきた。彼らは我々を取り囲み、我々を見下ろし、我々の間にも入り込んでいた。我々は一対一の白兵戦を演じた。あるいは穴から飛び出して、自分たちの半装軌車から取り出した成形炸薬を敵戦車に押しつけ、また半装軌車に飛び乗っては敵と戦った。まさに地獄だった！　０９００時には、戦場は再び我々の支配下に落ち着いた。幸運だったのは、友軍戦車部隊が我々をおおいに助けてくれたことだ。それに、私の中隊も一五両のソ連戦車を撃破した。」

これは、ある〝パンツァークナッカー〟すなわち〝戦車キラー〟の独壇場でもあった。この大混乱に際し、パイパー大隊長の副官ヴェルナー・ヴォルフSS少尉は指揮官を欠いた中隊を率いて、ソ連戦車に立ち向かった。ヴォルフと言えば〝命知らず〟との評判が高く、近接戦闘で見せるその勇敢な戦いぶりは有名だったが、このときもT-34を一両撃破し、その場を固守する。彼と、彼に率いられた中隊は一歩も譲らなかった。この日、頑として踏みとどまった彼の勇気は騎士十字章で報いられた。ヨッヘン・パイパーも最前線における近接戦闘で敵戦車一両を撃破している。

マルティーン・グロースSS少佐の『ライプシュタンダル

プローホロフカ南方の起伏に富む地形を行くティーガー。

テ』戦車連隊第II大隊も激戦を戦いぬいた。この日の朝、同大隊はプローホロフカ南東二・五キロ、252・2高地圏内の集結地にいた。同戦車連隊の戦闘日誌には次のように綴られている。

「0815時前後、T-34を主とする敵戦車約一五〇両が来襲、我が歩兵の警戒線を破り、正面を狭く維持しつつ、あらゆる火器を総動員しながら快速で我が戦車部隊集結地へ殺到した。マルティーン・グロースSS少佐は即座に防衛態勢を――三方から敵に対処できるよう、きわめて巧みに――敷いた。そして自身、全方向へ対して部下とともに徹底抗戦した。グロースがかくも勇敢なる見本行動を示したことで、大隊全隊が鼓舞激励された。」

このグロース主導の大胆な作戦行動によって、彼の戦車部隊は敵襲をみごとに粉砕し、長時間の凄惨な射撃戦の末にソ連戦車一〇七両を撃破した。残る敵戦車は個人携行の対戦車兵器で撃破され、あるいは火砲の餌食となった。ティーガー中隊の中隊長代行ヴィットマンSS少尉も、やはり戦車数両を撃破した。ここ数日来の彼の抜群の戦果は、その力量を充分に示して余りあるものだった。

宣伝中隊の記者による、次のような記事がある。

「もはや戦争は素通りしてくれぬ。おおいなる戦車の決闘が始まったのだ。ヴィットマンをその第一人者に押し上げた鋼

撃破されたT-34/76を検分する。

鉄の一騎打ちが。ベールゴロドの日と名付けられたこの一大決戦の初日、すでに彼は八両の戦車を撃破した。迅速なる進撃にあたって、あるいは平原を駆け抜け、村々に侵入し、予測不能の戦車の一騎打ちを演ずるにあたって、ヴィットマンは彼の為し得るところを存分に見せつけた。彼は敵砲兵を追い立て、巧妙に偽装された対戦車砲陣地さえも見逃さず、それらを蹂躙し、粉砕した。慎重であるべきときにはあくまでも慎重に、大胆不敵が引き合うときにはどこまでも大胆不敵に——それがヴィットマンである。研ぎ澄まされた本能と、歴戦の戦士のみが持つ幸運とによって、炎にまんべんなく彩られた苛酷な五日間を彼は無傷で生き延びたのだ。敵戦車は彼の前で次々と炎上した。

そして五日目の夜、ミヒャエル・ヴィットマンは、汗にまみれ煤で汚れた顔を洗いながら、改めて思い起こすのだった。今、自分の背後には三〇両のT-34と二八門の対戦車砲、さらには二個中隊相当の火砲が残骸となって戦場に横たわっているのだ、と。」[訳注/これは『ダス・シュヴァルツェ・コーア』一九四四年八月三日号にヴィレル-ボカージュ戦との関連で掲載された、SS従軍記者ヘルベルト・ライネッカー執筆のヴィットマンの短い戦記の一部と思われる。記事全文は本書後半に登場する。]

一九四三年七月一二日分の、彼以外のティーガー車長によ

クールスク突出部で激戦が展開されるなか、
撃破される敵戦車の数は急速に増えた。

アメリカがレンドリース（武器貸与法）で
供給したM3A3"リー将軍"。

る戦果については情報がない。ただし、砲手ヴァルムブルンがT-34を一両撃破したことは知られている。ヴィットマンが成功をおさめた根本的な理由は、その几帳面さと、小心と言い換えてもよいほどの細心さに求められる。だが彼は、このとき初めて、身につけた戦術が攻撃性と結びついた場合、それが勝利につながることを証明してみせたのだった。彼はクルーに最大限の努力を要求した。そもそも彼は、軍隊調の絶叫や、叩き込み方式で自分の意図を呑み込ませようとするタイプではなかったが、いわゆる〝たるんだ〟状態を決して容認しなかったし、部下には自分と同様の細心さを求め、彼らが車両や砲に、あるいは機銃その他の兵器装備全般に精通するよう望んだ。さらに、注意散漫を防ぐため、自分の命令は必ず復唱させた。なお、この日はSS軍曹に昇進したばかりのヘルムート・グレーザーが砲手を務めたほかは、操縦手フース、無線手リーバー、装填手ガウベという変わらぬ顔ぶれであった。

南方軍集団司令官エーリヒ・フォン・マンシュタイン元帥は、SS第Ⅱ戦車軍団隷下の各師団に対して、ここ数日間の活躍と戦果を称える旨表明した。

翌七月一三日、シャンプは修理されたティーガー一両をヴィットマンのもとに届けた。1000時、『ライプシュタンダルテ』戦車集団はオクチャーブリスキー国営農場北西の丘陵地帯に向けて攻撃を開始した。同時に偵察大隊は『トーテンコップフ』師団との連絡を確立すべくミハイロフカへ進んだ。戦車部隊の出足は快調で、ものの半時間ほどで丘陵地帯のふもとに達した。だが、そこで彼らは眼前の丘陵斜面にパックフロントが控えているのを知る。これに埋設戦車の火力も加わって、丘陵の頂上部は完全にソ連軍陣地の支配下にあった。

一方、増強偵察大隊はミハイロフカに入ったが、プショール北岸の丘陵地帯から激しい砲撃を受け、241・6高地北の線まで撤退を強いられた。結局、この日を特徴づけたのはソ連軍の激烈な砲撃であった。ソ連軍は航空支援を得た二個連隊をもって『ライプシュタンダルテ』戦区に迫ったが、彼らの攻撃は主抵抗線の手前で阻止された。その砲撃は午後になっていくらか沈静したが、夜の闇が降りてから再び激化した。その後、弱体な敵がドイツ軍戦線の一部に探りを入れてきたことを除けば、その夜は特筆すべきこともなく過ぎた。なお、この日、戦車長アルトゥール・ベルンハルトSS軍曹が戦死した。

同日(七月一三日)、南方軍集団司令官フォン・マンシュタインと中央軍集団司令官フォン・クルーゲの両元帥は総統大本営に飛び、ヒットラーと会見した。『ツィタデレ』作戦を続行するか、それとも中止するかを協議するためである。フォン・マンシュタインは攻勢の続行を望んだ。彼の南部戦区では、麾下の各軍が勝利を目前にしていたからだ。ソ連側はすでに作戦予備もかなりの打撃を受けているはずだった。フォン・マンシュタインはさらに相手を消耗戦に引きずり込んで屈服させる狙いであった。これに対して、フォン・クルーゲは攻勢中止を主張した。結局のところ、ヒットラーは中止の裁定を下す。ただし、第4戦車軍および第2軍は引き続きクールスク突出部南側の敵戦力の粉砕に務めることになった。

以下に『ツィタデレ』最後の数日間が綴られたヴァルムブルンSS上等兵の日記から、そのひとこまを抜粋する。

「一九四三年七月一三日。ヴィットマンと私は、ある集団農場で捜索任務の最中、〝スターリンのオルガン〟の斉射を喰らった。まるで私たちがそこにいるということを赤軍の奴らに前もって知られていたとしか思えなかった。地面に伏せた私たちに、崩れた壁や塀の欠片が降り注いだ。ヴィットマンが平静な口調で『こりゃ祈るしかないな』と言った。私はつい訊き返してしまった。『誰にでありますか』。ヴィットマンは笑い転げた。かくも厄介な状況で、ここまで笑い転げる人間もいないだろうというくらいに。そして、以来、彼は機会あるごとにこの話を持ち出すようになった。」

一九四三年七月の、炎と暑熱に包まれた日々を第13ティーガー中隊は堂々と戦いぬいた。ヴィットマンも次のように書いている。

「この間に中隊は一連のすばらしい戦果をあげた。一九四三年七月のベールゴロド地区における攻勢・防御作戦の五日間で、中隊は戦車一五一両、重対戦車砲八七門・砲兵四個中隊を撃破殲滅した。しかもこちらからは一両の損失も出さなかった。」

戦車や砲の撃破数もさることながら、さらにティーガー部隊は数え切れぬほどの火焔放射器やトーチカ、野戦陣地を粉砕している。そして、ヴィットマンも言うように、ティーガー中隊の方ではその間に全損として登録抹消される車両を一両も出さなかったことが、この戦果をさらに印象的なものにしている。中隊は、自分たちが『ライプシュタンダルテ』師団の強力な切り札たり得ることを実証してみせたわけであり、彼らの成功はすでに師団全体に知れ渡っていた。

ミヒャエル・ヴィットマンが敵戦車三〇両を撃破したことは、中隊員の注目を集め、彼らの励みにもなった。もちろん、ヴィットマン以外の車長も、その能力をおおいに誇示した。先述のように、シュタウデッガーSS軍曹は二四両を――うち二両は肉薄攻撃によって――撃破した。ブラント、ヘルト両SS軍曹、あるいはドレスデン出身の〝戦車の大将〟ことレッチュSS下級曹長なども好成績をおさめ、名をあげた。

擲弾兵の支援にあたるIII号突撃砲。

ロルフ・シャンプSS上等兵。ティーガー中隊のIII号戦車の車長［※本文の記述との間に矛盾あり］。

III号戦車の車長ハインツ・ヴェルナー（中央）、その右はハインリヒ・クネーシュ、右端はヨハン・シュッツ。

しかし、機敏な砲手たち――ほとんどは二〇歳そこそこの若い砲手たちも、ティーガー中隊のめざましい成功に一役買っていたことを忘れてはいけない。ヴァルムブルン、ヴォル、シャンプ、ヘルムート・グレーザー（いずれもSS上等兵）、ブーフナー（SS二等兵）のような若者たちだ。彼らもまた、自分たちがその任に耐え得ることを、あの暑い七月の戦闘で証明した。

一九四三年七月一四日、ティーガー中隊の可動戦車は五両であった。『ライプシュタンダルテ』戦車連隊はIV号戦車三二両と軽戦車一〇両を保有していた。『ライプシュタンダルテ』戦車集団はコムソモーレッツ北東247・6高地にあった。この日『ライプシュタンダルテ』師団は、『ダス・ライヒ』師団がプラヴォロートを奪取した後、ヤムキーに進撃することになっていた。この作戦行動のため、戦車集団は『ダス・ライヒ』師団の戦車集団の指揮下に入った。ところが、偵察の結果、ヤムキーおよびミハイロフカに一〇〇両を越えるソ連戦車が集結しているのが判明する。これで、彼らが『ライプシュタンダルテ』によって維持されている突出部を分断するつもりであるとわかった。これを受けてSS第II戦車軍団司令部はヤムキーへの攻撃中止を決定した。折しも豪雨によって道はどこもかしこもぬかるみ、通行不能になっていた。この日のティーガー中隊戦区の状況については、シャンプが簡潔に記している。「爆弾、スターリンのオルガン、砲撃。」

七月一五日、ソ連軍の威力偵察部隊がドイツ戦線に探りを入れ、上空では激しい航空活動が展開された。この日のＩｃ（情報参謀）の報告によれば、師団全体では七月一四日までに五〇一両のソ連戦車を撃破したことになるという。この日、ティーガー中隊の可動戦車数は八両であった。中隊は鉄道線路の警護任務に従事していたが、戦闘はなかった。

七月一六日、ドイツ軍の主抵抗線に対して、ソ連軍の迫撃砲および各種火砲による擾乱砲撃がおこなわれる。加えて、強襲部隊が終日ドイツ軍戦線を騒がせ、彼らの近接支援の航空機までもが非常に活発に活動した。ドイツ軍主抵抗線は七月一七日夜間に後退が予定されていた。『ライプシュタンダルテ』はテテーレヴィノ～プローホロフカ～ヴァシーリエフカ東端の線を維持、ヴィットマンは九両のティーガーをその指揮下におく。

七月一七日、夜の闇が降りてから、ベールゴロド西への移動が開始された。『ライプシュタンダルテ』にとって、これは『ツィタデレ』作戦の終了を意味した。戦車や火砲を駆使した対戦車防御帯をはじめとするソ連側の空前の防衛システムに対して、ドイツ軍はまぎれもない勝利をおさめた。にもかかわらず、クールスク突出部への南北からの挟撃作戦はここに挫折したのだ。期間中の『ライプシュタンダルテ』師団の人的損失は、戦死四七四名（将校二一名）、負傷二二〇二名（同六五名）、行方不明七七名（同一名）であった。ティーガー中隊では五名が戦死した。

『ツィタデレ』補遺

ドイツあるいは諸外国の歴史家や戦史研究者のなかには、『ツィタデレ』作戦に参加したドイツ軍戦車師団が例外なくティーガー装備であったかのような説を展開する人々がいる。しかし、すでに周知の事実だが、実際に『ツィタデレ』に投入されたティーガーは全部で一四六両に過ぎない。ところが、はなはだしい例をあげれば、アラン・ブロックなどは、隷下戦車連隊にティーガーを装備した戦車師団が当該戦区に計一七個あったと主張する。それが本当だとするなら、『ツィタデレ』には師団一個あたり一一八両、合計二〇〇〇両のティーガーが投入されたことになる。夢のような数字だ。これは大戦中のティーガーⅠの全生産数を上回るのだから、まさに夢の数字と言うべきだろう。

現実には、ティーガー部隊は攻勢を左右することも友軍各師団を前進させることもできなかったわけだが、これとてティーガーの投入数と作戦に参加したドイツ軍の総戦力との数的な対比を考えれば当然のことである。それでも、ティーガー部隊は、ある意味古典的とも言える戦車同士の交戦において――彼らはこのとき初めて彼らにふさわしい条件下に

Ⅲ号戦車、車上の人物は左からヴェルナー・イルガング（無線手）、シャーデ（砲手）、シャンプ、右端がヨハン・シュッツ。

投入されたとも言えるのだが――その真価を発揮し、ティーガーが大変な成功作であったことを証明するとともに、期待をはるかに上回る成績を残したのだ。彼らが撃破した敵戦車の数に比して、彼ら自身の損失数は不釣り合いなほど――つまり驚異的に少ない。

攻勢五日間で『ライプシュタンダルテ』のティーガーの多くがすばらしい戦果をあげたのは先述のとおりだ。ヴィットマンと彼の砲手ヴォルは少なくとも敵戦車三〇両、対戦車砲二八門を撃破し、砲兵二個中隊相当を粉砕した。クリング中隊長と砲手ヴァルムブルンは戦車一八両、対戦車砲二七門を撃破した。シュタウデッガーと砲手ブーフナーは七月八日の一日だけで、二二両の戦車を撃破した。

第13中隊全体ではクールスク攻勢五日間で戦車一五一両、対戦車砲八七門、砲兵四個中隊――そして、その他無数の火器――を撃破蹂躙した。またティーガーは、パックフロントに通路を開き、〝地均し〟して、擲弾兵（歩兵）に前進路として提供するなど、突破兵器としても有効であることを自ら立証した。クールスク攻勢期間中、ティーガー部隊はそれこそ数えきれぬほどの対戦車砲、射撃陣地やトーチカ、火焔放射器その他を粉砕した。一方、ソ連側は毎日のように何十両ものティーガーを撃破したという内容のプロパガンダを繰り広げた。彼らが主張する撃破数は、それこそ当時ドイツ軍が保有していたティーガーの総数をはるかに上回る数字であった。ソ連側の発表によれば、彼らはティーガー七〇〇両を含むドイツ戦車計二八一八両、航空機一三九二機を撃破あるいは撃墜したということになる。要するにティーガーは短期間のうちに赤軍から最も危険な相手と目され、相応の敬意を払われるようになったということなのだ。

前線からの撤退および移動
一九四三年七月一八日〜二八日

一九四三年七月一八日、SS第Ⅱ戦車軍団は第4戦車軍の指揮下を離れた。その際、第4戦車軍司令官ホート上級大将は次のような日々通達（日々命令）を発した。

「第4戦車軍司令官
軍司令部、一九四三年七月一八日

日々通達
SS第Ⅱ戦車軍団は、本七月一八日をもって第4戦車軍戦区を離れる。

三月後半、同軍団が隷下三個機甲擲弾兵師団とともに我が第4戦車軍指揮下に入った折、ロシアの冬季攻勢は最高潮に達し、すでに友軍戦線には広大な間隙が生じていた。この著しく困難な状況において、同軍団は陸軍と肩を並べて戦い、春季大攻勢の矛先を担った。同軍団は比類なき猛攻によってソ連突撃軍を撃退し、ハリコフならびにベールゴロドを奪還、目前の破局を輝かしい勝利へ変えた。その後、厳しい訓練に明け暮れた数週間の再編成期間を経て、七月五日、同軍団は再び攻撃に出た。彼らは常に変わらぬ攻撃精神をもって重厚なる敵の防御陣地を襲い、反撃を目論むソ連戦車軍団を熾烈このうえなき戦車戦において押し戻し、その攻撃力を打ち砕いた。今ここに本官は、SS第Ⅱ戦車軍団に対し、謝意を表明するとともに、心よりの賛辞を送るものである。その活躍に、あるいは彼らが第4戦車軍指揮下にあって示した、まことに称賛に価する勇敢さと粘り強さに。

この先いかに困難な任務を課せられようとも、同軍団がドイツの勝利のため、総統への忠誠のうちにそれらをみごと達成するであろうことを本官は確信する。

司令官ホート（署名）、上級大将」

ロルフ・シャンプの一九四三年七月一八日の日記は簡潔にこう綴られている。

「夜間行軍、六キロ。トウモロコシ畑で仮眠」と。

七月一九日、ティーガー部隊はベールゴロドで貨車に積載され、スターリノ北方へ鉄道移送された。七月二一日、部隊はティーガー一二両とともにスラヴャーンスクに到着する。同二三日、中隊員に集合がかけられ、中隊長代行ヴィットマンから『ツィタデレ』作戦の功労者に対して最初の勲章授与がおこなわれた。このときハインツ・ブーフナーSS戦車二等兵は、七月八日にシュタウデッガーの砲手として戦車二二両を撃破した際の正確な射撃技術が認められて、第一級と二級の鉄十字章を同時に受章した。ブーフナーは一九歳になったばかりだったが、その若さですでに戦車五一両を撃破し、中隊屈指の名砲手であった。同じく七月八日の一件でシュタウデッガー車の乗員であった操縦手ヘルベルト・シュテルマッハーSS上等兵、無線手ゲーアハルト・ヴァルタースドルフ、装塡手ヴァルター・ヘンケ両SS戦車二等兵はいずれも第二級鉄十字章を受けた。ハインツ・シントヘルムSS戦車二等兵(砲手)、ヴァルター・ビンゲルトSS上等兵(操縦手)ほか、ヴィットマンの操縦手を務めるジークフリート・フースSS戦車二等兵も同章を受章した。好成績を残した車長のひとり〝ケプテン〟(キャプテン)ことユルゲン・ブラントSS軍曹は第一級鉄十字章を獲得した。これにあわせて昇進の告知もあったが、こちらの方は一九四三年八月一日から発効することになっていた。

Ⅲ号戦車の砲塔に立つロルフ・シャンプ。

その一方で『ライプシュタンダルテ』は七月二四日をもってミウース川橋頭堡から攻撃をおこなう予定になっていたが、結局その命令は撤回され、師団の隷下全部隊が移動通知を受け取った。

一九四三年七月二五日、師団は命令にしたがってアルチョーモフスクに到着。さらに同地を発って、2355時に次のような命令を受領した。「行軍中止のうえ、鉄道移送に備えよ！　目的地は追って指示する。」こうした場合にありがちなこととして、さっそく各中隊で突飛な噂が飛び交いはじめたが、ともかくもティーガー中隊は保有する全車両を『トーテンコップフ』『ダス・ライヒ』両師団に委譲することになった。このときティーガー四両の引き渡しを受けた『ダス・ライヒ』師団ティーガー中隊のコンラート・シュヴァイゲルトSS曹長は次のように記している。

「これで我々は一八両のVI号戦車を保有するようになった。したがって、乗員ではなく戦車の方が余るということになってしまった。私が移送を担当した車両は、どこでも注目の的だった。八・八センチ砲の砲身に撃破数をあらわす黒い輪が絶縁テープを使ってたくさん描かれていたからだ。もしかしたら、あれこそまさしくミヒャエル・ヴィットマンの搭乗車だったのかもしれない。」

一九四三年七月二七日0000時、『ライプシュタンダルテ』隷下全隊に対して出発命令が出された。戦車連隊の残りの車両も他の部隊へ一括して引き渡された。七月二九日、ティーガー中隊の〝ブリッツプファイル・トランスポルト〟が始まった（〝電撃の矢／稲妻の矢の輸送〟の意。超特急輸送）。0700時、ティーガー中隊員はトラックでゴールロフカへ移動、同地で鉄道に乗り換えた。このとき、特に全車両を他へ譲り渡してしまっていたために、中隊員の間ではかえって緊張感が非常に高まっていたという。激戦を戦ってきた後だけに、これは彼らにとっては充分に休養する良い機会だったわけだが、士気が低下することはなかったようだ。

負傷した装填手パウル・ズュムニッヒSS上等兵。

ブラントSS軍曹のティーガーの無線手を務めたペーター・ヴィンクラー SS上等兵。

整備小隊のヴェルナー・フライタークSS軍曹。

ヴィットマンの装填手ヴァルター・コッホSS上等兵。

シュタウデッガーの砲手ハインツ・ブーフナーSS戦車二等兵。1943年7月23日に第1級および2級鉄十字章を同時に授与された。

第4章　イタリアのティーガー中隊

ティーガー中隊員、イタリアにて。

イタリアへの特急輸送

〝ブリッツプファイル〟による輸送とは、当時の鉄道輸送の最速の態勢を意味した。この適用を受けて部隊が移送される場合、たとえば糧食を受け取るのも、必要最低限の機関車の交換時に限られた。このときSS上等兵に昇進したばかりだったヴァルター・ラウは、次のように回想する。

「私たちを乗せた列車は、ドイツ本国へ向けてひた走りに走りました。途中停車もせず、対向列車は必ず停止して私たちを先に通しました。これは異例のことでした。普通は前線から下がってくる列車が停止して、これから前線へ向かう列車を先に通すものだったからです。こいつは何かあるな、と私たちは思いました。まもなく、列車がニュルンベルク〜ミュンヒェンの方角を目指しているのがわかりました。ですが、最終目的地は誰も知りませんでした。

ミュンヒェンを過ぎてローゼンハイムまで来ると、目的地はインスブルックだという噂が流れてきました。実際、夕方遅くなってから私たちはインスブルックで下車しました。その夜は野宿する者もいたし、周辺の家に泊めてもらった者もいました。といっても、ほんの玄関口で休ませてもらうしかありませんでした。もう敵地にいるわけではなかったからです。つまり、敵地では民家を接収するという手もあったのですが、ここではもう通用しないということです。この日からしばらく戦闘部隊は何かの学校らしい建物を宿舎にしました。ここで私たちは、散歩したり映画に行ったり、その辺の田舎道をドライブしたりという、すばらしい数日間を過ごしました。」

ティーガー中隊の装輪車両部隊をともなった輸送列車は、一九四三年八月一日午後にインスブルックに到着した。彼らはそこで列車を降り、車で街に入ったものの、車中で一夜を明かした。一部はある学校の校舎に泊まった。

インスブルックで数日過ごした後、第13中隊はトラックその他の車両に分乗し、ブレンナー峠に向けて出発、南チロルまで走り抜けた。南チロル入りした彼らは地元住民の賑やかな歓迎を受け、道すがらワインや果物その他、戦地ではなかなかお目にかかれない品々を山のように贈られた。歓呼の声はやむ気配もなく、この南チロル行軍は、ほとんど凱旋行列

1943年7月19日、ティーガー部隊はベールゴロドで貨車に
積載され、同21日にスラヴャーンスクに到着した。

移送中の食事風景。

の様相を呈したという。南チロルの住民は、ついにイタリア軍に代わってドイツ軍を迎えることができたというので歓びにわき返っていたのだ［訳注／南チロルとは、ブレンナー峠以南のイタリア領チロルを指す。一九一九年、サン・ジェルマン条約によりオーストリアからイタリアに割譲されて以来の係争地であった。住民はほとんどがドイツ系。現在のトレンティーノ・アルト・アディジェ州のアルト・アディジェ地域に相当］。彼らはそのまま沿道で夜を明かした。

翌日以降も旅は——彼らにとって、これはまさしく楽しい〝旅〟以外の何ものでもなかった——続いた。彼らの車列はステルツィング(ブレンナー峠の南、ヴィピテーノの独語名)、ボーツェン（ボルツァーノ）、トリエント（トレント）、ヴェローナ、マントヴァ、パルマを経て、レッジョ・ネレミーリアに到着した。

一九四三年八月八日、中隊はレッジョ北西に宿営を構えた。車両は広大なブドウ園に分散配置され、入念に偽装が施された。将校も兵も眠るのはテントのなかだった。それでも、数ヶ月におよぶ東部戦線の苛酷な耐乏生活の後とあって、彼らにしてみれば楽園にいるような心地であったろう。なお、中隊の一部は後発の列車で移送されたが、これがイタリアで仲間と合流した。我らが忠実なる記録者とも言うべきロルフ・シャンプは後発組であった。その、おなじみの日記によれば——。


「七月二九日／0700時、トラックでゴールロフカに出発。驟雨あり。工業地帯、石灰岩のピラミッド。

七月三〇日／武器清掃、通常点検。読書。

七月三一日／虱の駆除。

八月一日／0300時、出発。

八月二日／アレクサンドリーヤ、ファストフ、カザーティン、ベルディーチェフ。

八月三日／レンベルク
八月四日／クラクフ、カトヴィッツを経て、1225時国境を通過、ドイツ本国へ。

八月五日／ヒルシュベルク、ゲルリッツ（激しい雷雨）、ドレスデン。

八月六日／ケムニッツ、ツェッシェンドルフ、ツヴィッカウ、ホーフ。

八月七日／レーゲンスブルク、ランツフート、ローゼンハイム、インスブルック。宿を取り、インスブルックを歩く。

八月八日／インスブルックを歩く。

八月一二日／1400時、インスブルックを発つ。1720時、ブレンナー峠を越えてイタリアに入る。フォルタッガ、ブルネック。

八月一三日／ボーツェン、トリエント、ヴェローナ、マン

1943年7月29日、イタリアを目指して『ライプシュタンダルテ』の輸送列車が出発した。

トヴァを経てレッジョ。」

中隊は、その隊員たちにとって二番目の我が家のようなものになっていた。彼らは戦友とともにあれば、くつろぎと安心感を覚えた。こうして彼らがイタリアでひとまず腰を落ち着けた頃、クールスク戦の最初の負傷者が中隊に戻りはじめ、仲間の温かい歓迎を受けた。

アルフレート・リュンザーSS戦車二等兵は、七月初めにクレメンチュークの病院から退院した。中隊に戻るまでの顛末を彼は次のように語る。

「私は列車でハリコフまで行った。『城塞』作戦はすでに始まっていて、私はまったく知らない部隊に放り込まれそうになった。だから逃げたよ。そして、徒歩でハリコフの〝赤の広場〟に行き、『ライプシュタンダルテ』の師団章をつけた一台のトラックを見つけて飛び乗った。こうして私はハリコフ市をあとにした。それから装甲兵員輸送車に乗り換え、さらにまた別のトラックに便乗し、次にキューベルヴァーゲンをつかまえ、というふうにして、ようやく中隊に戻ることができた。

ところが真っ昼間だというのにみんなが集まって高歌放吟、はて今までこんなことはなかったがと首をかしげていたら、シュタウデッガーの騎士十字章を祝って宴会の真っ最中だったんだ。つまり、これが一九四三年七月一〇日だね。その後、

列車はチロルの山あいを走り抜ける。

グスタフ・スヴィーツィSS軍曹、ロルフ・シャンプ、場数を踏んだ衛生兵であるアードルフ・シュミットSS軍曹。移送列車の上で。

到着したばかりのティーガーの点検作業。いずれもSS上等兵のヨハン・グラーフ、ヨハン・シュッツ、ロルフ・シャンプ、右に修理隊を率いるエーリヒ・コラインケSS軍曹。

私たちはインスブルックを経由して、イタリアに出発した。八月の初めに、着いた先は広いブドウ園だった。このとき戦車は一両もなく、私たちはテントを張って野営生活だった。」

SS第101戦車大隊編成――その初期の事情――
一九四三年七月二九日～一〇月二二日

こうしてイタリアに到着した中隊員は、ずっと書けないままだった故郷の家族への長い手紙を書く時間をようやく確保した。彼らの手紙がドイツ本国へ送られると同時に、本国からも彼らあての手紙が届いた。ユルゲン・ブラントSS曹長は、宣伝中隊の要請で、ラジオの音楽リクエスト番組向けに自分の手紙を朗読した。北ドイツ人のブラントの朗々たる美声は、ラジオで流すにはうってつけだった。彼の手紙は「愛するお母さん」という言葉で始まっていたという［訳注／当時、聴取者のリクエストに応えて音楽を流す〝希望音楽会 Wunschkonzert〟というラジオ番組があり、音楽のあいまに無名の従軍兵士あるいは故郷に残されたその家族の手紙を紹介するなど、双方が安否を伝えあう手段としても人気があったといわれる］。

このように中隊がイタリアのまぶしい陽光の下で平和を満喫している間に、ある計画が着々と実行に移されようとしていた。SS第I戦車軍団『ライプシュタンダルテ』の編成である。すでにSS中央司令局（SS作戦本部）は一九四三年

(2枚とも) 新着のティーガーを受領する。1943年夏、イタリア。

蓄音機から流れる音楽に聴き入るグリューナー、
フンメル、シントヘルムら。

“ケプテン”ことブラントSS軍曹と彼のクルー。ヴォールゲムート、
ライマース、ヴァルムブルン、装塡手(氏名不詳)、そしてブラント。

七月一九日付けで、SS第I戦車軍団のための直轄重戦車大隊の創設を命じた。すなわちここにティーガー大隊が誕生したのだった。大隊は〝第101〟の番号を付与された。中央司令局は付随命令のなかで軍団部隊への番号付与のシステムについて説明したが、それによると、この番号の下ひとケタが軍団をあらわす――つまり、この場合で言うと〝I〟がSS第I戦車軍団であることを示すものだった（あとは単純に100を足したということのようだ）。したがって、SS第I戦車軍団のティーガー大隊はSS第101重戦車大隊と名乗ることになったのである。

SS第101重戦車大隊は大隊本部と本部中隊のほか、三個戦車中隊に一個整備中隊を加えて構成されることになっていた。これまでの『ライプシュタンダルテ』ティーガー中隊――SS第1戦車連隊第13重中隊――は、そのまま新編の大隊の第3中隊となる予定であった。大隊要員として最初の将校、下士官、兵ともに一九四三年七月、すでにゼンネラーガー演習場に集まりはじめていた。下士官と兵の多くは『ライプシュタンダルテ』突撃砲大隊からの転属組であった。彼らは八月にティーガー中隊がレッジョ・ネレミーリアに宿営を張ると、同地に送られた。

クールスク戦で負傷した中隊長クリングSS大尉は、イタリアで中隊に復帰した。一九四三年八月二五日、彼は五回の負傷を経たしるしとして戦傷章金章を授与された。実は、彼は騎士十字章候補にも挙げられており、こちらは残念ながら却下されてしまったのだが、これは中隊の与り知らぬことであった。

それより先、八月一〇日から一三日にかけて、ティーガー二七両――うち二両は指揮戦車――がレッジョの駅に到着した。シャンプは彼の新しい車両のシリアルナンバーのいくつかを記録している。それによれば、車体番号は250333、装塡手用機銃番号は2160、無線手用機銃は2631、短機関銃は4594、エンジン番号は61202、砲歴簿番号225であり、走行距離はまだ二〇二キロメートルであった。

さて、当初は新編大隊の第3中隊としてそのまま移籍するはずの第13中隊であったが、結局は分割され、そこからまず二個中隊が編成されることになった。それぞれの中隊長にはクリングSS大尉とヴェンドルフSS少尉が就任する予定であった。そのうえクリングは大隊の編成作業そのものにも責任を負う立場にあった。かくて八月一四日、第13中隊の第一回目の分割作業が実施される。

ところで、大隊は未だ編成途中ながら、大隊長には公式にハインツ・フォン・ヴェスターンハーゲンSS少佐が一九四三年八月五日をもって就任したことになっていた。だが、当の本人は、まだ姿を見せていなかった。彼は『ツィタデレ』で頭部を負傷、その治療を受けた後、パリの戦車隊学校の大隊指揮官養成課程に送られたのである。そのため、クリングSS大尉がフォン・ヴェスターンハーゲン到着までの間、大隊の編成作業の責任者という立場に立っていたのだった。彼の指揮下、新着の二七両のティーガーのクルーが選ばれ、ただちに訓練が始まった。

まず、かなりの時間が理論学習に費やされたが、これは第13中隊の〝古株〟たちには退屈な授業になった。もっとも、そういった場面でも皆を笑わせ、息抜きを提供してくれるタイプの人間というのが必ず出てくるもので、このときはジークフリート・フンメルがその役割を担当して、周囲の人気者であった。また、一九四三年七月三〇日付けで、エードゥアルト・カリノフスキー、ヴァルター・ハーン、ヴィンフリート・ルーカシウス、ヴィルヘルム・イリオーン、ゼップ・シュティッヒ、パウル・フォークト（いずれもSS曹長）らが、SS士官学校の予備士官候補生（訓練）課程とそれに続く兵器（訓練）課程を修了して、SS第101重戦車大隊要員として部隊に編入された。

レッジョ・ネレミーリアの日々をシャンプは次のように書きとめている。

「八月三一日／小隊のパーティー。
九月一日／モデナのプールで泳ぐ。
九月二日／総員の点呼。
九月三日／中隊訓練。」

例によって中隊員のなかには地元住民と仲良くなり、時には食事に招かれたりする者もいた。だが、イタリア女性に気に入られようとする彼らの涙ぐましい努力は、どうやらほとんど空振りに終わったようである。この頃、何人かが地元名産のチーズを〝調達〟してくるという事件が起こった。彼らは〝夜と霧作戦〟を展開して巨大な円形チーズを手に入れ、それを銃剣で扱いやすい大きさに切り分けて、それぞれに隠し持っていた。だが、中隊の糧食に許可されていない〝付け合わせ〟が入っているという噂がどこからともなく流れ出し、やがて大変な騒ぎになった。ヴィットマンSS少尉は隠匿されたパルミジァーノチーズを見つけるためにティーガー一両一両を隅々まで点検してまわらねばならなかった。それでもヴィットマンの厳しい警告にもかかわらず、この悪党たちは摘発を逃れたチーズを隠し持ち、しばらくの間は楽しんだと見られる。

［訳注／蛇足ながら文中の〝夜と霧作戦〟Nacht-und-Nebel-Aktion について付け加える。この語は手もとの独和辞典では「警察などの夜間抜き打ち査察／手入れ」と説明されているが、どうしても思い起こさずにはいられないのが、一九四一年一二月七日のヒットラーのいわゆる「夜と霧」命令である。ドイツおよび占領地域において、反体制分子を裁判なしで拘留可能とし、その行方については一切おおやけにしない――要するに、体制にとって不都合な人間は密かに

左から、ハインツ・ブーフナー、ボビー・ヴァルムブルン、ゲーアハルト・ヴァルタースドルフ。

整備小隊もレッジョのブドウ園に宿営を張った。画面左奥には修理中のティーガー、その砲塔は手前のガントリークレーンを使って除去されている。クレーンのそのまた手前では、エプロン姿のイタリア人女性がアイスクリーム屋台を開業中。前景のサイドカー付きオートバイに乗っているのはヴィットマン。中隊がつかのまの平和を満喫したイタリアの夏のひとこま。

箱形荷台のトラックに設えられた第13中隊事務室。もっとも、暑い季節のこととて事務処理などは画面右側、日陰に置いた机でおこなわれたようだ。トラックの荷台後部には野戦郵便用のポストが。

1943年8月インスブルックにて、ティーガー中隊のいずれ劣らぬ名砲手たち。前月のクールスク攻勢でブーフナーは戦車51両を、ヴァルムブルンは戦車13両に対戦車砲38門を、ヴォルは戦車約30両を撃破した。

レッジョのブドウ園の木陰で夏の暑さをやり過ごしつつ、弾帯に実包（弾薬）を詰める。それなりに牧歌的な光景と言えないこともない。

整列して査閲を待つティーガー中隊。

「夜と霧」の彼方に消えなければならないというもので、「夜と霧」という名称そのものがナチスの支配態勢を象徴する言葉のひとつになった。V・E・フランクルによる強制収容所体験記の日本語版書名としても有名であるのは周知のとおり。ここで本書の著者は、このエピソードをコメディ・リリーフ的に提示していると思われ、戦車兵がチーズを「夜間こっそり盗み出した」のを皮肉なユーモアを利かせたつもりで、〝夜と霧作戦〟で手に入れた、と描写したのかもしれないが、そうだとすればいささか軽率と感じるのは訳者だけだろうか。なお、本来この種の勝手な、あるいは私的な〝調達〟行為すなわち窃盗が重大な戦争犯罪であるのは言うまでもない」。

以下、この時期の目立ったできごとを列挙してみる。

一九四三年九月八日、ティーガー部隊に対し、最高警戒態勢を取るようにとの命令が唐突に出された。この日の午後、イタリアが連合軍に降伏したのだ。続いてドイツ軍によるイタリア軍駐屯地の武装解除作戦が始まるが、ティーガー部隊には出動要請がなかった。翌九日、ドイツ軍は近辺のサン・イローノ（？）およびラ・ヴィッラ軍用飛行場を占領、1300時にはレッジョ・ネレミーリア地区のイタリア軍の武装解除を終え、昨日までの盟友を拘束した。ティーガー〝大隊〟の隊員は、この機会を利用してイタリア軍の被服倉庫から在庫品を徴発した。おなじみの黒シャツは粋だと

1943年9月10日、クリングSS大尉の30歳の誕生日を祝って、ヴィットマンSS少尉（右端）らが中隊からの記念のアルバムを贈呈した。

いうので特に人気があった。ほかにもマウンテンブーツ、ベルト、褐色のつなぎの飛行服なども徴発され、以後、彼らの間で重宝がられた。さらに、このときティーガー大隊は手持ちの装輪車両を一気に増やすことになり、フィアットあるいはスチュードベイカー製の車両が本部所属車両として活躍するようになった。

なお、この時期は、多くの隊員に数ヶ月ぶりの帰郷休暇が与えられた。

『ライプシュタンダルテ』の戦車連隊は、晴れてパンター装備成った第I大隊の到着を受けて、八月一〇日から再び全隊が揃っていた。

九月四日、『ツィタデレ』で負傷したヘルムート・ヴェンドルフSS少尉が、ミュールハウゼン出身の二〇歳のハネローレ・ミヒェルと結婚した。

九月一六日、『ツィタデレ』の戦功章が対象各人に授与された。

ヴェンドルフは第一級鉄十字章を手にした。ハンス・ヘルトSS軍曹も同章を獲得した。戦車長ヘルトは、いわゆる軍隊調の堅苦しい態度を崩さない体裁家であったことから、仲間うちでは戯れに〝SSヘルト〟と呼ばれていた男だが、当然ながらこの受章によろこびもひとしおといった様子で、得意満面であった。

ヴィットマンの砲手、二一歳のバルタザール・ヴォルSS上等兵も第一級鉄十字章を受章した。ザールラント出身、褐色の髪の小柄なヴォルは人なつこい性格で、誰からも好かれていたが、それればかりでなく、ティーガー中隊でも一、二を争う名砲手として認められていた。

〝戦車の大将〟の異名を持つ車長ゲオルク・レッチュSS曹長と、砲手のヘルムート・グレーザーSS軍曹は第二級鉄十字章を得た。マイバッハ社から派遣されたエンジンの専門家であるゼップ・ハーフナーSS曹長は、剣付き一級戦功十字章を拝受した。

装塡手のエーヴァルト・ケーニッヒは第二級鉄十字章を獲得するとともに、SS軍曹に昇進した。彼はもともと党の職員であったが、〝鉄十字章コース EK-Kurs〟――とは〝前線勤務〟を指す兵士の間の隠語である――を希望して、ハリコフで中隊に加わったのだった。

このほか、戦車突撃章や戦傷章が対象者に授与された。

ケーニッヒと同様の背景を持つアルフレート・シューマッハー、ヴァルター・ローゼ（いずれもSS戦車一等兵）は、四〇歳ながら『ツィタデレ』に砲手として参加、それが報われて、ともに第二級鉄十字章を得た。

ヴィットマンとシュッツのクルーの負傷者――ヴァルター・コッホ、クラウス・ビュルフェニッヒほか、カール・

中隊長と、彼を囲む士官たち。

リーバー（以上SS上等兵）、ヴァルター・ミュラーSS伍長、フランツ・エルマー、ジークフリート・ユング、ヘルムート・グルーバー、ゲーアハルト・カッシュラン、ヘルムート・ランゲ、パウル・ズュムニッヒ、カール＝ハインツ・グロトゥーム（以上いずれもSS上等兵）、ジークフリート・シュナイダーSS戦車二等兵らも第二級鉄十字章を授与された。

先にハリコフ外縁で負傷したハンネス・フィリプセンSS少尉が、六ヶ月もの入院生活を経て、戦友たちのもとに戻ってきたのもこの頃である。フィリプセンは、不屈の意志をもって、脚の完全回復になお励んでいた。

一九四三年九月時点での、ティーガー〝大隊〟の幹部陣の顔ぶれは以下のとおりである。まず、クリングSS大尉、ヴィットマン、ヴェンドルフ、フィリプセン各SS少尉（ただしフィリプセンについては未だ回復途上として、正式の配置は未定のまま）がいた。九月一日付けで、予備士官候補（もしくは予備士官志望）SS曹長のヴァルター・ハーン、ヴィルヘルム・イリオーン、エードゥアルト・カリノフスキー、ヴィンフリート・ルーカシウス、ゼップ・シュティッヒ、パウル・フォークトは揃ってSS予備少尉に昇格した。大隊管理将校はアルフレート・フェラーSS中尉、大隊副官はヘルムート・ドリンガーSS少尉である。上述のゼップ・シュティッヒSS少尉は大隊本部要員に抜擢された。TFKすなわち大隊車両技術将校には『ライプシュタンダルテ』戦車駆逐大隊から転属してきたゲオルク・バルテルSS少尉が任命された。大隊整備中隊の編成にあたったヘルベルト・ヴァルターSS少尉も同じく戦車駆逐大隊からの転属組である。

この時期、戦車搭乗員それぞれの――砲手なら砲手、操縦手なら操縦手の――持ち場に応じた訓練小隊が編成された。たとえば新人の無線手を訓練する無線手小隊はドリンガーSS少尉の担当であった。また、早春のハリコフ戦後の再編期と同様、このときもまた部隊は〝ゲーリング閣下の御下賜品〟すなわち空軍からの補充要員を受領した。そのうち何名かはつまりハリコフ駐留時に送り込まれてきた〝もと航空兵〟と対空砲の砲側員だったが、彼らは適性の点において前回――比較すると、ややこころもとなかった。現に対空砲の砲手のひとりが、クリングによって全員の面前でティーガー部隊からの放逐を告げられ、空軍に送り返されている。

空軍からの移籍組は、ギュンター・クンツェ、ヴィリー・ザッツィオ（ともにSS軍曹）、エーバーハルト・シュルテ、ヘルムート・ヤコービ、クルト・ツィーザルツ、ハンス＝ディーター・ザウアー、エーヴァルト・ツァーヨンス（以上二等兵）である。空軍対空砲部隊からの移籍組はパウル・ボッカイSS伍長、エーリヒ・シェラー、ヴァルター・キルヒナー、

クリングとクルー。左から砲手ヴァルムブルン、無線手ヴォールゲムート、クリング、操縦手ライマース、装填手ガウベ。

クリングと中隊先任下士官のハーバーマンSS上級曹長。

リヒャルト・フェルダー（以上二等兵）であるが、これは判明している限りにおいてであって、完全なリストではないことをお断りしておく。

この平和な日々にも第13中隊の先任下士官ハーバーマンは、厳しい監視の目を光らせていた。一九四三年九月一七日には第13中隊の集合写真が撮影された（別掲）。

彼らの宿営地のブドウ園は収穫の時期を迎えていた。テントの外に手を伸ばすだけで新鮮なブドウが食べ放題だったが、多くの隊員が食べ過ぎて下痢を引き起こした。生の果物を食べつけていなかったせいである。結局、禁令が出て、ブドウを食べてはいけないということになった。

レッジョ市街地まで遠かったにもかかわらず、夜間外出は盛んだった。総じて、この時期、食事はすばらしく、日々の任務も決して辛いものではなかった。宿営地の近くにコンクリートで護岸工事を施した小さい貯水池（もしくは人造湖）があり、近隣の住民と同じようにティーガー大隊の隊員たちもそこで泳いだ。そうでもしないと日中の暑さはやりきれなかったからだ。モデナにはスイミングプールがあって、こちらも選択肢として捨て難かったようだ。

当時のシャンプの日記には次のような記述がある。

「九月一九日／拳銃射撃。

九月二〇日／機関銃射撃。

SS第1戦車連隊『ライプシュタンダルテSSアードルフ・ヒットラー』第13（重）中隊の集合写真。

整列した中隊員を前に、
中隊長クリングSS大尉。

無線主任メンゲレスSS曹長。

左から、SS上級曹長のハルテル、ハーバーマン、ペーチュラーク、
SS曹長のブラント（中央奥の人物）、メンゲレス、ハーフナー。

中隊先任下士官ハーバーマンと特技下士官たち。

九月二一日／中隊の夕べ。」

この「中隊の夕べ」について、これだけでは何のことかわからないので少し説明を加えておこう。この日──一九四三年九月二一日に、地元の〝ドーポラヴォーロ〟事業団の施設を利用して第13中隊の中隊祭がにぎやかに挙行されたのだ［訳注／〝ドーポラヴォーロ Dopolavoro〟とは〝労働の後〟の意。伊和辞典では「労働者用の終業後の文化教養施設」との説明がなされている。これはもちろんイタリアのファシズム体制下で大きな成功を収めた、大衆向けの余暇組織のことで、ドイツの〝歓びを力に〟制度のイタリア版にあたる。もっともドイツの方がイタリアの〝ドーポラヴォーロ〟を参考にしたということのようだが。〝歓びを力に Kraft durch Freude〟は、第三帝国時代唯一の労働組合組織であるドイツ労働戦線の余暇担当部門により運営された制度、あるいはその事業団を指す。一九三三年設立。余暇で味わう〝歓び〟をとおして明日の労働への〝力〟を養うべしという、一種の労働階級懐柔策。実際、国民に旅行その他さまざまな娯楽を格安で提供し、好評を博した。別言すれば労働者の余暇までも管理の対象にしたわけだが、ナチ党の事業としても大成功し、ナチス・ドイツにとって測り知れない対外的宣伝効果をもたらした。事業団の名称としては〝歓喜力行団〟とも訳される。］。

この日の午後、かつてないほどの規模で戸外のパーティーに始まったそれは、夕刻になると屋内に場所を移して続けられた。「情熱的」なイタリア女性によるショーの後、酒も料理もふんだんに提供された。この日のために中隊は費用を積み立ててきたのだった。中隊員は底抜けの馬鹿騒ぎを演じた。きっと誰もがよく知っていたからだろう。確実にこのなかの何人かにとっては、こんな馬鹿騒ぎをやらかすのはこれが最後になる、と。

一九四三年九月二三日、ティーガー〝大隊〟は揃ってレッジョ北東のコルレッジョに移駐した。同地で彼らは学校の校舎と党支部の建物に宿営を構えた。保有車両は付近の運動競技場周辺に配され、入念に偽装が施された。隊員らは午前中は日々の業務に励み、午後になるとスポーツに熱中した。兵ばかりでなく、将校たちもこれに積極的に参加した。ヴィットマンもその輪の中にいたが、スポーツに関しては、どちらかといえば彼よりもヴェンドルフの方が熱心だったらしい。

この九月中に『ライプシュタンダルテ』は多くのイタリア軍駐屯地で武装解除を実施してきた。トリノとミラノの占領は何の抵抗にも遭遇しないまま完了した。ＳＳ第１０１戦車大隊本部中隊の対空砲小隊員が（オーストリア、ケルンテン州の）フィラッハ行きの戦争捕虜移送列車の警護任務に動員されたのも同月中のできごとである。

中隊本部分隊長のティーガー〝S04〟。車上の人物はマックス・ガウベSS上等兵。

コルレッジョ駐屯時のティーガー。

1943年8月10日にレッジョに到着した新品のティーガーのうちの1両。まだ迷彩塗装を施されていない。

一九四三年一〇月八日をもって、大隊は事務処理の上でも正式に独立して管理・運営されることになり、これと同時に、新しい人員が着実に供給されるようになってきた。大隊隷下の各中隊は——まだ定員を満たしてはいなかったが——強化訓練を進めた。砲手、装填手あるいは無線手などの個別訓練がおこなわれた。

一〇月一〇日、彼らは再び移動する。今度の行き先はヴォゲーラ南西のポンテクローネであった。そこでもまた学校の校舎を宿舎とし、戦車その他の保有車両は煉瓦製造工場の構内に置かれた。このときティーガーの砲塔には〝13〟の数字に代わって〝S〟の文字が記入されていた。これはドイツ語の〝schwere〟すなわち〝重中隊〟の〝重〟の頭文字にあたる。重中隊を意味するこの〝S〟の次には二ケタの数字が続くが、これは小隊番号と車両個々の番号をあらわすものだ。さらに車体前面の右側には『ライプシュタンダルテ』の師団章である〝ディートリヒ〟すなわち〝合い鍵〟が描かれた。この時期、彼らのティーガーはすべて黄土色の基本色の上に暗褐色と暗赤色の斑模様を吹き付けた迷彩塗装が施されていた。なお、軽小隊は解隊され、その人員はいずれも各ティーガー小隊へ配された。

また、この一〇月に、総統随伴警護隊と宰相官房自動車部隊から一二名の下士官が車長もしくは操縦手候補として大隊へ送り込まれてきた。マックス・ゲルゲンス、ヘルマン・バ

イタリア駐留時の無線手の訓練風景。

ルクハウゼン（以上SS上級曹長）、グロッサーSS曹長（名前は未詳）、ハインリヒ・エルンスト、ヘルムート・フリッチェ、ハイン・ボーデ、ヴァルター・シュトゥルハーン（以上SS軍曹）といった面々である。彼らのような新人を一刻も早く優秀な戦車兵に鍛え上げるべく、日々の訓練にもいっそう拍車がかかった。

ちなみに大隊には、SS上等兵あるいはSS伍長の階級にある優秀な兵を対象として、SS軍曹に昇進する機会を提供すべく下士官教育課程が設けられていた。これを監督したのはヴェンドルフSS少尉である。フィリプセンSS少尉も指導にあたった。その他ブラント、ヘルト、ゾーヴァ各SS軍曹も教官役を務めた。この教育課程はコルレッジョの教会の建物を教室にして開かれていた。

新たな計画

大隊編成作業の一環として、一九四三年一〇月五日、前回（八月一四日）の分割作業で誕生した二個戦車中隊を対象に二度目の人員分割が実施された。大隊の〝第3中隊〟が文書記録に最初に登場するのはその翌日である。突撃砲大隊から移籍してきた騎士十字章佩用アルフレート・ギュンターSS上級曹長が、同中隊の要員として名を連ねたのだ。あわせて、各中隊とも編成は完了していなかったが、それぞれに野戦郵便番号が交付された。

古参の下士官あるいは未来の将校たち、後列左から、ブラント、レッチュ、ハルテル、ハーバーマン、ペーチュラーク、クローン。前列左から、メンゲレス、リンデマン、アウクスト、ハーフナー。

旧第13中隊は、野戦郵便番号48165を付与されていたが、このたびの再編・改称に伴って、新たな番号が定められた。それによれば、SS第101重戦車大隊の本部ならびに本部中隊は59450A、同第1中隊は59450B、同第2中隊は59450C、同第3中隊は59450D、同整備中隊は59450Eであった。

また、一〇月七日、第3中隊のヘルベルト・シュテヴィッヒSS伍長がレッジョ・ネレミーリアで事故死したという記録が残っている。彼の埋葬に際し、戦友たちは儀杖兵を務めた。

一〇月一四日、再び『ツィタデレ』の参加者に対して戦功章の授与がおこなわれた。このときは前回の叙勲に漏れた者、あるいは傷癒えて病院から戻ってきた者が対象となった。シャンプSS上等兵は戦車突撃章と第二級鉄十字章を受章した。

一〇月一八日、中隊レベルでの再編がおこなわれたが、第1中隊長クリング、第2中隊長ヴェンドルフの路線は踏襲された。

続いて一〇月二四日には、さらに変更と再編が繰り返される。だが、それより先一〇月二一日には、近日中に師団は再び行動を開始するとの通告がなされていた。これを受けて、ただちに鉄道移送の大々的な準備が開始された。当初の予定

神出鬼没の〝シュピース〟ハーバーマン。

ラインハルト・ヴェンツェルSS上等兵。

無線手のフーベルト・ハイルSS戦車二等兵。

独特の迷彩塗装が施されたティーガー〝S33〟。オーカーゲルプの基本色に、茶、暗赤色、緑の迷彩色という組み合わせ。

では、『ライプシュタンダルテ』はミュンヒェンで冬季装備を支給され、ザンクト・ペルテンにて宿営するはずであった。したがって、イタリアに上陸したアメリカ軍との戦闘は——『ライプシュタンダルテ』はこれに投入されるだろうというのが大方の予想であったが——論外となった。結局、ＳＳ第1戦車師団『ライプシュタンダルテＳＳアードルフ・ヒットラー』——と改称したばかり——の各隷下部隊は、イタリアおよびイストリア半島の各地からザンクト・ペルテンに送られ、冬季装備を受領して、一時同地に駐屯することに決まった。そのうえで、続く東部戦線への移送の優先順位が——戦術的に最も有利な部隊編成を考慮に入れつつ——計画されることになったのである。

「一九四三年一〇月二七日／ロシアへ向けて出発」とシャンプは日記に書きとめている。その日、ティーガー大隊のうち、戦闘準備が完了したと目される部隊に対して貨車積載準備の警報が出された。一方、レーオ・シュプランツＳＳ上級曹長、ヴェルナー・ヴェントＳＳ軍曹ら数名の車長と、ルートヴィヒ・ホフマン、ヴィリー・レップシュトルフ、パウル・ローヴェーダー、ヴァルター・シュトゥルハーン、テーオ・ヤネクツェクら一〇名の操縦手がマクデブルク近郊ブルクにある陸軍兵器廠へ派遣され、ティーガー一〇両を受領して部隊へ搬送することになった。一一月二日、これらの戦車はレンベ

上左／ミヒャエル・ヴィットマン。

上右／ヘルムート・〝ブービィ〟・ヴェンドルフ。

左／1943年夏、イタリアでSS第101重戦車大隊に加わった騎士十字章佩用者のアルフレート・ギュンターSS上級曹長。

レッジョの人造湖にて。1943年夏。右の人物はヘルムート・ヴェンドルフSS少尉。

ルク（現ウクライナのリヴォフ）に到着するが、SS中央司令局（SS作戦本部）の指示により、ドイツ本国パーダーボルンに送り返される。結果として部隊がイタリアにいる間にこれら新品のティーガーが届くことはなかった。

なお、このときは大隊が揃って東部戦線へ向かったわけではない。三個中隊から戦闘可能な一個中隊相当の戦力が抽出され、これがSS第1戦車連隊第13（重）中隊の名で師団に合流するという形を採ったのであった。

一〇月二九日、ヴォゲーラの駅で貨車積載作業中、ティーガーの砲塔に立って作業の指揮にあたっていたゼップ・シュティッヒSS少尉が送電線に接触、感電死するという悲惨な事故が起こる。ズデーテンラントのブラント出身のシュティッヒは、ミラノの南、パヴィーアの墓地に葬られた。まだ二三歳の若さであった。埋葬に立ち会った中隊員は墓前で弔意をあらわす斉射をおこなった。

ミヒャルスキSS中尉が第13（重）中隊に移籍してきたのは、この直前のことだ。一九二〇年一月一一日にベルリン郊外シュパンダウに生まれたローラント・ミヒャルスキは、戦争以前に『ライプシュタンダルテ』第8中隊に入隊した。

その後、SS第1歩兵旅団［訳注／一九四一年四月に後方連絡線の保安任務やパルチザン掃討任務の専従部隊として編成される。一九四四年一月にSS第18機甲擲弾兵師団『ホル

作業中の整備小隊員。右はオスカル・ガンツ。

スト・ヴェッセル』へ発展する」に転属するも、一九四二年一一月一日付けで『ライプシュタンダルテ』に復帰した。ハリコフ戦時は『ライプシュタンダルテ』戦車連隊第II大隊の本部に所属、ハリコフ奪還後に第一級鉄十字章を授与された。最終的にはミヒャルスキは同本部の当直将校となった。

この時期、ティーガー大隊ばかりでなく『ライプシュタンダルテ』師団全体が新たな旅立ちのときを迎えて熱気に包まれており、随所で慌ただしい動きが見られた。

そうしたなかフィリプセンSS少尉は腎炎で入院していたが、一一月六日にイタリアの病院から家族にあてて次のように書いた。

「……それよりも、この冬、僕たちは再び東部でボルシェヴィキとの戦いにかかりきりになることでしょう。すばらしい夏の数ヶ月、僕たちは占領軍として上部イタリアをあちこち移動して、再編成や訓練に明け暮れていました。しかし、寒い冬を迎えて、また東部戦線のあの凄まじい混乱の渦中にもどり、秩序を回復させねばなりません。前の冬とまったく同じように。ですが、今度はすぐにもくい止めてやります。願わくはハリコフとベールゴロドでのように何もかもうまくいきますように。今度もまた状況は厳しく、手強いでしょう。けれど、僕たちだって前よりも手強くなっているのですからね！　僕たちにとって常に意味を持つことと言えばただひとつ。すなわち〝総統は命じ、我らは従う！〟のみ

1943年10月、コルレッジョにて。自転車で動き回る神出鬼没のハーバーマンSS上級曹長。その横の人物はモレンハウアーSS軍曹。背景には数両のティーガーが見える。

整備小隊員、左からフライターク、ライシュ、不明、ガンツ、クラインシュミット、ロート。背景で整備中のティーガーは第V小隊長の“S51”。

整備小隊のエルヴィーン・ライシュ SS伍長。

ブラントSS軍曹搭乗のティーガー“S34”。潜水渡渉用のシュノーケル（吸気管）を伸ばした状態。ファイフェル防塵フィルターにも注目。

ヴァルター・ハーンSS少尉。

です。僕たちの部隊の第一陣は、もう前線に到着するころでしょう……。」

第13中隊のティーガーならびに装輪車両群は、四本の輸送列車に振り分けられ、一九四三年一一月一日、二日の両日に渡って積載された。一方、残留組の人員あるいは部隊はアウグストドルフに近いゼンネラーガー南演習場に送られた。同地には、いったんレンベルクまで移送されたあの一〇両のティーガーも届けられていた。ここで彼ら残留組は改めてSS第101重戦車大隊の本部と第3中隊ならびに整備中隊を形成することになった。

第1および第2中隊——理論上は存在する、ということだが——は、再び第13中隊として統合されたわけだが、当然というべきか、この第13中隊はティーガー五両編成の小隊×五個の大所帯であった。中隊がこれほどの戦力を抱えるのは異例のことだ。クリング大尉は中隊長車と本部分隊長車を含めて計二七両のティーガーをその裁量下に置いて、再び中隊を率いることになった。

そして、古参のSS少尉たるヴェンドルフとヴィットマンが、それぞれ第Ⅰおよび第Ⅱ小隊の小隊長となった。ただし、ソ連領内に入って列車から降りた時点では、第Ⅰ小隊はミヒャルスキ中尉の指揮下にあった。

第Ⅲ小隊長はカリノフスキーSS少尉である。一九一二年二月三日、フランクフルト・アム・マインに生まれたエードゥアルト・カリノフスキーは、ビール醸造職人であった。戦争が始まると志願兵としてSS第9歩兵連隊第2中隊に加わり、東部戦線に従軍、第二級鉄十字章を獲得する。その後、『ヴェストラント』補充大隊を経て、一九四二年五月、彼は『ダス・ライヒ』師団の戦車大隊第3中隊へ送られ、一九四三年一月からは『ダス・ライヒ』戦車連隊本部中隊所属となる。続いてバート・テルツのSS士官学校で戦車（訓練）課程と予備士官候補生課程を履修、一九四三年七月三〇日に予備士官候補（予備士官志望）SS曹長としてSS第101重戦車大隊に配属となり、部隊がイタリア駐留中の九月一日にはSS予備少尉に進級したのはすでに述べたとおりだ。

第Ⅳ小隊長はハーンSS少尉である。ヴァルター・ハーンは一九一三年六月九日、ケルンに生まれた。兵役に志願する前は参事官の肩書きを持つ公務員であった。SS第9歩兵連隊を経て『ダス・ライヒ』師団勤務となり、バート・テルツで戦車課程と予備士官候補生課程をおさめた後、カリノフスキーらとともに一九四三年七月三〇日付けで予備士官候補SS曹長としてSS第101重戦車大隊に配属された。続いて九月一日には同様にSS予備少尉に進級している。

第Ⅴ小隊長はハルテルSS少尉である。フリッツ・ハルテルは一九一四年五月一〇日、東プロイセンのグリューンハーゲンに生まれた。両親が経営する農場で働いて

フリッツ・ハルテルSS上級曹長。

エードゥアルト・シュタードラーSS軍曹。

いたが、一九三四年二月に勤労奉仕義勇軍 Freiwilligen Arbeitsdienst に加わり、大隊体育指導員になった。

一九三四年七月三〇日、ハルテルは『ライプシュタンダルテ』の一員となり、第9中隊に配された。以降、ハルテルSS軍曹は『ライプシュタンダルテ』が関わったすべての作戦行動に参加、第一級および二級鉄十字章のほか、戦傷章金章、歩兵突撃章を獲得した後、一九四二年には戦車連隊に転属し、さらにはティーガー中隊創設時からの隊員のひとりとなった。その後、中隊でも古参のSS上級曹長としてハリコフ戦とクールスク攻勢をくぐり抜け、一一月九日にはSS少尉に昇進したのだった。

その他、空軍から移籍してきて間もないクンツェとザッツィオの両SS軍曹が車長となった。東プロイセンのボルケン生まれ、二七歳のザッツィオは、ピュートニッツ飛行訓練学校からティーガー部隊に送り込まれた。彼らと同じく空軍出身で車長となった者と言えば、クルト・クレーバー、ヘルベルト・シュティーフ、エードゥアルト・シュタードラー、エーリヒ・ラングナー、カップ(名前は未詳)、クルト・ヒューナーバイン（以上SS軍曹）と、ベーレンスSS曹長の名が挙げられる。

さて、ここで彼ら『ライプシュタンダルテ』ティーガー部隊は事実上二分されたわけだが、その後のSS第101重戦

カール・ヴァーグナー SS軍曹。

ロルフ・シャンプSS上等兵。

車大隊の発展については後述することにして、次章では東部戦線へ復帰した第13中隊の活躍に焦点を合わせて記述を進めたい。上述のように同中隊の編制は、一個の戦車中隊としてはきわめて異例のものであった。ティーガー二七両の持つ桁外れの打撃力によって、彼らは強い印象を残す部隊となるのだ。

ヴァルター・ラウSS上等兵。

クリングSS大尉、中隊の貨車積載時に。
1943年10月、ヴォゲーラ。

SS第1戦車連隊第13(重)中隊

戦闘序列

中隊長

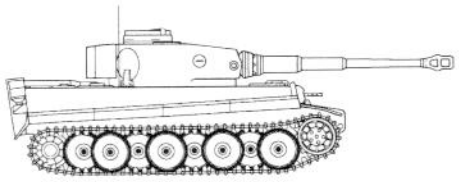

S05
ハインツ・クリングSS大尉

中隊本部分隊長

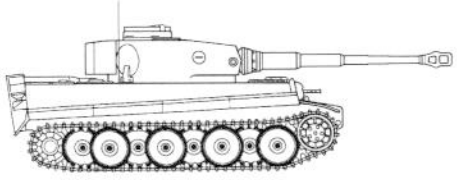

S04
クローンSS曹長

第Ⅰ小隊

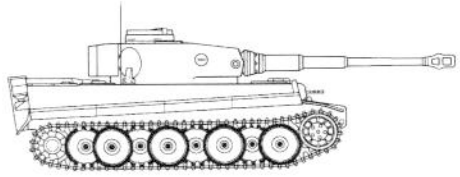

S11
ヘルムート・ヴェンドルフSS少尉

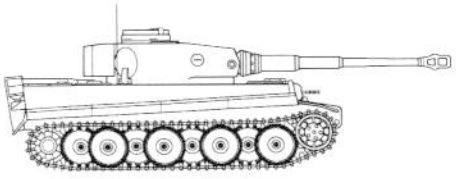

S12
ハンス・ヘルトSS軍曹

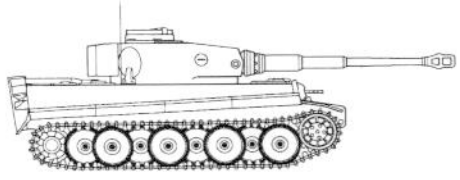

S13
ハンス・ローゼンベルガー SS軍曹

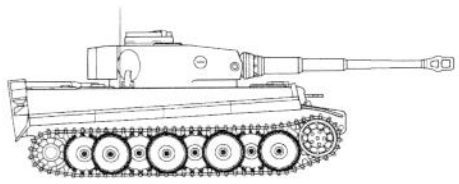

S14
オットー・アウクストSS曹長

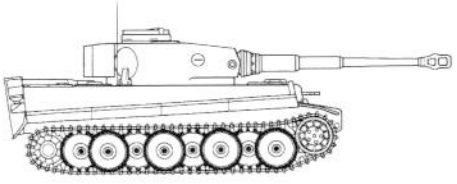

S15
クルト・フューナーバインSS軍曹

第Ⅱ小隊

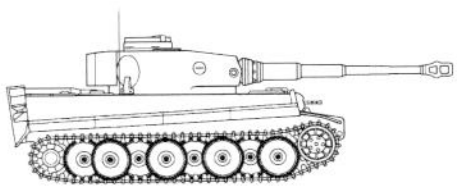

S21
ミヒャエル・ヴィットマンSS少尉

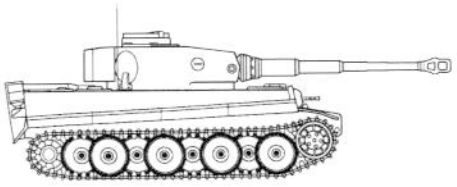

S22
エーヴァルト・メリー SS軍曹

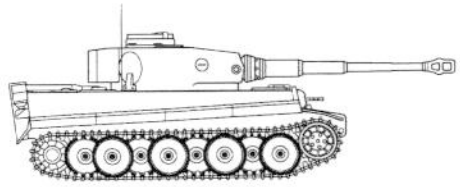

S23
ハンス・ヘフリンガー SS上級曹長

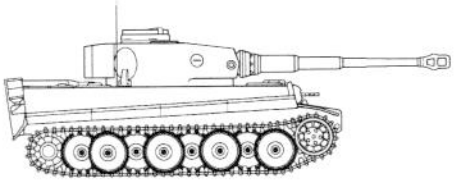

S24
ユルゲン・ブラントSS曹長

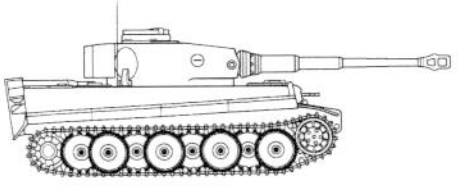

S25
クルト・クレーバー SS軍曹

砲手

バルタザール・ヴォルSS上等兵
カール - ハインツ・ヴァルムブルンSS上等兵
レーオポルト・アウミューラー SS上等兵
カール・ヴァーグナー SS軍曹
ジークフリート・ユングSS上等兵
ハインリッヒ・クネーシュ SS上等兵
ゼーフカー SS上等兵
ロルフ・シャンプSS上等兵
ジークフリート・フンメルSS上等兵
ヴェルナー・クノーヘSS戦車一等兵
ヴィリー・オッターバインSS伍長
ヘルムート・グレーザー SS軍曹
アウマンSS伍長
アルフレート・ファルケンハウゼンSS上等兵
ラインハルト・ヴェンツェルSS上等兵
ハインツ・シンドヘルムSS上等兵

装填手

ルディ・レッヒナー SS戦車二等兵
ヴァルター・ヘンケSS戦車二等兵
ヴァルター・ラウSS上等兵
ヨハン・シュッツSS上等兵
エーリヒ・ティッレSS上等兵

第V小隊

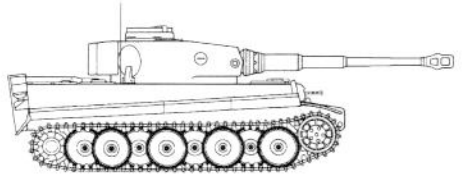

S51
フリッツ・ハーテルSS軍曹

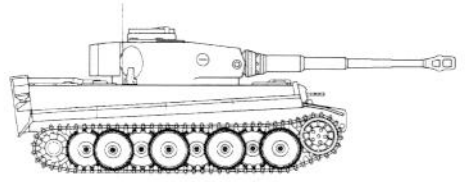

S52
オットー・バルトSS軍曹

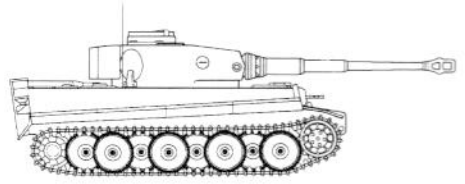

S53
ベーレンスSS特務曹長

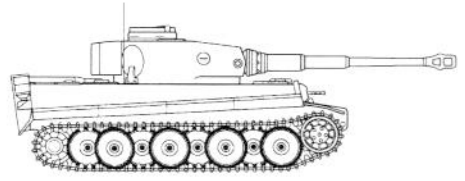

S54
ハインツ・ヴェルナー SS軍曹

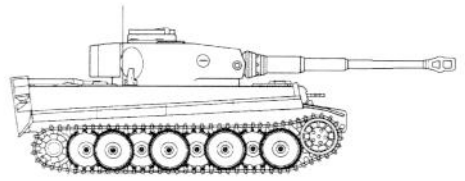

S55
カップSS軍曹

技術主任（無線）／メンゲレスSS曹長
野戦炊烹車（炊事長）／ヤコブ・モールス軍曹
（炊事助手／ヤンコフスキー SS上等兵、運転手／フリッツ・イェーガー SS上等兵、ケーゼSS上等兵）
被服縫製士／ハイプSS軍曹
武器・装備／テースラー SS軍曹
衛生下士官／アードルフ・シュミットSS軍曹
補給主任／ヤーロシュ SS軍曹
整備小隊／ユーリウス・ポルプスキSS上級曹長
燃料・弾薬輸送班／カール・モレンハウアー SS軍曹
車両主任／リンダーマンSS曹長
武器技術主任／？？ SS伍長
主計下士官／？？ SS伍長
書記（事務官）／ハートヴィッヒSS上等兵

SS第1戦車連隊第13（重）中隊
その他部署不明の中隊員

ヴィルヘルム・ビショフSS上等兵
ホルスト・シュヴァルツァー SS戦車二等兵
ヘルベルト・ヴァストラー SS戦車二等兵
ヴィリー・ヴェルトマンSS戦車二等兵
ゲーアハルト・ドリートリッヒSS上等兵
ヘルムート・ヤーコビSS戦車二等兵
ヴェルナー・シリングSS戦車二等兵
ヴァルター・キルヒナー SS戦車二等兵
ヴィリーバルド・エルンスト伍長
ギュンター・シャーデSS戦車一等兵
エバーハルト・シュルテSS戦車一等兵
ヴィリー・コップマンSS戦車一等兵
エーヴァルト・ツァーヨンスSS戦車一等兵
ホルスト・グレール・シュルツSS戦車一等兵
ヘルムート・ポットSS戦車二等兵
エアハルト・レークSS戦車二等兵
ハンス - D・ザウアー SS戦車二等兵
ヘルムート・ベッカー SS戦車二等兵
ヘルベルト・ヤーゴウSS戦車二等兵
エーリヒ・シェーラー SS戦車二等兵
ペーター・クルトSS戦車二等兵
リヒャルト・フェーダー SS戦車二等兵
ヨーゼフ・シュタイニンガー SS戦車一等兵
パウル・ボッキー SS伍長

燃料・弾薬輸送縦列

ゲオルク・コンラートSS軍曹
ハラルド・ラムSS戦車二等兵
ハンス・シュレーゲルSS上等兵
コッホSS上等兵

整備班

アードルフ・フランクSS上等兵
ヘルムート・ハインケSS上等兵
エーリヒ・シェーラー SS伍長
グラバー SS伍長
ツェーガー SS上等兵
エーリヒ・ディットゥルSS上等兵
グスタフ・ペーター SS上等兵
ラーヴァーヴァルトSS上等兵

整備小隊

ヴェルナー・フライタークSS軍曹
オスカー・ガンツSS戦車一等兵
ヨーゼフ・シュミッツSS戦車一等兵
ゼップ・ハーフナー SS曹長
ヴァルター・ヘーリング職工長
ヴィリー・ナイジーゲSS戦車一等兵
ヴェルナー・ランペSS戦車一等兵
ワーグナー SS戦車一等兵
エルヴィン・ライシュ SS伍長
エーリヒ・クラインシュミットSS伍長
ハインリッヒ・ロートSS伍長
ハインツ・フィービヒSS伍長
ロルフ・キルシュタインSS伍長
ピット・ローラントSS軍曹
ツィンマーマンSS軍曹

第III小隊

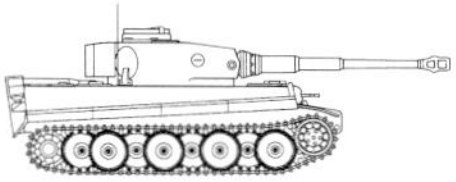

S31
エードゥアルト・カリノフスキー SS少尉

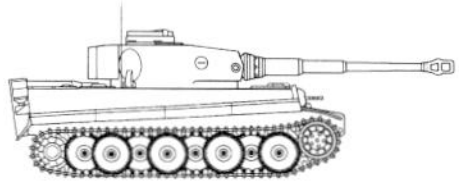

S32
エードゥアルト・シュタードラー SS曹長

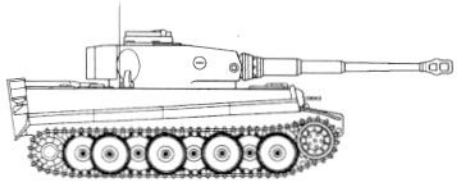

S33
ゲオルグ・レッチュ SS曹長

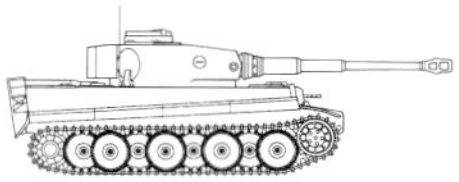

S34
ギュンター・クンツェ SS軍曹

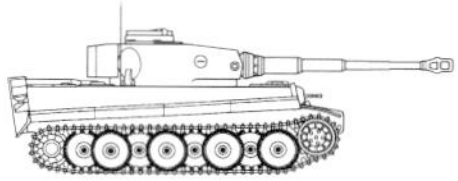

S35
ヴィリー・ザドツィオSS軍曹

第IV小隊

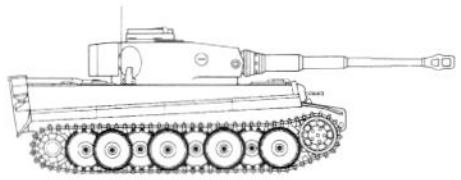

S41
ヴァルター・ハーンSS軍曹

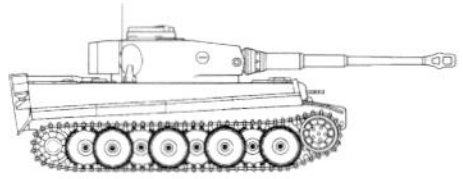

S42
クルト・ゾーヴァ SS軍曹

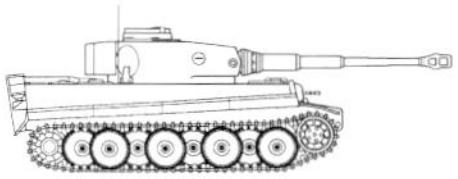

S43
シュヴェリンSS軍曹

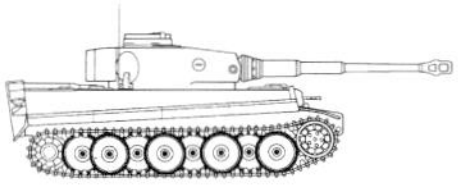

S44
エーリヒ・ラングナー SS上級曹長

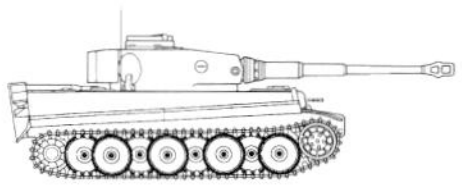

S45
ヘルベルト・シティーフSS軍曹

ヨーゼフ・レースナー SS戦車二等兵
パウル・ズュムニッヒSS上等兵
マックス・ガウベSS上等兵
イーヴァニッツSS上等兵
ボルトSS上等兵
グローセSS戦車一等兵
ハーラルド・ヘンSS戦車二等兵
アルフレート・ベルンハルトSS上等兵
ギューナー SS上等兵
ギュンター・ブラウバッハSS上等兵
ヒルシュ SS上等兵

無線手

ヴンダーリッヒSS上等兵
ゲーアハルト・ヴァルタースドルフSS上等兵
シュトゥスSS上等兵
ギュンター・ヨーナスSS戦車一等兵
ヨハン・グラーフSS戦車一等兵
フーベルト・ハイルSS戦車二等兵
フレート・ツィンマーマンSS戦車二等兵
ヴォールゲムートSS伍長
カール・ダウムSS戦車二等兵
ヴェルナー・イルガングSS戦車一等兵
ユストゥース・キューンSS上等兵
ハインツ・ヴェルナー SS上等兵

ペーター・ヴィンクラー SS上等兵
エルンスト・ブラウンSS戦車二等兵
カミンスキー SS戦車一等兵
ローレンツ・メーナー SS上等兵
ルードルフ・ヒルシェルSS戦車二等兵
クルト・ツィーザルツSS戦車二等兵

操縦手

ハインリッヒ・ライマースSS伍長
フランツ・エルマー SS上等兵
ヴェルナー・ヘーペSS上等兵
オイゲーン・シュミットSS上等兵
ヴァルター・ビンガートSS上等兵
ユップ・ゼルツァー SS軍曹
クルト・ケンメラー SS戦車一等兵
ヘルベルト・シュテルマッハー SS上等兵
ヴァルター・ミューラー SS伍長
ポラックSS軍曹
ピパー SS上等兵
ジークフリート・フースSS上等兵
ベルンハルト・アールテSS伍長
アルトゥーア・ゾンマー SS伍長

中隊先任下士官／ハーバーマンSS特務曹長
整備班／エーリヒ・コラインケSS軍曹

SS

KAMERADSCHAFTSABEND

DER

" TIGER KOMPANIE ,,

DER

LEIBSTANDARTE SS ADOLF HITLER

AM

21 SEPTEMBER 1943 IM REGGIO EMILIA

ITALIEN

SS SS

15.30 and der

STERNE ANS SPANIEN	PASO DOBLE
BLAU DONAU	WALZER
ALLEIN IN DER NACBT	FOX TROT
DU BIST MEINE LIEBE	WALZER
TRAUM	MAZURKA
ROSAMUNDA	POLKA

17.30 - 18.30

UNTERHALTUNGS MUSIK im GARTEN

BEI SPORT UND SPIEL

19 - 20.15

UNTERHALTUNGS MUSIK im SAAL

21

ALBORADA NUEVA	PASO DOBLE
NEUER TAG	FOX TROT
GUTE NACHT MUTTER	BRUNO BEDOGNI
TRÄUME SCHIFF	BRUNO BEDOGNI
WIEN WIEN	LUISA CORRADINI
FRÜHLING WALZER	LUISA CORRADINI
1000 ZAUBEREIEN	LUIGI AGOSTI

P A U S E

EISENBANH IMITATION	MIT ORCHESTER
TAG UND NACHT	ALTEA FONTANA
ENGEL SERENADE	ALTEA FONTANA
MONDSCHEIN SERENADE	ROBERTO COLLI
UNTER DER SONNE	ROBERTO COLLI
NEUE BOLERO	MIT ORCHESTER
AMAPOLA	RENATA GUIDETTI
VIOLETTA	RENATA GUIDETTI
EINLAGEN DURCH KAMERADEN	DER KOMPANIE

ES SPIELT DAS ORCHESTER

15.30 KAFFEE - MILCH - ZUKER

APFEL TRAUBEN und LINZERTORTEN

VAINILLE und NUSS EIS

17.30 ROTWEINBOWLE oder FRUCHTSAFT

19. – MACCARONI ITALIENISCHERART

JUNGERSCHWEINEBRATEN

KARTOFFEL - TOMATEN - GRÜNER

und

GURKEN SALAT

FRUCHTKALT SCHALE

Reproduction of the printed program listing the entertainment and food to be served at the Tiger Company party in Reggio Emilia on 21 September, 1943.

1943年9月21日、レッジオ・エミリアで行なわれた第13中隊の中隊祭で配られたプログラムを再現したもの。

第5章　再び東部戦線へ

1943年11月、東部戦線南部戦区に『ライプシュタンダルテ』ティーガー部隊の移送列車が到着する。

東部戦線への移動

再度東部へ赴くことになった第13中隊は戦車二七両と多数の装輪車両を擁する特大規模の中隊ではあったが、その貨車積載作業は円滑に、何の問題もなく進んだ。だが、イタリアを離れた一〇月三〇日になって、『ライプシュタンダルテ』に対し、いったんザンクト・ペルテンで降車の予定を変更し、そのままウクライナへ直行せよとの命令がくだった。そのため、同師団は戦術的な部隊編成とは合致しない、それどころか、まったくふさわしからぬ行軍序列で作戦地域に向かうことになってしまった。これが後に著しく不利に働く結果になるのである。

一九四三年一一月一一日、ティーガー中隊を乗せた四本の列車は次々とベルディーチェフに到着した。なお、このときの鉄道移送の経路をシャンプの日記によってたどれば、次のようになる。


「一〇月二七日／出発……ヴォゲーラ、クレモーナ、ヴェローナ、マントヴァ、パードヴァ。

一〇月二八日／トレヴィーゾ、ピンツァーノ、ジェノーナ、カルニア。

一〇月二九日／１４２０時、国境通過。アルノルトシュタイン。

一〇月三〇日／ゼメリング、ザンクト・ファイト、ノイマルクト、レオーベン、ウィーン。

一〇月三一日／メーレン-オストラウ（オストラヴァ）、オーダーベルク。

一一月一日／レンベルク。

一一月二日／タルノポーリ。

一一月三日／カザーティン。

一一月四日／ファストフ。

一一月五日／０９００時、クリヴォイ・ローク。夜は車内で仮眠。」

ブルーシロフ攻防戦

一九四三年一一月一日〜二十五日

では、第13中隊が投入さるべき戦線の状況はどうなっていたかと言えば——。一九四三年一〇月中旬までにコーネフ麾下の赤軍第２ウクライナ前線はクレメンチューク東でドニエプル川を越え、三ヶ所の橋頭堡を奪っていた。続いて彼らはクリヴォイ・ロークの工業地帯を目指して進撃、一九四三年一〇月二五日にはドニエプロペトロフスクを占領する。ドイツ軍南方軍集団は第1戦車軍をもってコーネフ軍に対抗、反撃に成功した。だが、これと同時に、もっと南では第4ウクライナ前線がA軍集団戦区に攻め込み、メリトポーリを奪回、ペレコープ地峡を脅かしていた。

これで生じた混沌をいっそう助長するかのように、一一月三日、ヴァトゥーティン麾下の第1ウクライナ前線がキエフの両側面で大々的な攻撃に出た。ヴァトゥーティンによってキエフに投入された戦力は歩兵三〇個師団、戦車二四個旅団、機械化歩兵一〇個旅団を数えた。結果、一一月六日にキエフはヴァトゥーティンの手に落ちる。さらに翌七日、キエフ南西六〇キロに位置し、鉄道の要衝にして『ライプシュタンダルテ』にとっても重要な降車地であったファストフも落ちた。一一日にはテーテレフ河畔のラドムィーシルが失われ、一三日にはヴァトゥーティンの戦車部隊はジトーミルにあった。消耗激しい南方軍集団の北翼は、まさに深刻な状況を迎えていた。軍集団から切り離され、壊滅させられようとしていたのだ。一にも二にも迅速な行動が要求されていた。

こうした情勢を受けて、『ライプシュタンダルテ』は再び〝火消し部隊〟つまり緊急機動部隊として、危機に瀕した戦区に——それがどこであろうと——送られることになったのだった。

このときSS第1戦車師団『ライプシュタンダルテSSアードルフ・ヒットラー』とともに、陸軍第1戦車師団が軍集団北翼の戦況修復に駆り出されていたが、これは軍集団戦区中央のキロヴォグラードに集結中であった。『ライプシュタンダルテ』は降車駅に着いたとたんに危機的状況に直面する。戦術理論の常識を無視して、『ライプシュタンダルテ』各部隊は、到着時の序列のまま、まだ臨戦態勢の整わぬうちに次々と戦闘に投入されてしまったのだ。各部隊とも、降車するやいなや、広正面隊形で西進してくる敵と激戦を演ずることになった。

一一月一四日、クリングSS大尉指揮下のティーガーは一八両で、九両は整備中であった。中隊はジドーヴチェの北、ファストフに通ずる鉄道線路沿いに集結した。彼らがこの集結地に至るまでを、やはりシャンプの日記によってたどってみると以下のとおりである。

「一一月六日/0600時、出発。
一一月七日/整備作業。
一一月八日/整備作業。
一一月九日/牽引作業。
一一月一〇日/貨車積載。

偽装して待機中の第13（重）中隊第Ⅳ・第Ⅴ小隊のティーガー。1943年11月、キエフ戦区。

一一月一一日／ズナーメンカ。」

一一月一五日、ティーガー中隊はフーゴー・クラースSS中佐率いるSS第2機甲擲弾兵連隊の指揮下に配される。陸軍第1戦車師団ならびに『ライプシュタンダルテ』は北上し――前者がジトーミル～キエフ街道の左側、後者が同右側を進んで――攻撃をかける予定であった。進撃路の右側面は第25戦車師団およびSS第2戦車師団『ダス・ライヒ』隷下部隊が防衛することになっていた。攻撃の重点を担うのは『ライプシュタンダルテ』と第1戦車師団である。

ミヒャルスキSS中尉指揮の第13中隊第Ｉ小隊は、ある集団農場の厩舎に待機していたが、夕刻になって移動命令を受けた。ミヒャルスキは――先に述べたように中隊がイタリアを発つ直前に移籍してきたのだが、ティーガーでの戦闘経験は皆無であった――、このとき地雷に対する警戒措置として、各車から乗員一名を出して車両の前を歩かせ、先導させるよう命じた。このために小隊の行軍にひどい遅れが生じ、ある村落でのSS第1機甲擲弾兵連隊隷下部隊との会合予定時刻を数時間も超過する結果となった。

以後も彼は失点を重ねる。会合後、彼らティーガー部隊は機甲擲弾兵との協同作戦を展開したが、その際、一両のティーガーが巧妙に偽装された戦車用の〝落とし穴〟に突っ込んでしまった。ミヒャルスキの命令によって、クレーバー

反攻作戦に出撃する直前をとらえた一葉。ティーガーには水性白色塗料（通常は石灰を原料に製造される。いわゆる“のろ”）で冬季迷彩が施されている。また、この車両は新しく“パンター型”のキューポラを備え、排気管も簡略化された中期生産型のように見受けられる。“ツィンメリット”耐磁性ペーストが塗布されているのにも注目。

ＳＳ軍曹のティーガーが牽引を試み、僚車を穴から引き上げた。作戦が終了したとき、この二両のティーガーは牽引用の鋼製ケーブルで繋がった状態のまま路上に停車していた。

ところが、よりによってそこへ強力な新手の敵が押し寄せてきた。小隊は――すでに協同作戦は終了し、歩兵支援を失っていたために――数百メートルほど後退せざるを得なかった。その混乱のさなか、路上に残った二両が乗員に放棄されたのを認めたミヒャルスキは、それらが迫りくる敵の手に無傷で渡るのを危惧し、砲撃を命ずる。二両のティーガーは僚車からの射撃を受けて炎上した。ＳＳ第1機甲擲弾兵連隊が敵の側面をついて攻撃をかけ、相手を押し戻したのはその直後のことであった。小隊は再び前進した。焼け焦げた二両の傍らを通過して――。

この一件の後、ミヒャルスキを待っていたのはクリング中隊長の手厳しい非難であった。ミヒャルスキは早まって二両のティーガーを失ったとして叱責されたうえ、第8中隊に転出させられることになった。

なお、同日――一一月一五日――ティーガー中隊は、ＳＳ第2機甲擲弾兵連隊の背後、コールニン～リゾーフカ間の陣地に入った。このときは砲手にもどっていたシャンプＳＳ上等兵が乗り組んでいたティーガーは2300時に夜襲を受けたが、何とか踏みとどまった。その間も『ライプシュタンダルテ』の先鋒は前進を続け、翌朝0840時に傍受されたソ連軍の無線通信からもその様子が伝わってきた。「敵先鋒の戦車部隊が接近中。これより阻止を試みる。弾薬と燃料を求む。このままでは全滅必至。」

夕刻までに、先鋒部隊のSS第1機甲偵察大隊はトゥルボーフカ付近、SS第1機甲擲弾兵連隊はヴォドティー、そしてSS第2機甲擲弾兵連隊はブルーシロフの敵拠点に到達していた。SS戦車上等兵のハンス・ロースとエーバーハルト・シュルテはソロヴィエーフカ付近で砲弾片を浴びて重傷を負った。なお、ティーガーは部隊はこの日——一一月一六日——初めて全車揃って投入された。

シュミットSS中尉指揮のSS第1機甲擲弾兵連隊第11中隊は、前日からヴォドティーにあった。ベルナーSS伍長は同中隊の戦闘の様子を次のように伝えている。

「ルーディ・シュミットSS中尉に率いられた我々第11中隊は、夜の間に、指定の警戒地域へ乗り入れた。第Ⅰ小隊は右翼にある小さい村の入り口で警戒任務につくよう命じられた。さっそく塹壕が掘られ、車両は他の二個小隊に預けられる。そこまでは敵との接触はいっさいなかった。ところが真夜中過ぎに、いきなり小隊陣地の後方で小火器による銃撃音が聞こえたかと思うと、後ろから曳光弾が飛んできた。それから銃撃は激しくなり、戦闘音も大きくなる一方だった。夜明けになって、ようやく何が起こったかが判明し、小隊には攻撃準備の命令が下った。

第Ⅱ小隊と第Ⅲ小隊はシュミット中隊長とともに夜のうちにソ連軍陣地に進入した。車両は縦列駐車で車体を寄せ合うように控置され、兵員は仮眠を取った。だが、そこを狙われて奇襲され、彼らは道路の側溝へ飛び込んで身を伏せた。なかには（不意打ちに慌てたあまり）武器を（車内に）忘れた者もいたようだ。夜明けには、タコつぼに身を潜めていた赤軍兵が、車両から——あるいは側溝に釘付けの擲弾兵から一〇〇メートルばかりのところに迫っていた。その数、ほぼ中隊規模。連中は機関銃や対戦車ライフルで武装しているようだった。擲弾兵の動きはことごとく彼らに封殺され、車両も攻撃を受けて炎上した。我らがシュミット中隊長は真っ先に頭を撃ち抜かれて死んだ。

こういった状況で手も足も出ない仲間を救出しようと第Ⅰ小隊は現場に駆けつけたが、攻撃は失敗し、同じく敵火に射すくめられてしまった。このとき、救いの天使となったのは本部分隊長のルーディ・レンガーSS軍曹だ。彼もやはり側溝に伏せていたが、その延々と続く側溝を這って後退し、飛び出して血路を開こうとしていた。そして彼はみごと敵の銃火をすり抜けた。助けを求めに走ったレンガーは、後方の村にいたティーガー部隊に行きあたった。彼らはすでに(別の)命令を受領していたらしいが、レンガーはティーガーの隊長

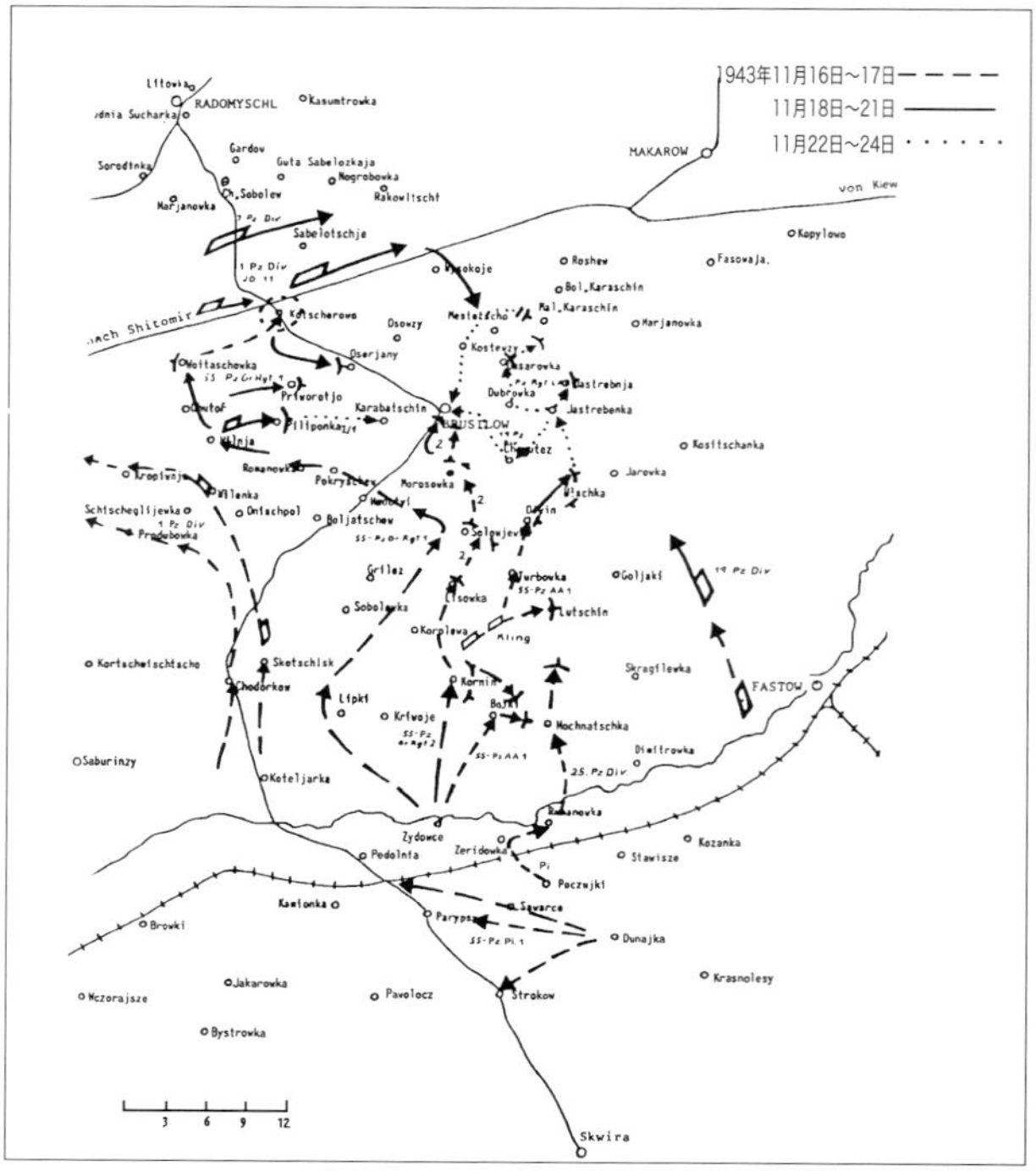

地図16

に状況を説明し、第11中隊救援に介入するのが先決であることを納得させた。ティーガー相手では赤軍の歩兵にほんの少しの勝ち目もない。それなのに、連中はひとりとして降伏せず、戦車の履帯に蹂躙され、タコつぼに生き埋めにされるがままになった。」

　このときレンガーは走りに走って、現場から三キロ離れた集落にいたカリノフスキーSS少尉のもとに行き着いたのだった。少尉の方は整備班からティーガー二両を中隊に連れ帰る途上にあった。レンガーの説明を聞いて、少尉はただちにヴォドティーに向かい、第11中隊を苦境から救った。ルーディ・レンガーの勇気あふれる無私の行為は、後日、戦功名誉章で報われた。

　この日、ヴォドティーを攻撃したのはブルーシロフから発したソ連第394狙撃兵連隊（第211狙撃兵師団）であり、さらに彼らは『ライプシュタンダルテ』師団の進撃路を断った。この状況を修復すべく送り込まれたのはユルゲン・ブラントSS曹長以下ティーガー三両である。〝ゲプテン〟・ブラントは独自の判断にもとづいて敵大隊の側面を攻撃し、相手を徹底的に蹂躙した。指揮官を失った一個の中隊が孤立・全滅の危機から救われることになったのは彼の大胆な決定に負うところ大であった。さらに南のリゾーフカではクリングS

S大尉率いるティーガー数両が、敵戦車と交戦した。

以下はクリングへの黄金ドイツ十字章の推薦文からの引用である。

「一九四三年一一月一六日、赤軍の増強大隊によりリゾーフカ村が占拠され、その結果、師団進撃路が断たれた。これを再び啓開する任務を課せられた戦闘団の指揮官クリングSS大尉は、配下のティーガー五両ならびに少数の随伴歩兵を率いて敵に立ち向かった。慎重な指揮と、仮借ない攻撃によって彼は同村の奪回に成功、続く追撃で、重対戦車砲八門をはじめ敵大隊の主力を粉砕した。本作戦の成功は、クリングSS大尉の不屈の意志、彼ならではの勇敢さに帰すべきものである。この勝利を通じて彼は北進する師団隷下部隊の補給を確保した。」


シャンプSS上等兵は、この日1145時から1600時にかけて二度の攻撃に参加した。結果、彼のティーガーは減速機と砲塔に命中弾を受けた。

砲手ヴァルムブルンは同日の日記に「ファストフで夜間戦闘。七六・二ミリ対戦車砲一門撃破」と今回の作戦で初の戦果を書きとめた。

一一月一七日、ティーガー部隊は、オットー・ディンゼSS中尉率いるSS第2機甲擲弾兵連隊第14（装甲車化重）中隊の装甲兵員輸送車とグリレをともなって、側面への脅威を排除すべくルーチンの村を攻撃する。ティーガー一〇両と装甲兵員車は全速力でルーチンを目指した。敵は戦車と多数の対戦車砲で増強した一個連隊を配置していた。ティーガーの八・八センチ砲がその長射程を活かし、遠距離から火を吹き始める。そのほとんど全弾が目標を捉え、対戦車砲や対戦車ライフル、その他火砲を次々と粉砕した。敵は死物狂いであった。どの対戦車砲も撃破されるか、轢き潰されるまで射撃をやめなかった。ティーガー部隊も代償を払った。カール・バートルSS軍曹のティーガーが撃破され、同軍曹は死亡、砲手ヘルベルト・ヤルゴウは重傷を負った。無線手のフーベルト・ハイルSS戦車二等兵は、どうにか無傷で脱出した。

「0730時。埋設戦車、対戦車砲。正面から被弾」とシャンプはこの攻撃の様子をいつものように簡潔に記している。ティーガー部隊はT-34を五両、その他多くの対戦車砲を撃破した。一時間半の戦闘の後、ルーチンはドイツ軍の手に落ちた。このルーチン強襲は、パイパーの装甲兵員輸送車大隊が得意とする戦法の、まさに見本のように実行された。これについては「装甲兵員輸送車大隊は、ロシアの村々を騎兵隊のように襲った。全速力で動き、持てる火器をすべて活用しながら、同時に複数の方向から敵を叩いた」と後日ヨッヘン・パイパー自ら綴ったとおりである。

ティーガー部隊と僚友たる装甲兵員輸送車部隊はルーチンで休息を取った。だが、まもなく敵が同村奪回に乗り出す。日付が一八日に変わった夜間、彼らはフョードロフカからルーチンに突入を図った。『クリング戦闘団』は、敵の大隊規模の威力偵察部隊を撃退した。

ソ連軍は同日中に再度、攻撃をかけてきた。このときはゴールヤキーから、より強力な部隊がルーチン奪回に差し向けられた。激戦が展開され、クリング戦闘団はルーチンの西の外れに後退を強いられた。彼らはそこで果敢に踏みとどまり、敵戦車数両を撃破する。だが、奮戦むなしく1200時、敵の一個連隊がルーチン村内に乱入した。これを受けて、さらに西のリゾーフカに予備として控置されていたザンディッヒSS少佐のSS第2機甲擲弾兵連隊第Ⅱ大隊が臨戦態勢に入った。その後も敵は優勢な部隊をもってルーチン北方に回り込み、『ライプシュタンダルテ』の側面を脅かそうとした。こうした継続的な敵襲は、ゴールヤキー南西に敷かれた大規模な砲兵陣地からの激しい砲撃によって支援されていた。また、彼らはやはり強力な部隊によるディヴィン南東への進撃を続行した。

この日ロルフ・シャンプのティーガーは、中隊の仲間とは別個に行動していたようだ。日記には「0900時、攻撃。スターリンのオルガン、火砲。ティーガー一両、単独で。」の記述がある。ヴァルムブルンSS上等兵は、T-34を二両と対戦車砲二門を撃破した。

幸いにもルーチンのティーガー部隊は、毎回の敵襲を持ちこたえたばかりか、敵の側面をつき、その攻撃を粉砕した。結局、一七、一八日の両日で、ティーガー中隊はT-34を一三両撃破したほか、重対戦車砲二五門、一二二ミリ砲一門、また多数の対戦車ライフル、機関銃、トラック、砲牽引車を破壊した。

アルベルト・フライSS中佐と、彼のSS第1機甲擲弾兵連隊は一八日、コチェーロヴォでジトーミル〜キエフ街道に出るのに成功、同街道における敵の通行を阻止した。一一月一九日、第1戦車師団はジトーミル奪取の任務を付与されている。その後、彼らはすみやかにコチェーロヴォ北西を維持している敵を攻撃し、これを押し戻すこととされた。このとき、第XXXⅧ(48)戦車軍団の攻撃の結果、ジトーミルの状況はソ連側にとってきわめて深刻なものとなっていた。彼らは急いでファストフ南〜ゴールヤキー〜ブルーシロフ〜プリヴォーロティー〜ヴィーリヤ川〜テーテレフ川〜ストゥーデニツァの防衛線への戦力集注を図った。だが、すでにコチェーロヴォには『ライプシュタンダルテ』が布陣していたわけである。一九日夜間、第9戦車師団と第1戦車師団は連携してジトーミル奪取を成し遂げた。続いて第1戦車師団は、コチェーロヴォの『ライプシュタンダルテ』を敵の重圧から

攻撃準備中の第13中隊のティーガー各車。乗員は随伴の機甲擲弾兵と進撃の調整作業に入っている。

ティーガー〝S45〟。右の起動輪に直撃弾を受けたもよう。牽引用ケーブルがすでに装着されているところを見ると、これから整備工場へ運ばれようとしているのか。

解放すべく、北へ転じた。

一方、ティーガー中隊は一一月一九日朝、ルーチンで第25戦車師団隷下部隊と交替した。その後、中隊はモロゾーフカに移動し、同村の南に集結して、攻撃準備を整えた。翌一一月二〇日の目標はブルーシロフを攻略することであった。シャンプSS上等兵はヴィットマンSS少尉に従って進撃に参加した。「1000時、攻撃。ヴィットマン少尉。対戦車砲二門。目立った命中弾は三発。」と彼は記している。このときヴァルムブルンはT-34と対戦車砲各一を撃破した。

また、クニッテルSS少佐率いる増強偵察大隊にも数両のティーガーが同行した。彼らは翌日、モロゾーフカ地区を発って、クラコーフシュティナとホムーテツというふたつの町を奪い、それによって『ライプシュタンダルテ』師団の右側面を掩護した。

一一月二〇日、増強されたSS第2機甲擲弾兵連隊——ただし第III（装甲車化）大隊を除く——は、ヴォドティー～ブルーシロフ街道の両側で攻撃を開始した。0315時、北東および東から、敵戦車部隊がモロゾーフカ付近のSS第2機甲擲弾兵連隊第I大隊とSS第1偵察大隊のもとに来襲する。ティーガー部隊はただちにこれに対処し、一二両のT-34を撃破、対戦車砲数門を破壊した。その一方で、ティーガー一両が失われた。0415時には、ザンディッヒSS少佐のS

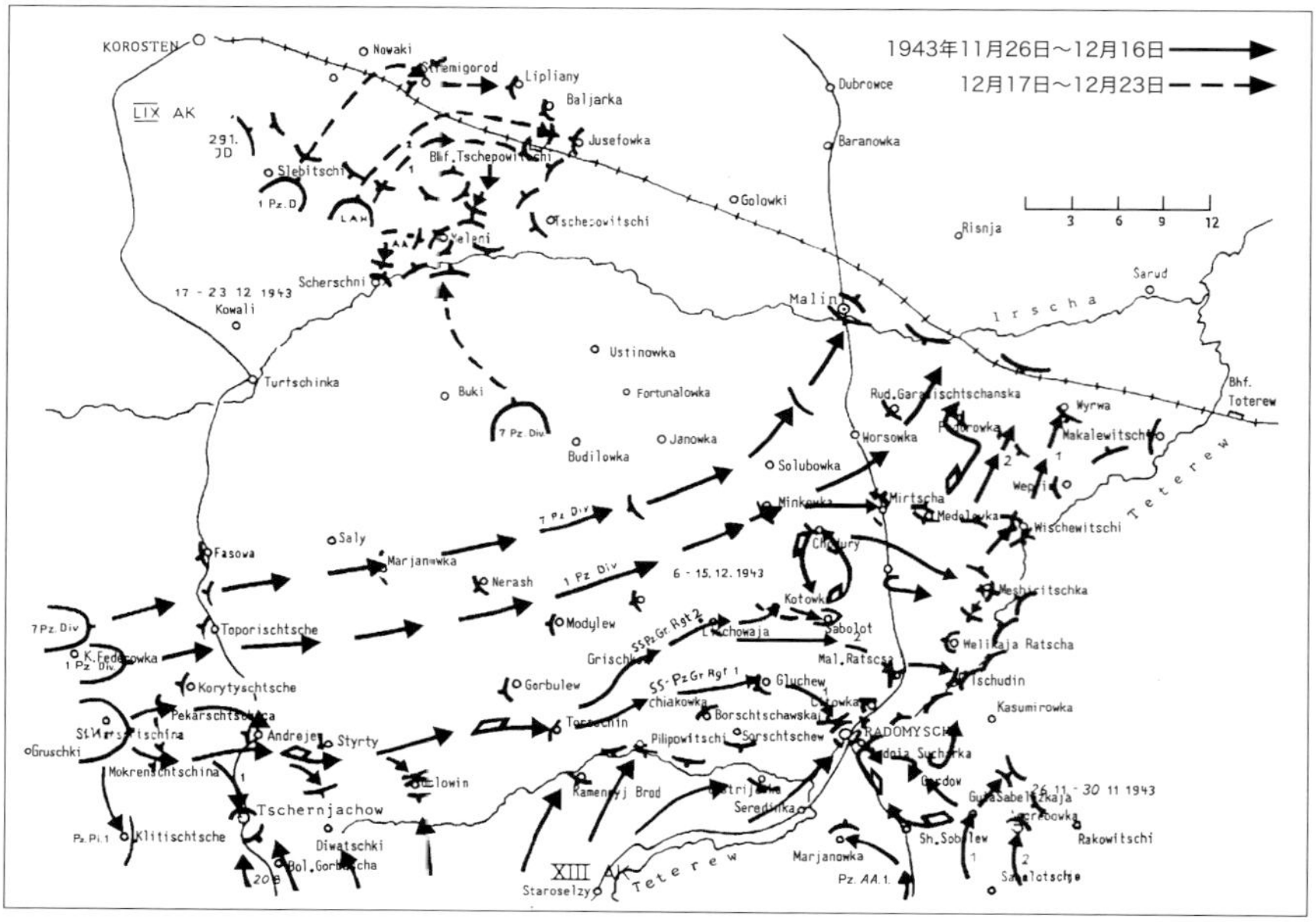

地図17

S第2機甲擲弾兵連隊第II大隊が二ヶ所の敵陣地に食い込み、ブルーシロフから一・五キロにまで迫った。

ところが、彼らの行く手に広がる森のなかに、その両端は通行不能の沼地になった対戦車壕が一本走っていた。夜が明ける頃、攻撃部隊先鋒は敵の砲撃により対戦車壕前面で立ち往生させられた。ザンディッヒ大隊が攻撃を再開したのは0430時であった。彼らは対戦車壕を東に迂回したのだが、一時間後に再び沼地と敵火とによって足止めされてしまう。ブルーシロフの西ではクールマンSS少佐率いるパンター大隊がピリポーンカに達した。0545時、師団は攻撃の停止を命じた。

ティーガー中隊は敵陣内三キロの地点まで走破していた。ユルゲン・ブラントSS曹長は、履帯破損で行動不能となったティーガーの護衛を務めていた。擱座車両のクルーは無論、ブラントのクルーまでも総出で応急修理に大わらわであったが、そのさなか、砲塔に立っていたブラントは、縦隊で移動中の敵大隊を認めた。瞬時に危険を察知した彼は、乗員を呼び集め、その自動車化大隊に向かってティーガーを走らせた。ブラントのティーガーは矢継ぎ早に砲撃し、トラックその他の車両を次々と破壊した。敵大隊の端から端まで、榴弾と言わず徹甲弾と言わず叩きこみ、これをすっかり一掃したのである。ブラント車も減速機に損傷を受けたものの、この騒ぎの途中で駆けつけた支援部隊とともに、無事に友軍戦線まで戻ることができた。

ヴァルムブルンSS上等兵はT-34を一両撃破し、対戦車砲を二門粉砕した。

なお同日（二〇日）、『ライプシュタンダルテ』の戦車連隊長シェーンベルガーSS中佐がソロヴィエーフカで敵の砲撃により死亡した。これにともない、装甲兵員輸送車大隊長のヨッヘン・パイパーSS少佐が戦車連隊の指揮を引き継いだ。パイパーは豪胆であると同時に機略縦横の戦術家として、師団じゅうにその名が鳴り響いていた。彼は戦車連隊長という新しい地位に就いても、その力量をまざまざと見せつけることになる。


一一月二一日、ブルーシロフへの攻撃は続く。ザンディッヒ大隊は頑強な抵抗に直面しながらもブルーシロフ南西の三角形に広がる森を制圧した。さらに西ではSS第1機甲擲弾兵連隊がプリヴォーロティーを奪取し、オジョールヤヌイの手前に達した。第13中隊ではエーリヒ・シェラーとペーター・クルート（ともにSS戦車二等兵）が負傷した。また、ヴィットマンの車両は前日に機械故障によって行動不能となっていた。

ボビー・ヴァルムブルンは、その日のことを次のように回想している。


「ヴィットマンは熱を出していたが、攻撃を指揮しようとしていた。期待されている役割をきちんと果たしたかったのだろうし、自分がいれば皆が張り切るのを知っていたのだろう。すでに多くの戦闘をくぐり抜けてきたことで、私たちは連帯感あふれるひとつのチームに成長していた。私は砲手席についた。車長席にはヴィットマン。ヴィットマンは、熱があるんだと私に打ち明け、このことは黙っていてくれと言った。そんな状態だったにもかかわらず、彼は観測し、部隊を指揮しなければならなかった。だから、私はその都度自分で判断するようなことはしなかった。彼は目標をいちいち指示し、一三両のT-34と、七門の対戦車砲を撃破した。ヴィットマンは私の肩をポンと叩いた。私にとって、それは最高の賛辞だった。私はそりゃあ誇らしい気持ちになった。」


一一月二二日、第1戦車師団がブルーシロフ攻略に乗り出すことになり、その東側面にいた第19戦車師団はウルシャを経てホトゥームツを目指すことになった。『ライプシュタンダルテ』はディヴィンとウルシャを経て、ヤストレビョーンカに向かい、同村を奪取し、転じて東からブルーシロフを攻撃せよという命令を受けていた。

ティーガーの各クルーはこの重要な攻撃に際し、入念に準備を整えた。前夜、彼らは額を集めて作戦計画を錬った。ミヒャエル・ヴィットマンは深夜になっても地図を睨みながら、

『ライプシュタンダルテ』戦車連隊第II大隊から抽出の戦車戦闘団。
1943年11月。IV号戦車H型に撃破されたT-34/76が見える。

いずれも撃破されたT-34。吹き飛ばされた砲塔が手前に転がっている。

攻撃方法の検討に没頭していた。これはいかにも彼らしい習慣であった。戦友たちがその日の疲れを癒している傍らで、彼はひとり静かに地図を検討し、翌日の攻撃についてあれこれと考えを巡らせて飽きることがなかった。彼は万全の準備を整えるのに心を砕き、車長を集めて最も有効な攻撃方法を協議した。彼はすでに作戦の最初の数日間で相当数の敵戦車を撃破していた。その戦闘技能によって彼は配下の小隊員のみならず、全戦車兵の良き手本を示していたと言える。

さて、その一一月二二日をティーガー部隊は戦闘準備完了で迎えた。うち三両は、0555時、ハンス・ベッカーSS少佐率いるSS第2機甲擲弾兵連隊第Ⅰ大隊の攻撃の支援につき、ウルシャ北からヤストレビョーンカに向かった。同第Ⅱすなわちザンディッヒ大隊は、その右後方に梯隊を組んで連なった。0700時、同連隊はソ連軍の近接支援航空機による激しい攻撃を受ける。そのうえ、正面にも側面にも重厚な対戦車防御陣が敷かれていたが、攻撃部隊は着々と前進を続けた。ティーガーは側面を開けたまま、擲弾兵部隊に強力な支援を提供した。だが1005時、ヤストレビョーンカの南一・五キロで敵火により攻撃部隊の足は止まった。クラースSS中佐が配下の『ライプシュタンダルテ』戦車連隊第Ⅱ大隊のⅣ号戦車二五両を率いて攻撃を再開したのは1305時である。

先頭に立つのはティーガー部隊であった。攻撃を開始してまもなく、ティーガーの各クルーは無数の対戦車砲の砲口焔を認めた。敵はヤストレビョーンカの南に空前のパックフロントを築いており、そこに配されたすべての砲が今いっせいにドイツ戦車部隊に向かって火を吹いたのだった。ティーガー各車とも数えきれないほど被弾した。たびたび砲弾が跳ね返る鋭い音が聞こえた。偽装を施して干し草の山のように見せかけた埋設戦車からも砲撃を受けた。そこで立ち往生すれば、全滅は免れ得なかっただろう。そうした危機的状況を回避すべくティーガー部隊は後続部隊の側面への脅威を粉砕し、ヤストレビョーンカの南縁の対戦車砲陣地に突入して、これを壊滅させた。

ティーガー部隊は戦いの焦点にあって、そのため頻繁に被弾した。たとえばカリノフスキーSS少尉の車両は対戦車砲弾数発を受け、主砲の砲身が曲がるという被害を被っている。しかし、1615時、ティーガー部隊による一斉突撃に続いて、攻撃部隊はヤストレビョーンカ村内に到達した。擲弾兵は家屋一軒一軒を巡って敵の抵抗を排除していった。1800時には残敵の掃討も完了し、村はドイツ軍の手中におさまった。この過程で、ソ連軍突撃砲二両と対戦車砲二四門が破壊された。

すでにおなじみのクリングへの黄金ドイツ十字章推薦状には、この日の中隊の活躍についても言及がなされている。曰く「一九四三年一一月二二日、戦車集団は、強固に要塞化されたヤストレビョーンカ村を攻略した。攻撃第一陣にあって、またもやクリング中隊は信じられぬほど強力な対戦車砲陣地との戦いの重圧を一手に引き受けねばばならなかった。甚だしく被弾し、かなりの損失を被りつつも、クリングは後続部隊側面への脅威を排除したのみならず、その大胆かつ巧妙な戦いぶりで同村南縁の対戦車防衛拠点を攻撃し、これを蹂躙した。そして、それにより同村への突入を可能ならしめた。」

ハンス・ヘルトSS軍曹のティーガーの砲手を務めていたロルフ・シャンプは、このヤストレビョーンカ攻略作戦をはっきり記憶していた。

「太陽が輝いていた。目の前は草深い斜面。私たちはそこから地形を観察した。斜面の向こうは目測してみると約八〇〇メートルから一〇〇〇メートル先まで平坦な野原が続き、さらにそれを越えた先は広大な森林が連なっていた。敵情は不明だった。私たちはその森の方角に攻撃をかけることになっていた。戦車数両の、中規模の作戦だ。私たちは歩いて車両のところに戻り、乗車した。ヘルトが『戦車、前進！』と号令をかけた。私たちは、お互い一緒に勤務できて良かったと思っていた。というのは車長たる彼と、砲手の私のことだが。つまり私たちは本当にうまくやっていたわけだ。

それから私たちはさっきの小さい斜面を登った。登りきったとき、車体はわずかに前傾姿勢になった。そのまま数メートル前進したところで、いきなり森が火の海に変わった。奴らが撃ってきた！　砲口焔が花火さながらだった。そして、車内の上の方で大音響がして衝撃が走り、次の瞬間にはすべてが動きを止めて静まりかえった。オゾン臭が漂うなか、『鎖骨が折れた！』と操縦手が喚いた。私自身は額から出血していた。後ろを振り返ると、ヘルトが前のめりに座っている。『どうしますか、軍曹？』と私は尋ねた。彼の鼻孔からは鼻汁が流れ出していた。返事はない。その眉間に釘かピンのようなものが刺さっているのが見えた。さらにもう一度、凄まじい音がした。私は反射的に操縦手に叫んだ。『後退しろ、早く！』。まだ車両は動いてくれた。後退して斜面を下る間に私はヘルトの様子を確認した。彼は死んでいた。」

このとき、彼らのティーガーはキューポラを吹き飛ばされたのだった。装填手のパウル・ズュムニッヒも負傷した。ヘルトは死後昇進でSS曹長となった。シュヴァルツヴァルト出身のヘルトが、『ツィタデレ』期間中の功績によって第一級鉄十字章を獲得したことでも明らかなように、優秀な車長であったのは間違いない。このほかにも一八歳の無線手ギュンター・ヨーナスSS戦車二等兵は車両が被弾した際、砲弾片によって頭部と背中に重傷を負った。また、ウルシャで無線手エルンスト・ブラウンが頭を撃ち抜かれて死亡した。

進撃途上にある『ライプシュタンダルテ』のⅣ号戦車H型と突撃砲。

放列を敷く『ライプシュタンダルテ』の多連装ロケット弾発射器部隊。

翌一一月二三日はヤストレビョーンカから北西方向に攻撃が実施されることになっていた。第1戦車師団はラサーロフカを抜けて、『ライプシュタンダルテ』と連絡した後、ブルーシロフに向かう予定であった。しかし道路状況が際立って悪く、自動車化部隊の動きは遅れる一方であった。しかも、夜のあいだに強い雨が降り始めていた。

一一月二三日にはティーガー中隊の作戦可能戦車数は四両にまで落ちていた。1230時、ティーガー四両は、SS第1機甲擲弾兵連隊第Ⅱ大隊とSS第2機甲擲弾兵連隊第Ⅲ(装甲車化)大隊から成る機甲集団とともに、ドブロフカを経てラサーロフカ方面へ攻撃に出る。ボビー・ヴァルムブルンはT-34を四両撃破し、対戦車砲を三門破壊した。その後、ティーガー部隊はやや北寄りのメステーチコで燃料を補給した。

この日は、ヴェルナー・シリングSS戦車二等兵が負傷した。

この当時、敵は戦車ばかりでなくパックフロントの数も増やしてきており、そのために毎回の攻撃に最高度の警戒態勢と戦力集注が要求された。当然ながら砲手は、大半が非常に巧みに偽装されている対戦車砲陣地を見抜くために、綿密な地形観察をおこなう。射撃戦ともなると、砲手は標的をすばやく捕捉できなければならない。対戦車砲のような比較的小

戦闘中の小休止。前景の人物はメリーSS軍曹、その右は衛生兵のシュミットSS軍曹。シュミットは負傷者にすぐ対処できるよう、しばしば〝6人目の乗員〟として戦車に乗り組み、戦闘現場に同行した。

撃破されたソ連軍SU-85突撃砲。

さい目標こそ速やかに排除する必要があった。見落として通過した後で、側面から撃たれるなどという事態を避けるために。

装塡手であり砲手でもあったヴァルター・ラウSS上等兵は砲撃の技術について、以下のように書いている。

「射撃に際しては、よく次のようにして捕捉射撃がおこなわれました。まず装塡手に『機関銃射撃、用意』の合図を送ります。次いで（砲手は）機銃発射用のペダルを踏み、曳光弾によって目標を捉えます。このとき曳光弾が目標を捉えるまで砲塔を旋回させます。当然ながら、戦車を相手にしているときは、この方法は使いません。これは主として集落を狙う場合合、あるいは、ある一定の目標地域を狙う場合です。このような規模の目標に対する機関銃射撃は（捕捉したら）すばやく切り上げられ、距離が読み取られることになります。これが榴弾を撃つのに活用されます。たとえば、今の手順で距離六〇〇メートルと決定されたら、（照準を）六〇〇にあわせて榴弾射撃に切り替えます。こうして砲弾は正しい射程で、効果的に目標に降り注ぐわけです。」

砲手はフットペダルを踏んで、車長に指定された方向に砲塔を旋回させる。旋回速度はどのくらいの強さでペダルを踏み込むかで決まる。精密な（方向角の）修正は、手動の旋回ハンドル——砲手が左手で操作する——によっておこなう。次いで砲手は望遠照準眼鏡で射程を——やはり左手で——決める。主砲発射レバーは、同俯仰ハンドルと接するように並んで設置されている。電気系統が機能しなくなると——これは車両が被弾した場合に起こりがちであった——砲塔は上記のハンドルによって手動で旋回させる以外にない。砲の俯仰操作も手動でおこなわねばならない。もっとも、電気式発射装置（発射回路）は、ある改修作業を施す——バッテリーと直接つなぐ——ことで、その場で復旧させることができた。この〝バッテリー直結式射撃〟は一九四三年から四四年にかけての冬季戦でクレーバーSS軍曹のクルーによって、二本の大型レンチを用いて実行された。ただし、これは決して標準的な方法ではなかった。現にヴァルター・ラウはこう記している。「バッテリーを使うやりかたは、公式のものではありません。これは緊急時に、まさに急場しのぎに考案されたものと言えましょう。最初にどうやって考え出されたのかは私にはわかりませんが。普通に認められていたのは、砲手席の左側に取り付けられた小さい箱形の装置に懐中電灯用の電池を数本入れて、発射回路の緊急用バッテリーとして利用する方法です。」

ティーガー部隊は一一月二四日、二五日の両日の大半を車両の整備に費やした。彼らはこの短い中休みを利用して疲れを癒し、身繕いする時間を持ち、糧食の確保に走った。

他方、機甲集団は一一月二四日にスターリツカヤ集団農場

ドイツのニュース映画に登場した第13中隊のティーガー。1943年12月29日。

に進んだ。翌日は、擾乱砲撃があったほかは、平穏に過ぎた。一一月二六日、『ライプシュタンダルテ』は0630時に北西に向かって進撃を開始、1300時にはネグレボフカの南に達する。彼らはラドムィーシル周辺において南下する敵戦力を阻止し、殲滅することになっていた。

ティーガーの宿敵と言えば、実はソ連戦車ではなく、巧妙に偽装されたパックフロントであった。対戦車砲（七六・二ミリ汎用砲）の長大な砲列からなるこうした陣地に正面攻撃をかければ、それはたいてい損失を出すだけの結果に終わるため、可能な限りは回避されるのが普通であった。攻撃予定地域にパックフロントの存在が疑われた場合、まず、通常は少尉すなわち小隊長指揮のティーガー一両が偵察に出る。そして、適当な高台に走り——残る車両は敵からは見えないように、その背後に控えている——その頂上に出て、ほんの短時間だけ敢えて敵に姿を見せる。これには相手の砲撃を誘って、彼らの位置を見きわめるという目的がある。パックフロントが敷かれているか否か、あるいは敷かれているとすればどこかを確認するため、このように〝探りを入れる〟のは、言うまでもなく非常に危険な方法である。そのため各車の操縦手は、最初の砲口焔が認められたら、砲撃が本格化する前に、ただちに車両を後退させねばならなかった。一方、この間にパックフロントの位置と規模が観測されるのだった。

上記のヴァルター・ラウは、〝ブービィ〟ことヘルムート・ヴェンドルフSS少尉の装塡手であったが、この種の偵察任務を命じられたときのことを以下のように回想している。

「私たちは(上述したように)前進しました。イーヴァーン(イワンすなわちソ連兵)を隠れ家から引きずり出し、対戦車砲の射撃を誘うためです。実際、私たちは恐ろしいほどの砲火にさらされました。あとで給油のときに数えてみたところ、車両は計二八ヶ所も被弾していました。弾痕は取るに足らない小さいものばかりでしたが、なかには拳がすっぽり入るくらい大きなのもあり、いずれも前面装甲に集中していました。対戦車砲弾を雨あられと浴びていたそのさなかに、ブービィ・ヴェンドルフがベルリン訛りで冗談を飛ばすのを、私たちは確かに聞きました。『おいおい、こいつはまるで戦争の真っ最中って感じだな!』と。巧妙に偽装された対戦車砲陣地は、至るところに隠れているように思われましたから、ミヒャエル・ヴィットマンもたいそう嫌がっていたものです。それに比べれば、ソ連戦車は彼にとってさほど心配の種ではなかったようです。あちこちに潜む対戦車砲の方がはるかに脅威だと彼は考えていたのでしょう。ですから、ほどなく彼は、対戦車砲を一門破壊する方が、T-34を一両撃破するより重要だとみなすようになったのだと思います。」

ある宣伝中隊の記事では対戦車砲の脅威が次のように紹介されている。

「一九四三年秋から冬、戦車戦はキエフ~コーロステニ間の街道の三角地帯で新たな局面を迎えた。ソ連軍は、この地域に大小さまざまな口径の火砲や対戦車ライフルを無数にばらまき、至るところに防塞、密集対戦車砲陣地を築きあげた。集落でも野戦陣地でも、彼らは野の小道や農道の背後で巧みに隠された砲とともに待ち伏せし、ドイツ軍戦車兵に厳しい試練を課した。かくて、人間対戦車の戦闘術に長けた、このほとんど見えない敵に対する嫌悪感は募る一方となる――ひとりミヒャエル・ヴィットマンに限らず。戦車はもはや神経にこたえるほどの相手ではなくなった。忌々しい対戦車砲こそが問題なのだ!」

この当時はさまざまな物資が欠乏していたが、塩さえも不足し、しかもその状態が一週間も続いた。炊事班は、この欠くべからざる調味料無しで食事を用意しなければならなかった。また、こんな逸話もある。ウクライナのある村で、若い戦車兵何人かが、他人の未来を予言するというひとりの老女と出会った。最初はおもしろ半分であったが、そのうち次第に真剣に、彼らは老女の言葉に耳を傾けた。彼らは、ここにいる我々のなかで誰が故郷に生きて戻ることができるだろうかと訊いたのだった。彼女からしあわせな答えを得た者もいれば、そうでない者もいた。そして、ヒットラーとスターリンのどちらがこの戦争の勝者となるかと尋ねられたとき、彼女は、ヒットラーだと断言したのだという。

ラドムィーシル攻防戦　一九四三年一一月二六日～一二月一六日

一九四三年一一月二七日、『ライプシュタンダルテ』隷下部隊は、困難な戦闘を続けながら、さらに西進した。敵は北へ、あるいは北東へ退いたが、消耗著しい擲弾兵部隊には、ぬかるんだ道路をたどってそのまま効果的な追撃を展開するのは不可能であった。

一一月二八日、ティーガー中隊とSS第2機甲擲弾兵連隊第Ⅲ（装甲車化）大隊は、ザベローチェ北からラドムィーシルに向けて進撃を開始した。戦車連隊に残る記録によれば「（戦車部隊には）きわめて不向きな森林地帯において、歩兵の支援も得られぬままクリングは重要な幹線道路に真っ先に到達、153・4高地を奪取した。さらには精力的に追撃を実施、街道の左右に潜む敵歩兵に目もくれず、退却中の敵縦隊のただなかに突入し、その計画的撤退を阻み、彼らを秩序なき潰走に追い込んだ。最終的にクリングは、ただ一両残った自らの車両をもって夜間に地雷原を突破し、いわば手探りでガルボロフへの道を切り開いた。その過程で彼は多数の対戦車砲を撃破し、ついには機銃だけで戦わねばならない状態に陥りながらも、同村（ガルボロフ）奪取に決定的役割を果たした。」

しばしばクリングの砲手を務めたボビー・ヴァルムブルンSS上等兵は、この日、T-34と対戦車砲各一を撃破した。その後一一月二九日から一二月一日まで、ティーガー中隊は機動部隊予備としてラドムィーシル南西のガルドフにとどまることになる。その間、整備小隊は多くの故障車両の修理に追われ、昼夜を問わず作業に励んだ。

ヴィリバルト・エルンストSS伍長とヴァルター・キルヒナーSS戦車二等兵はユゼーフォフカで戦死、燃料輸送縦隊の隊長カール・モレンハウアーSS軍曹と、弾薬担当下士官のヨハン・ライターSS軍曹が負傷した。

シャンプSS上等兵は補給部隊について、次のように述懐している。

「彼らは実によく働いた。彼ら補給段列の戦友たちは汗を流すだけでなく、度胸も見せた。雪やぬかるみ、ひどい天候にもめげず彼らは私たちを見つけてくれた。彼らのあの笑顔ときたら、トーチランプのように眩しく見えたものだ。まったく、彼らの仕事は――突然襲いかかってくるかもしれない敵に対してほとんど無防備のまま、燃料や弾薬を運び、私たちに届けるあの際限もない重労働は、どれほど危険だったことか。一九四三年一一月から一二月、彼らは三軸六輪の大型タイヤを履いたイタリア（おそらくフィアット）製車両をよく利用していた。彼らはしばしば戦車個々に補給をおこなわね

撃破されたT-34。1943年12月27日、イワーンコヴォ付近。

ばならなかった関係上、弾薬と燃料、糧食を一緒に積んで走りまわっていた。」

一一月二九日、ヨッヘン・パイパーがガルドフを落とした。その近辺でも敵の増強部隊が粉砕された。翌三〇日にはほとんど戦闘が起こらず、『ライプシュタンダルテ』の先頭をきって戦ったいくつかの部隊は第2降下猟兵師団との交替を受けた。死傷者も出ている。（ティーガー中隊では）いずれも戦車二等兵のリヒャルト・フェッダーが戦死、ヘルベルト・ヴァストラーが行方不明者として記録された。

ところで、この一九四三年一一月三〇日には『ライプシュタンダルテ』の損耗人員の累計が戦死三六三名、負傷一二八九名、行方不明三三名に達した。両機甲擲弾兵連隊の戦力は、こうした著しい損失のために衝撃的とも言えるほど低下していた。たとえば第2連隊第Ⅰ大隊の場合、残っているのは将校三名、下士官一〇名、兵九〇名の、わずか一〇三名に過ぎなかった。ほかの大隊も似たり寄ったりの状況であった。第1連隊の戦力は将校二七名、下士官八七名、兵六八一名の計七九五名に、また第2連隊の戦力は将校二一名、下士官八七名、兵六二八名の計七三六名にまで落ちていた。

再びジトーミルに迫っていた赤軍第1ウクライナ前線側面に対する、第ＸＸＸⅧ（48）戦車軍団の突進は、相手がプリピャチ湿原の南に広がる良好な——あくまでもソ連の水準

『ライプシュタンダルテ』のパンター A型、ウクライナ某所。

からすれば、ということだが——道路網へ到達するのをはねつける結果になった。だが、それでも相手を殲滅するには至らなかった。彼らはジトーミル北東に第60軍の作戦部隊を集結させ、同市の北を突破する動きを見せた。この脅威に直面し、軍集団は第XXXⅧ戦車軍団に、テーテレフとジトーミル〜コーロステニ街道の間に集結しつつある敵を急襲せよと命じた。奇襲作戦である。それは同時に第LⅨ（59）軍団がテーテレフ川方面へ向かい、北にいる第XⅢ（13）軍団と連絡するのを可能にするという意図があった。いずれにせよ『ライプシュタンダルテ』の新たな作戦地域であるジトーミル〜コーロステニ間は不安定で、予断を許さぬ状況であった。

一九四三年一二月二日、『ライプシュタンダルテ』の交替ならびにジトーミル北への移動が開始された。ティーガー中隊はシリャーンシュチナにあった。

一二月四日、クリングのもとにある可動戦車は四両を数えるのみで、それ以外のティーガーは一二両が短期間の、九両が長期間の修理作業中であった。つまり、中隊は依然として二五両のティーガーを保有していたが、実際に作戦可能な車両は五分の一かそこらだったということになる。これは決して珍しいことではなく、中隊の戦闘力が四両から六両という状態はしばしば見受けられた。整備工場から出てきたティーガーは、そのまますぐに戦闘に駆り出されることもあれば、中隊に合流する前に無駄に使われて再び損傷することも多かった。ティーガーがそのように散漫に投入されるのは、クリングにとって大変な頭痛の種であった。

一九四三年冬のこの時期をロルフ・シャンプは次のように振り返る。

「一九四三年一一月、ティーガー中隊はジトーミル地区でまったくばらばらに配置された。中隊がどこにいるのかもわからないことがよくあった。クリングが時折やって来て、そこにいる戦車の搭乗員と挨拶を交わして満足してはもどってゆくという調子だった。この時期――一一月と一二月――ヴィットマンを見かけたのは一度きりだ。クリングとは二度か三度、顔を会わせたと思う。私たちの車両は、しょっちゅう単独で別の戦区に投入されたので、中隊との連絡はオートバイ伝令兵や補給トラックに頼んで、実に細々と――としか言いようがない――維持されたのだった。」

ティーガーは機甲擲弾兵部隊の支柱となることも多く、その指揮官たちから常に歓迎された。ティーガー中隊による印象的な戦果――敵戦車撃破の記録――は、たちまちのうちに師団全体に知れ渡るようになっていたからだ。ヴィットマンと彼のクルーは、一日で一三両のT-34と七門の重対戦車砲を撃破したことさえあった。しかも、そうした離れ業さえも、もはや何ら特別なものではなくなっていたのだ。すでにヴィットマンは中隊の模範であり、中隊員は皆、彼を信頼していた。仲間うちでは簡単に〝ミヒェル〟と呼ばれていたヴィットマンが名声を勝ち得た数々の要因のうち、もっとも目を引いたのは彼の撃破記録が常に着々と伸び続けたという点である。どちらかと言えば内向的に見られる、この二九歳のオーバープファルツ出身の戦車指揮官は、まさしく〝達人〟であった。同僚のひとりは、彼を評して次のように語った。

「ヴィットマンという男は考え込む質（たち）だった。人生をわざわざ難しくしてしまうタイプだな。何をやるにしても準備を怠らなかった。それも徹底した周到さで。だが、いったん賽（さい）が投げられたとなれば、ためらうことなく動いた。まるで時計じかけみたいな奴だった。」

ヴィットマンは常に砲隊鏡（いわゆる〝カニ眼鏡〟）を車内に装備し、上体を暴露することなく戦場をつぶさに観察できるようにしていた。突撃砲大隊に勤務経験のある彼は、砲隊鏡の利点をよく知っていたのだ（突撃砲大隊では各車両――各砲、と言うべきか――に砲隊鏡が備えられていた）。

ちなみにティーガー中隊がハリコフ戦を皮切りに『ツィタデレ』作戦、東部戦線復帰後の冬季戦を通じて撃破してきた敵戦車と対戦車砲の数は、一九四三年一二月五日の時点でそれぞれ二〇五両と一三〇門にのぼっている。言うまでもなく無数の装甲車両や火砲、装甲自動車やトラックはこの数のうちに入っていない。

1943年11月22日、ボビー・ヴァルムブルンSS上等兵。この前日、彼は戦車13両と対戦車砲7門を撃破。戦車撃破の通算成績を42両に伸ばした。

装填手のパウル・ズュムニッヒSS上等兵。

さて、ティーガー中隊は引き続き一二月五日まで車両の整備に日を費やした。わずかでも時間が余れば、それは休養や、手紙を書くなどの私用にも充てられた。師団のほかの部隊も同様に戦闘態勢を整えるのに余念がなかった。他方、師団は欺騙処置として、段列（輜重）部隊から一個の行軍部隊を編成し、ジトーミルから南東へ行軍させた。こうして数日間、師団隷下部隊は入念な攻撃準備に明け暮れたのだった。陸軍第1および第7戦車師団と、SS第1戦車師団『ライプシュタンダルテSSアードルフ・ヒットラー』はチェルニャーホフの北に集結した。

新任の『ライプシュタンダルテ』戦車連隊長ヨッヘン・パイパーSS少佐は無論ティーガー中隊の打撃力と、これまでの戦果に注目していた。一二月五日にパイパーはクリングを黄金ドイツ十字章の受勲候補者に推薦する。「彼（クリング）の傑出した指導力、そして常に行き届いた準備態勢のもと、ティーガー中隊はすばらしい戦果をあげた。これも彼の並々ならぬ熱意のなせる業である」とパイパーは推薦状に記した。

また、この日は何人かの中隊員に鉄十字章が授与された。ボビー・ヴァルムブルンSS上等兵は第一級鉄十字章を拝受した。彼が砲手として撃破してきた敵戦車の数は、この時点で四七両に達していた。戦車長のクルト・ゾーヴァ、ハインツ・ヴェルナーの両SS軍曹と、中隊先任下士官のハーバーマンSS上級曹長は第二級鉄十字章を得た。さらにヘルベルト・ヴェルナーSS戦車二等兵、ジークフリート・フンメルとハインリヒ・クネーシュ両SS上等兵も同章を受章した。クネーシュはこのとき三五歳、志願して武装SSに入隊する以前は、ドルトムント北東ベックムの税務署に務める国家公務員であった。

ヴァルター・ラウは極寒のロシアの冬の夜を彼らがどのように過ごしていたかを次のように伝える。

「私たちは頻繁に警戒任務に就いて――夜を過ごさねばなりませんでした。擲弾兵の前方哨所の三〇〜五〇メートル後ろで――乗員のひとりが砲塔で監視に立ち、残りの者は、できるだけ車内の自分の定位置で仮眠を取ります。状況が許す限り、ということではありますが。あの寒さと言ったら本当に恐ろしいもので、二、三時間も経つと戦闘室内はあちこち着氷して、まるで鍾乳洞のようになるのです。鋼鉄の壁面には（直接触れないように）それぞれが衣類をかけていました。これまた状況が許せば、一時間ごとにエンジンをかけていくらかでも暖を取ろうとしましたが、それすら敵情によって不可能な場合が多かったのです。

こうした手持ち無沙汰なひとときーーとりわけ、このような複哨任務に就いているときなど、時間を持て余しているわけですから、ごく自然に仲間同士でいろいろな話をすることになります。そうやって、しばらくすれば私たちは互いにすぐ隣にいる戦友について、そのすべてを知り尽くすことになりました。」

こうして培われる、互いに相手のことは熟知しているという安心感、相互の信頼感は、中隊員がゆるぎなき戦友愛を養う一助となった。この戦友愛は困難な状況においてたびたび証明され、これこそが彼らを――目には見えなくとも――強い忠誠の絆で結びつけていたのである。

一二月五日、戦車連隊と装甲兵員輸送車大隊、SS第1工兵大隊第2中隊、第5対空砲中隊から成る『ライプシュタンダルテ』機甲集団は、以下の任務を与えられていた。「チェルニャーホフを発ち、夜間行軍にて敵占領下の町を西回りに回避、アンドレーエフを通過後、スティールティをまたいで広がる高地に広正面を保って到達せよ。」第一目標はスティールティであり、次いでラドムィーシルとされた。また、師団の任務は「チェルニャーホフ北西地区を発って、モクレンシュチナ〜ペーカルシュチナの線を越え、第Ⅷ軍団に対峙する敵勢力の側面に突入し、これを殲滅する」ことであった。のみならず「さらに第XXXⅧ戦車軍団隷下師団とともに進撃し、第Ⅷ軍団がテーテレフ川方面に転じて第LⅨ軍団と連絡を樹立するのを可能ならしめ」ねばならなかった。

ティーガー中隊も一二月五日には戦闘準備を完了し、同日

1500時に機甲集団とともにチェルニャーホフを出発した。2000時、彼らの先頭部隊はシリャーンシュチナにあった。ここで装甲兵員輸送車大隊の偵察により、敵がペーカルシュチナに全周防御態勢を敷いていることが判明する。特に西側には強固な要塞化陣地が構築されている、と伝えられた。地形の関係から同村を迂回するのは不可能であった。そのうえ、同村には五〇トンの重量に耐える重要な橋があり、これを是非とも確保しなければならなかった。かくてパイパーの決断により、装甲兵員輸送車大隊が夜襲を敢行することになる。

結論を先に言えば、この大胆な作戦は、敵の重厚な防御陣地をものともせず、みごとに成功した。装甲兵員輸送車による突破に続いて、機甲擲弾兵たちが村を制圧し、橋を確保した。装甲兵員輸送車は、持てるかぎりの火器を総動員し、敵の対戦車砲や対戦車ライフル、機関銃などの応射をも無視して全速で突進したのだった。大隊長グールSS大尉は車載機銃の防弾板が直撃弾を受けた際に顔面を強打し、片側の目を失うという重傷を負った。パイパーはティーガー部隊を控置し、さらに自ら威力偵察部隊を率いてアンドレーエフに向かった。

一二月六日の夜明け、パイパー指揮下の部隊は態勢を整えて待っていた。ティーガー部隊もまた、銃砲弾をたっぷりと搭載して、攻撃命令を待っていた。ほどなく、無線手が通信を受領する。「ローゼ指揮官（パイパー）より、グラニート指揮官（クリング）へ、聞こえるか。」クリングの無線手がすかさず応答する。「グラニート指揮官、感度良好です、どうぞ。」「グラニートはファイルヒェン（SS第1機甲擲弾兵連隊第II大隊）と攻撃にかかれ。全速前進だ！」──「グラニート指揮官より全車へ。エンジン始動、楔形隊形にて出撃！」

ティーガー各車が間髪を入れず動き出した。だが、いくらも走らないうちに彼らはパックフロントに遭遇した。停止、砲撃。そして再び走り出す。対戦車砲の静止目標になってはならぬ。そのためには射撃後、ただちに動かねばならなかった。ヴィットマンが数門の対戦車砲を撃破し、パックフロントは破られた。0600時、パイパーはアンドレーエフに到達し、ジトーミル～コーロステニ街道を封鎖した。カリノフスキーSS少尉のティーガーは横から砲撃され、側面装甲に被弾して出火したが、乗員が──操縦手はビンゲルトSS上等兵であった──何とか消し止めた。その後、パイパーは進撃を再開する。アンドレーエフの東で、彼の戦闘団はソ連軍砲兵数個中隊を殲滅した。対戦車砲による防衛拠点をいくつか潰した後、ほぼ1000時、パイパー戦闘団はスティールティをまたぐ高地を奪取した。

こうして攻撃初日の目標は達成された。だが、パイパーは安穏とそこにとどまってはいなかった。彼はさらに東へと部隊を駆り立てた。彼に率いられた戦車部隊はいくつかのパックフロントと砲兵陣地を粉砕した。ヴィットマンはT-34を三両撃破したほか、トールチン付近でパックフロントをひとつ打ち破っている。赤軍は狙撃兵四個師団の各前線司令部をドイツ軍戦車部隊に蹂躙され、対戦車砲六七門、火砲二二門を破壊された。この日、ティーガー中隊では、パウル・ボッカイSS伍長とヘルムート・ポットSS戦車二等兵がカタイノフカ付近で重傷を負った。パイパーによるかくも大胆な突進は、この戦区のソ連軍戦線をおおいに揺るがす結果になった。

一二月七日1230時、ティーガー中隊はSS第2機甲擲弾兵師団第II大隊を支援して北上、チャイコフカへ向かった。しかし、この攻撃はきわめて強力な対戦車防御陣地に阻まれ、不首尾に終わる。パイパーは暗くなってからの攻撃を命じ、チャイコフカを迂回して北上、引き続き北東からチョードルィに進んだ。家屋の一軒一軒を巡る激しい攻防戦を経て、翌一二月八日の朝にはラドムィーシル北のザーボロティが彼らの手中におさまった。このザーボロティ戦で、エーリヒ・ラングナーSS軍曹が死亡した。彼は自分のティーガーが被弾し、擱座したところへソ連兵が取りついたのを認め、拳銃で自決したのだった。オーストリア中部シュタイアーマルク州ヴァイセンバッハ出身のラングナーは、ザーボロティの教会に埋葬された。

パイパーによる果敢な夜間攻撃は、敵の防御線の裂け目をつき、彼らがテーテレフ川を越えて橋頭堡を築くのを阻止した。このときパイパー戦闘団は対戦車砲六二門、重砲八門、T-34が一両、その他各種の兵器資材を破壊した。パイパーは、これらの作戦行動の成功により、一九四四年一月二七日に柏葉付き騎士十字章を授与される。

1944年1月30日、ミヒャエル・ヴィットマンに
柏葉章授与決定の朗報が届く。

ミヒャエル・ヴィットマン——中隊の理想像——

上述の一連の戦闘において、中隊が失ったティーガーは一両にとどまった。ミヒャエル・ヴィットマンは、この数週間の作戦行動を通じて着実に戦果を重ねたことで、さらに脚光を浴びつつあった。彼は常に変わらぬ冷静さと、ほとんど恐ろしいばかりの確実さで部隊の指揮にあたり、きわめて困難な状況においても成功をおさめた。たとえば夜間攻撃の恐怖感は誰にでもお馴染みのものだが、これもヴィットマンには無縁のようだった。彼は絶対の確信——あるいは安心感というものを部下に伝える術を心得ていた。ヴァルムブルンは記している。「ヴィットマンが一緒にいれば、どんな任務に対しても恐怖や懐疑を感じることはなかった。それは成功するに決まっていたから成功したというだけのことだった！」

このように単純に——あまりに単純に——断言されてしまうと、さすがに問い返さざるを得ない。では、なぜヴィットマンはいつも成功したのか、と。いかにヴィットマンとて魔術師ではなかったはずだ。その答えは、つまりこういうことなのだ。彼は攻撃に際して徹底的に熟考し、万全の準備態勢を敷いたが、それればかりではなく、刻々と移り変わる状況を即座に評価し、迅速に対応する能力を備えていたのである。心情的に彼は、すべてに関わろうとする、いわば完全主義者であった。必要と判断すれば、自ら事前偵察に——戦車でも、徒歩でも――出た。配下のティーガーをいつ、どこに投入すればもっとも効果的か、自らの偵察結果に基づいて決定することもしばしばだった。そして戦車戦術に関する彼の専門知識が、持ち前の活力と相俟って、みごとな戦果をもたらした。どう見てもヴィットマンは単なる〝命知らず〟ではなかった。彼の行動は、すべて考えぬかれ、計画されたものであって、成り行きまかせにされたことはひとつもなかった。彼のこうした確実性、几帳面さは、彼の部下たちにも踏襲された。そのことを想起して初めてヴァルムブルンの言葉が理解できる。なるほど「それは成功するに決まっていたから成功したというだけのことだった」わけだ。

ヴァルター・ラウもそれを裏付けて次のように語っている。

攻撃に先立ち、ヴィットマンは「ほぼ必ずと言っていいほど自身の車両を高台に進め、敵情を探り、それから命令をくだしました。偵察の結果、攻撃に出るとなれば、先頭に立つのは彼の車両でした。彼は直感的に――言うなれば鋭い嗅覚を働かせてことにあたったというだけでなく、そこには戦術に関する彼の知識だとか、経験だとか、あるいはまた敵情を正確に評価し、地形を効果的に利用する能力、手持ちの戦力を有効に使う手腕がおおいに関係していたのです。これらがすべて合わさって、あのような戦果が達成されたのでしょう。もちろん、ここぞという決定的瞬間においては、舌を巻くほかない彼の豪胆さや勇気、強靱な神経といったものも大きく作用したわけですが。中隊のなかでは、遅くともこの頃には、彼に対する無条件の信頼が成り立っていました。彼こそが誰にも文句を言わせない理想像である、と。」

この数週間、ヴィットマンは目覚ましい勢いで撃破記録を伸ばした。彼は毎日のように何らかの戦果を叩き出した。砲手〝ボビー〟・ヴォルSS伍長とともに。このヴォルがまた単純化された独特の射撃術を身につけた名砲手だったのだ。彼は照準眼鏡を常時、射程八〇〇メートルに――実際に目標がそれより遠くても近くても――固定していた。こうした場合、砲手には、その都度自分の判断で遠近の補正をおこなう能力がなければならない。つまりこれは、そうした技量が備わった砲手ならではのやりかたであった。

「ブルーシロフ付近でヴィットマンは、攻撃準備中のソ連軍戦車部隊に遭遇、すかさずこれに奇襲攻撃をかけた。やはりヴィットマンは、より機敏にして巧みであり、より勇敢であった。彼はたちまち敵戦車一〇両を吹き飛ばしたうえ、同日午後のあいだ、さらに三両を葬った。もっとも彼によれば、戦車を撃破したときは単純に一両また一両と数えるだけだが、対戦車砲を撃破した場合は二倍に評価するとのことだ。それほどに彼は、隠蔽された対戦車砲の抵抗巣を嫌悪している。それはまさに死の温床だからだ。それらを探り当てることに彼は特別の満足感を覚えると言い、戦車はもはや神経に障るほどの相手ではないけれども、対戦車砲だけは未だに不愉快だと打ち明けた。隠蔽陣地に潜んでいるそれらを見分けるのは、ずっと厄介なのだそうだ。

一九四三年一二月六日、彼は強力なパックフロントを始末した。このときもまた、彼の技量が勝利の決め手となった。彼は主砲の猛烈な弾幕射撃によって敵を圧倒し、その陣内を突き進んだ。さらに、相手の補給路に立ちふさがったその姿は、羊の群に飛び込んだ狼さながらであったろう。彼は通りかかったソ連軍の長い車列を襲い、木っ端みじんに粉砕し、相手を大混乱に陥れたのである。ミヒャエル・ヴィットマンは今や歴戦の戦車指揮官なのだ。彼の本能――あるいは嗅覚と呼びたいならそれもかまわない――は、危険が迫りつつある場所を正確に嗅ぎ分ける。また、彼はすばらしく夜目が利くとの評判で、夜間戦闘では彼が自ら照準する。火柱があがって初めて戦友たちは敵戦車がそこにいたのだとわかるという。目下ヴィットマンは、ほぼ毎日のように敵戦車を撃破している。それも、たいていは一両だけにとどまらない。彼の成績は着実に伸び続けているのだ。」――これは従軍記者が描いた戦場のヴィットマンの姿である。だが、生身の彼自身については、どうなのだろう?

彼はどちらかと言えば素朴な、飾り気のない姿勢を貫いて、中隊員に慕われていた。彼は自分の戦果を自分だけの手柄として吹聴するようなことはしなかったし、他人を下に見るような態度は一度たりとも取ったことがなかった。ティーガー中隊の一砲手として、一年ほどヴィットマンの下で勤務したロルフ・シャンプは、当時を回顧して次のように綴っている。

「私は一九四二年一一月にヴァイマールで、補充兵としてヴィットマンの小隊に加わった。その時、彼はまだ（RFAすなわち予備士官候補の）SS曹長だった。兵舎の玄関ホールで彼と初めて対面したときのことは、今もよく憶えている。とても好感の持てる人物だなというのが、彼に対する私の第一印象だった。彼の声は気持ち良く響き、明瞭だが決して大声ではなく、心の暖かさを感じさせ、わずかにバイエルン訛（なまり）があった。その声と、品位あふれる――それでいて少しも気取りのない人柄が、調和した印象を作り出していた。彼は、敬礼する上等兵――つまり私をじっと凝視した。そして二言三言、親しみのこもった言葉をかけてくれた。その後、彼の小隊に配属されるにおよんで、私はひとりの人間として、また一兵卒としても、よく気にかけてもらっているのだという、普通ではなかなか持ち得ない思いを強くした。それから数ヶ月、彼のもとで訓練を受け、一緒に戦車に搭乗し、小隊で生活をともにしたが、この印象が変わるようなことはなかった。むしろ、あらゆる場面において最初の印象は強まる一方だったし、今もなお私の胸のなかで消えずに生き続けている。そう、今でもヴィットマンは私にとって、一

『ライプシュタンダルテ』戦車連隊長パイパー（左）に
祝福を受けるヴィットマンと、そのクルー。

個の人間としても軍人としても一点の曇りもない人物だ。それは言い過ぎだ、そんなことはあり得ないと思われるかもしれない。しかし、よくよく考えても、ヴィットマンに限っては、指摘できるような〝欠点〟というものを思いつかないのだ。彼は面倒見がよく、几帳面で、部下を扱う態度は常に人情深かった。怒鳴ったりすることはほとんどなかった。酒とも女性とも無縁で、いつも地味に、控えめにしているのが彼だった。はにかみ屋で、人見知りすることもあったが、そういう自分自身のことはよく自覚していたようだ。

私が憶えている限り、何をやるにしても彼がいい加減な、ぞんざいな方法で手を打ったことはない。彼は何でも公平に判断しようと務めていたが、不注意とかぞんざいさは決して容赦しなかった。けれども、思いやりがあって気配りもき、いつも自分が最善を尽くそうとしていただけでなく、他人に対しても、その最善の力を引き出してやろうと努力していた。そのほかにも彼には、あの偉業を成し遂げるのに寄与したに違いない多くの長所があった。注意力、抜群の視力、状況に対する〝嗅覚〟、反応の素早さ、それに必要なことをすべてやり終えたと思ったら、たちまちのうちに熟睡できる能力だ。彼がいつも溌剌として、機敏でいられたのは、このおかげだろう。また、これはささやかな余談だが、私は彼の筆跡も憶えている。すっきりと直線的で、気障な飾り文字もなく、要するにわざとらしさというのが全然なかった。――

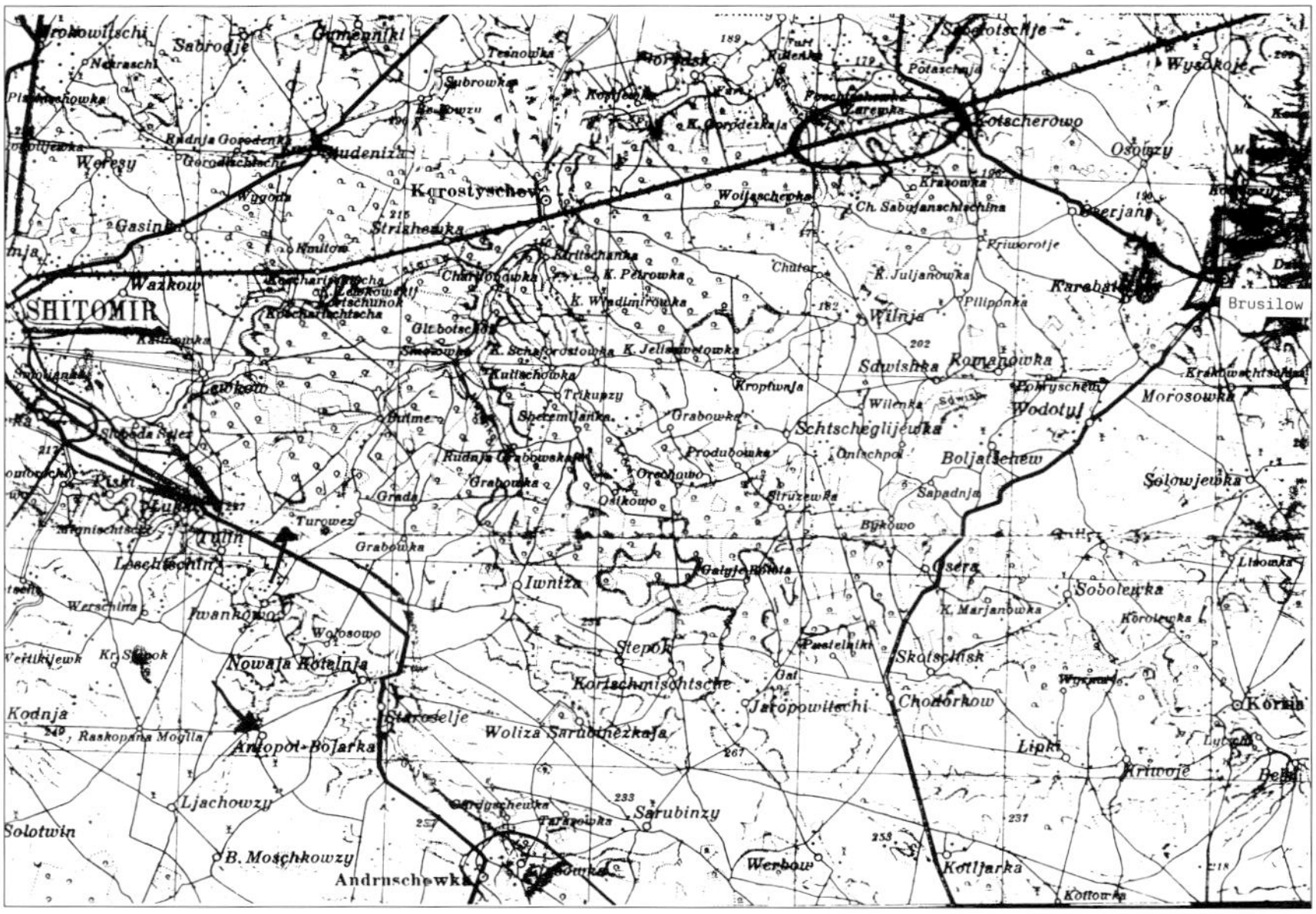

地図18　1943年12月27、28両日に渡ってヴェンドルフSS少尉が戦車37両を撃破し、師団の退却路を確保した一連の作戦行動の関連地図

どうやら私はあまりに感傷的になりかかっているようだ。だが、真実ヴィットマンというのは、軍隊生活や市民生活で私が出会った人々のなかでも、今なお私のなかで私とともに生き続け、今でも何のためらいもなく憧れの人物と呼べる、数少ない、と言うよりむしろ希有な人間のひとりなのだ。できることなら、ヴィットマンとはずっと友達づきあいをしていたかった。彼が本当に生きていれば、彼との友情はずっと続いたはずだ。私はそう確信している。」

一九四三年一二月九日、SS第1機甲擲弾兵連隊はラドムィーシル攻撃に着手した。だが、同市の二キロ北西でしぶとい抵抗に遭い、進撃は停滞する。師団は攻撃中止を命じた。続いて、軍団命令にしたがって『ライプシュタンダルテ』はメデーレフカ南東に傘下部隊を集結させ、戦力の建て直しを図った。師団をあげて北から敵の橋頭堡を強襲するためだ。ただし、それにはまずメシリーチカを奪取しなければならない。この日、クリングSS大尉のもとにある可動ティーガーは四両、それ以外はそれぞれ一〇両ずつ長期と短期の補修作業に入っていた。もっとも、戦車連隊と比べれば、これはどうにか許容できる数字であった。このとき戦車連隊第I大隊はパンター戦車わずか六両、第II大隊はIV号戦車八両が作戦可能だったに過ぎないのだ。これは、数週間に渡って戦闘が続いた結果、『ライプシュタンダルテ』戦車連隊の戦力がど

ヨッヘン・パイパーに祝福されるヴィットマンのクルー。

れほど落ち込んでしまったかを如実にあらわしている。

それでも戦車部隊の支援により、敵の強烈な抵抗を排除してメシリーチカ奪取が達成されたのは１９３０時であった。次の目標はテーテレフ川である。ヴィットマンはティーガー三両をもって敵戦車の集結地に奇襲をかけようとしていた。ところが、その矢先、付近に潜伏していた二〇両の敵戦車がいきなり姿をあらわし、砲撃を始めた。つまり、奇襲するつもりだったのが、逆に奇襲されてしまったのだ。戦車対戦車の熾烈な戦いが、至近距離で繰り広げられた。可能な限りの速さで射撃がおこなわれた。ボビー・ヴォルは目標の指示を待つまでもなく、T-34に次々と狙いを定めては撃った。

この戦車同士の戦いの結果、ミヒャエル・ヴィットマンは六両を撃破した。ほかのティーガーも何両かを撃破した。残る敵戦車は遁走した。

なお、メシリーチカ攻撃でカリノフスキーSS少尉のティーガーは数回被弾し、同少尉は顔面と右腕を負傷した。エーヴァルト・ツァーヨンスSS戦車二等兵も負傷した。

２２００時、ティーガー部隊はテーテレフ西岸のマールィイ・ラチカを攻撃したが、強固な対戦車陣地に遭遇し、引き揚げざるを得なかった。同じ頃、第68歩兵師団がラドムィーシル突入に成功した。

クリングSS大尉の装填手は、パイパーSS少佐の得意とする戦法の、まさに典型となったある作戦行動について、以下のように回想している。

「パンツァーマイヤー（クルト・マイヤー）が去った後では、間違いなくヨッヘン・パイパーSS少佐が『ライプシュタンダルテ』きっての韋駄天にして、勇猛果敢な指揮官だった。我々ティーガー乗りは、戦死したシェーンベルガーSS中佐の後を継いでパイパーが戦車連隊長になったのを嬉しく思ったし、満足していた。SS第2機甲擲弾兵連隊第III大隊長だった当時から、パイパーはどんなに危険な作戦に臨むときでも、この人と一緒なら大丈夫だと思わせてくれる指揮官だった。

一九四三年一二月のある日、四両から五両のティーガーと若干の突撃砲、IV号戦車、それに多数の装甲兵員輸送車とシュヴィムヴァーゲンから成る機甲戦闘団が、ラドムィーシル地区の自動車道沿いに勢揃いした。ちなみに、ここで自動車道と我々が呼んでいたのは、踏み固められた装軌車両の轍の跡のことで、五メートルから時には五〇メートルの幅があった。これは乾燥した季節には確かに道路に見えないこともなかったが、雨や湿った雪の降る季節になれば、ただの泥沼に戻った。ここが集合場所、もっと正確に言うならパイパー少佐指揮の攻撃に参加する部隊の集結地点だった。このとき、ヴェンドルフSS少尉が率いるティーガー二両か三両に、偵察大隊の装甲兵員輸送車を何台か加えて、前衛（偵察・警戒を担う。尖兵）部隊が編成された。

こうして我々は敵陣内に入り込むことたっぷり二〇キロメートルの森林地帯を抜け、さらに敵戦線の背後を、パイパーが回想録で使っていた言葉を借りれば〝地平線を這う〟ようにじりじりと進んだ。友軍戦線に戻ったのは二日目の夕方近くだった。

この作戦行動の間、私はクリングSS大尉の車両の装填手を務めた。個人的には、これは思いがけない幸運だったし、おもしろかった。と言うのも、クリング車はゆるやかな行軍隊形で進む戦闘団のほぼ中央付近、パイパーの全輪駆動の重野戦乗用車のすぐ前を走っていたからだ。だから私には、いつでも撃てるばかりにした短機関銃を携えてフェンダーに陣取ったパイパーの姿が手に取るように見えた。パイパーがあれこれ命令する声もよく聞こえた。林道が地雷だらけだとわかったときも幸運だった。魚を入れるトロ箱によく似た木箱に黄色の爆薬をおさめた地雷だ。これがまた、えらく上手に仕掛けられていた。この二日間で少なくとも前衛部隊の先頭を行くティーガー三両が地雷を踏んで足まわりをやられ、損傷度合いが深刻だったので森のなかに残された。それを警護するため、装甲兵員輸送車一両と擲弾兵五、六名がやはり後に残った。私が幸運だったというのは、この、敵戦線の背後二〇キロの森のなかに取り残されるクルーの一員にならずに済んだことだ。

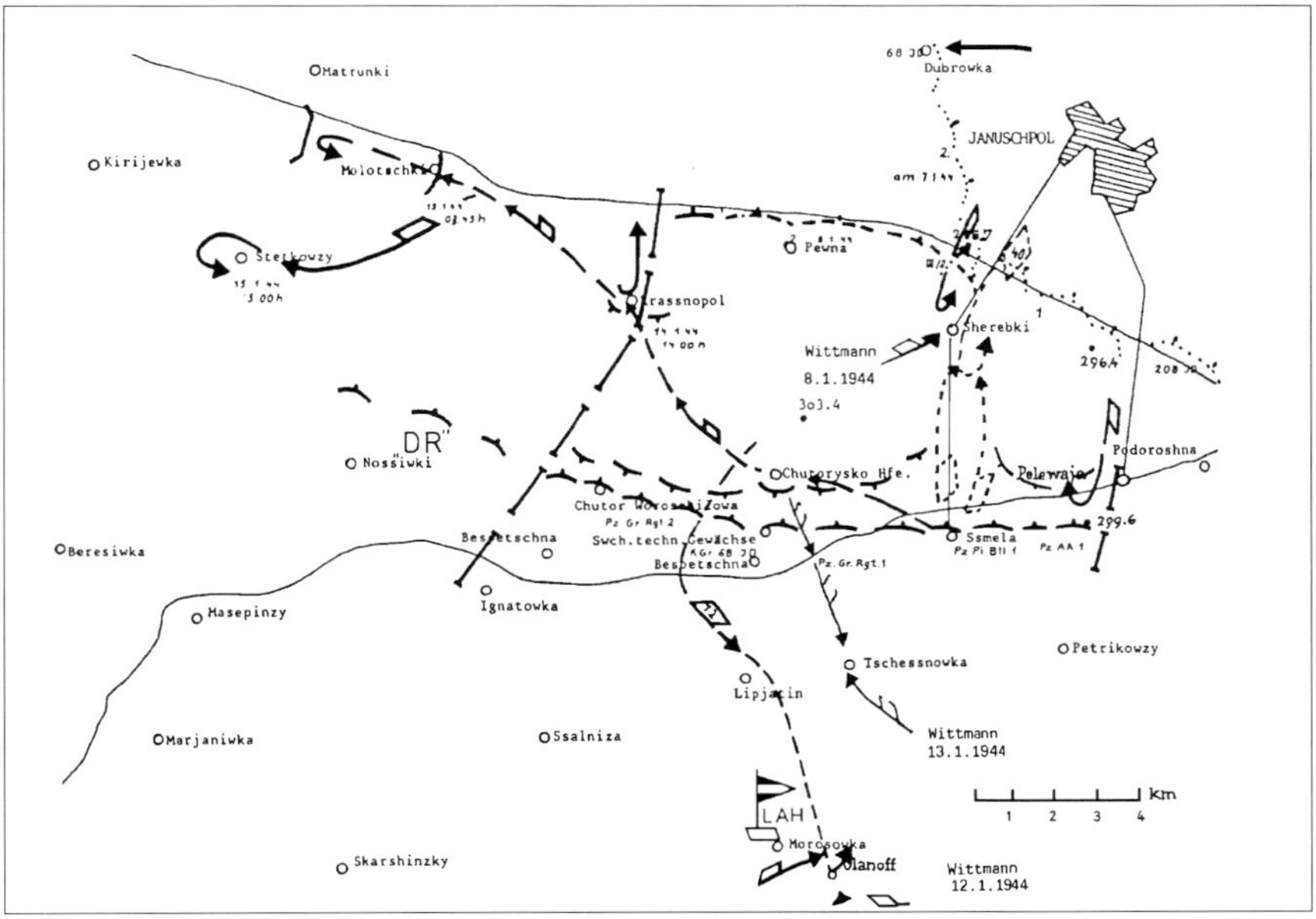

地図19　1944年1月7日～20日の戦況

とは言え、さすがに日も暮れると、いったい今夜はどうなるのかと私だけでなく全員が落ち着かない気分になった。そこへ『針鼠陣を張れ！』とパイパーの聞き慣れた科白が出た。森林地帯にぽつんと開けた空き地の中央に、パイパーの車両とクリングの——つまり私が乗り組んでいた——ティーガー、その横に地雷を踏んでしまったメリーSS軍曹のティーガーが並んだ。その周囲を、直径一〇〇メートルほどの円を描くように戦闘団の全車両が固める。思えば、これが私の前線勤務でいちばん神経にこたえる一夜だった。だが、すぐ横にいるクリングとパイパーは不思議なほどの自信をみなぎらせていた。一晩じゅう、敵の斥候班と小競り合いが起こっていたにもかかわらず。

　それにしても、このときのソ連軍は、どこが前線でどこが後方なのか明らかに彼ら自身もわからなくなっていたようだ。地雷で擱座して取り残されたティーガーの装填手だったヴェンツェル上等兵が後日語ってくれたことだが、彼らは何か腹の足しになるものはないかと、目についた小屋に入ってみたそうだ。すると、なかに先客——ひとりのソ連兵がいた。同じ理由で、つまり食べ物を探してその小屋に入り込んでいたらしい。そいつは仰天して手にしていた飯盒を取り落とし、こちらはほとんど丸腰だったものだから、相手があたふたしているその隙にさっさと逃げ出したという話だ。

　翌日の正午近く、我々は敵の戦線を背後から突破しなけれ

ミヒャエル・ヴィットマンとバルタザール・ヴォル。

ばならなかった。憶えている限りでは、まだ動けるティーガーは我々の車両しかなかったように思う。我々は対戦車砲と交戦すべく、一軒の家の陰に布陣した。そして、対戦車砲を狙うのにちょうどいい射点を確保するため、さらにほんの数歩下がった位置にまで車体を動かそうとしたところ、命中弾を喰らった。衝撃で主砲が震動し、車内が揺れた。砲手はボビー・ヴァルムブルンだったと思う。私は尾栓を開けた。クリングが言ったとおり、砲身が直撃されていて、それが砲身の内側から確認できた。もし、そのまま射撃したら砲身が破裂して大惨事になっただろう。我々全員、命はなかったはずだ。これを見ていたパイパーは、偵察大隊のあるSS軍曹に問題の対戦車砲の排除を命じた。我々は、熟練の擲弾兵たちが手榴弾を投擲し、対戦車砲の砲側員を片づける様子をつぶさに見物できた。

そして我々は、その日の午後遅く、自軍戦線に帰り着いた。皆疲れ果てて、近くの小屋に転げこんだ。だが、〝ブービィ〟・ヴェンドルフは実に彼らしい行動に出た。彼は各クルーの間を走り回り、擱座して取り残された車両のクルーを手助けする者を募りはじめた。それで我々は三トン牽引車に交換用の履帯や転輪、それにいくらかの食糧と弾薬を積んで取って返すことになった。その間に前方陣地を確保していた偵察大隊の擲弾兵たちが何人か現場に駆けつけて手伝ってくれたこともあり、我々は二両の擱座車両を何とか修理できた。さあ、もうおわかりだろう。ミヒャエル・ヴィットマン――彼はこの作戦行動には参加していなかったけれども――や〝ブービィ〟・ヴェンドルフのような指揮官が、第13中隊であれほどまでに尊敬され、仰ぎ見られていたのには、多くの理由があったのだ。」

一二月一〇日、機甲戦闘団は、さらに南へ攻め進もうとした。しかし０８００時、クラスノボルキー手前で、ティーガー部隊は強烈な対戦車砲火にさらされる。彼らは進撃を停止し、そのまま終日待機した。クラスノボルキー攻撃は翌日に実施されることになった。ミヒャエル・ヴィットマンら指揮官たちは綿密に計画を練り、じっくりと作戦を検討した。例によってヴィットマンは、成り行きまかせにすることを欲しなかった。攻撃は開豁地を横切る形でおこなうほかなかった。したがって攻撃部隊は、砲兵の弾幕射撃が終了すると同時に、速やかに行動を開始する必要があった。重火器班に対しては詳しい目標情報が提示され、歩兵部隊指揮官は、戦車および突撃砲部隊指揮官と連携行動について協議した。砲兵隊長は射撃計画を作成した。

一夜明けて一二月一一日の０４００時、攻撃を目前に控えて『ライプシュタンダルテ』はメシリーチカ北西の小渓谷に集結しはじめた。突撃砲大隊ならびにティーガーを含む戦車集団とともに、ＳＳ第２機甲擲弾兵連隊第ⅠおよびⅡ大隊が第一陣を形成する。１２００時、砲兵隊の弾幕射撃に続いて、重厚に要塞化されたクラスノボルキーへ向けて西に攻撃が開始された。突撃砲に支援されつつ、先鋒部隊はクラスノボルキーの東端に突入し、家々を巡る攻防戦を展開した後、さらに南東のヴェリーカヤ・ラチカに突き進む。ティーガー部隊は、数門の対戦車砲を破壊しながら、ヴェリーカヤ・ラチカに向かって１７０高地を越えた。その過程でカリノフスキーＳＳ少尉のティーガーが被弾し、同少尉は砲弾片により顔面（鼻）を負傷した。１６５０時、戦車部隊はヴェリーカヤ・ラチカに入り、守備堅固なチューディンの手前で停止した。

一二月一二日、敵は西へ撤退し、グルーコフ付近の森林地帯へ逃れた。これを別にすれば、この日は特に記すべき戦闘行為もなく過ぎた。ティーガー部隊は翌一三日も戦闘に関与しなかった。

一二月一四日、イルシャー川に向けて北に進撃が開始される。一方、敵はテーテレフ川とイルシャー川に挟まれた三角地帯で第ⅩⅩⅩⅧ戦車軍団に対し攻撃に出てきた。彼らはキエフ～コーロステニ間の鉄路を守るとともに、大々的な部隊集結のための時間稼ぎを意図したのである。『ライプシュタンダルテ』はこれを迎え撃つべくイルシャー川を目標に投入された。ティーガー部隊は１１３０時に動き出した。彼らはヴェプリン～フョードロフカ街道沿いに戦車連隊の進撃の先鋒を担った。折しも、フォードロフカ東端から一キロほど南に下がった街道の分岐点ではソ連軍対戦車砲と戦車が待ちかまえており、ティーガー部隊との射撃戦になる。ティーガー部隊は場所によっては川床をも越えて進んできたところで、このソ連戦車との決闘に臨まねばならなかったが、T−34を三両撃破した。このときの功労者のひとりはヴェンドルフであることがわかっている。なお、戦車連隊は二両の戦車を失った。その後も彼らは北上を続けたが、ヴィールヴァの手前で一筋の川に行く手を阻まれた。結局『ライプシュタンダルテ』は軍団命令により攻撃から離脱し、夜間行軍で南下、撤退した。ティーガー部隊はザーボロティまで下がった。敵の追撃部隊は、師団隷下部隊によってクラスノボルキーあるいはマールィイ・ラチカで撃退された。師団は、警報が発令されてからごく短い時間で、どの方角にも攻撃に出られるように部隊を配置していたのである。

　こうして彼らはソ連第16軍の主力を屈服させ、きわどいところで、その遠大な攻撃計画の出鼻を挫いた。だが、『ライプシュタンダルテ』には——そしてティーガー部隊にも——休息のときは訪れなかった。

チェポーヴィチ戦

一九四三年一二月一七日〜二三日

　さて、私たちが頼りにしてきた記録者にして証言者ロルフ・シャンプSS上等兵は、一九四三年一二月一七日にティーガー中隊を離れることになった。すでにラウエンブルクのSS下士官学校で受講を済ませていた彼は、このとき、士官訓練課程に送られることに決定したのだ。家族も同然と考えていた中隊を離れるのは実に辛かったと彼は言う。中隊の戦友たちと、あまりに長いこと一緒に戦い、あらゆる苦楽を分かち合ってきたからだ、と。いずれも砲手でSS上等兵のハインリヒ・クネーシュとローラント・ゼフカーも同じ気持ちを味わう立場にあった。また、〝ケプテン〟の渾名で知られる古株のティーガー車長ユルゲン・ブラントSS曹長と、当時ドイツ本国にとどまっていた騎士十字章佩用フランツ・シュタウデッガーSS軍曹の両名はファリングボステルでSS戦車隊士官候補生第二期特別訓練課程に参加することになった。その後、やはりいずれも砲手でSS上等兵のハインツ・ブーフナー、ジークフリート・フンメル、ハインツ・シントヘルム、ゲッツ（名前不詳）と、ヴィットマンの操縦手ジークフリート・フースSS上等兵が上記の両名に続いた。

　『ライプシュタンダルテ』は夜の闇にまぎれて行軍し、二晩を費やしてメレニ西方に達した。一二月一九日、師団は再び攻撃態勢に入った。クリング中隊ではティーガー七両、戦車連隊ではパンター一二両とⅣ号戦車三三両がそれぞれ可動状態にあった。この日１００５時、戦車部隊は密集隊形で北

ヴィットマン、ヴォル、イルガング、レッシュナー、シュミット。
『ライプシュタンダルテ』でも最も華々しい戦果をあげたクルー。

上を開始する。間もなく、這松に覆われた原野を舞台に長時間の戦闘が展開されるが、これは明らかに奇襲として成功し、１３２０時には敵を第二線陣地のメレニ集団農場からも排撃することができた。続いて彼らはバリャールカ集団農場に到達、敵戦車部隊と歩兵をストレミゴロドの前面に撤退せしめた。ティーガー部隊はT-34を一両と、数門の対戦車砲を撃破した。

第ＸＸＸⅧ戦車軍団は、軍団命令第一四号の敵情評価に関する寸評において、ソ連軍の敗北を確認し、次のように断じた。「『ＬＡＨ』師団の迅速なる進撃の結果、チェポーヴィチ〜メレニ地区の敵戦力は包囲されつつある。」

同軍団参謀長のフォン・メレンティーン参謀大佐は、それに続けてこう記した。「このような四方からの連携攻撃は、優秀な戦闘部隊があってこそ可能となったものである。これを実施した両戦車師団（第１戦車師団ならびにＳＳ第１戦車師団『ライプシュタンダルテＳＳアードルフ・ヒットラー』）はドイツ軍の最優秀師団に数えられること疑いない。」

日付が変わって一二月二〇日夜間、ティーガー部隊はＳＳ第２機甲擲弾兵連隊の背後に移動を命じられた。同日１３４５時、彼らはチェポーヴィチ駅を攻撃する。陸軍第１戦車師団のブラーデル中佐率いる戦闘団とともに、『ライプシュタンダルテ』戦車集団は、広大な同駅を奪取した。この

ヴィットマンとの名コンビで知られる
砲手バルタザール・ヴォル。

無線手ヴェルナー・イルガング。

ときもティーガー部隊は、その打撃力を活かして攻撃を牽引し、後続部隊のために前進路を〝地均し〟して、勝利に決定的な役割を果たした。なお、この過程でクリングSS大尉は敵戦車一両――通算で四六両目――を撃破した。

同夕刻、SS第2機甲擲弾兵連隊第II大隊は、チェポーヴィチ西部地区の家々を襲ったが、熾烈な抵抗に遭った。ティーガー三両を含む戦車集団は鉄道踏切で警護に就いた。ティーガー中隊のヴィリー・ヴェーアトマンは市街戦の最中に命を落とし、ヘルムート・ヤコービは負傷した（いずれもSS戦車二等兵）。さらに、一度はティーガー中隊に籍を置きながら、第8戦車中隊に転属となったミヒャルスキSS中尉も、この日、戦死している。

この日、敵は一七両のT-34、四両の突撃砲、四四門の火砲を失った。また、一九四三年のこの時点で、彼らは『ライプシュタンダルテ』を相手に計一〇〇三両の戦車を失っている計算になる。これは純粋に戦車だけを数えた数字で、それ以外の装甲車両や装甲兵員輸送車などは含まれていない。

一二月二一日、敵はオッジョフォフカ方面に激しい反撃を加えてきた。だが、SS第1機甲擲弾兵連隊は踏みとどまり、彼らのもとに配された六両の戦車は、ソ連戦車二一両を撃破した。南面したドイツ軍は、さらにチェポーヴィチ駅における敵襲にも耐えた。相手の意図がジトーミルに向かって南下するにあることは明らかであった。

操縦手オイゲーン・シュミット。

装塡手ゼップ・レッシュナー。

しかし、ティーガーはまたしても敵戦車を圧倒する。敵は計二三両のT-34と、一門の対戦車砲を失った。

その一方で、ティーガー部隊は1800時の時点で可動車両が二両を数えるに過ぎなかった。それに加えて、パンター四両にⅣ号戦車六両で、パイパー連隊長の持ち駒はあわせて一二両でしかなかった。そのため、一二月二二日0000時をもって、チェポーヴィチ駅を固めていた『ライプシュタンダルテ』隷下部隊は、第1戦車師団傘下部隊との交替作業に入ることになった。メレニ攻撃は所期の目的を果たさずに終わった。これに続いて敵戦車による攻撃があったが、ゲオルク・レッチュSS曹長がT-34を二両撃破した。ドレスデン出身、二九歳のレッチュは〝戦車の大将〟の異名で通る、中隊の名物男のひとりである。ティーガー二両は作戦可能状態を保った。

その夜、戦闘で汚れ、疲れきった戦車搭乗員たちは、付近の農家で休んだ。ヴァルター・ラウは一九四三年冬のウクライナの夜を次のように回顧する。

「夏は野外にテントを張るか、そのまま野天で寝てしまうのが普通でした。ロシアの田舎家ときたら蚤や虱だらけでしたから。夏は、外で寝れば虱には悩まされずに済みましたし、そこら辺の小川や井戸で水浴びもできました。けれども、冬はどうしても屋内に入らなくてはなりません。戦況が許す限りはいつでも一軒の家に何組ものクルーが転がり込んで、少しでも温まろうとしました。ほかの部隊の人間と――時には陸軍の兵士とも鉢合わせになることがありました。これは決して誇張して言っているのではありませんが、気温が零下二五度から三〇度、せいぜい一五平方メートルくらいのひと部屋に、ときには、おまけに氷のような風が吹きすさぶとき寒さを逃れようと二〇人もの人間が駆け込むのさえ珍しくなかったのです。

夜、一軒の家で同じ小隊のほかの二、三組のクルーと一緒になるのもしばしばでした。一日の終わりの日課はだいたいこんな風です。まず給油、砲弾の積み込み。それから機関銃の弾帯に実包(銃弾)を詰める。(エンジンの)シリンダーヘッドの掃除をして、冷却水または不凍液をいっぱいに注ぎ足す。そうしてようやく夕食を摂ることが許されますが、たいていはチキンにポテト少々、そうでなければ何かほかの野菜という組み合わせです。前線が五〇〇メートルから一キロ先にあって、我が師団の擲弾兵が詰めている場合は、体を湯で洗い、清潔な服に着替えることもできました。まあ、そのとき清潔な服なんてものがあればの話ですが! ただし、前線にいるのが陸軍の、師団番号の大きい歩兵師団であったりすれば、私たちは決して長靴を脱ぐこともベルトを緩めることもしませんでした。あとはひたすら眠るだけです。そう、眠るだけ。話しこんだり、手紙を書いたりするのは、前線から五、六キロ後方の整備工場にいるとか、一時間の出撃待ちとか、そういうときまでお預けでした。」

一二月二三日、『ライプシュタンダルテ』は、ティーガー三両とパンター七両、Ⅳ号戦車一六両、偵察大隊から成る、特別編成の介入部隊を組織した。そのうえで師団は防御戦闘に移行した。同日午後、第291歩兵師団が敵戦車部隊の襲撃を受けたとき、特別介入部隊が投入された。彼らはT-34を四両撃破し、敵襲を粉砕した。

これらの日々、ミヒャエル・ヴィットマンの評判は中隊外にも広まっていった。重要な決断をくださねばならない指揮官は、ヴィットマンの助言を求めた。たとえばヴィットマンが偵察を実行し、その結果、敵戦車の大集結が判明したとする。彼は攻撃計画に異を唱え、計画とは反対の方向――敵の側面と背後を狙ってはどうかと示唆する。攻撃に参加予定の他中隊の指揮官も彼の意見を受け入れ、その作戦は完全な成功をみるという具合だった。

南下～ベルディーチェフ防衛
一九四三年一二月二四日～一九四四年一月一二日

一九四三年一二月二四日、『ライプシュタンダルテ』と陸軍第1戦車師団の可動戦車は、軍団の直接の指揮下に入り、ソボーロフカに待機した。1000時、フォン・メレン

クルーの記念写真。

ティーン参謀大佐指揮の戦闘団――第113機甲擲弾兵連隊第I（装甲車化）大隊と、SS第1戦車連隊『ライプシュタンダルテ』のクリングSS大尉率いる戦車二五両で構成――は、シャトリーシュチェに向かって北へ攻め進み、敵部隊を多数打ち破る。夕刻、軍団は、敵がジトーミル東方で広正面に渡って攻撃に移り、その先鋒はコチェーロヴォの北東にありと伝えた。『ライプシュタンダルテ』と陸軍第1戦車師団を擁する第XXXXⅧ戦車軍団は、ただちに南下し、ジトーミル南の陣地に入った。第13中隊はチェポーヴィチ付近で回収不能のティーガー七両をやむなく爆破処分した。

上記二個師団は同日中に慌ただしく、しかしあくまでも整然と移動した。『ライプシュタンダルテ』は再び緊急機動部隊の役割を担って、前線の危険地域に送られることになった。すでにこの数週間、師団は決して軽視できないほどの成功をおさめていた。ドニエプルを越えて押し寄せた三個の強力な敵集団のひとつをブルーシロフ攻防戦で払いのけ、次の集団をラドムィーシル～ジトーミル地区で粉砕した。続いて彼らはコーロステニ南東で、みたび敵集団を叩き潰しにかかったのだった。

そして迎えた一九四三年のクリスマス当日、カリノフスキーSS少尉は第一級鉄十字章を受章した。もっとも、本人はこのとき負傷により中隊を離れていたのだったが。ハイン

戦友からの祝福。

ツ・ヴェルナーSS軍曹もティーガー車長として同章を得た。いずれもSS上等兵で装填手のヨハン・シュッツ、エーリヒ・ティレ、アルフレート・ベルンハルト、そして整備隊I-Staffel に所属するアードルフ・フランクは第二級鉄十字章を手にした。フランクは前線で擱座したティーガーの回収と修理に活躍し、たびたび注目されていた。

また、同日『ライプシュタンダルテ』は大混雑のジトーミル市を抜けて南下した。ティーガー部隊はジトーミル南東のイワーンコヴォへ移った。

一二月二六日、SS第2機甲擲弾兵連隊第II大隊がヴォリーツァ・サルビネツカーヤを、第I大隊がステーポックを奪取、東への足場を築く。それより南のガルディシェフカにはSS第1機甲擲弾兵連隊の姿があった。だが、その後の敵の反撃により、ステーポックは失われた。

『ライプシュタンダルテ』は新たな軍団命令にしたがって、ミンコフツィ〜アンドルーショフカ〜スタロゼーリエの線を獲得し維持することになった。しかし、SS第1戦車連隊第I大隊は、守備堅固なアンドルーショフカを一二月二七日の夜のうちに奪取することができなかった。その間に、背後ではガルディシェフカが敵に奪い返されてしまった。

ところで一二月二七、二八日の両日は、ヘルムート・ヴェンドルフSS少尉にとって、ともに記念すべき日となった。

なぜなら——。

「一九四三年一二月二七日早朝、配下の小隊（ティーガー四両）とともにイワーンコヴォにあったヴェンドルフSS少尉は、街道北側の森から進出中の敵の先鋒戦車部隊を迎え撃ち、これを粉砕する任務を付与された。夜間行動によるグィワー南岸への師団の撤退を掩護するためである。命令にしたがい一連の攻撃を敢行する過程で、ヴェンドルフSS少尉は格段の勇気と抜群の行動力を示し、その名を知らしめた。彼はイワーンコヴォ北の街道四つ辻で要撃態勢を敷いた。まず二両のT-34をじゅうぶんに引きつけてから撃破した後、彼は新たにチュバーロフカの強力な戦車部隊に対して攻撃を実行せよとの指示を受ける。これに応え、彼は鉄道線路沿いに大胆な接近行動を取り、北東から同村内に乗り込み、一一両のT-34を撃破した。帰着後、彼は、ユゼーフォフカを逃れてきた敵戦車に対処すべく再び出撃、さらに三両を撃破する。同日午後、敵がスタロゼーリエに突入し、地区内の橋が奪取された。このとき師団の重火器部隊にはイワーンコヴォを経由する以外に利用可能な退却路はなかった。イーヴァーン（ロシア兵）は戦車隊を先頭に立て、同地区内の各渡河点を奪わんと試み、このためにヴォロッソーヴォ～スターラヤ・コテールニャ地区に展開中の師団各隊の撤退が危ぶまれる状況となる。ヴェンドルフSS少尉以下三両の残存ティーガーは、これらロシア兵の強襲によく耐え、友軍主抵抗線からの砲兵大隊および装甲兵員輸送車大隊の撤収、ならびに擱座戦車の回収をも可能にした。彼は深夜零時前後、最後に離脱し、グィワー南岸に三両を無事に連れ帰った。

翌一二月二八日、強力な敵戦車部隊が、アントポリ-ボヤールカに展開する阻止部隊を襲い、同町に乱入した。ヴェンドルフSS少尉はティーガー四両——なかには辛うじて作戦可能という程度の車両もあったものの——を率い、再び敵戦車部隊の前に身を投じた。続く射撃戦で、一一両のT-34が撃破された結果、我が師団側面への敵の突破は阻止された。この二日間、ヴェンドルフの勝利の勢いはとどまるところを知らず、T-34さらに一〇両を撃破し、自身の戦車撃破の通算成績を五八両に伸ばした。」

以上、ヴェンドルフへの騎士十字章の申請に際して、パイパーが綴った推薦文の一部である。親友ヴィットマンと並んで、〝ブービィ〟・ヴェンドルフも今や最も戦功華々しいティーガー指揮官のひとりに数えられるようになっていた。ヴィットマンからはいつも〝アクセル〟と呼ばれていたヴェンドルフは、この後すぐに後方で下士官課程を受け持つために中隊を離れることになる。

なお、ヴェンドルフとともにイワーンコヴォで戦った車長のひとりにヴィリー・ザッツィオSS軍曹がいたが、彼のティーガーは撃破され、ヘルムート・ベッカー、クルト・

ミヒャエル・ヴィットマン。

ヴォルフガング・ヴィルリッヒによるヴィットマンの肖像。

ツィーザルツ両SS戦車二等兵とともに彼も戦死した。また、無線手ヨハン・グラーフSS戦車一等兵と、弾薬運搬車両の運転手ハーラルト・ラムSS戦車二等兵は重傷を負った。ヨーゼフ・シュタイニンガーSS戦車一等兵はトゥールチンカで戦死した。いずれも一九四三年一二月二八日の損害である。その日は『ライプシュタンダルテ』の担当戦区全域で熾烈な戦闘が展開されて終わった。フライSS中佐のSS第1機甲擲弾兵連隊は激戦により人員を四四二名――将校一四名、下士官四九名、兵三七九名――にまで減らした。同様にクラースSS中佐の第2連隊は二八一名――将校一一名、下士官二一名、兵二四九名――という激減ぶりであった。

ティーガー中隊は可動戦車四両を残すのみであった。また、戦車連隊の可動車両はパンター八両にⅣ号戦車一七両と、これも著しく戦力減損している。

一二月二九日、アントポリ-ボヤールカの陣地に敵が広正面隊形で襲いかかる。SS第1機甲擲弾兵連隊第ⅠおよびⅡ大隊が防衛する同陣地に、0900時、T-34約四〇両が轟音とともに迫った。このうち一二両を、擲弾兵とともに布陣していた突撃砲部隊が撃破する。また、ティーガー一両が、敵戦車八両を撃破した後、砲身を破損してやむなく離脱した。

ギュンター・クンツェSS軍曹のティーガー車長のギュンター・軍曹は重傷を負った。同じくティーガー車長のギュンター・

シュタークSS軍曹は戦闘中に砲弾片を受け、頭部に重傷を負った。ハーラルト・ヘンSS戦車二等兵はアントポリ‐ボヤールカで負傷した。ジトーミル北のチェルニャーホフでは、ハンス‐ディーター・ザウアーSS戦車二等兵が負傷、ギュンター・シャーデSS戦車一等兵とエーアハルト・レークSS戦車二等兵が戦死した。

一方、ヴォロッソーヴォのSS第2機甲擲弾兵連隊には、同日未明――夜が明けきらないうちに強力な敵部隊がグィワー川を越えて攻め寄せた。クラースSS中佐はただちに連隊本部の人員を――書記官から医療要員に至るまで――かき集め、これを率いて反撃に出た。そして、機関銃と短機関銃一挺ずつを頼りに、擲弾兵を指揮して敵を撃退したのだった。しかし、敵の積極的な攻撃は終日続いた。結局、二九日の夜の訪れとともに、『ライプシュタンダルテ』は命令にしたがって西方ソロートヴィン～コドニャの線まで後退した。

師団の右隣、ベルディーチェフ北東には陸軍第1戦車師団が布陣していた。『ライプシュタンダルテ』戦車戦闘団は、ジトーミル～ベルディーチェフ街道の敵部隊を殲滅し、北の第XIII軍団と、ジトーミルの南で連絡を樹立することになった。なお、アントポリ‐ボヤールカでティーガー一両が爆破処分されたほか、足回りに修復不能の損傷を受けたティーガーがさらに一両、行軍途上で同じく爆破処分された。『ライプシュタンダルテ』が関わった熾烈な防御戦闘――その際、師団は一日で計五九両の敵戦車を撃破したのだったが――については、国防軍の公式発表でも言及された。「……ヴィッシュSS准将率いるSS第1戦車師団『ライプシュタンダルテSSアードルフ・ヒットラー』は、ジトーミル地区における激烈な防御戦闘で、称賛に価する敢闘精神を発揮し、その名を高めた……」と。

一二月三〇日はわずかなティーガーが防御的役割を担って、新たな阻止線で交戦した。敵は歩兵を満載した戦車部隊を繰り出して引き続き攻め寄せ、防衛側は現在地に踏みとどまるのが精一杯であった。すでに師団は明確に守勢に立たされていた。結局、この日、交戦したティーガーは二両である。また、この日はティーガー中隊長クリングSS大尉に黄金ドイツ十字章が授与された。中隊の戦闘日誌には、八項目に渡る彼の受章理由が改めて記された。クリングは中隊初の黄金ドイツ十字章――兵隊の隠語では〝目玉焼き Spiegeleies〟と称された――帯勲者となったのだった。ただし、クリングは数日前からSS第1戦車連隊第II大隊の指揮を執っており、今やヴィットマンが中隊長を務めていた。とは言え、依然としてクリングは中隊に対して確固たる影響力を保持していた。彼は中隊の攻撃には必ず加わり、全面的に関与した。ヴィットマンあるいはヴェンドルフとは対照的に、クリングは中隊員と人情味あふれる触れ合いの機会を進んで持つタイプではなかった。だが、それにもかかわらず、中隊長として皆からおおいに尊敬されていたのである。

一九四三年の大晦日、ソ連軍は再び態勢を立て直して押し寄せてきた。『ライプシュタンダルテ』は軍団命令により、2200時を期して、ベルディーチェフ北端に発しカテリニフカ～グワスダーワ～トラヤーノフを結ぶ線の内側の新しい陣地へ向け、移動を始めた。

一九四四年一月一日、新たな戦線が形成される。0945時、ソ連軍の攻撃が広正面に渡って開始された。主要な防衛拠点のひとつトラヤーノフにはヴェンドルフSS少尉と彼のティーガーが待機していた。迫り来る連戦車部隊を相手にヴェンドルフはT-34を五両撃破した。だが、ついにこの日、最後の一両であったティーガーが戦闘不能に陥った。損傷した車両はいずれもピャートキに運ばれて修理されることになった。

なお、フリッツ・ハルテルSS少尉はベルディーチェフ付近における戦闘中行方不明者として、一二月分の不明者名簿に記載された。しかし、現在、彼の消息についてはふたつの説がある。まず、ハルテルは総統大本営に招喚されたが、彼を乗せた飛行機が墜落したか何かで、ついに到着しなかったというのがひとつ。もうひとつは、彼が休暇に入ったことまでは彼の妻に伝えられたが、その後の彼の行方を誰も知らないというものだ。

一月二日、『ライプシュタンダルテ』は再び移動する。ティーガー各車はスタロコンスタンティーノフカの戦車整備大隊に預けられた。ちなみに同地には野戦病院や管理大隊も置かれていた。

ヴィットマンの手もとには一二両のティーガーが残っていたのだが、撤退途上で四両が失われた。

一月三日、『ライプシュタンダルテ』は敵襲をことごとく撃退したものの、砲兵射撃の対象となった。この日、同師団は第XIII（13）軍団の指揮下に入った。さっそく師団司令部には南への即時移動が通告されたが、各野戦部隊の間では燃料の不足が切実な問題になっていた。師団が「燃料はどこから得られるのか」と問い合わせた結果、軍団から返ってきた答えは「それは大地から得られるのである。」たまりかねた師団参謀長レーマンSS中佐は、軍団首席作戦参謀にやり返した。「よもやティーガーやパンターが干し草を食うとでもお思いか！」

『ライプシュタンダルテ』は、一月五日まで師団の戦線にとどまって奮闘した。師団司令部は臨機応変に戦闘を遂行、ソ連軍の――時には連隊規模の――侵入部隊をすべて撃退して、彼らに多大な損害を与えた。そして、師団は再び第XXXVIII戦車軍団の指揮下に置かれ、新たな命令を受領する。彼ら

ヨッヘン・パイパーとヴィットマンとヴォル。

師団長ヴィッシュ SS少将とパイパー SS少佐。

はデームチン東〜ラチキー北の線に進み、一月六日を期してボリシャーヤ・コロヴィンツィを攻撃すべく準備を整えるよう指示された。

ところが、一月六日にひと足早く敵の急襲があり、同村が占拠されてしまった。『ライプシュタンダルテ』戦車戦闘団はラチキーで敵戦車部隊と交戦する。最後の作戦予備まで投入して、デームチンとラチキーは固守された。同日午後、新たにブラキー〜セレーヌィ集団農場〜座標267・7地点〜ドゥブローフカ〜トロシュチナを結ぶ線への撤退が開始された。翌七日、作戦可能なティーガーはスメラに送られた。

その日の任務は、第68ならびに第208歩兵師団からの臨時配属部隊とともにヤッソポーリへ進撃することであった。また、これには『ダス・ライヒ』師団の戦車戦闘団も同行することになっていた。日付が八日に変わった夜中、276・7地点に展開中の装甲兵員輸送車大隊の隷下各隊は、ヤヌシュポーリ方面に戦車のたてる騒音を確認した。スメラの戦車戦闘団に警報が出され、彼らはただちにステーポック南端を目指し進撃を開始する。早朝0515時、赤軍第54親衛戦車旅団の戦車約四〇両が跨乗歩兵をともなって、SS第1機甲擲弾兵連隊と同第2連隊の担当戦区の境界付近でドイツ軍主抵抗線を突破した。さらに彼らはステーポック北の涸れ谷（第1連隊）と、シェレプキー（第2連隊第Ⅲ大隊）に達した。

ヨッヘン・パイパーがヴィットマンらに祝福の言葉をかける。

ヴィットマンSS少尉と配下のティーガーは、シェレプキーに侵入した敵の撃退を命じられた。ヴィットマンはティーガーを率い、全速力で現地に向かった。いつものように彼は精神を集中させ、キューポラの狭い視察用スリットから外界を透かし見て、地形をつぶさに観察する。ここ数週間で、彼は砲手バルタザール・ヴォルと力をあわせて敵戦車五六両を撃破してきた。彼は今、中隊で最も戦功著しい車長だ。

それでも、やはりいつものように気負いのない、淡々とした口調で彼は乗員に命令をくだす。落ち着いて、確信に満ちた態度で。ヴォルも心得たもので、徹甲弾が装塡済みだ。神経を張りつめ、ヴィットマンは敵の姿を探し求めた。もう戦闘音が全員の耳に届いている。戦車砲の咆哮や機関銃の射撃音でわかる。敵はすぐそこにいる。

突如、ヴィットマンは敵戦車を認めた。インターコム（車内通話装置）でヴォルに最初のT-34の位置を告げる。ヴォルは砲塔を旋回させ、八・八センチ砲の長大な砲身を指示された方向に振った。狙いをさだめ、初弾を撃ち込む。T-34の砲塔が吹き飛び、炎の塊がはじけた。命中。今やヴィットマンは、ありあまるほどの標的を抱えた格好だ。こうなると選り取り見取り。すでにヴォルは次の獲物を照準におさめている。照準用の指針が、ぴたりと相手の砲塔に合わせられる。今度も命中した。相手は射撃態勢に入ったところで、敢えなく沈黙せざるを得なかった。

こうしてヴィットマンは戦車三両と突撃砲一両を撃破したのだった。

ティーガー部隊の猛攻に遭って、ソ連軍戦車兵は気力を殺がれ、攻撃を中止する。そこを狙って『ライプシュタンダルテ』戦車戦闘団は彼らを挟撃し、殲滅した。0900時には、敵攻撃部隊は無力化され、その脅威は取り除かれた。戦車戦闘団は三三両のT-34と七両の突撃砲を葬り去った。このとき、主抵抗線はシェレプキーの北方三キロを走っていた。ドイツ軍陣地に対するさらなる攻撃は、ほとんど始まると同時に戦車戦闘団の反撃によって潰された。

『ライプシュタンダルテ』Ｉａ、すなわち首席作戦参謀の日報は、ヴィットマン個人の総撃破数が六〇両に達したことに言及している。第XXXXⅧ戦車軍団司令官バルク戦車兵大将は、ヨッヘン・パイパーに対して、『ライプシュタンダルテ』戦車連隊の防衛成功を高く評価すると伝えた。

この数週間で、ヴィットマンの運勢の星はウクライナの空高く駆け昇りつつあった。彼は今や中隊きっての戦術家と目されていた。その鋭い嗅覚と確かな手法によって、彼の勝利はあらかじめ約束されているようなものだった。

「ミヒャエル・ヴィットマンについては、こう言う以外にない。彼は紛れもなく第13中隊を代表する人物だった、と。彼は自分でもそれをわかっていて、光栄だと思っていたようだ。」ボビー・ヴァルムブルンは、彼のかつての中隊長を懐かしみ、そう語っている。

一月八日の夜、ヴィットマンは例によって翌日の作戦の準備に余念がなかった。そして、いつもどおり配下のティーガー各車の給油・弾薬搭載を見届け、果たすべき仕事はすべて果たしたと判断するが早いか、たちまち眠りについた。瞬時に熟睡できるのは彼の特技のひとつと言われており、このおかげで彼はいつも溌剌と翌朝を迎えるのだった。たとえば他の者が遅くまで起きていても、ヴィットマンは明日に備えて「さっさと寝床に入ってしまう」のが常だったという。もっとも、〝寝床〟と言っても、粗末な納屋の土間に二枚か三枚の毛布を敷いただけの代物ではあったが。付け加えれば、兵士が酒を飲みながらのどんちゃん騒ぎを演ずるのは今も昔も珍しくないが、彼はこれを厳しく戒めていた。

一月九日、ソ連戦車部隊による新たな進攻が報じられた。またしても真っ先に接敵することになったヴィットマンであったが、矢継ぎ早に六両を撃破した。大胆に遂行された彼の反撃によって、敵の進撃の足はぴたりと止まった。この日、ヴィットマンは総撃破数を六六両にまで伸ばした。夕刻、『ライプシュタンダルテ』はさらに南のペトリコーフツィ～スメラ～ベスペーチュナの線まで撤退を開始、ベスペーチュナで『ダス・ライヒ』師団と連絡することになった。

一月一〇日、彼らは新しい陣地に就いた。SS第2機甲擲弾兵連隊の正面には、ソ連軍の歩兵部隊が――弱体ではあったが――布陣していた一方、同第1連隊正面はまったく静かなものであった。同日、モロゾーフカの師団前線司令部から、ミヒャエル・ヴィットマンを騎士十字章の候補者に推薦するテレックスが送られた（そのテレックスと、ベルリンで作成された正式な申請書は別掲する）。

一月一一日はティーガー四両のほか、パンターとⅣ号戦車各八両が可動状態であった。この日ヴァルムブルンSS上等兵は対戦車砲一門を破壊した。また、戦闘の小休止に際し、何両かの戦車のクルーが車両を離れたところ、何の警報も出ないうちに、すぐ近くで迫撃砲弾が炸裂した。これでエードゥアルト・シュタードラーSS軍曹が側頭部に砲弾片を受けて昏倒した。彼の車両の指揮はレッチュSS曹長が引き継ぐことになった。ともあれ『ライプシュタンダルテ』にとっては、この日は比較的平穏に過ぎた。やはり敵も継続的な攻撃を展開した後とあって、困難な問題を抱えるに至ったものと思われた。

以下は、同日の戦力報告からの抜粋である。

1944年1月11日付　戦力報告

部隊	定数（将校/下士官/兵）	実員	可動装備
第1SS戦車連隊	15/68/313	7/29/140	VI号戦車×4両 V号戦車×8両 IV号戦車×8両 2cm対空砲×5門 軽機関銃×8挺
第1SS機甲擲弾兵連隊	19/71/471	13/40/329	軽機関銃×37挺 重機関銃×3挺 重迫撃砲×2門 2cm対空砲×1門 2cm対空自走砲×2両 7.5cm対戦車砲×1門 5cm対戦車砲×3門 重歩兵砲×2門 軽歩兵砲×1門
第2SS機甲擲弾兵連隊	9/43/330	7/20/174	軽機関銃×20挺 重機関銃×2挺 軽歩兵砲×2門 5cm対戦車砲×1門 2トン兵員輸送車×5両

一九四四年一月一二日、ソ連軍戦車部隊がドイツ軍防衛線を突破してウラーノフまで進み、補給路を封鎖した。一報を受けて、整備工場から出てきたばかりのティーガー二両が現地に急派される。一両はヴィットマン、もう一両は〝戦車の大将〟ことレッチュＳＳ曹長が指揮を執っていた。彼らはソ連戦車三両を撃破し、二両を損傷させた。このほか三両が第４７３戦車駆逐大隊の手で撃破されている。

一月一三日０８３０時、イーヴァーンは強力な戦車部隊をともなってチュトルイスコ集団農場から進発、ＳＳ第１機甲擲弾兵連隊の防衛担当地区の中央を襲った。彼らはドイツ軍の主抵抗線を破り、チェスノーフカに進んだ。こういった場合の常として、ティーガー中隊は最も危険な地域にさしむけられる。ミヒャエル・ヴィットマンと彼の乗員は素早く彼らの車両に乗り込んだ。「戦車、前進！」とヴィットマンが命ずる声とともに、ティーガーの車体は厳かに動き出す。ヴィットマンと、ほとんど彼自身も伝説となりかけている歴戦の砲手ヴォルがともに出撃するのは、これでもう何度目のことだろう。何も言わなくとも、彼らは互いを理解しあっている。熟練の戦術家であるヴィットマンに、ザールラント出身の小柄で機敏な砲手という取り合わせは、まさにこれ以上は望めぬほどの名コンビであった。ヴィットマンにしたがって出撃を繰り返してきて、すでに一九四四年一月一一日現在、ヴォルＳＳ伍長は通算で六八両の敵戦車を撃破した計算になり、『ライプシュタンダルテ』戦車連隊随一の成績優秀な砲手の座を獲得していた。

厳寒のその日——一月一三日——の朝、戦場を覆った濃い霧が徐々に晴れると、視界は明瞭になった。ヴィットマンは

（左右とも）戦車連隊の戦友たちの祝福を受けるヴィットマンとクルー。

眼前の地形にくまなく眼を走らせ、自身が重視する対戦車砲陣地を探す。そのすぐ足もとで、ヴォルが手早くヘッドフォンと咽頭マイクを装着した。そして、念入りに主砲発射用レバーや、旋回・俯仰の各ハンドルを点検する。主砲には早くも徹甲弾が装填されていた。さらにヴォルはいつでも即座に射撃できるよう、砲の安全装置を解除した。これまでの無数の戦闘の経験から彼は知っていた。ほんの一、二秒の差が運命を分けるのだ、と。車内は静かだった。ただティーガーのエンジン音が聞こえてくるのを別にすれば。じわじわと緊張感が高まる。間もなく、今朝早く敵の侵入が報告されたチェスノーフカが見えてくるはずだった。

ヴィットマンの後ろには、第13中隊のティーガー数両が千鳥隊形で続いた。ヴォルは照準器の指針を微調整していたが、そのヘッドフォンにいきなりヴィットマンの声が響いた。「注意せよ、2時方向に戦車。」すかさずヴォルはフットペダルを踏み込んでティーガーの砲塔を旋回させた。2時方向。同時に照準器を覗きながら左手で射距離を合わせ、右手で俯仰ハンドルを回す。すぐに最初のT-34が照準器に飛び込んできた。それに照準器の指針が重なった瞬間、彼は発射レバーを引いた。初弾からみごとに相手の砲塔を吹き飛ばす直撃弾となった。一方、操縦手はただちに車両を移動させる。走り続けなければ、今度はこちらが標的にされてしまう。

そうこうするうちにヴィットマンは敵戦車部隊の本隊を発

見した。射撃用意。だが、ヴィットマンが命ずるより早く、ヴォルはいちばん手近な一両を照準におさめている。今度は相手の側面に命中した。息つく暇もなく次の獲物に狙いを定める。八・八センチ砲の咆哮と、着弾の音がほぼひとつに重なる。砲手ヴォルの腕は不気味なほど冴え渡っていた。その額は照準器のヘッドレストに終始ぴったりと圧し当てられたままだ。一両また一両と、敵戦車がヴィットマンのティーガーの餌食になる。だが、こちらもT-34や隠れ潜んでいる対戦車砲の静止目標にならぬよう、常に動き続けなければ。ヴィットマンは敵戦車部隊を目の前に、車両を巧みに誘導する。停止するのは砲撃する一瞬だけだ。

すでに中隊の僚車も戦闘に加わり、八・八センチ砲が次々と砲声を轟かせていた。そうしたなか、突然、ヴィットマンの目の車の正面で地面が噴水のごとく盛り上がる。操縦手は車両をわずかに前進させたところで停止させた。ヴィットマンの目に一両のソ連軍重突撃砲が映る。だが、この新手を擱座させるのには二発の命中弾で充分であった。装填手が急いで次弾を装填する。車両は再び動き出し、また射撃のため停止する。徹甲弾が相手を貫く。

雪景色の其処ここでT-34が炎上していた。まだ無事な数両が走り回っては、盛んに砲撃してくる。結局、ヴィットマンがさらに何両かを撃破して、この凄まじい射撃戦は終わった。肉体的にも精神的にも消耗して、彼は帰路についたのだった。

一月一二日、一三日の二日間で、ヴィットマンは一九両の装甲戦闘車両——内訳を言えばT-34を一六両、突撃砲を三両撃破した。彼の総撃破数は八八両となった。ヴォルも八〇両撃破を達成した。

なお、残った敵戦車はチェスノーフカでパイパーSS中佐率いる機甲戦闘団によって完全に一掃された。戦果の総計は、T-34が三七両、突撃砲が七門であった。

このときソ連軍は、フォン・キュンスベルク大佐の第188歩兵連隊戦区にも別に攻撃をしかけてきたが、やはりティーガーが現場——ベスペーチュナ——に駆けつけ、これに対処した。フォン・キュンスベルク大佐は次のように記している。

「あのとき、誠実なパイパーが私のもとに二両のティーガーをさしむけてくれた。私の担当戦区がソ連軍の攻撃を受けている間、ヴィットマンSS少尉は多数の敵戦車を撃破した。その僚車も二〇両ほどを撃破したと聞く。ヴィットマンが払った代価は、砲塔内でぶつけて折った前歯一本だけとのことだ。私はあのとき、指揮官同士の惜しみない、献身的な協力の姿勢に深い感銘を受けたものだ。」

実際には、ヴィットマンが前歯を折ったのは砲塔内でのことではなく、シュヴィムヴァーゲンに乗っていたときのことだ。が、ともかくもヴィットマンは瞠目すべき活躍ぶりで、戦果をさらに上積みしたのである。バルク将軍はわざわざヴィットマン宛てに、勝利を祝福するメッセージを無線で伝えた。そして同日(一三日)、ヴィットマンを柏葉章候補者に、また、ヴォルを騎士十字章候補者にそれぞれ推挙するテレックスがベルリンに送られた。(そのテレックス、およびベルリンで作成されたヴォルへの騎士十字章授与の申請書は別掲する)。

ベルリンで作成された騎士十字章の正式な申請書（大意）

1.SS-Pz.Div.LSSAH Div.Gef. St.,10.1.1944
（SS第1戦車師団『LSSAH』 師団前線司令部1944年1月10日発）

SS第1戦車師団『LSSAH』第13（重）中隊小隊指揮官ヴィットマンSS少尉は、1943年7月より1944年1月7日までの期間に、多数のT-34ほか若干のKV-I／IIならびに〝シャーマン将軍〟を含む戦車56両を撃破した。また、1944年1月8日シェレプキー付近におけるロシア戦車旅団の侵入に直面して、同少尉と小隊はその阻止に成功。同少尉は自身でT-34を3両、突撃砲を1両撃破する。

1944年1月9日、また新たなる敵戦車部隊の侵入に際し、6両のT-34を撃破。これにより戦車撃破の通算成績を66両に伸ばした。同少尉は度重なる敵戦車部隊の攻撃に接し、これを粉砕するにあたり類まれな勇気を示した。

署名
ヴィッシュ、SS准将、師団司令官

Wittmann Michael Vogeltal / Oberpfalz 22.4.1914 SS-Ustuf. 13.(s)/SS-Pz. Rgt.1

ja 12.7.41
ja 7.9.41
nein
Zugführer
SS-Führer

1.SS-Pz.Div. LSSAH Div.Gef.St.,10.1.1944

SS-Untersturmführer W i t t m a n n, Zugführer 13.(s)/SS-Pz.Rgt.1 LSSAH, hat seit Juli 1943 bis 7.1.1944 selbst 56 Panzer abgeschossen, darunter mehrere KW I, KW II, General "Sherman", der Res waren T 34.

Am 8.1.44 gelang es ihm bei einem Einbruch einer russischen Panzerbrigade be Sherepki, mit seinem Zug den Angriff zu stoppen und dabei selbst 3 T 34 und 1 Sturmgeschütz abzuschiessen.

Am 9.1.44 konnte er erneut bei einem Panzereinbruch wiederum 6 T 34 vernichten und die Abschusszahl auf 66 Panzer erhöhen. Bei Abwehr und Zerschlagung des russischen Panzerangriffes zeigte er erneut hervorragende Tapferkeit.

gez. Wisch
SS-Oberführer u.Div.Kdr.

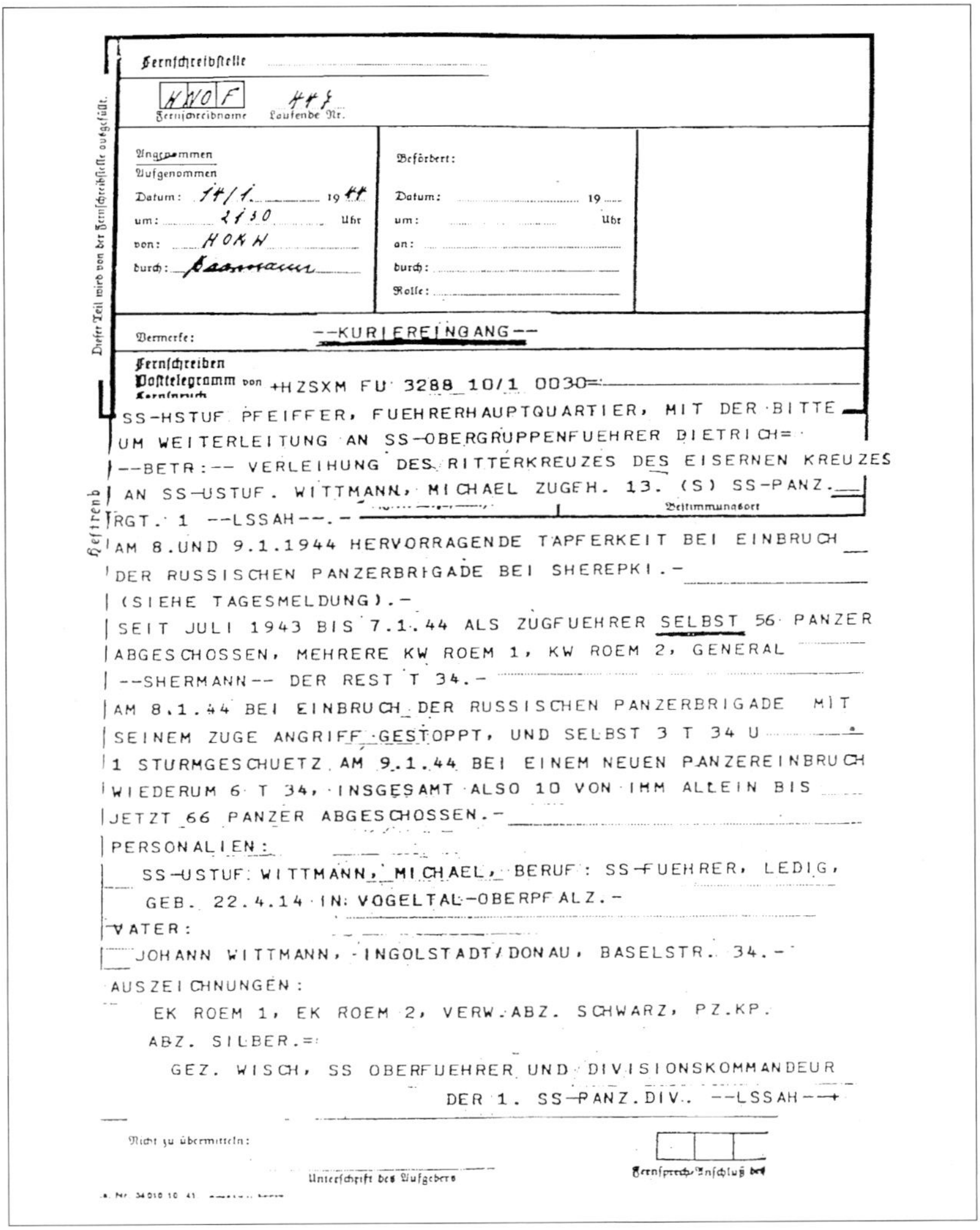

Fernschreibstelle

HWOF 447

Fernschreibname Laufende Nr.

Angenommen / Aufgenommen

Datum: 14/1. 1944

um: 2130 Uhr

von: HOKH

durch: Baumann

Befördert:

Datum: 19

um: Uhr

an:

durch:

Rolle:

Vermerke: --KURIEREINGANG--

Fernschreiben / Posttelegramm / Fernspruch von +HZSXM FU 3288 10/1 0030=

SS-HSTUF PFEIFFER, FUEHRERHAUPTQUARTIER, MIT DER BITTE
UM WEITERLEITUNG AN SS-OBERGRUPPENFUEHRER DIETRICH=
--BETR:-- VERLEIHUNG DES RITTERKREUZES DES EISERNEN KREUZES
AN SS-USTUF. WITTMANN, MICHAEL ZUGEH. 13. (S) SS-PANZ.
RGT. 1 --LSSAH--.-
AM 8.UND 9.1.1944 HERVORRAGENDE TAPFERKEIT BEI EINBRUCH
DER RUSSISCHEN PANZERBRIGADE BEI SHEREPKI.-
(SIEHE TAGESMELDUNG).-
SEIT JULI 1943 BIS 7.1.44 ALS ZUGFUEHRER SELBST 56 PANZER
ABGESCHOSSEN, MEHRERE KW ROEM 1, KW ROEM 2, GENERAL
--SHERMANN-- DER REST T 34.-
AM 8.1.44 BEI EINBRUCH DER RUSSISCHEN PANZERBRIGADE MIT
SEINEM ZUGE ANGRIFF GESTOPPT, UND SELBST 3 T 34 U
1 STURMGESCHUETZ AM 9.1.44 BEI EINEM NEUEN PANZEREINBRUCH
WIEDERUM 6 T 34, INSGESAMT ALSO 10 VON IHM ALLEIN BIS
JETZT 66 PANZER ABGESCHOSSEN.-
PERSONALIEN:
SS-USTUF WITTMANN, MICHAEL, BERUF: SS-FUEHRER, LEDIG,
GEB. 22.4.14 IN: VOGELTAL-OBERPFALZ.-
VATER:
JOHANN WITTMANN, INGOLSTADT/DONAU, BASELSTR. 34.-
AUSZEICHNUNGEN:
EK ROEM 1, EK ROEM 2, VERW.ABZ. SCHWARZ, PZ.KP.
ABZ. SILBER.=
GEZ. WISCH, SS OBERFUEHRER UND DIVISIONSKOMMANDEUR
DER 1. SS-PANZ.DIV. --LSSAH--+

Nicht zu übermitteln:

Unterschrift des Aufgebers

Fernsprech-Anschluß des

ヴィットマンを騎士十字章候補に推薦するヴィッシュSS准将発信のテレックス（大意）

宛；総統大本営、プファイファーSS大尉、ディートリヒSS大将に送付取り次ぎを請う

SS第1戦車連隊『LSSAH』第13（重）中隊小隊長ミヒャエル・ヴィットマンSS少尉に対する騎士十字章授与の件

1944年1月8,9両日、シェレプキー付近におけるソ連軍戦車旅団の侵入に際して、同少尉により示された破格の勇気（日報を参照のこと）。1943年7月から44年1月7日までに小隊長として戦車56両を撃破、若干のKV-I／II、〝シャーマン将軍〟のほか、残りはいずれもT-34。

44年1月8日、ソ連軍戦車旅団の侵入を受け、配下の小隊を率いてこれを阻止、自身T-34を3両、突撃砲を1両撃破。1月9日、さらなる敵戦車部隊の侵入に際し、今度は6両のT-34を撃破、都合10両を単独で撃破したもの。通算成績は66両。

個人的事項；ミヒャエル・ヴィットマンSS少尉、職業；SS将校、未婚、1914年4月22日、オーバープファルツ、フォーゲルタール生まれ。父ヨハン・ヴィットマン、インゴルシュタット／ドーナウ、バーゼル通り34番地。

受勲記録；第1級、第2級鉄十字章、戦傷章黒章、戦車突撃章銀章。

署名　ヴィッシュ、SS准将、

SS第1戦車師団『LSSAH』師団長

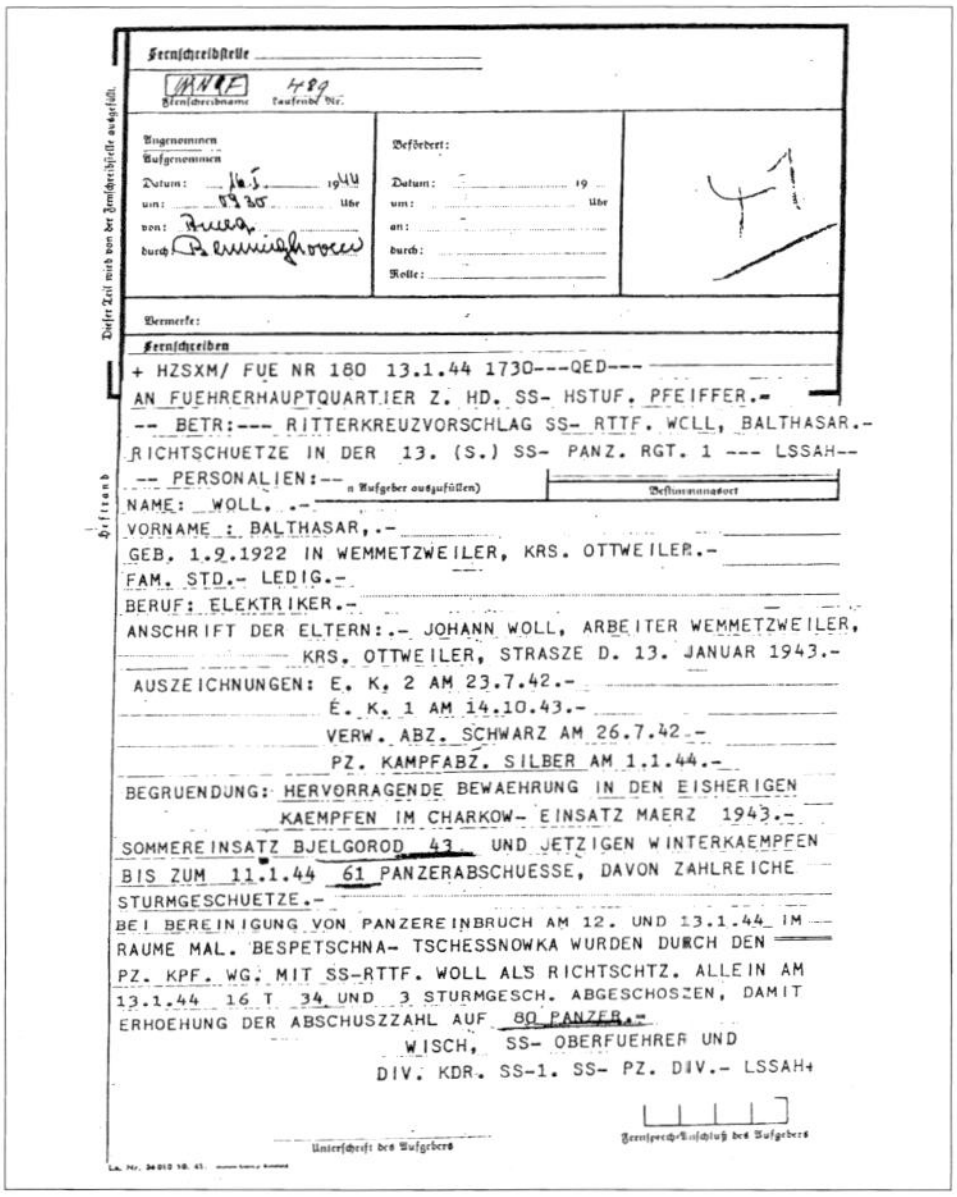

Fernschreibstelle

Fernschreibname　Laufende Nr.

Angenommen / Aufgenommen　Datum: 19　um: Uhr　von:　durch:

Befördert:　Datum: 19　um: Uhr　an:　durch:　Rolle:

Vermerke:

Fernschreiben

+ HZSXM/ FUE NR 180 13.1.44 1730---QED---
AN FUEHRERHAUPTQUARTIER Z. HD. SS- HSTUF. PFEIFFER.-
-- BETR:--- RITTERKREUZVORSCHLAG SS- RTTF. WCLL, BALTHASAR.-
RICHTSCHUETZE IN DER 13. (S.) SS- PANZ. RGT. 1 --- LSSAH--
-- PERSONALIEN:--
NAME: WOLL. .-
VORNAME : BALTHASAR,.-
GEB. 1.9.1922 IN WEMMETZWEILER, KRS. OTTWEILER.-
FAM. STD.- LEDIG.-
BERUF: ELEKTRIKER.-
ANSCHRIFT DER ELTERN:.- JOHANN WOLL, ARBEITER WEMMETZWEILER, KRS. OTTWEILER, STRASZE D. 13. JANUAR 1943.-
AUSZEICHNUNGEN: E. K. 2 AM 23.7.42.-
E. K. 1 AM 14.10.43.-
VERW. ABZ. SCHWARZ AM 26.7.42.-
PZ. KAMPFABZ. SILBER AM 1.1.44.-
BEGRUENDUNG: HERVORRAGENDE BEWAEHRUNG IN DEN BISHERIGEN KAEMPFEN IM CHARKOW- EINSATZ MAERZ 1943.-
SOMMEREINSATZ BJELGOROD 43 UND JETZIGEN WINTERKAEMPFEN BIS ZUM 11.1.44 61 PANZERABSCHUESSE, DAVON ZAHLREICHE STURMGESCHUETZE.-
BEI BEREINIGUNG VON PANZEREINBRUCH AM 12. UND 13.1.44 IM RAUME MAL. BESPETSCHNA- TSCHESSNOWKA WURDEN DURCH DEN PZ. KPF. WG. MIT SS-RTTF. WOLL ALS RICHTSCHTZ. ALLEIN AM 13.1.44 16 T 34 UND 3 STURMGESCH. ABGESCHOSZEN, DAMIT ERHOEHUNG DER ABSCHUSZZAHL AUF 80 PANZER.-
WISCH, SS- OBERFUEHRER UND
DIV. KDR. SS-1. SS- PZ. DIV.- LSSAH+

Unterschrift des Aufgebers　Fernsprechanschluß des Aufgebers

バルタザール・ヴォルを騎士十字章候補に推薦する総統大本営宛てテレックス（大意）

宛；総統大本営、プファイファーSS大尉
SS第1戦車連隊『LSSAH』第13（重）中隊砲手バルタザール・ヴォルSS伍長を騎士十字章候補に推薦の件
姓；ヴォル、名；バルタザール
生年月日ならびに出身地；1922年9月1日、オットヴァイラー管区ヴェーメッツヴァイラー生まれ。
未既婚の別；未婚　職業；電気技師
両親の住所；ヨハン・ヴォル、オットヴァイラー管区ヴェーメッツヴァイラー、1943年1月13日通り
受勲記録；第2級鉄十字章／42年7月23日、第1級鉄十字章／43年10月14日、戦傷章黒章／42年7月26日、戦車突撃章銀章／44年1月1日。
推薦理由；先のハリコフ戦——43年3月——および夏のベールゴロド戦、現下の冬季戦闘における抜群のはたらき。44年1月11日現在で戦車61両を撃破——突撃砲多数を含む。44年1月12, 13両日、マールィイ・ベスペーチュナ〜チェスノーフカ地区に侵入した敵戦車部隊を排除するに際し、ヴォルSS伍長が砲手として乗り組んだティーガーは、T-34を16両、突撃砲を3両撃破。総撃破数80両に達したゆえに。

ヴィッシュ、SS准将、
SS第1戦車師団『LSSAH』師団長

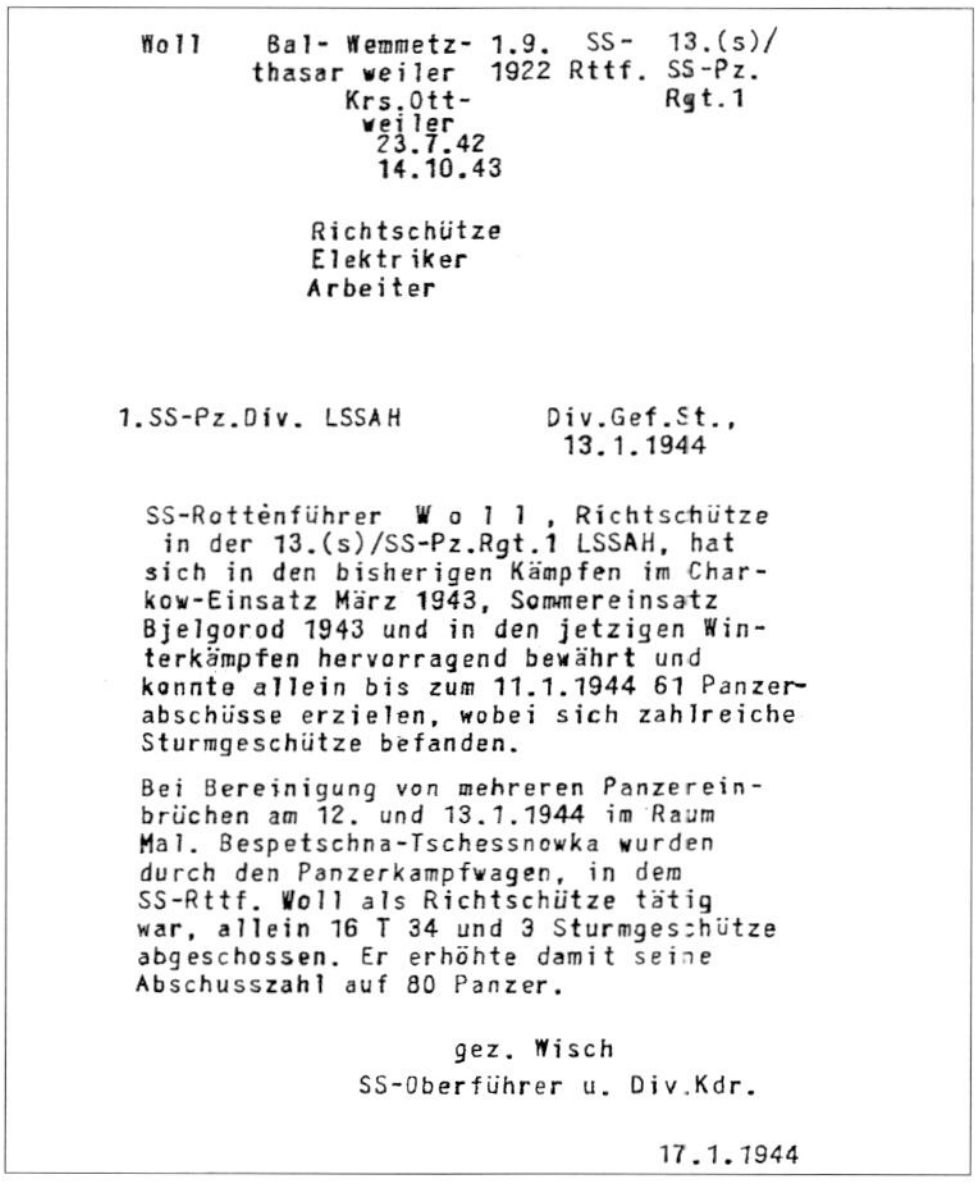

Woll　Bal- thasar　Wemmetz- weiler Krs.Ott- weiler　1.9. 1922　SS- Rttf.　13.(s)/ SS-Pz. Rgt.1
23.7.42
14.10.43

Richtschütze
Elektriker
Arbeiter

1.SS-Pz.Div. LSSAH　Div.Gef.St., 13.1.1944

SS-Rottenführer W o l l , Richtschütze in der 13.(s)/SS-Pz.Rgt.1 LSSAH, hat sich in den bisherigen Kämpfen im Charkow-Einsatz März 1943, Sommereinsatz Bjelgorod 1943 und in den jetzigen Winterkämpfen hervorragend bewährt und konnte allein bis zum 11.1.1944 61 Panzerabschüsse erzielen, wobei sich zahlreiche Sturmgeschütze befanden.

Bei Bereinigung von mehreren Panzereinbrüchen am 12. und 13.1.1944 im Raum Mal. Bespetschna-Tschessnowka wurden durch den Panzerkampfwagen, in dem SS-Rttf. Woll als Richtschütze tätig war, allein 16 T 34 und 3 Sturmgeschütze abgeschossen. Er erhöhte damit seine Abschusszahl auf 80 Panzer.

gez. Wisch
SS-Oberführer u. Div.Kdr.

17.1.1944

ベルリンで作成された公式の申請書（大意）

1.SS-Pz.Div.LSSAH　Div.Gef.St.,13.1.1944
（SS第1戦車師団『LSSAH』　師団前線司令部1944年1月13日発）
SS第1戦車師団『LSSAH』第13（重）中隊砲手ヴォルSS伍長は、1943年3月のハリコフ戦、同年夏のベールゴロド戦、また現今の冬季戦闘において抜群のはたらきを見せ、1944年1月11日現在で、多数の突撃砲を含む敵の装甲戦闘車両61両を撃破している。
また、1944年1月12, 13両日、マールィイ・ベスペーチュナ〜チェスノーフカ地区における数度の敵戦車部隊の侵入を排除するにあたり、ヴォルSS伍長が砲手を務める車両は単独でT-34を16両、突撃砲を3両撃破した。これにより、彼個人の撃破記録も通算80両に達した。

署名　ヴィッシュ、SS准将、師団司令官

ミヒャエル・ヴィットマン騎士十字章を受章する

翌日すなわち一九四四年一月一四日、ヴィットマンに騎士十字章が授与された。この日、国防軍の公式発表は次のように伝えた。「東部戦線一九四四年一月九日、SS戦車師団に所属するヴィットマンSS少尉は自身のティーガーで出撃、通算六六両目の敵戦車を撃破せり。」

ただし、この当時、盛大な祝賀行事を催している余裕はなかった。ヴァルター・ラウは、ヴィットマンが騎士十字章を授与された日のことを以下のように回想する。

「その日、私たちは——と言うのはティーガー四両か五両でしたが——ヴィットマンSS少尉に率いられて前線から戻り、ある村の街道に車両を停めました。すると、突然、村の広場に集まれという命令です。集団農場の正面によくあるような、普通の広場でしたが。そのとき兵は一二人から一四人ほどいたでしょうか。うち何人かは車両の警護に残らねばなりませんでした。

私たちが広場に集まり、半円形に並んで立っていると、師団旗をつけた野戦乗用車が一台、広場の反対側に到着しました。我らが師団長ヴィッシュSS准将でした。半円形の端にいた私に、連隊長を呼んでくるようにとヴィットマンが言いました。パイパー連隊長の指揮所は一〇〇メートルばかり離れた民家に置かれていたのです。私は急いで報告に走りました。報告します、師団長閣下がお見えです、車で広場に入られるところです——。それからヴィットマンが、半円形に並ぶ私たちをヴィッシュ師団長に示して、ティーガー搭乗員全員揃いました、と告げました。

師団長からは、まず私たち全員に向かって、皆よくやっているぞとお褒めの言葉がありました。続いて師団長は、特にヴィットマンを名指しして称賛し、彼の頸に騎士十字章を——長いリボンがついていました——かけたのでした。ヴィッシュ師団長とパイパー連隊長、それに私たち全員が、彼と温かい握手を交わしました。それでおしまいです。ほんの数分間の短い儀式でした。戦況が切迫しており、戦闘はますますもって無慈悲な様相を呈していましたから、盛大な祝賀行事をおこなうような時間はなかったのです。」

その冬のヴィットマンの類まれな成功は、卓越した技量の賜(たまもの)であった。それはおおいに人々の注目を集め、興味の対象となった。作戦のブリーフィング(要領説明)のときに彼が示す、無類の慎重さと厳密さは有名だった。すでに彼が中隊を率いるようになって数週間が経っていた。彼は以前にもまして大きな責任を担っていたわけだが、自身でも無論それをよく自覚していたはずである。何しろ、作戦行動に先立ち、彼ほど念入りに準備を整える人間もいなかったと

結束の固いヴィットマンのクルー。左から、無線手ヴェルナー・イルガングSS戦車二等兵、砲手ボビー・ヴォルSS伍長、ミヒャエル・ヴィットマンSS少尉、装填手ゼップ・レッシュナー SS戦車二等兵、操縦手オイゲーン・シュミットSS上等兵。砲身に88両撃破を示すキル・リングを描き込んだティーガー“S04”の前で記念撮影に応じた有名な一葉。

言われるほどだ。しばしば彼は夜、ひとりで何時間でも地図を睨んでいることがあった。そうしながら、あらゆる可能性を吟味し、最も有望な行動方針を探っていたのだ。経験豊富な車長たちの意見にも積極的に耳を傾けた。そして、熟考を重ね、選択肢のひとつひとつを秤にかけ、決定をくだすのだった。彼は決して何事も成り行きまかせにはしなかったし、できない性分であった。

ウクライナの粗末な土壁の農家で、そのように夜を過ごしているヴィットマンを見たことのある者は、彼がむしろぼんやりと、あるいは鬱々と自分の殻に引きこもっているような印象を受けたという。それほどに彼は静かで、内省的に見えたそうだ。この印象は、まったく的確であろう。彼の思考は来るべき作戦に集中し、あらゆる選択肢と可能性とを照らし合わせるのに忙しかった。そうした幾多の夜、彼はふらりと車両を見に外に出て、歩哨の勤務ぶりを確認し、少しの間そのまま散歩することもあった。そうやって、日々募る不安感や重圧を払い飛ばそうとしたのではあるまいか。寒い冬の夜、煙草をくわえた彼がひとりで黙々と歩く姿が目撃されることも珍しくなかったのかもしれない。

ヴィットマンが成功したのは偶然ではない。彼が勝利を掴むことができたのは、単に〝運〟や〝つき〟の問題ではなく、彼自身の勤勉さと周到な作戦準備、戦車戦術の分野におけるすぐれた才能のおかげであった。彼の戦術とはすなわち、彼がこれまで身につけてきた技能と、学びとってきた戦訓の集大成である。経験の総和、つまり、多くの危険や陥穽に満ちた戦車戦であらゆる状況を乗り越えてきた結果として得られた経験の総和とでも言うべきものが、ヴィットマンの決断や命令に明白な説得力——それを受け取る者に、彼の言うことなら間違いはないという安心感——を与えていた。だが、その陰でどれほど地道な作業がなされていたかを知る者は少ない。そして、ヴィットマンが絶えず状況評価を繰り返し、常にあらゆる可能性を考慮する努力を怠らなかった事実を知る者も。もって生まれた才能が、ヴィットマンの成功に大きく貢献したのは確かだが、勤勉さや集中力、綿密な準備を厭わない姿勢もまた彼の勝利に同じように寄与したのだ。別言すれば、彼があらゆる状況に精通していたのは、ただ才能のみがなせるわざではなかったということだ。彼の身近にいた従軍記者も次のように綴っている。

「彼が〝してやられる〟ことなどあり得ないと思っていた。この人だけは絶対に敵の罠にひっかかるような人じゃない——彼と一緒にいると、そう思えるのだ。けれども実のところそれは彼の大変な努力がもたらしたものであり、何時間も思案にふけった結果なのだった。たとえば夜、私たちと一緒に過ごしているときでも、ミヒェルはよくそうやって考え込んでいた。修理中のティーガーの間を、散歩でもしている

1944年1月28日、リポベツ付近でティーガー 4両が戦闘を展開。

かのようにいつまでも行ったり来たりしながら考えていることもあった。」

つまり、ヴィットマンというのは、戦車戦術の分野における天賦の才と、無類の勤勉さ、細心さとの特異な共存がひとりの人間のなかに実現した、まことに希有な例なのだ。五感を総動員し、意識をことごとく敵に集中して、彼は自らの能力の限界を試すかのように戦闘を遂行した。研ぎ澄まされた本能によって危険をいち早く察知し、正しい決断をくだすことができた。まさに〝名人芸〟といってもよかった。ミヒャエル・ヴィットマンは、短期間で比類なき成功をおさめた、戦車戦の〝名人〟なのだった。

もっとも、ヴィットマン自身は、自分の手柄や華々しい成功を面と向かって褒めそやされるのは苦手だったらしい。彼を〝英雄〟扱いすると――はたから見れば彼は紛れもなく〝英雄〟だったのだが――たちどころに否定され、はねつけられるのが落ちだった。彼はおっとりと穏やかな人柄のなかにも、なかなか自意識の強い、〝照れ屋〟な面を窺わせていたが、これは必ずしも矛盾することではない。戦友たちが好んだ酒宴は、彼の性分にはあわなかった。そのような場面では、彼は早々に退散し、自分の宿所に帰ってしまうのだった。と言っても、決して彼が非社交的で人間嫌いであったというのではない。ただ、会話になると彼は自分が話すよりも、もっぱら聞き役にまわるタイプであった。それは間違いないようだ。

ミヒャエル・ヴィットマンは、身長一七六センチ、髪は暗いブロンドで、淡いブルーの眼をしていた。気持ちよく響く声には、かすかなバイエルン訛が聞き取れた。時折、動詞の第二音節に強勢を置く癖が抜けなかった。なにごとも考え抜ぬいてからでないと口を開かず、自分が何を言っているのかをよくわきまえている人間であった。そして彼は、どのような種類の個人崇拝とも無縁であった。そうしたことは、このオーバープファルツ出身の青年将校の性格とは相容れなかったのだ。その外見にも、一見して突出したところや、並外れたところはなかった。いつも身につけているのは毛皮の襟の暗褐色のジャケット、もしくは普通の黒い戦車搭乗服だったが、襟や襟章のまわりの縁飾り（パイピング）は外されていた。つまりは一般の兵と同様のスタイルである。彼の人柄は、いかにも彼らしい客観主義に基づいた公正さに彩られており、それを彼の部下もよく感じ取っていて、彼を尊敬していた。彼らにとって、ヴィットマンは良き中隊長であった。彼らのそうした評価は、ヴィットマンのあらゆることに対する責任感を裏付ける。

他方ヴィットマンは、不注意や、ぞんざいさ（から生じた失敗）を断じて容認しなかった。彼は部下に対しても、万全の態勢を整え、全精力を傾けて敵に対処するよう要求した。それが達成されていないと知れば、ヴィットマンとてやはり不機嫌になったのである。こうした点については、ヴィットマンは極めて厳格で、過度に几帳面なところを見せた。彼にあっては、なにごとも一〇〇パーセントでなければならなかった。実に、このような完全主義こそが彼の成功のひとつの要因だったのである。

戦車兵は、ひとつの戦闘が終了するごとに、また次の戦闘に備えて車両の整備をしなければならない。まずは給油に加えて、弾薬搭載――戦闘室に砲弾銃弾を収容する作業がある。それとともに、使用済みの薬莢を回収する作業もある。これらの作業は大変に重要で、たとえヴィットマンのような騎士十字章佩用者であろうとも例外なく参加した。ヴィットマンも大ハンマーで履帯の連結ピンを叩き、あるいは砲身の清掃をおこなったのである。つまり、どのような状況においても彼は中隊員の手本であり、模範となった。こうして一九四三年から四四年にかけての冬の日々、ヴィットマンの伝説が誕生したのだった。

なお、この一月一四日正午、ティーガー部隊はじめパイパー少佐指揮下の集成戦車戦隊（機甲グループ）は、スメラ西方地区から進発の準備を整えた。目標はチュトルィスコ集

支援を提供するロケット弾発射器の斉射。

団農場で敵を殲滅し、クラスノポーリを奪取することにあった。彼らはチュトルィスコ付近まで進んだところで、撤退する敵のまっただなかに突入してしまうが、首尾良く二個連隊を殲滅する。1400時には、機甲グループはクラスノポーリを制圧、すでにモロチュキーにも到達していた。当該地区のソ連軍は重火器を放置したまま、ことごとく潰走した。ヴィットマンは敵戦車数両を撃破し、この日も順調に戦果を積み重ねた。

一月一五日、クラスノポーリにあった『ライプシュタンダルテ』警戒部隊は、『ダス・ライヒ』戦闘団の戦車部隊と連絡を確立する。その後『ライプシュタンダルテ』と『ダス・ライヒ』の両機甲グループは、リュバル方面すなわち北西に進撃するよう命じられた。ところが彼らの前進は対戦車砲と迫撃砲の猛射に阻まれる。

結局、一四〜一五日の二日間の戦果は、戦車六両、対戦車砲二〇門、火砲六〇門というところに落ち着いた。その他トラック三二台をはじめとする多数の車両もこれに加わった。『ライプシュタンダルテ』戦車戦隊では、パンター九両とⅣ号戦車五両と並んでティーガー五両が戦闘に参加した。

一月一六日、バルタザール・ヴォルSS伍長が騎士十字章を受け取った。ザールラント出身、二一歳のヴォルは、武装SS所属の砲手として初の騎士十字章受章者になった。また、戦車兵科全体でも、砲手の同章受章は初めてであった。これでヴィットマンのティーガーには、ヴィットマン本人も含めればふたりの騎士十字章帯勲者が乗り組むことになったわけだ。まさしく快挙と言うにふさわしい、異例の事態でもあった。

親しい仲間うちでは〝バルティ〟もしくは〝ボビー〟と呼ばれていたバルタザール・ヴォルは、一九二二年九月一日、ザールラントのヴェーメッツヴァイラーに生まれた。労働者階級の家庭にあって、長じて電気技師となるも、一九四一年八月一五日、志願して武装SSに加わる。当初の配属先は『トーテンコップフ』師団第1歩兵連隊第3中隊で、その機関銃分隊の一員として彼はデミヤンスク戦に臨んだ。だが、同地で負傷してドイツ本国へ後送され、一九四二年七月二三日付でヴォルSS一等兵は第二級鉄十字章を受章するとともに、その三日後には戦傷章黒章を授与された。傷癒えて後、彼は戦車砲手となり、一九四二年末には『ライプシュタンダルテ』の新設ティーガー中隊に配される。以来、ヴォルSS上等兵は、『ライプシュタンダルテ』が関わった戦闘にすべて参加、『ツィタデレ』作戦の頃には中隊屈指の砲手に数えられるまでになっていた。一九四三年九月一六日、ヴォルは第一級鉄十字章を獲得、一一月九日にはSS伍長に昇進した。

ヴィットマンのクルーに名を連ねるヴォルは、一九四三年一一月に始まった冬季戦において、並み居る砲手のなかでも文字どおり一頭地を抜く業績をあげた。一九四四年一月一三日までに、彼は通算八〇両の戦車と一〇七門の対戦車砲を撃破した。つまり、ボビー・ヴォルは、ミヒャエル・ヴィットマンの成功に見逃せない役割を果たしたのである。反応の速さと、抜群の視力に恵まれた彼は八・八センチ砲の砲手にうってつけの人材であり、やはりその分野における〝達人〟と評しても過言ではなかった。ヴィットマンも砲手としてのヴォルの腕を信頼していたからこそ、数の上では絶望的に劣勢であっても、自信をもって敵戦車の大群に対抗することができたのだ。彼らは名コンビであったし、ヴォルはヴィットマンの流儀をよく心得ていた。そもそも一組のクルーのなかでも操縦手や無線手、装填手の顔ぶれはしばしば変わるが、車長と砲手の組み合わせは、可能な限り維持されるものであった。特にティーガーの車長と砲手の連帯は重視され、両者の動きには常に充分な協調が図られねばならないとされた。ヴォルが多くの場合、車長に目標を指示されるより先に発射レバーを引いていたというのはよく知られるところだ。

ヴォル以外のヴィットマンのクルーは、一九四四年一月現在、無線手ヴェルナー・イルガングSS戦車一等兵、操縦手オイゲーン・シュミットSS上等兵、装填手ゼップ・レッシュナーSS戦車二等兵という顔ぶれになっている。ちなみにそれ以前の、前年五月からのいわば〝オリジナル〟のメンバーは、ヴォルのほか操縦手ジークフリート・フース、無線手カール・

リーバー、装填手マックス・ガウベ（いずれもSS上等兵）であった。

搭乗員は各々が明確な役割を担っている。特に砲手の果たす役割は決定的であった。射撃戦に際して、彼の照準技術が拙劣であれば、敵の応射で一巻の終わりということにもなりかねないからだ。装填手は主砲に的確な種類の砲弾を装填するという責任を負っているほか、砲塔番号に続く位置に開いた装填手用覘視孔（ビジョンスリット）から周囲の地形を観察する。さらに彼は装填手用ペリスコープで前方を確認することもできる。戦闘中、装填手は激しい肉体労働をこなさねばならない。また、戦闘終了後の弾薬搭載と、戦闘室からの空薬莢の撤去作業も彼の責任である。

無線手は、上級部隊との連絡を維持するとともに、受領した命令を車長に伝え、種々の通信文を送信する。車体前方機銃の操作も彼の仕事である。なお、装填手と操縦手それぞれの乗降ハッチにはペリスコープが取り付けられており、それを通じて外界を視認できる。さらに無線手は前方機銃の照準器からも外界の観察が可能である。操縦手はペリスコープのほか、車体前面の視察装置からも戦場を観察する。操縦手の技量は、その車両と乗員全員の運命を左右しかねないほどに重要だ。

車長は車両の機動を統制し、砲手に目標を指示し、操縦手を誘導するほか、僚車にも常に目を向けていなければならない。そのクルーが戦果を得られるか否かは、最終的に車長の判断にかかっていた。巧妙に偽装された対戦車砲や埋設戦車を見分けるのは彼の重要な仕事である。彼が小隊長あるいは中隊長であれば、隷下の車両の運用にも責任を持たねばならない。隷下の車両は、彼の命令を待っている。総じて戦車の搭乗員は、刻々と変化する状況に速やかに順応し、しかるべく対応できなくてはならない。これは、生きるか死ぬかの瀬戸際にあって、搭乗員のひとりひとりが大変な集中力と責任を要求されるということだ。日々彼らは出撃し、常に敵を、そして戦果を追い求めた。夏のロシアの摂氏四〇度を越える暑熱のなかで。あるいは冬のロシアの泥濘や極寒のなかで。

ティーガーはソ連軍に恐れられており、対戦車砲や戦車砲の猛射を誘いがちであった。そのなかでティーガーは幾度となく擲弾兵のために敵陣への突破口を〝地均し〟し、パックフロントを突破し、砲兵陣地を粉砕した。その際、多くのティーガー車長が、発射速度をはじめとして当時世界最高と謳われた火力の恩恵を被ったのも事実である。彼らは攻守いずれの役割を果たすにあたっても、目覚ましい活躍を見せた。対戦車砲や対戦車ライフル、あるいは、かの〝カチューシャ〟の猛射を際限なく浴び続けては、ティーガーとて無傷では済まない。しかし、分厚い正面装甲のおかげで、そう簡単に撃破されることはなかった。敵の戦車砲弾や対戦車砲弾が当たっても、それが正面装甲であればただ跳ね返るだけと

道路状況は劣悪。背景のティーガーはエンジン点検ハッチが開放状態になっている。

いうことが多かった。もちろん、だからと言ってティーガーがどこまでも無敵というわけにはいかなったが。

すでに第13中隊は戦車撃破の分野において成功著しく、師団内ではほとんど伝説めいた名声を確立していた。一九四三年一二月五日から一九四四年一月一七日に至る期間、残念ながら多くのティーガーが機械故障のため戦列を離れたがゆえに可動ティーガーはほんのひと握りに過ぎなかったが、そのひと握りが一四六両もの敵戦車を撃破し、一二五門の対戦車砲を破壊したのだ。

そうしたなかで、ヴィットマンとヴォルに騎士十字章が授与されたのは、『ライプシュタンダルテ』ティーガー中隊に歓喜の渦を巻き起こしたのであった。もっとも、彼らにそれを充分に祝う時間さえなかったことは先述した通りである。『ライプシュタンダルテ』機甲グループは、その後すぐに師団に合流した。

数日来『ライプシュタンダルテ』の戦区は小康状態を保った。一月一七日も平穏無事であったため、この機会にヨッヘン・パイパーは、去る一二月二七、二八両日に多大な戦果をあげたヘルムート・ヴェンドルフを騎士十字章候補として推薦する上申書を作成した（前出）。師団長ヴィッシュSS少将も次のような推薦文をしたためた。

「ヴェンドルフSS少尉は、日々の戦闘において無類に大胆

泥濘に足を取られたティーガー。ティーガー
"S45"の後ろに見えるのは戦車連隊本部車両。

かつ勇敢なふるまいにより、その名を知らしめた。同少尉は特に一九四三年一二月二八日の作戦行動において抜群の勇気と主導権を発揮し、配下の小隊のティーガーが三両までも戦闘不能となっていたにもかかわらず、アントポリ-ボヤールカに侵入した敵戦車の一大集団に事実上単独で立ち向かい、これを撃退する過程で一一両を撃破した。幾度となく示された彼の類まれなる勇気と非凡な指導力とに鑑み、小官はヴェンドルフSS少尉を騎士十字章にふさわしいと認定し、ここに同少尉に対する同章授与を申請するものである。」

同じくハインツ・クリングSS大尉も騎士十字章候補に推挙された。改めて数え上げると、ハリコフ戦に始まって、『ツィタデレ』作戦、ジトーミル～ベルディーチェフ近辺における攻防戦など計一四週間の戦闘で、クリング率いる『ライプシュタンダルテ』ティーガー中隊は敵戦車三四三両、突撃砲八両、重対戦車砲二五五門、火砲二〇門を撃破したことになる。それればかりでなく彼らは無数の砲兵機材、装甲車両、トラックその他兵器資材を粉砕した。なお、以下にクリングSS大尉を騎士十字章候補に推すパイパーの上申書を掲載する（大意は、クリングがティーガー中隊長として『LSSAH』戦車連隊の勝利へ決定的に関与し、その勇気の証として黄金ドイツ十字章を獲得したほか、冬季戦においても常に先頭をきって戦いの焦点に飛び込み、数々の激戦を乗り越えて一九四三年一二月二〇日は通算四六両目の戦車撃破を果たしたこと、それとともにクリング中隊が出撃一四週間で上述の戦果を上げたこと、クリングが生まれながらの武人であり、充分に顕彰に価することなど）。

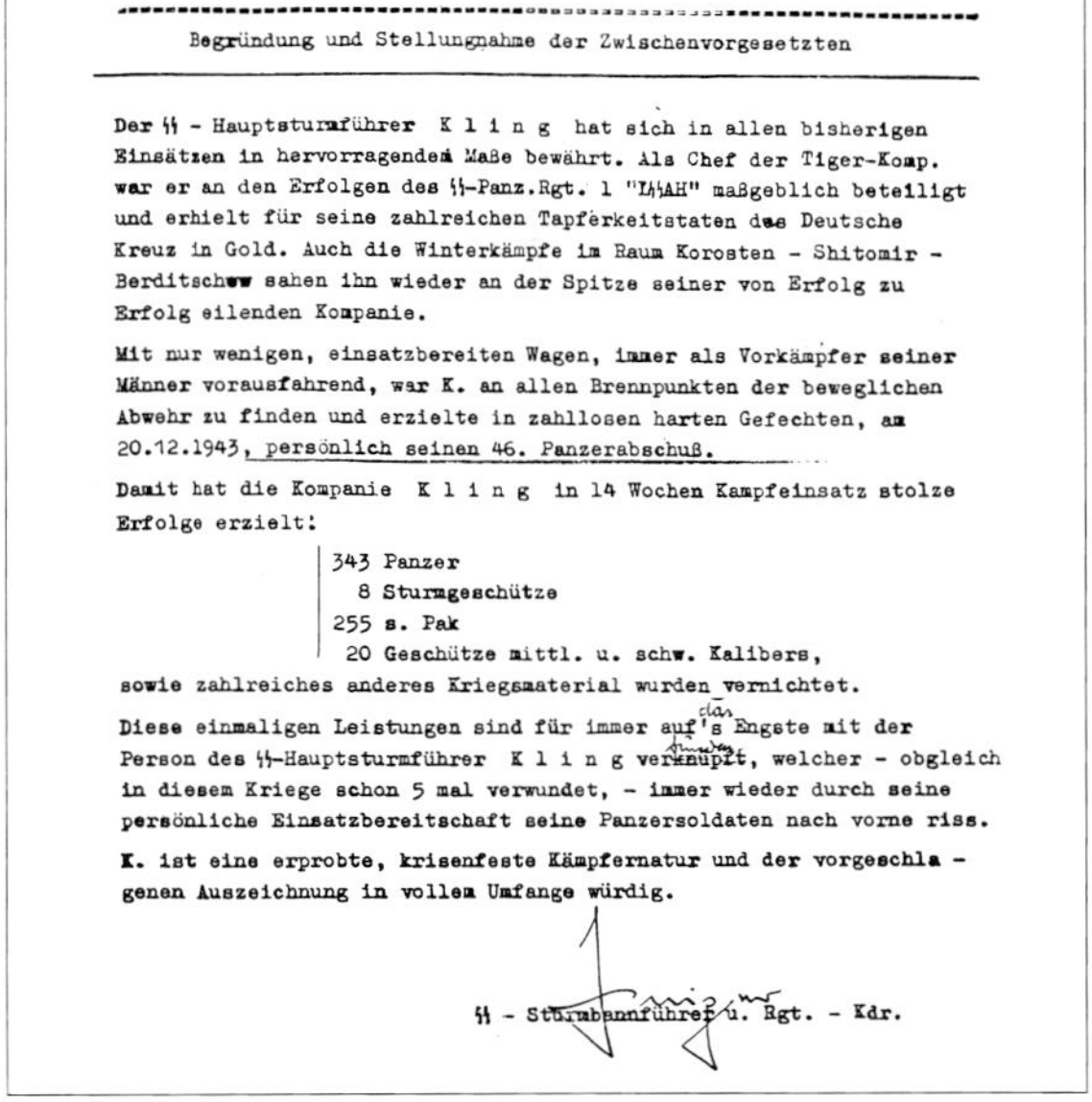

Begründung und Stellungnahme der Zwischenvorgesetzten

Der SS - Hauptsturmführer K l i n g hat sich in allen bisherigen Einsätzen in hervorragendem Maße bewährt. Als Chef der Tiger-Komp. war er an den Erfolgen des SS-Panz.Rgt. 1 "LSSAH" maßgeblich beteiligt und erhielt für seine zahlreichen Tapferkeitstaten das Deutsche Kreuz in Gold. Auch die Winterkämpfe im Raum Korosten - Shitomir - Berditschew sahen ihn wieder an der Spitze seiner von Erfolg zu Erfolg eilenden Kompanie.

Mit nur wenigen, einsatzbereiten Wagen, immer als Vorkämpfer seiner Männer vorausfahrend, war K. an allen Brennpunkten der beweglichen Abwehr zu finden und erzielte in zahllosen harten Gefechten, am 20.12.1943, persönlich seinen 46. Panzerabschuß.

Damit hat die Kompanie K l i n g in 14 Wochen Kampfeinsatz stolze Erfolge erzielt:

343 Panzer
8 Sturmgeschütze
255 s. Pak
20 Geschütze mittl. u. schw. Kalibers,

sowie zahlreiches anderes Kriegsmaterial wurden vernichtet.

Diese einmaligen Leistungen sind für immer auf's Engste mit der Person des SS-Hauptsturmführer K l i n g verknüpft, welcher - obgleich in diesem Kriege schon 5 mal verwundet, - immer wieder durch seine persönliche Einsatzbereitschaft seine Panzersoldaten nach vorne riss.

K. ist eine erprobte, krisenfeste Kämpfernatur und der vorgeschla - genen Auszeichnung in vollem Umfange würdig.

SS - Sturmbannführer u. Rgt. - Kdr.

ここに掲げられているのは、一個の中隊の成果としては、思わず息を呑むような数字である。これらの数字を見れば、ティーガーが東部戦線にもたらした衝撃と、その存在意義が明確に理解されるはずだ。他方、この時点で、すでに二四両のティーガーが失われている。一月一八日も平穏のままに過ぎた。そして翌一九日、第３７１歩兵師団との交替が始まり、『ライプシュタンダルテ』はフメールニク地区へ移動した。この日の可動ティーガーは一両のみである。他には二両が短期の、六両が長期の修理作業中であった。戦車連隊の可動数はパンター三六両にⅣ号戦車三三両と、ようやく許容範囲にまで回復した。

ベルディーチェフ攻防戦の期間中、第ＸＸＸＸⅧ戦車軍団戦区に展開した『ライプシュタンダルテ』は、たとえ数の上では相手が圧倒的に優勢であっても、攻勢的戦術を採用すれば勝利は充分に可能であることを証明した。傘下各部隊の不屈の精神が幸いして、『ライプシュタンダルテ』は第ＸＸＸＸⅧ戦車軍団と第ＬⅨ軍団の間隙を埋め、敵に甚大な損害を与えてみせたのだった。それでも軍団は、敵が戦力を建て直して再び同じ重点を襲うであろうという、当然の判断を示したのである。

以下、結論に代えて、宣伝中隊の当時の記事を引用する。

「一九四三年クリスマス明けにソ連の冬季攻勢が始まった。今やヴィットマンという指揮官を得た重中隊は、敵に厳しい試練を突きつけた。この冬季戦の日々、柏葉章帯勲のパイパーSS中佐率いる戦闘集団が難題を課せられたように。そして、まさしくこの戦闘集団の中核を担っていたのがヴィットマンと彼のティーガー部隊なのだ。どの戦闘指揮所でも囁かれる言葉は同じ。『戦車なしでは持ちこたえられない。頼みのパイパーは包囲されたが、彼なら血路を開くだろう。』果たして、パイパーは血路を開くのに成功した。このとき消耗著しい『ライプシュタンダルテ』の前には、ソ連の親衛戦車旅団三個と自動車化狙撃兵旅団から成る親衛戦車軍団、それに狙撃兵師団三個から成る親衛狙撃兵軍団が迫っていたにもかかわらず。ヴィットマンのティーガー部隊は、装甲を切り裂くかとも思えるほどの対戦車砲弾の嵐をかいくぐり、敵が潜む暗い森、燃え上がる村々、雪と氷に覆われた丘陵地帯を駆け抜けて帰還した。」

また、以下は一九四三年三月二一日からヴィットマンの小隊の一員であったギュンター・ブラウバッハSS上等兵の手記からの抜粋であるが、これもやはりヴィットマンが中隊内でいかなる存在であったかを理解する一助になるはずだ。

「ヴィットマンその人に対して私が抱いていた敬愛の念を言葉で言い表すなど、とうてい不可能だ。彼の厳しくも正しい指導があったからこそ、私たちは一人前の戦車兵になった。彼のためならいつだって火のなかへも飛び込んでいける戦車兵に。私たちは問題があれば何でも彼のところに持ち込み、彼を頼った。彼は役に立つ助言をしてくれたし、必要とあれば慰めの言葉をかけてくれた。誰にでも分け隔てなく。彼は私たち部下の顔を全部知っていたし、私たちの日々の関心事をよく了解していた。戦闘になれば、いつも真っ先に飛び込んで行くのが彼だった。まさに生きた手本だった。未帰還の車両があれば、彼は何よりもその乗員のことを心配した。私たちには、彼のそばにいれば何が起こっても大丈夫、必ず助かる、守ってもらえるという安心感があった。今にして思えば、ミヒェル・ヴィットマンほど私が慕った将校はいない。」

『ヴァトゥーティン』作戦――ヴィンニッツァ東
一九四四年一月二二日～二月一日

第13中隊は前線より撤収、行軍途上でティーガー三両を喪失した。『ライプシュタンダルテ』は、一九四四年一月二二日を期してゴルニック歩兵大将の第XXXXVI（46）戦車軍団に隷属した。一月二四日、師団はヴィンニッツァの北東地域へ移動した。天候のせいで、行軍は難航をきわめた。寒気が緩んで雪解けが始まり、何もかもがウクライナの泥濘に沈み込んだ。それでも第XXXXVI戦車軍団の隷下各師団は、一月二四日に攻撃を開始し、突破作戦を成功させ、ソ連軍をビラ川の対岸にまで押し戻した。目標は、ソ連軍およそ八個師団を包囲し、なおかつドイツ第III戦車軍団と対峙しているソ連第1戦車軍を殲滅することにあった。

ところで同じ一月二四日、ティーガー中隊のヴァルター・ハーンSS少尉が第二級鉄十字章を手にした。ヴィットマンやヴェンドルフとは違って、彼は決して有名な〝戦車キラー〟ではなかったが、やはり中隊内の人気は高く、慕われていた。ヴァルター・ラウも〝親父さん〟の愛称で親しまれたハーンを懐かしんで次のように述べている。

「確かに彼はミヒェル（ヴィットマン）や〝ブービィ〟（ヴェンドルフ）のようないかにも颯爽たる青年将校というタイプではありませんでしたが、独特のお国訛（なまり）とユーモアのセンスで皆に好かれる好人物でした。彼は予備役のSS少尉、それも私たちからすれば、かなり年を食った少尉でした。にもかかわらず、いつも先頭きって自分の車両を駆り立て、戦闘部隊を引っ張って行きました。そうしようと思えば、より安全な警戒任務に就いてお茶を濁すことだってできたようなときでさえ。ですから私たちは彼のことを親しみをこめて〝ハーンの親父さん〟と呼んでいたのでした。

一九四四年の二月初めの、ある日の出来事です――当時、私は彼のクルーで砲手を務めていました――。私たちは武器の手入れをしていました。どうしてそんなことになったのか私にはわかりませんが、ともかくも私たちが藁葺き屋根の小屋のなかで武器の手入れをしていたところ、いきなり信号拳銃が暴発して、屋根を撃ち抜いたのです。小屋はあっと言う間に火事になりました。それこそ、私たちは身ひとつで逃げ出すのがやっとというくらいでした。すると〝ハーンの親父さん〟がケルン訛で言うわけです。『でもまあ、おれの頭の上に屋根を落っことす作戦は失敗したってわけだな、小僧ども』と。それが〝ハーンの親父さん〟でした。

また別のある日、ティーガー三両で前線の警戒任務に就いていたときのことです。そこはザンディッヒSS少佐の大隊の担当戦区でした。彼の隷下の擲弾兵中隊は、警戒に就いた私たちと同程度、つまり一五人ほどを実働兵力としているに過ぎず、それをSS曹長だか上級曹長だかが率いているのでした。ひどい土砂降りで、時折、雨は湿った雪まじりになりました。それでも私たちはハッチを開けっ放しにして敵陣を睨んでいなければなりませんでした。そんな惨めったらしい状況のなかで、ケルン訛で吐き出される彼の愉快な悪態――標的になったのは悪天候、ペーター、赤軍、そして戦争そのものですが――に私たちはどれほど救われたことか。彼は〝鉄の襟 eisernen Kragen〟――私たちは騎士十字章をそう呼んでいました――の着用者ではありませんでしたが、実にいい人だったのです。」

投宿先のウクライナ人家族とともに写真におさまる整備小隊員。

1943年12月の破滅的な道路状況。ご覧のとおり装軌車両でもこれに立ち向かうのは至難の業。

一九四四年一月二五日、『ライプシュタンダルテ』は戦闘に参入した。ヴィットマンSS少尉指揮下のティーガー部隊は尖兵を務め、カリーノフカ〜ウマーニの鉄道線路の西を攻めた。その際、彼らは低空飛行の敵機に数回に渡って襲われたが、損害はなかった。その後、彼らはオチェレーティニャ西の座標316・6地点に到達した。ヴィットマンは――もはや珍しくも何ともないが――数両の敵戦車を撃破した。

一月二六日、『ライプシュタンダルテ』は南東に攻撃を加えた。この日もまたティーガー部隊が先頭に立ち、対戦車壕を越えてガノーフカ方面へ攻め進んだ。正午にはナパードフカの奪取に成功、2350時にはロッソーシェも彼らの手中におさまり、残敵の掃討も済んだ。そして、ここで待望の――と言うより、まさしく緊急に必要とされていた燃料と弾薬を受領した。

弾薬および燃料輸送縦隊に所属する車両は、死活にかかわる補給物資を前線のティーガー部隊に届けるため、日々休む間もなく走り続けていた。同じく糧秣担当下士官のヤーロシュSS軍曹もアメリカのスチュードベイカーのトラックで、ひたすら前線との往復に明け暮れた。彼が工具箱に詰め込んでいたチョコレートは、どこでも大変な人気だった。

彼らのような補給部隊や、整備小隊、修理隊などは、どれほど活躍しても脚光を浴びる機会は滅多にない。だが、彼らは最前線の戦闘部隊へと繋がる長い鎖の、欠かすことのできない環だ。中隊の運転兵たちは必死の思いで吹雪をついて補給物資を、あるいは燃料や予備部品を運んだ。彼らの努力は、もっと広く認められて然るべきである。彼らもまた、単独走行も珍しくない輸送任務の途中で、多くの犠牲を出したのだから。

一月二七日、クールマン戦闘団に編入されたティーガー部隊は、リポベツに向けて出発した。彼らは0530時にリポベツ駅と、その北に位置する十字路にまで進出した。だが、暗いなかでは車両の再給油が不可能とあって、全周防御態勢を敷かなくてはならなかった。イーヴァーンはさっそく戦車を繰り出して探りを入れた後、リポベツ駅に繰り返し攻撃をかけてきた。ティーガー部隊は敵戦車を何両か撃破した。機甲グループ全体では、二六両撃破という戦果を上げた。

ラウSS上等兵は、このときヴィットマンのティーガーの砲塔で警戒に立っていた最中のエピソードを披露してくれた。

「この頃、私は、ほんの数日間でしたがヴィットマンの砲手を務めていたのです。(警戒任務中に)砲塔で暖かな陽射しを浴びているうちに眠り込んでしまったところを、ヴィットマンに見つかりましてね。往復ビンタを喰らいました。いえ、それだけでおしまいです。怒鳴られたわけでもなく、ましてや後々までねちねちやられるなんてことも一切ありませんでした。」

一月二八日、リポベツ駅では四両のティーガーが戦う姿が見られた。ヴィットマンは毎日のように敵戦車を撃破していた。翌二九日、クールマン戦闘団はバービンを奪取する。ガイシンの〝ポケット〟すなわち孤立地帯からはソ連軍が脱出を始めており、『ライプシュタンダルテ』は、ただちに南のモロゾーフカ〜ネミンカ〜パリーエフカ〜クルィニフカ〜シャーベルナヤ〜ズルコフツィ〜ヤクービフカ地区へ送られることになった。ソ連軍の動きを遮断し、上記森林地帯から敵を一掃するために。

この二九日、ヴィットマンはさらに数両の敵戦車を撃破、通算成績を一一七両とした。これは東部戦線でも、あるいはドイツ軍全体でも孤高の記録であった。そして一月三〇日、ミヒャエル・ヴィットマンに柏葉章が授与されることが明らかになった。ほんの二週間前に騎士十字章を受章したばかりで、今度は柏葉章——。このニュースは瞬く間に中隊を席巻した。一九四四年一月七日の時点で、彼の総撃破数は五六両であった。それから二二日間で、彼はさらに六一両を上乗せし、総撃破数一一七両という信じられないような数字を叩き出したのだった。今やヴィットマンは、戦功著しい戦車長のリストの筆頭に地位を占めていた。また同日(一九四四年一月三〇日)付けで、彼はSS中尉に昇進した。

総統はヴィットマンに次のような電報を打った。

「我ら国民の未来を賭した戦いにおける貴君の英雄的行為に謝意を表し、ドイツ軍三八〇人目の有資格者として貴君に柏葉章を授与する。アードルフ・ヒットラー。」（別掲資料を参照のこと）。


ＳＳの機関紙『ダス・シュヴァルツェ・コーア』には、ミヒャエル・ヴィットマンの人となりを大々的に取り上げた記事が掲載された。以下は同記事の要約である（〝戦車一一七両〟と題された記事の全文は別掲）。

「武装ＳＳのヴィットマンＳＳ少尉は、彼にとって通算一一七両目の戦車を撃破した。だが、このような報せに接して、いつもの感嘆の声があがらないのはなにゆえか？　これは尋常ならざる偉業であり、まことに驚愕の念を与えるものだ。だが、その驚愕の念の表明は奇妙に抑制されてしまう。それは、自分が突如として未知の世界に投げ込まれたのを感ずるからだ。これまで親しんできた勇敢さという概念を根底からくつがえす、きわめて危険な力を持った世界に。そして、この冷徹で実務本意の技師のごとき正確さをもって鉄と炎を自在に操る、新しいタイプの軍人を受け入れなくてはならないと悟らされたからである。そこにはもはやロマンティックな英雄像の居場所はない……

一一七両の戦車を撃破したということは、戦争という圧倒的な現実と一一七回の対決を果たしたという以上のことである。それは最終的な帰結につながる一一七回の戦闘を代弁するものだ。最終的な帰結、すなわち死に。農夫の息子の強靱な神経だけを論拠とする心理学では、この偉業に対する評価をそれとなく貶めることにしかならない。……だが、五〇両目、六〇両目の戦車は――それまでの戦車と同じように――射撃演習場で撃破されたわけではない。旋回し、砲撃する戦車の射界のなかで、それらは動き回る死の道具に姿を変えた敵の破壊への意志そのものに見える。相手に先駆けて必殺弾を放たんとする強烈な意志という点では、彼らも我らも同等である。そして、一一七両に至る一両一両が、それまで撃破してきた相手の記憶をそこに呼び起こす……

今やヴィットマンも足を踏み入れた、ひと握りの選り抜きのサークルに所属する男たちの外貌は、そこに刻まれたかすかな、隠れた傷を読みとることのできる人々にのみ明らかである。もしも彼らが我々にはない天与の才に恵まれながら、何かの手違いによって我々のなかに放り出された突然変異の〝超人〟であるならば、彼らの偉業も驚くにはあたらない。その才能と能力、普通の人間が危険を乗り越えるために使う感覚を、易々と働かせたり遮断したりできる彼らの能力が、それを説明してくれるからだ。

しかし、彼らとて我々と同じ人間である。同じ情熱を分かちあい、我々を駆り立てているのと同じ力によって、彼らも

Der am 13.1.44 im Wehrmachtbericht genannte und mit dem Ritterkreuz ausgezeichnete SS-Untersturmführer W i t t m a n n, Michael, Zugführer in einem SS-Pz.Rgt. der "Leibstandarte SS Adolf Hitler", aus Ingolstadt a.d.Donau, wurde als 380. Soldat am 30.1.44 vom Führer mit dem Eichenlaub zum Ritterkreuz des Eisernen Kreuzes ausgezeichnet. Der Führer sandte ihm folgendes Telegramm :

"In dankbarer Würdigung Ihres heldenhaften Einsatzes im Kampf für die Zukunft unseres Volkes verleihe ich Ihnen als 380. Soldaten der Deutschen Wehrmacht das Eichenlaub zum Ritterkreuz des Eisernen Kreuzes.
Adolf Hitler."

Wittmann hat mit seinem Tiger-Panzer in den letzten grossen Angriffs- und Abwehrschlachten im Südabschnitt der Ostfront 114 Panzer innerhalb kürzester Zeit abgeschossen. Diese hervorragende Leistung ist einzig allein nur Wittmanns kühnem Angriffsschwung und vorzüglicher Schießkunst zuzuschreiben.

ドイツの通信社による記者発表
ミヒャエル・ヴィットマンSS少尉、柏葉章の栄誉に輝く

去る1月13日に国防軍の公式発表にその名が上がり、騎士十字章を拝受して間もない『ライプシュタンダルテＳＳアードルフ・ヒットラー』戦車連隊の小隊指揮官ミヒャエル・ヴィットマンSS少尉（インゴルシュタット出身）は、新たに1944年1月30日、総統より柏葉章を授与される380人目のドイツ軍人となった。総統は同少尉に以下の電報を送られた。

「我ら国民の未来を賭した戦いにおける貴君の英雄的行為に謝意を表し、ドイツ軍380人目の有資格者として貴君に柏葉章を授与する。アードルフ・ヒットラー。」

ヴィットマンは、東部戦線南部戦区におけるこのたびの攻勢・防御作戦において、彼のティーガー戦車をもって、きわめて短期間で敵戦車114両を撃破した。かくも非凡な戦績は、ひとえに彼の旺盛な攻撃精神と卓越した戦闘技能に帰すべきものである。

Der Reichsführer-SS Berlin, den 30. Januar 1944

An den
SS-Untersturmführer der Reserve

Michael W i t t m a n n
SS-Nr. 311 623-1.SS-Pz.Div."Leibstandarte SS Adolf Hitler"

Ich befördere Sie mit Wirkung vom 30. Januar 1944 zum SS-Obersturmführer der Reserve der Waffen-SS.

Der Reichsführer-SS
I.V.
SS-Brigadeführer und
Generalmajor der Waffen-SS

ハインリヒ・ヒムラーＳＳ長官よりミヒャエル・ヴィットマンあて、1944年1月30日付けでSS中尉への昇進を告げる通知書

前線へ糧食を運ぶ車列。

決断を促されている。彼らと我々を分かつもの、彼らを高みに押し上げているものは、戦果の合計数ではない。ただ、彼らの成功がどれほどのものかを実際に理解するのはなかなか困難な作業であるがゆえに、その有効な手段として具体的な数字が必要なのだ。彼らをかくも長く生き残らせた能力のすばらしさを理解するのに、数字がよりわかりやすいというだけのことなのだ……

忘れてはならないのは、この偉業が、おおいなる勝利――ここから新たな世界が生まれ出る、おおいなる勝利のひとつであるということだ。新たな世界の誕生は、常にヴィットマンのような人間のなかに用意されている。このような偉業は、ただ無言のうちに享受され、尊ばれる類のものだ。そして、既存の概念とはすでに何の共通点もないものなのだ……」

師団長ヴィッシュSS少将とヨッヘン・パイパーは、戦功著しい車長たちを祝福すべく彼らのもとに駆けつけた。SS特派員ビュッシェルが、この記念すべき光景をフィルムにおさめた。また、従軍記者ヨアヒム・フェルナウは、すでにヴィットマンの傍らで、かなりの期間に渡って取材を続けていた。ビュッシェルは何枚もの貴重な写真を撮影したが、なかでも八八両撃破のキル・リングをつけたティーガーS04を背景にヴィットマンのクルーが揃った一葉は有名である。その白いリングは、わざわざ撮影のために描かれたものでは

あったが。
さらにこのとき、ヴィットマンのクルーにも勲章の授与があった。無線手ヴェルナー・イルガングSS戦車一等兵と、装塡手ゼップ・レッシュナーSS戦車二等兵、操縦手オイゲーン・シュミットSS上等兵は、第一および第二級鉄十字章を同時受章した。シュミットの前に操縦手を務めていたジークフリート・フースは、すでにSS士官学校に送られていたが、先方で彼が第一級鉄十字章を受領するにあたっては、ヴィットマンが手を尽くしたのだった。ヴォルSS伍長は、今や『ライプシュタンダルテ』戦車連隊で一番の戦果を誇る名砲手であった。これまでにヴォルは全部で八一両のソ連戦車をはじめ、対戦車砲一〇七門、一七二ミリ砲と一二五ミリ砲を四門、火焰放射器五基、装甲偵察車一両を撃破、重迫撃砲陣地ひとつを粉砕した。一月三〇日に彼は帰郷休暇を認められ、ほどなく出立したが、追認の形で同じ一月三〇日付けでSS軍曹への昇進が決定した。
ヘルムート・ヴェンドルフSS少尉は、まだ中隊には戻っておらず、「とんだ時に、おれは島流しの憂き目に遭っている」などとヴィットマンに手紙で訴えていたが、彼もSS中尉に昇進した。一方、ヴィットマンは柏葉章拝受のため総統大本営に出頭を命じられた。
ヴィットマン不在中の中隊長に任命されたのはヴェンドル

フSS中尉であった。いずれも車長のエードゥアルト・シュタードラー、エーヴァルト・メリー、ヘルベルト・シュティーフ各SS軍曹もこのとき第二級鉄十字章を獲得した。同様に、ハリー・トイブナー、エーヴァルト・ツァーヨンス、グスタフ・ブレットシュナイダー（以上SS戦車二等兵）とヴァルター・ラウSS上等兵も同章を手にした。ラウは次のように説明している。

「私たちはハーンSS少尉から第二級鉄十字章を渡されました。たまたまその日、彼が戦闘部隊を率いていたからです。その頃は将校の欠員がとても多くて、出撃できるのはその都度決まって将校ひとりに戦車が若干——確か五両ほどがいいところでした。」

この時期、各車両のクルーの構成も決して長続きはしなかった。休む間もなく戦闘に明け暮れた数週間、どこのクルーでも毎日のようにその顔ぶれが変わった。たとえば、ラウの体験は以下のとおりだ。

「車両が戦闘で損傷したり、機械故障を起こしたりして失われた場合、将校は砲手と操縦手を連れて別の可動車両に移るのが通例でした。ですから、クルーは二日か三日おきに変わることになりました。たとえば、一九四三年一一月と一二月、わたしはシュタードラーSS軍曹の装塡手でしたが、一九四四年一月はクレーバーSS軍曹の砲手でした。その間を縫って、しばらくヴェンドルフの装塡手を務めたこともありますし、何日かヴィットマンの砲手にもなりました。クリングSS大尉やミヒャルスキSS中尉、ハーンSS少尉、レッチュSS曹長、クローンSS曹長、ゾーヴァSS軍曹のもとでも、装塡手または砲手を務めました。」

中隊の炊事班長ヤーコプ・モールスSS軍曹も第二級鉄十字章を授与された。運転兵のフリッツ・イェーガーSS上等兵とともに、幾度となく危険を顧みず、疲れ果てた前線の戦車兵たちに食事を運び続けた功績が認められたのである。

一月三一日は戦闘らしい戦闘もなかった。モロゾーフカ南の森林地帯では、赤軍の一〇〇〇人規模の部隊が自発的に投降した。『ライプシュタンダルテ』は再び移動し、別の戦区に投入されようとしていた。

ティーガー中隊員は消耗し、疲れきっていた。身を切る寒さと、底なしの泥沼のなかでの戦いは、気力と体力のありったけを要求した。言語に絶する冬季戦の苦難に彼らが耐えられたのは、戦車兵に課された高度かつ徹底的な訓練、固く、ゆるぎ無い戦友同士の絆、そして内に秘めた覚悟——何と言っても彼らは志願兵なのだから——の賜である。劣悪な天候にくわえて、敵の物量と兵力の圧倒的な豊富さが彼らを痛めつけた。それだけではない。要するに敵もまた一筋縄ではいかない兵（つわもの）であったということなのだ。誰もが

鹵獲された多連装ロケット弾発射器“スターリンのオルガン”。

ソ連兵の捕虜にだけはなりたくないと思っていた。ドイツ軍の捕虜や負傷兵に対する、ソ連兵の――とても言葉にはできないほどの――残虐行為のあとを、あまりに頻繁に目撃してしまったからだ。

他方、ウクライナの民間人との間には、何の問題も生じなかった。彼らの小さい藁葺き屋根の家で、戦車兵たちは戦闘の疲れを心おきなく癒すことができた。家主との間では、食料品などの物々交換が盛んに、そして双方とも潤うようにおこなわれた。当時一八歳で無線手を務めていたフーベルト・ハイルSS戦車二等兵は、その頃のロシアの思い出を次のように綴っている。

「ソ連戦車だけが私たちの目指す相手というわけではありませんでした。パックフロントというのもしぶとい相手で、私たちをさんざん手こずらせてくれたものです。彼らは負傷してもなかなか戦闘をやめませんでした。それに、向こうの歩兵はいつも私たちの歩兵を数で圧倒していました。豪雪をともなった寒い冬そのものが、そもそも危険な敵でした。もちろん、空腹にも弱らされましたが。」

この当時、戦車兵の間で防寒用に重宝されたのが黒い革の上下――本来は海軍の支給品――である。分厚い革ジャケットに革ズボンは、車内で火災が起きた場合にも、けっこうな防護服になった。

1944年2月2日、ヴォルフスシャンツェでヒットラーから柏葉章を親授されるヴィットマン。

また、この時期、SS第1対空砲大隊八・八センチ砲中隊の砲弾の備蓄が底をつきかけたため、ティーガー部隊から大量の砲弾が——信管を交換した後——送られたこともあった。

クレーバーSS軍曹の砲手を務めていたラウは、彼ら戦車兵の〝現場の知恵〟の一端を窺わせる、次のような逸話を伝える。

「村に立ち寄ったときはいつもそうなのですが、私たちはさっそく何か食べられそうなものを探しまわることになりました。そして、そのときは、家畜小屋に豚が一頭いるのを見つけました。続いて、どこかから梯子が調達されました。それに豚を——梯子を探し出す間に早くも私たちの手で息の根を止められていました——吊して、解体処理をするのです。誰かがトーチランプで毛焼きを始めました。ところが、まさにそのとき、近くから戦車砲の射撃音が聞こえたのです。イーヴァーンどもが、T-34で村に迫りつつありました。ヴィットマンはただちに戦闘態勢を取り、T-34と一戦交えるべく、村から飛び出して行きました。すぐに彼はその場で何両かの戦車を撃破しました。

私たちは、豚を天幕で包んで、ロープでしっかりと縛り、砲塔の横にくくりつけてから村を出ました。私たちの車両は、ヴィットマンの車両の右につきました。けれども、私たちにはほとんど何もできないとわかっていました。なぜなら、このとき私たちの車両は、主砲の電気式発射装置が故障していたからです。それなのに、こんなときに私たちの車長クレーバーSS軍曹が、一五〇〇メートルばかり向こうの斜面に、ソ連の突撃砲一両を発見しました。恐れていたSU-152です。さあ、それでどうしたかと言えば——。

我らが〝クヴァックス〟・クレーバーは、あることを思いつきました。理屈だけなら、私たちの間で前々から論じられていた方法でしたが。彼は戦闘室の後方の区画にある車載バッテリーのカバーを外しました。そして、二本の長いレンチを使って、バッテリーと砲塔旋回装置——したがって主砲発射装置——とを直結方式でつなげたのです。砲手の私が突撃砲に狙いをさだめ、俯仰装置についている発射レバーを引き、クレーバーがレンチを使って撃発させたわけです。射弾は火花を撒き散らしながら跳飛してしまいましたが、明らかに相手を行動不能に追い込むことができました。

クルト・クレーバーは、空軍からの転属組のひとりでしたが、この頃には、すっかり敏腕の戦車長になっていました。一度、砲弾が炸裂した際に爆風をまともに受けて、砲塔から投げ出されたことがありましたが、無傷でけろりとしていました。彼は〝落第パイロットのクヴァックス〟と呼ばれていました。それと言うのも、彼がハインツ・リューマンに似ていたからで、リューマン主演の、あの映画のタイトルがそのまま空軍出身の彼の渾名になったのです。〝クヴァックス〟・クレーバーは、相当の喧嘩好きのようでした。見た目は、いかにも情けない感じでしたが。彼は機甲擲弾兵が普通に着ている毛皮の裏地、毛皮のフードつきの防寒服（アノラック）を愛用していました。けれども、それがもうぼろぼろで、裏地の毛皮があちこちはみ出して垂れ下がっているのです。フードは肩掛けになっていました。同じくご愛用の毛皮を内張りしたブーツも、やはり見る影もなく、靴底と臑の部分を針金でぐるぐる巻きにして分解を防いでいるという代物でした。おまけに頭にはロシア兵の防寒帽の正面に髑髏の徽章をつけたのを被っていました。これにはヴィットマンも口を出さずにはいられなかったようで、『おい、クヴァックス、もっとまともな格好をしろ！ それじゃあ誰が見たってロシア兵だ。今に味方に撃たれるぞ』などと文句をつけていました。言われてもクヴァックスはどこ吹く風で、相変わらず同じ格好で走り回っていました。ただひとつ彼が譲歩した点は、防寒帽の耳あての部分をきちんと上に撥ねあげて、頭のてっぺんで結んでおくようになったことくらいです。」［訳注／ハインツ・リューマンはナチ時代から戦後にかけて活躍したドイツの国民的喜劇俳優。短躯童顔で人気を博した。一九四一年製作の娯楽映画『落第パイロット、クヴァックス Quax der Bruchpilot』は大ヒット作であり、彼の代表作として知られる。以上、瀬川祐司著　平凡社刊『ナチ娯楽映画の世界』

を参考に。映画は日本未公開、邦題は瀬川訳による」。

今回の戦闘の過程で、小規模の戦闘集団とともに行動したティーガー各車は、短期間ではあったが、包囲を経験した。第13中隊の報告によれば「我々が包囲されていることは、我々とともにあるロケット弾部隊が、一斉射撃ではなく、各個射撃に切り替えているという事実によっても認められる。彼らにはロケット弾が不足している。我々の場合は燃料である。当然ながら、士気は最低に落ち込んでいる。午後になったかと思えば、もう暗くなりはじめた。かてて加えて実に寒い。今日の夜は、いかにすべきか？

ヴィットマンは、手近な小屋の周囲に四〜五両のティーガーを集め、それぞれ主砲を別の方向に向けて待機させた。そして、そこに交代で歩哨が立ち、あとの者は小屋のなかで暖を取った。ただし、状況が不安定に過ぎるため、眠ることは問題外であった。夜は静かに更けていった。この小村を囲んで針鼠陣を敷いた機甲擲弾兵が、数回に渡って小戦闘を展開したのを別にすれば。その間、我々は——燃料が徹底的に払底しているために——ヴィットマンの命により、せいぜい村の周縁にティーガーを持って行き、主砲で睨みを利かせるほかなかった。翌日の午後になって、隣接の第16戦車師団の戦車部隊が補給物資を持って救援の途上にあるとの噂が届いたとき、我々は歓びに沸いた。実際、トラック数台を従えたIV号戦車の先頭の一両が村に姿を見せたときの嬉しさは格別であった。給油、給弾の後、我々はチェルカースィに向けて行軍を再開した。」

一九四四年二月一日、モナストィリシュチで戦車の貨車積載が始まる。同駅までの行軍に際し、損傷を抱えたティーガー三両は牽引不可能であったため、爆破処分された。結果、可動ティーガーは六両となった。機甲擲弾兵部隊は、キシュチェンツィ〜ハルコーフカ〜ゼンゲローフカ〜ネステロフカ地区をめざして、ぬかるんだ街道づたいに困難な行軍を開始した。戦車部隊だけが鉄道輸送であった。

チェルカースィ解囲攻撃

一九四四年二月二日〜二八日

さかのぼって一九四四年一月五日、強力な赤軍部隊が、東へ突出した第8軍のドニエプル陣地を襲った。赤軍の目標は、第8軍隷下第XI軍団および第XXXXII（42）軍団を包囲し、殲滅することにあった。赤軍先鋒部隊は、焦点のキロヴォグラードと、さらに北方のカーネフの二ヶ所から突破を果たした。ふたつの先鋒部隊はスヴェニゴロトカで会合、ここにチェルカースィ包囲網が完成する。包囲網のなかには下記のドイツ軍部隊が閉じ込められた。

第XI（11）軍団　シュテンマーマン大将

1944年2月、『ライプシュタンダルテ』の作戦可能ティーガーはほんの数えるほどながらチェルカースィ解囲攻撃に投入され、包囲網の辺縁で戦った。この写真は小屋のなかで食事の用意をしているティーガー搭乗員。手前左からマックス・ガウベ、クルト・クレーバー、ヴァルター・ラウ、その背後にいるのはポラック（向かって左）、氏名不詳の陸軍の兵、右端はヴェルナー・ヘーペ。

第ＸＸＸＸⅡ（42）軍団　リープ中将
第57歩兵師団　トローヴィッツ少将
第72歩兵師団　Dr・ホーン大佐
第88歩兵師団　ベーアマン大佐
第１１２歩兵師団　フーケ大佐
第３８９歩兵師団　クルーゼ中将
ＳＳ第５戦車師団『ヴィーキング』ギレＳＳ中将
ＳＳ突撃旅団『ヴァローニエン』リッペールＳＳ少佐
第１６７歩兵師団
第１６８歩兵師団
第３３２歩兵師団
第２１３警備師団

この約五万の将兵を救出すべく、第Ⅲ戦車軍団に一大戦力が集められた。そのなかにはコル少将の第1戦車師団、バック少将の第16戦車師団、フォン・ホーフェン大将の第１９８歩兵師団のほか、第17戦車師団、『ベーケ戦車連隊』が含まれていた。これら師団はフーベ大将の第1戦車軍隷下に置かれた。

ところが、当地では二月二日を境に天候が激変する。寒気が緩み、各道路は融雪によって底なしの泥沼と化した。

ヴェンドルフＳＳ中尉は前線に復帰し、連隊副官のニュスケSS大尉にヴィットマンからの電報を手渡された。一読後、ヴェンドルフはさっそくヴィットマンあてに手紙を書き、そのなかで中隊の状況を次のように評した。

「後方から戻ってくると、さっそくニュスケが君からの電報を僕に読んできかせた。君がもどってくるまで、中隊を率いることになったのを僕は光栄に思っている。とは言え、実のところ、今の中隊はがらくたの山も同然とわかって仰天したのだが。」

二月五日、中隊のティーガー三両がクラースヌィに到着した。翌日、クールマンSS少佐に率いられた戦車戦闘団はティーノフカに進撃する。この戦車戦闘団は、ティーガー二両とパンター九両、これに跨乗するSS第2機甲擲弾兵連隊の擲弾兵という構成であった。この日『ライプシュタンダルテ』は東へ突進、コジャーコフカ〜ティーノフカの線に沿って第Ⅲ戦車軍団の側面および後方を掩護した。

二月七日、ヴェンドルフと彼のティーガー部隊はティーノフカ〜ヴォトィリョーフカにあり、西面していた。1500時、ソ連戦車一〇両がドイツ軍戦線を突破、フェッジュコーフカ南の街道を南下した。このとき、ティーガー一両が二両の敵戦車を撃破した。その他のドイツ戦車もT-34さらに五両を撃破している。ドイツ軍偵察部隊は、ティーノフカの南に手強いパックフロントの存在を確認した。結局、この日、戦闘に参加したティーガーは四両であった。

第Ⅲ戦車軍団の解囲攻撃は、泥濘と強大な赤軍の両方を相手に戦われねばならなかった。二月八日、クールマン戦闘団正面の戦線は、赤軍の斥候班が探りを入れてくる以外は平穏であった。ティーガーは終日、陣地に待機した。

二月九日、クールマンとヴァイデンハウプトの両戦闘団は数回の敵襲を撃退、その過程で、ティーガー部隊はタチャーノフカ北で何両かの敵戦車を撃破した。

二月一〇日、『ライプシュタンダルテ』師団は、タチャーノフカ〜ヴォトィリョーフカ〜ティーノフカ戦区にあった。ソ連軍はレプキー前面に塹壕を築いて部隊を配したが、レプキーには夕刻にクニッテルSS少佐のSS第1機甲偵察大隊が布陣した。ティーガー部隊はこの日から二月一五日までタチャーノフカの防衛線にとどまることになる。

遠大な距離、それに劣悪な道路状況が災いして、各部隊への適正な補給は妨げられていた。馬匹牽引の車両――つまりはパニエと呼ばれる、地元ではよく見られる一頭立ての荷馬車が、燃料や糧食――たいていは缶詰の肉――を前線に届けるのに利用された。ティーガー部隊は砲弾の払底に悩んでいた。ちなみに、この頃、ヴァルムブルンSS伍長が、ソ連のイリューシンIl-2地上攻撃機を機関銃で撃墜したという逸話もある。

第Ⅲ戦車軍団は北上を続け、隷下の第16戦車師団はダシュ

ティーガーの車上に座っているのは、この車両の操縦手ポラックSS軍曹。手前に並んでいるのは左から、操縦手ヴェルナー・ヘーペSS上等兵、車長の"クヴァックス"ことクルト・クレーバーSS軍曹、砲手ヴァルター・ラウSS上等兵、装填手マックス・ガウベSS上等兵、氏名不詳の陸軍の兵。1944年2月。

コフカに到達した。チェルカースィの〝ポケット〟の縁まで、あと二〇キロメートルである。

二月一二日、ティーガー部隊は、さらなる栄光に輝いた。ヘルムート・ヴェンドルフSS中尉が騎士十字章を獲得したのだ。中隊の人気者〝ブービィ〟・ヴェンドルフは、すでに総撃破数五八両に達する、放胆にして勇敢な小隊指揮官として名を馳せていた。戦果の多さでも『ライプシュタンダルテ』屈指の戦車長であり、この当時はみごとな統率力で中隊を率いていた。

ヘルムート・マックス・エルンスト・ヴェンドルフは、一九二〇年一〇月二〇日、ザクセン州のシュヴァイニッツ管区グラウヴィンケルに、農家の息子として生まれた。兄弟がひとり、姉妹が二人いた。一九三一年、父親がウッカーマルクのダメに農場を借りたのを機に、一家は同地に移り住む。ヘルムート少年は一九三六年一〇月までプレンツラウの中等学校に在籍し、その後、ナウムブルク・アン・デア・ザールのナーポラ／国立政治教育学院に転入した。一九三九年秋、アビトゥーアを取得してナーポラを卒業した彼は、そのまま武装SSに志願する［ナーポラについては前出の訳注を参照のこと］。

ヴェンドルフは一九三九年九月四日に『ライプシュタンダルテ』補充大隊で訓練を開始した。同年一一月六日、彼は、このとき全隊揃ってプラハに駐屯していたSS『ライプシュタンダルテSSアードルフ・ヒットラー』連隊の第11中隊に送られた。一九四〇年二月、『ライプシュタンダルテ』突撃砲中隊が新設されると同時にヴェンドルフはその隊員として転属し、そこでミヒャエル・ヴィットマンやハンネス・フィリプセンと出会う。以後、彼らとヴェンドルフとは多くの戦闘をともに経験することになる。一九四一年、突撃砲中隊員ヴェンドルフは、バルカン作戦を経て対ソ進攻に臨み、第二級鉄十字章と戦車突撃章銀章を獲得した。同年一一月一日、この聡明な若いSS軍曹は、ハンネス・フィリプセンとともにバート・テルツのSS士官学校に送られる。翌四二年四月二〇日、彼はSS連隊付上級士官候補生となって同校の課程を終了、突撃砲大隊に復帰、二ヶ月後の六月二一日にはSS少尉に昇進する。そして同年一二月、彼はファリングボステルに赴き、ティーガー中隊に加わったのだった。

一九四四年二月一四日、南東への行軍が始まる。目的地はフランコフカ。だが、翌一五日は、少数の可動戦車が壊滅的な道路状況と格闘しつつ、損傷した僚車の牽引作業に従事、これだけで丸一日が潰れた。これにはティーガー、パンター、Ⅳ号戦車、突撃砲各一両が活躍した。

二月一六日夜間、師団の有力部隊がシューベヌィ・スターフまで進出する。SS第2機甲擲弾兵連隊長ザンディッヒSS少佐は、オクチャーブリに進むよう下命された。そのうえで包囲された友軍と連絡をつけるための前提条件を整えるのが、彼の使命であった。

他方、ソ連軍は包囲網内のドイツ軍に向けて、およそ次のような内容の宣伝ビラを作成した。「……諸君はここで人生最後の日々を過ごしている……日に日に諸君の抵抗地帯は狭まり、今ではほんのちっぽけな区域でしかない。諸君の敗北は目前だ！　諸君の司令部は、自力脱出の希望を疾うに捨て去った。自力脱出を果たせなかった諸君は、今に外から救援が来るというまやかしの希望にすがっている。だが、聞き分けたまえ。包囲を破り、諸君を救出する試みはことごとく失敗し、ドイツ軍はただ膨大な犠牲を払うだけである。諸君の抵抗地帯がそのまま諸君の墓場になるのは、これが初めてではなかろう。諸君にとっても、また諸君の〝救援部隊〟とやらにとっても。スターリングラードを思い出せ、キロヴォグラードを思い出せ！　アードルフ・ヒットラーSS師団が諸君を助けに来るなどというたわごとを信じるな。赤軍は強い。SS師団を、そして諸君をもろともに殲滅するのに苦労はしない……」

だが、この種のプロパガンダが期待どおりの効果を上げることはできなかった。ドイツ軍将兵はソ連軍の〝約束〟の空しさを、いやというほど承知していたからである。

ヘルムート・ヴェンドルフSS中尉。
1944年2月12日に騎士十字章を受章。

二月一七日未明、戦車部隊を含むハイマン戦闘団が、オクチャーブリまで前進する。ザンディッヒはオクチャーブリの南、リシャンカへの途上にあった。雪と厳しい寒さが、その邪魔をする。とは言え、泥沼と化していた道路が気温の低下によって再び固く凍結したのはかすかな救いであった。クニッテルの偵察大隊もリシャンカに到達した。

すでに前夜、包囲網内では、各部隊が脱出行に備えて不必要な装備の破壊を始めていた。包囲網は、もう直径三キロから五キロメートル程度にまで狭まっている。西へ向かって脱出する各部隊の目標は、オクチャーブリに近い２３９高地と決まった。そこには数両のティーガーもいるはずであった。かくて二月一六日２３００時、苦難の脱出劇の幕があがった。友軍解囲部隊との合い言葉は〝自由Freihei〟。

先頭を進む部隊のひとつにデーブスＳＳ中尉率いる『ヴィーキング』師団偵察大隊がいた。だが、日付変わって一七日０４３０時、『ヴィーキング』の兵士らは２３９高地の手前で猛烈な敵火に身動きが取れなくなってしまう。彼らはいったん東へ踵を返し、さらにグニロイ・ティキチュ川を渡らねばならなかった。多くの者が激流に呑まれて命を落とし、対岸へ泳ぎ渡った者だけが『ライプシュタンダルテ』陣地線に収容された。

二月一七日朝、『ライプシュタンダルテ』の戦車部隊はオクチャーブリの東に進撃、強烈な抵抗に遭遇する。だが、彼

第13中隊長ハインツ・クリングSS大尉。1944年2月23日に騎士十字章を受章。

らはソ連戦車数両と対戦車砲数門を破壊し、かなりの規模の相手をその場に足止めした。ソ連軍に蹂躙され、その騎兵部隊に追い立てられながら、『ヴィーキング』師団の脱出部隊の第一陣が友軍陣地線に到達したのは一七日の昼近くであった。

一方、戦死したリッペール旅団長に代わって『ヴァローニエン』突撃旅団を率いるレオン・ドゥグレルSS大尉は、指揮下の強襲部隊とともにオクチャーブリ付近の森に潜んで夜を迎えた。「我々は朝から飲まず食わずで生き延びた。ひと掴みの雪よりほかに何も口にせず。暖を取るため、雪に掘った穴のなかで精一杯体を押しつけあって。ともかく、皆、恐怖でへとへとになりながら、この恐ろしい一日の終わりをじっと待っていた。そうして、暗くなって、高台にいる戦車がもうこちらの動きを監視できなくなってから、我々は決死の覚悟で穴を飛び出した。

夕方六時半、我々はきちんと秩序を保って行動を開始した。まず、斥候班に先導されながら、沼地を縫って延々と伸びる小道を二キロほど進んだ。時には膝まで泥に埋もれた。だが、赤軍は我々に気づいていなかった。我々は雪に覆われた斜面を登った。それを越えると、月明かりにきらめく一筋の川が見えた。我々は次々と、その上にかかる滑りやすくて危険な丸木橋を渡った。そして、そこからさらに五〇メートルほど歩いたところで大騒ぎが始まった。いきなり我々の前に立ちふさがった三人の影がドイツ軍の鉄かぶとをかぶっていたからだ。その瞬間、これまでの苦労も苦痛も一挙に吹き飛んだ。我々は互いに抱擁しあい、笑い、泣き、あたりを跳ねまわった。」

後続の陸軍の各師団も友軍戦線すなわち自由と解放の世界に辿り着いた。多くの犠牲と引き替えにではあったけれども。

このとき、オクチャーブリ付近に布陣していたSS第1機甲擲弾兵連隊第I大隊のギュンター・ツァークSS少尉は、救援部隊側からの包囲突破を次のように伝える。

「……すると、ものすごい音がして、何かが屋根を突き抜けた。スープの容器のなかに土くれが降った。誰かが平然と皮肉を飛ばした。『ありがてえな。あいつらのロケット弾にこんな出来のいい信管がついてるなんてよ。でなきゃ、おれたち全員あの世行きだったぜ』と。

それから、外で戦車の履帯特有の音がしたかと思うと、それは我々の横を走り抜けていった。そのT-34は、ろくに狙いもせずに、ただもうそこらじゅうに砲弾をばらまいて走っていた。その点、我々の砲は違う。正確に奴を捉えた。初弾があっさりと命中し、そいつはたちまち吹っ飛んだ。とは言うものの、我々の位置は微妙かつ不安定だった。敵は高地の陰から我々の側面に回りこむことができる。移動すべき時だった。我々は遠くからの小銃火にさらされながら、見通しよく開けた、しかも滑りやすい斜面を横切り、どうにか死傷者を出さずに出撃陣地まで辿り着いた。

包囲された友軍が乗り越えねばならない最後の障害は（グニロイ・ティキチュという）川だった。我々は敵の側面を攻撃し、脱出行動中の友軍に、いささかなりとも息をいれる暇を稼ぎ出してやった。ところが、我々は混乱の渦を目の当りにした。疲れ果て、パニックに陥り、死に物狂いの兵、もはや誰の言うことも聞く耳持たず、ただひたすらこの何週間も続いた陰惨な地獄から逃げ出すことしか頭にない兵の渦を。助かるためには氷のように冷たい急流を渡らねばならないのだが、ある者は力尽きて溺れ、ある者は心臓マヒを起こし、またある者は暴れる馬の下敷きになって水底に沈んだ。こちらの岸まで泳ぎ着いた者の衣服は凍って体に張り付いていた。だが、彼らはやり遂げたのだ。やつれきった彼らの顔に、かすかな微笑みが浮かぶのが見て取れた。幽鬼のような、落ち窪んだ眼ばかりがぎらぎらと目立つ彼らの顔は、しかし、彼らが目撃したソ連兵の残虐行為――疲れ果て、あるいは負傷して雪のなかに横たわるドイツ兵に対する、ソ連兵の残虐行為の恐怖の記憶を如実にとどめていた。我々は暖かな服を差し出し、戦友たちを精一杯慰労した。」

チェルカースィ包囲網を脱出できたのは三万四〇〇〇人で

ある。約二万人は取り残された。死んで、あるいは負傷して落伍し、あるいは捕虜となって——。

二月二〇日までの解囲攻撃最後の数日間、ソ連軍はオクチャーブリ東の森林から攻撃をかけてきたが、戦車部隊の反撃により退けられた。劣悪な条件にもかかわらず、ティーガー中隊の補給車両は前線の戦車に糧食や砲弾を届けるのに何とか成功した。彼らの功績は、誰もが認めていた。ヴァルター・ラウも、この後方部隊の男たちについて、こう言っている。彼ら段列の存在なしでは、私たちはいったいどうなっていたことやら、と。

「彼らのような段列すなわち兵站支援部隊に所属する者の名前は、戦車を駆って戦闘に赴く者の名前と比べて、どうしてもかすみがちです。けれども、彼らのことを忘れてはなりません。衛生兵、弾薬・燃料輸送縦列の運転兵、運転助手、キューベルヴァーゲンに乗った修理隊員や整備小隊員、特に戦車回収班員のことを。そして、最後に挙げることになりましたが決して軽んじられるべきでない野戦炊烹車や糧食運搬車の要員のことも。酷暑の夏も、極寒の冬も、激しい砲撃のさなかでも、彼らは前線の私たちからほんの数百メートルのところまで駆けつけてくれました。また、私には『ツィタデレ』当時に私たちと一緒だったふたりのヒーヴィース（志願補助員）のことも忘れられません。彼らはドイツ人の運転兵ともどもソ連軍の戦線に迷い込んで、殺されてしまったのです。チェルカースィでは、またふたりのヒーヴィースが私たちの部隊に加わりました。もとは私たちが撃破したT-34の搭乗兵でした。ところが、そのうちのひとりは、何日も経たないうちに——まだチェルカースィ解囲攻撃の最中でした——段列の戦友のためにフィールドキッチンにコーヒーを取りに行こうとして、その途中、同じ第13中隊の歩哨に撃たれてしまったのです。誰何された際、ロシア語で応えてしまったため、気の毒にも命を落とす結果になりました。もうひとりの方は、ノルマンディ戦の頃もまだ私たちのフィールドキッチンで働いていました。

ゼップ・ハーフナーSS曹長とアードルフ・フランクSS上等兵も、私たちにはお馴染みの顔でした。ともに凄腕のエンジンの専門家です。彼らはいつも戦車部隊の近くに待機していて、ただエンジン音を聴くだけで故障を突きとめることもしばしばでした。一度、ジトーミルで私たちクルーはハーフナーSS曹長の世話になったことがあります。そのとき私たちは何キロにも渡って後退中でしたが、エンジンに欠陥が見つかったのです。シリンダーヘッドのガスケットに漏れる箇所がありました。ハーフナーは全員から煙草の箱を掻き集め、それで漏れを塞ぎました。言っておきますが、これはソ連軍の戦車や歩兵の射程距離内でのできごとなのですよ。彼はこれ以外にも同様の離れ業を数々やってのけて、第一級鉄

1944年2月19日、柏葉章佩用のミヒャエル・ヴィットマン、生まれ故郷の
フォーゲルタールに錦を飾る。同地で彼は地域住民の熱烈な歓迎を受けた。

十字章を授与されました。アードルフ・フランクというのは、ノルマンディ戦当時はSS軍曹で、第2中隊の整備隊長でした。彼もまた実に重要な人材で、尊敬されていました。

アードルフ・シュミット衛生兵伍長も忘れがたい人物です。チェルカースィから撤退中だった一九四四年二月の私の誕生日のできごとをお話しましょう。このとき、私たちの車両は中隊長代理のヴェンドルフSS中尉の車両に牽引されていました。ひどい寒さで、おまけに何日もろくに食べていませんでした。そこへ、アードルフ・シュミットが、手に一杯のジャガイモをどこからか見つけてきてくれて、おかげで私たちとヴェンドルフ車のクルー全員、塩をふった熱々のベイクドポテトにありつきました――塩はそのへんの民家で手にいれることができました――。これは本当にすばらしい誕生日プレゼントでした。後にアードルフ・シュミットは、八月初めにノルマンディのレズ渓谷で、私たちが〝パンツァーマイヤー〟と副官プルスSS少尉の指揮下にあったとき、私たちの車両のすぐ横で重傷を負いました。彼は東部戦線でそうしてきたように、ノルマンディでもしょっちゅう六人目の乗員としてティーガーに同乗し、その場で負傷者の応急手当をして、多くの戦友の命を救ったのです。

弾薬・燃料輸送縦列の指揮官のこともよく憶えています。『ツィタデレ』、それに一九四三年の冬季戦当時はモレンハウアーSS軍曹、四四年の一月からはコンラートSS曹長でした。彼らはMAN社の五トン大型トラックや、フィアットのトラックで弾薬や燃料を運んできて、それからオペルーブリッツ三トン軽トラックに乗り換えて前線まで来るのです。おかげで私たちは、主戦線のほんの数百メートル後方で、給油給弾が可能でした。時折、私たちも交替要員として前線のクルーと入れ替わるときなど、彼ら輸送縦列に――助手席に乗せてもらって――同行することがありましたが、その結果、私たちは彼らに最大の敬意を払わざるを得ませんでした。

そして、前線でいちばん歓迎された人物は、何と言ってもフィールドキッチンの主、モールスSS軍曹と、糧食運搬トラックのヤーロシュSS軍曹です。彼らは常にたっぷり三日から一週間分の食料を持ってきてくれました。もっとも、たいていは二日もあれば食べつくされてしまいましたが。煙草を吸わない者は、煙草を甘いものと交換しました。私はなぜかいつも煙草を吸わない者ばかりに囲まれるという幸運の持ち主で、このおかげで、砲手席の左にある私のヘッドフォン収納用の箱には彼らにもらった煙草がぎっしり詰まっていました［訳注／前線部隊の兵士に対する煙草の支給量は一人一日あたり紙巻き煙草六本ないし七本。非喫煙者にはチョコレートなどが支給された］。

ヴィットマン少尉が中隊を引き継いだ当時、こんなことがあったのを思い出します。〝シュピース〟のハーバーマンは、戦闘部隊には刻み煙草とそれを自分で巻くための紙を支給するという彼なりの慣例を持っていました。段列は紙巻き煙草をもらっていたのですが。この件で、新任中隊長のヴィットマンとハーバーマンとの間で、猛烈なやり取りがあったようで、以来、戦車の搭乗員も紙巻き煙草を支給されるようになりました。その後、一時、コンラートSS曹長の指揮下にある弾薬・燃料縦列が、糧食までも運んでくることがありましたが、ただ運んでくるだけでなく、そこには気配りの良さが見られました。こうしたことがあって、数週間後にコンラートがハーバーマンの後任に選ばれることになったのでしょう。」

一九四四年二月二〇日、師団は、ロスコシェーフカ〜パブロフカ地区からの移送計画の一環として、ティーガーとパンター各四両、Ⅳ号戦車三両は牽引の必要がありとしつつ、そもそも師団が自前の移動手段を確保できていないと(軍団に)報告した。チェルカースィ解囲攻撃では、少なくとも一両のティーガーが失われた。クレーバーSS軍曹のティーガー(操縦手ヘーペSS上等兵、装塡手ラウSS上等兵)は敵火によって損傷、結局は撤退途上で爆破処分となった。

二月二三日、ヴェンドルフは親友ヴィットマンに、次のように書き送った。

「ウマーニ地区への行軍中、トラックのほとんどが泥のなかで立ち往生し、今日になってもまだ故障だらけのまま街道沿いに放置されている。車両は一台たりとも走っていない。……だが、君はご自慢の白髪頭をこのうえ白くしないことだ。……このところ、僕らのささやかな部隊は、チェルカースィの西に包囲された友軍の脱出を支援した。泥にまみれながらも、彼らの大半は脱出に成功した。僕がいちばん気に入ったのは『ヴィーキング』師団の態度だ。彼らがいなかったら、この脱出作戦全体が、いともたやすく一個の災厄と化したかもしれない。」

ヴィットマンと総統

一九四四年二月二日、ミヒャエル・ヴィットマンは、総統大本営〝ヴォルフスシャンツェ〟でヒットラー総統による柏葉章親授式に臨んだ。総統は長時間に渡ってヴィットマンと対談し、東部戦線の印象や戦況についてヴィットマンに質問した。その際、総統は、第13中隊がその人員に見合うだけのティーガーを受領できるよう取りはからうことを約束した。また総統は、ヴィットマンが結婚しているのか否かなど、その個人的状況にも興味を示した。実のところ、ヴィットマンにはすでに挙式の予定があったのだ。こうした会話の途中、総統はヴィットマンの前歯一本が欠損しているのに気づいたらしい。その後、ヴィットマンのもとに総統お抱えの歯科医が義歯作成に差し向けられてきたという。

それにしても、一体どうすればひとりの人間が一一七両もの戦車を撃破できるのだろうか。幸運によって？　然り。〝運〟もひとつの条件には違いない。だが、ほとんどはヴィットマンのティーガー運用法にかかっていたのだ。つまりは彼の特別な緻密さ、毎回の周到な作戦準備、全力を傾注してことに当たる能力の賜（たまもの）である。ヴィットマンの成功は、これほどの短期間で達成されたという点では、まさしく空前のものであった。

ヴィットマンの傍らで取材を続けていた従軍記者のヨアヒム・フェルナウは一九四四年初めに以下のように記した。

「……我々はしばしば食事をともにした。彼(ヴィットマン)は、いつも物思いに沈んでいるようで、寡黙で内省的、心ここにあらずといった様子にも見えた。しかし、本当は翌日の作戦と自らの責任について頭がいっぱいだったのだ。とは言え、陽気でにぎやかな戦友たちに囲まれているのが嫌いだったわけではなく、彼なりに楽しんでいた。彼自身がそのように（陽気でにぎやかに）なることは滅多になく、たいていは何か考え込んでいたが。彼は当時、ティーガー中隊――それは実質的には大隊であった――を率いるようになっていた。彼はまだまだ若い部類のSS少尉であり、この重責を深刻に受け止めているのだった。

彼は、一晩じゅうでも地図を眺め、あらゆる情報を聞き逃さず、歴戦の車長たちの提案に耳を傾けた。そして、中隊を率いて戦闘に臨むときには、いかにも確信に満ちていた。そのため、傍で見ている者は、彼が何の苦もなく、天与の才によって楽々とことに当たっていると信じ込んでしまう。多くの人が、モーツァルトは『ドン・ジョバンニ』の序曲をたった一晩で書き上げたと信じ込んでいるように。かく言う私も、彼のティーガーに同乗したときは、この人が間違いをしでかすなどあり得ないと感じた。この人に限っては、敵の術中にはまることなどあり得ない、と。けれども、それは彼の地道

柏葉章授与式の後、総統大本営で撮影された記念写真。

な努力と苦労の成果——話しかけられても気づかぬほど何時間も思案にふけり、さも散歩でもしているかのように夜間に修理中のティーガーのまわりをいつまでも歩きまわった結果なのだ。

立派な軍人になるには、ただ度胸を見せればいい、そのための機会を待ってさえいればいいと思い込んでいる〝怖いもの知らず〟の若者は多い。ヴィットマンは、彼らの勘違いを正す絶好の見本である。彼は、自分の指揮下にある兵の生命あるいは貴重な兵器資材、そして戦闘の結果についても、常に自分の責任を自覚し、かたときもそれを忘れない。彼は軍人としての抜きんでた能力の数々を——そして騎士十字章を、人知れぬ地道な努力、際限のない準備作業を決していとわぬ姿勢によって獲得した。

この戦争の日々、忍耐は美徳と謳われてきた。我々は、それをじゅうぶんに知った。仮にも、よい意味で——最もよい意味で、長引く戦争が我々をその境地に導いてくれたとするならば。つまり、困難な任務を前に感傷癖と警戒心を排除し、待つ習慣を身につけたのだ。特に何の自覚も緊張感もなしに、その時を待つ習慣を。然るにヴィットマンは正反対である。まるで彼がそう望んだかのように、万事が彼のもとに押し寄せる。ぎりぎり最後の瞬間まで、彼はあらゆることを見、聞き、知ろうとする。他の者はいざ知らず、それは彼の思考の妨げにはならない。妨げどころか、それによって彼の思考はますます明晰になる。この不断の活動によって、彼の五感は研ぎ澄まされてゆく。こうして彼は、戦闘中も周囲で何が起こっているかを間違いなく嗅ぎ分ける。あるいは、正確に見分け、過たずに聞き分ける。こんなことを言うと、銃後の人々には単純かつ陳腐な言いぐさに聞こえるかもしれない。だが、戦場では、こういった単純な能力が生死を分ける事例は数知れない。付言すれば、暗闇が怖いのは誰にも共通の感覚だが、ヴィットマンは暗闇をおそれるそぶりを見せたことがなかった。これらに加えて、彼は、ある意味決定的とも言える資質を備えている。死をおそれないという点だ。

これまで何百人もの騎士十字章受章者が生まれ、彼らについて多くの記事が書かれてきた。彼らはいずれも勇敢で、大胆不敵な熟練の戦士であり、その戦闘の勝敗を決する重要な働きをした。彼らのうち、ある者にとっては、それは一瞬の好機を利用した結果であったろう。また、ある者にとっては、卓越した身体的・精神的能力の証（あかし）であったかもしれない。さらに、それ以外の者にとっては、旺盛な統率力の発露であったかもしれない。だが、我々が最も親しみを感ずるのは、無名の〝その他大勢〟から浮かびあがってきた人間、本来、能力や資質といった点で我々と特に変わるところなく、前線で〝戦士の精神〟とでも言うべきものを獲得した人間、常に祈りを捧げるがごとき敬虔な態度で戦闘に備える人間、死の危険に直面して必要とされるのは際限のない勤

1944年2月、フォーゲルタールにて。

勉さと晴れやかな平常心であることを知っている人間だ。したがって、この事実を理解し、記録にとどめることこそが重要なのだ。なぜなら、我々全員、戦争が終われば個々の事例など忘れてしまうだろうからだ。すでに今でも多くのことを次々と忘れてしまっているように。もはや我々は騎士十字章を見ても、その佩用者ひとりひとりに、具体的には何をしてそれを獲得したかを問うわけにはいかないのだから、ただひとつ、これだけは心得ておかねばならない。彼は戦争を通じて、もしくは戦争を背景に、最も崇高かつ男性的な資質を開花させて偉大な人間の列に加わったのだと。ドイツではこれを英雄と呼ぶのだ。

私は今なお彼（ヴィットマン）がいかに無私無欲の男であったかを想う。彼は負傷した戦友を救うためなら、我が身をいささかも顧みず、自分のティーガーから飛び出すような男だった。疑いもなく彼には差し迫った危険を察知する素晴らしい能力が備わっていた。だが、戦闘になれば、〝私〟という言葉は彼の語彙から完全に消え去るのが常だった。とは言え、彼は人生を、生きることをも愛していた。たとえば、何気ない会話の最中、彼から唐突に尋ねられることがあった。この本がおもしろいと言われているのはどうしてだろう、あの本はどうか等々。彼が女性について一言でも軽薄な言葉を口にするのは聞いたことがなかった。なお、念のために記すが、この一文は、ある騎士十字章佩用者の〝収支決算報告書〟

ではない。そうではなく、これは、たとえ騎士十字章を身につけていようがいるまいが少しも変わるところがなかったであろう、ひとりの戦友についての、私のささやかな独白である。」

成功の秘密を探る

一九四三年から翌四四年一月までヴィットマンの操縦手を務めたジークフリート・フースは、ヴィットマンに従って戦闘任務を遂行した当時の模様を次のように伝える。

「そこには何も特別なことはなかった。ただヴィットマンとヴォルが、彼らの任務に関して、ずば抜けた専門家だったということを除けば。だが、まばゆいばかりの戦績にもかかわらず、彼らには傲慢の影すら見あたらなかった。戦闘時には常に車内の隅々まで、すさまじいまでの集中力が行き渡っていた。決して敵を見くびってかかることなどなかった。たとえ、その多くをすでに撃破しているようなときでさえ。

私たちの関係は、まったく申し分ないものだった。ヴィットマンの技量と、それを部下にも伝える能力は、理想的な連携態勢を生み出すのに役立っていた。ヴィットマンの目標指示はきわめて敏速であると同時に冷静で、簡潔だった。ヴォルの射撃は、それと同時か、それより速いことさえ珍しくなかった。あとになって私たちは、それが自分たちのことながら、盛んに言い合ったものだ。よくまあ、あんなに速くすべてが片づいたものだ、と。私たちクルーの成功の鍵は、各人の自主的な努力にあった。つまり、私は操縦手だったが、しばしば目標の識別と選定にも、ともに責任を負わねばならなかった。無線手のカール・リーバーも同じだ。特に、集落のなかで戦闘が展開するときなど、いちどに複数の目標が出現するのもしょっちゅうだったからだ。たとえば、砲が二時方向に向いているときに、別の敵が一一時方向に現れるとする。その場合、砲を一一時に向けるために、車体そのものを方向転換させることになる。砲塔はそれほど速く旋回させられないからだ。

〝ハリコフ後〟の戦闘――私たちはいつもそういう言い方をしていたのだが――の典型的な例を挙げよう。戦車と対戦車砲で厳重に固められた、ある大きな町を攻撃したときのことだ。私たちは何両かの戦車と対戦車砲を撃破して手早く道を開き、その町に到達した。砲撃目標は、私たちの進撃路の右、おおむね一二時から三時方向に集中していた。だが、そのとき、左側に見えた干し草の山の陰で一両のヨシフ・スターリンⅠがこちらを狙っているのが確認できた。すかさずヴィットマンが言う。『左旋回、標的一〇〇メートル、撃て！』それで決まりだった。この調子で同じような手順が繰り返され、その日は一五両の戦果だった。これはヴィットマンが突撃砲の指揮経験を下敷きにしてティーガーを動かしていたおかげでもある。ただし、ティーガーの場合は細心の注意が要求された。と言うのは、その場で方向転換を図ると、履帯が外れる危険があったからだ。その場で方向転換するには、片側の履帯を前進、もう片側を後進させるわけだが、これは誘導輪の下に泥がたまり、履帯が〝噛む〟原因になる。そうなると、往々にして車両を遺棄するか、（爆破）処分せざるを得なくなる。

砲手は目標の指定を受けずに射撃することも多かったが、これはヴィットマンもしばしば説明しているように、そのたびに悠長なやりとりをしている余裕はないからだ。それに、何と言ってもボビー・ヴォルは、車長のヴィットマンや、下にいる私たちふたり――操縦手と無線手――と同じくらい速く目標を捕捉できた。

ヴィットマンは型どおりの戦車戦術の信奉者ではなかった。突撃砲の指揮官時代に、あまりに多くの犠牲者を見てきたからだろう。彼は自分が思い描く戦術について頻繁に私たちと話し合った。彼は大規模な戦闘に紛れて動き回るのを好んだ。そして、結局のところ、その方法の正しさは、戦果によって証明されることになった。私が彼の操縦手を務めていた間に叩き出された戦果は五五両だが、うち三五両は開豁地で正面きっての撃破ではなく、相手の側面に回り込んで待ち、奇襲をかけて仕留めたものだ。

また、あれこれと話し合うなかでわかったことだが、ヴィットマンはブレーメンのボルクヴァルト社が開発した無線操縦戦車や、同じくボルクヴァルト開発でツュンダップが製造した装薬運搬車の熱烈な支持者だった。それらは人的損害を最小限に抑えつつ最大限の戦果を得られるはずだと彼は言っていた。もっとも、彼は戦車の大量・集中投入に関しても、正しい見解を持っていただろう。すなわち、大群の敵に対する場合の、大規模な戦術についても。

砲隊鏡（カニ眼鏡）は私たちにとって欠かせない装備品だった。私たちは少なからぬ敵を三〇〇〇メートルの距離から撃破しているのだ。なお、その際、延期着発信管を使ったのだが、これはヴィットマンの専売特許というわけではなく、徹甲弾を節約するための普通の方策だった。ともあれ、距離三〇〇〇メートル程度であれば、従来の八・八センチ砲のみならず、その戦車砲仕様の場合も余裕で対応できた。

砲撃について言えば、ファリングボステルやブラウンシュヴァイクの士官訓練課程の教官たちが、照準を八〇〇に固定するボビー・ヴォルのやりかたを小馬鹿にしていたのを思い出す。そうした専門家に言わせると、あのやりかたは嘘だということになる。だが、ヴォルのような熟練の砲手は、明らかに教えられたとおりの手順にはこだわらなかった。

ヴィットマンも言っている。『獲物を追跡中のハンターは、銃の照準を毎度その距離にあわせて設定しなおしたりしない。そんなことをしていたら狙う相手がいなくなる。撃つのにぐずぐずと手間取っていては、獲物に逃げられてしまう』と。

生まれ故郷フォーゲルタールで。1944年2月。

つまり、ヴィットマンとヴォルは、非常に純明快な、昔ながらの狩猟のルールに則った、年季の入ったハンターだったわけだ。ひたすら獲物の動きを読み、狙いをつける。ただ単純に、高く狙うか、低く狙うか。それだけだった。彼らと肩を並べられるような人間はそうそういない。強いて挙げるとすればハインツ・ブーフナーだ。あの男もたいしたやり手だった!

ヴィットマンの性格について言えば、肯定的なことしか思い浮かばない。問題点というのは、ちょっと見あたらなかった。彼は、ごく真っ当な上官だった。控えめで、品行方正このうえなく、ものの考えかたは常に正当。そのうえ、自分のもっている専門知識を部下に伝授し、なおかつその上達を助ける才能があった。戦車に関するあらゆることに精通していた。戦車についての幅広い知識と技能となると、誰も彼の足下にもおよばなかった。そして、それが彼の成功を保証していた。それくらい彼の知識は完璧だった。」

なお、『ダス・シュヴァルツェ・コーア』に掲載されたヨアヒム・フェルナウの記事全文を以下に紹介する(以下数ページに渡り、同紙あるいはその他の地方紙の記事、論説などを続けて引用する)。

『ダス・シュヴァルツェ・コーア』より

ミヒャエル・ヴィットマン

バイロイト大管区バイルングリースからほど遠からぬフォーゲルタール生まれ、インゴルシュタット在住、現在二九歳のミヒャエル・ヴィットマンSS少尉は『ライプシュタンダルテSSアードルフ・ヒットラー』の〝古参兵〟である。

この若き農夫は、一九三七年に武装SSに加わり、ベルリン-リヒターフェルデの教官を務めた。だが、一九四〇年に『ライプシュタンダルテ』が初めて突撃砲六両を受領するにあたり、その身を機甲部隊に捧げることとなった。これら六両の突撃砲はギリシアで作戦行動を経験、やがて広大な東部戦線に臨んだ。当時ヴィットマンは、そのうち一両の車長であった。この東部戦線の緒戦において、彼は敵戦車一八両と交戦、六両を撃破し、相手を遁走せしめた。これにより彼は、まず第二級鉄十字章を獲得し、続いて第一級鉄十字章をも手にした。

その後、二度の傷病休暇を経て、彼はバート・テルツのSS士官学校の士官訓練課程に参加する。そして一九四三年初頭、いよいよティーガー戦車の砲塔に立つ身となったのだった。その夏、かの大攻勢の初日、彼はベールゴロド付近で敵戦車八両と対戦車砲七門を撃破した。続く五日間で、彼の戦果はT-34計三〇両のほか、対戦車砲二八門、砲兵二個中隊に達する。キエフ街道でわずか一日にして一三両のT-34と七門の重対戦車砲を葬ったこともあった。一二月六日には、重厚な対戦車砲陣地を粉砕し、三両のソ連戦車を撃破した。一月九日には三両のティーガーを率いて、敵の集結に行き当たり、そこにいた戦車二〇両のうち、自身で六両を撃破する。その二日後、彼の戦車撃破数は六六両に達した。こうした勇気あふれる行動を称え、総統は彼に騎士十字章を授与された。

しかし、何と不思議なことだろう。彼の姿は今も私の目の前にありありと浮かぶ。ともに過ごした日々が今も鮮やかに思い描かれる。それがどのような日々であったか、どのように過ぎていったか、あるいは彼がどんな男であるかを私はつぶさに思い出せる。すべてが今なお手に取るように鮮明である。それなのに、突如として気づかされるのだ。最初の質問の答えはもう得られないことを。彼が何歳で、どこの出身か、職業は何か、両親はどういう人たちか、兄弟姉妹はいるのか。私にはもはや思い出せない。全部忘れてしまった。東部戦線の中央戦区からイタリアまで中隊が列車で長旅をしたとき、彼は、一晩かけてマリウポーリ戦の手に汗握る冒険談を聞かせてくれた。そのマリウポーリも今や遠い記憶の彼方のぼんやりした影、ひとかたまりの思い出にすぎない。

当時、彼が突撃砲の車長であったことを私は知っている。彼が〝パンツァーマイヤー〟とともにいたことも。そして、彼が僚車とはぐれたうえ、多数の敵に遭遇し、縦横に走り回って何とか身をかわしたことも。それは恐怖に満ちた、大混乱の数時間であったという。一方、私はフランス戦当時の彼のことは何も知らない。フランスの戦況や、パリの話は何度も出たのだが。数週間前、私は当時の彼の写真を資料室で見つけた。何人かの戦友と一緒に立つ、まだSS軍曹時代の彼の写真だ。その戦友たちはすでに亡い。

だが、こうしたことが、もうそれほど鮮明ではないのは幸いなのかもしれない。なぜなら、そうであってこそ、私は努めて想い起こさねばならないからだ。結局のところ、真っ先に彼を彼たらしめているものは何なのか。あるいは、いくつかの会話。ある会食の場面。目撃した作戦行動。そして、見聞きした数々のできごと——例の質問に、いちばん手っ取り早く答えてくれるものを。すなわち「そもそも彼らは何者なのか?」「戦争を通じて彼らの内面に何が起こったのか?」ということだ。戦争が彼らを〝その他大勢〟から区別し、かくも高みに引き上げることになった何らかの理由が存在するはずだが、それは何か。それゆえに騎士十字章を獲得することになったほどの行為を彼らがなし得た理由、それを可能たらしめた何かがそこにはあるはずだが、それは何か。〝その他大勢〟には不可解な、彼らだけの理由とは?

私はヴィットマンとたびたびともに過ごした。彼は自分の殻に閉じこもっているようで、口数少なく内省的、まるで心ここにあらずといった様子を見せることもしばしばだった。だが、本当のところ彼は、陽気でにぎやかな部下に囲まれながらも、翌日の作戦行動や自らの責任のことで頭がいっぱいだったのだ。彼自身は、滅多に陽気にもにぎやかにもならず、もっぱら何かを考え込んでいるのが常だった。と言うのも、すでに彼はティーガー中隊——これは実質的には大隊と言い換えてもよかった——を率いる立場にあったからだ。自身まだ一介の若いSS少尉であった彼は、その重責を深刻に受け止めていたのである。

彼は、ひと晩じゅうでも地図を睨み、あらゆる情報を聞き

勤労奉仕から柏葉章受章まで。陸軍第19歩兵連隊勤務当時のヴィットマン。

漏らさず、歴戦の車長たちのどのような助言にも耳を傾けた。そして、ひとたび戦車に乗り込み、中隊を率いて敵に向かってゆくときの彼は、いかにも確信に満ちていた。その様子たるや、傍で見ている者が、彼は天与の才によって楽々とことにあたっていると思い込んでしまうほどだ。多くの人が、モーツァルトは『ドン・ジョバンニ』の序曲をたった一晩で書き上げたと信じ込んでいるように。

かく言う私も、彼の戦車に同乗したときなど、この世のなにものも彼を出し抜くことなどできようはずがないという思いにとらわれたものだ。この人に限って、敵の術中にはまることなどあり得ない、と。しかし、それは彼の大変な努力の成果であり、話しかけられても気づかないほど何時間も思案にふけり、まるで散歩でもしているかのように修理中のティーガーの間をいつまでも歩きまわった結果なのだった。

軍人として成功するには、自分の勇敢さを見せつける、その機会を待ってさえいればいいと勘違いしている〝命知らず〟の若者は多い。ヴィットマンは、彼らの誤りを立証する生きた見本である。彼が常に最優先して考えるのは、部下の生命あるいは高価な兵器資材に対する自らの責任である。その責任感は、しばしば戦闘の結果そのものにもおよぶ。そして、人知れぬ地道な努力と、際限のない準備作業をもいとわぬ姿勢をもって、彼は軍人としての抜きんでた能力を獲得し、騎士十字章によって報われることにもなった。

今次大戦において、堅忍不抜の精神は美徳と謳われてきた。仮にも、最も良い意味で、長い戦争の日々が我々をその境地に導いてくれたと認めるならば、我々は、大規模な作戦を前に感傷癖や警戒心を排除し、ひたすら待つことを覚えたと言わねばならない。およそ何の自覚も緊張感もなく、時間をやりすごすことを。ところが、ヴィットマンは正反対なのだ。万事がそう決まっていたかのように彼のもとに押し寄せた。ぎりぎり最後の瞬間まで、彼はあらゆることを見、聞き、知ろうとしていた。他の者はいざ知らず、ヴィットマンにとって、これは何の負担にもならなかったようだ。むしろ、これは明晰さを生み出す鍵であった。この不断の活動によって、彼の五感は研ぎ澄まされていった。

彼は戦闘中に自分の周囲で何が進行中であるかを察知する確かな能力を持っていた。正確に見分け、間違いなく聞き分けた。とは言っても、銃後の読者諸氏には、これはあまりに単純で、ひとを馬鹿にしたような言いぐさに聞こえるかもしれない。だが、こうした単純な能力が、これまで幾度となく彼の命を救ってきたのだ。さらに付け加えるなら、暗闇への恐怖というのは、誰にも共通の、いたって普通の感覚であろうが、ヴィットマンという男は暗闇をおそれるそぶりを決して見せなかった。

もうひとつ特筆すべき重要なことがある。そして、これこそが決定的な彼の特質だ。死の恐怖を克服する能力である。

ジークフリート・フースは1944年1月までヴィットマンの操縦手を務めていた。これは1944年秋、SS少尉に任官後のフース。

1934年、勤労奉仕義勇軍時代のミヒャエル・ヴィットマン。当時20歳。

これまでに何百人もの騎士十字章佩用者が誕生し、彼らについて多くの記事が書かれてきた。彼らはいずれも勇敢にして大胆不敵な行動により、その戦闘の勝利を決定づけた。彼らのなかのある者にとって、それは、たまたま訪れた一瞬の好機を大胆に利用した結果というに過ぎなかったのかもしれない。またある者にとっては、卓越した身体能力あるいは精神力の証（あかし）であったかもしれない。さらに、それ以外の者にとっては、旺盛な統率力の発露であったかもしれない。だが、我々が最も親しみを覚えるのは、次のような人物である。すなわち、我々と同じく無名の群衆のひとりであった者、その資質や能力の点で特に抜きんでたところがあるわけでもなく、ただ前線での経験によって〝戦士の精神〟――これは私がそう呼びたいだけなのだが――を獲得した者、祈りにも似た敬虔な態度で戦闘に臨む者、死の危険に直面しているときに必要とされるのは際限のない勤勉さと晴れやかな平常心であることを知っている者だ。

結局のところ、これを理解し、記憶にとどめることこそ重要なのだ。戦争が終われば、我々は個々の事例などすぐに忘れてしまうだろうから。すでに今でも多くのことが我々の記憶から滑り落ちていきつつあるように。それに何よりも我々はもう騎士十字章を見ても、それが具体的にはどういう行為の代償であるのかを問うわけにいかないのだから、これだけは心得ておかねばならない。ここにいるのは戦争を通じて、あるいは戦争を背景として、最も高貴で男性的な資質を開花させ、偉大な人間の隊列に加わった者である、と。我がドイツの言葉では、これを英雄と呼ぶのだ。

私は、今なおヴィットマンがいかに無私無欲の人であったかを想う。彼は負傷した戦友を助けるためなら、我が身を一顧だにせず飛び出していくような男だった。きっと彼には致命的な危険についての、確固たる特殊な能力が備わっていたに違いない。だが、戦闘になれば、彼の語彙から〝私〟という言葉はまったく消え去ったのである。

とは言え、私は、彼が生きること、人生そのものをもやはり愛していたと確信する。時々、出し抜けに彼が質問をぶつけてくることがあったからだ。これこれこういう本がおもしろいと言われているが、それはどうしてなんだろうか、といったような質問を。ちなみに、彼が女性について一言でも軽薄な言葉を口にするのは聞いたことがなかった。

なお、念のため記すが、私はこの一文が、ひとりの騎士十字章佩用者の〝収支決算報告書〟にはならないように気をつけてきたつもりだ。これはあくまでも、ある戦友についての――騎士十字章を身につけていようがいまいが、少しも変わるところのなかったであろう、ひとりの戦友についての、私の独り言である。

SS従軍記者　ヨアヒム・フェルナウ

『ダス・シュヴァルツェ・コーア』より

戦車一一七両　——変貌を遂げた人生——

武装SSに所属するヴィットマンSS少尉は、先頃、通算一一七両の戦車撃破を達成した。だが、このような報せに接して、いつもの感嘆の声があがらないのは、どうしたことだろう？　無論これは、尋常一様の功績ではない。実に驚くべき偉業だ。それにもかかわらず、その驚愕の念の表明は、むしろ控えめなものになってしまう。それは、自分が突如として未知の領域に投げ込まれたのを感ずるからだ。勇敢さについて、これまで慣れ親しんできた基準をすべて保留扱いにしてしまう、危険な力が渦巻く領域に。そして、これからは、まったく新しいタイプの軍人すなわち冷徹で実務一辺倒の技術者さながらに、鉄と炎の使い手となった軍人を論じなければならないことに気づいたからである。

ここにはすでに、ロマンティックな英雄像の居場所はない。そうした英雄像がまだ有効だとすれば、それは彼があらかじめ傑出した軍人である場合だ。彼は、すべての者がその義務を果たすべき場所であるはずの戦場を、自身の武勇の展示場と心得ている。そして、勝利への唯一のあり得べき条件たる彼の大胆不敵さが、それこそ破壊と勝利の狭間において成功をおさめるのだ。しかし、多かれ少なかれ直観的なこの能力——つまり、出発点から到達点まで、弧を描くごとく一気に跳躍する能力は、近代戦の力学からは閉め出される運命にあるばかりでなく、それとは真っ向から対立するものでさえある。その出発点と到達点との間で、彼は例外という輝く光に包まれて我々の前に現れる。彼のおおいなる決断は、ほとんど閃光のように我々のもとに届く。我々は、多大な人間的興味をもって、彼ら戦士の感情の動きを注視し、その剛直な神経に——それが彼らなりの興奮や動揺を、彼らが保有し、または保有していてしかるべき感情とともに、我々の目から隠そうとしていると信じて——息をふきかけてみる。つまり、我々が抱いている幻想というのは、かくも根強いものなのだ。勝利に先立つ、彼らのそういった意識的努力と競いあうほどに。

我々の前を歩く非凡なる者が我々に要求する感嘆の念とは、実のところ、人間の強さの限界は臨機応変なものであるらしいという事実、さらに、人間は——たとえほんの一瞬であっても——五感の桁外れの集中によって、普段は遠い夢の底にぼんやりと沈んでいるように思われる我々の意識の地平にまで飛翔できるという事実にこそ、ふさわしい。時として我々は、その境地に到達することがある。それが我々の種族の、ごく少数の選ばれた者のみに可能であるとしても。そして、もしも彼らが重力に打ち勝って、特別な霊感の稲妻によって前進するというのであれば、そのときこそ彼らは驚愕に値す

1934年夏、ベーネディクトボイアーンにて。勤労奉仕
義勇軍の活動中に。左端がヴィットマン。

フライジングの陸軍第19歩兵連隊駐屯地に
て、左から3人目がヴィットマン伍長。

る見本となるだろう。すなわち、人間にはどれほどのことが可能であるかについての。

例外的で非凡なる者との関連でさらに言えば、そこには——単純に時間という観点から見ても——精神力と体力を極度に集中させる間に、疲労の限界が出現するという問題もある。それは、そこに達する以前に、ことが決着していなければならない限界点である。決断力、勇気、その場の状況と時間（の余裕）は、相互に噛み合って、ひとつの出来事を決する歯車のようなものだ。そのために、大胆に展開される作戦行動も、全体としてはひとまとまりに見える。緊張感が最高潮に達したときに、勝利の瞬間が訪れることが重要だ。その肝心の瞬間に気後れしたら、彼は負けてしまうかもしれない。勝ったとしても、彼がそれをさらに大きな勝利につなげるべく、すぐにまた同じような緊張感を背負いこむことができるかというと、そんなことは不可能に思われる。ましてや、敗北に終わった場合、それまでの一連の手続きをただちに最初から繰り返すことは不可能である。我々は、著しい緊張感あるいは重圧の後で、その場を退いて休養する必要性を理解している。緊張感は解放されなければならない。精神的にも肉体的にも、あいにく我々は、非凡なる者の法則にあわせられるようにできてはいない。

然るに、ヴィットマンSS少尉という存在は、次のような考察を促す。その軍事的偉業を達成するにあたり、彼は通常の法則をすべて乗り越えているように見えるが、果たして、彼の成功は偶然の連鎖によるものなのか。あるいはまた、このあたりで我々は、勇敢さと勝利の本質についての、我々の世紀における新しい概念に目覚めるべきなのか。だが、そこに何が内包されているかを忘れずにいようではないか。一一七両の戦車を撃破したというのは、戦争の苛酷な現実と一一七回も向き合ったというだけではない、はるかに大きな意味がある。それはとりもなおさず、最終的帰結すなわち死との一一七回の対峙を要求されたということなのだ。

ひとりの若き農夫の強靭な神経のみを論拠とする心理学では、彼の偉業を結果として貶めるような、不可解な過小評価しか生まれない。彼は強靭な神経と旺盛な生命力の持ち主であったがゆえに、戦闘のたびに巻き起こる恐怖感も、さほど気にならなかったのだ——などというのは、究極に文学的な結論である。これは結局のところ、ひとつの作戦を成功裡に終えて、精も根も尽き果てた兵士らに、高尚な勇気を認めることによって事足れりとしようという考え方だ。

心の安定と自信とは、まぎれもなく彼の生命を鎧のように守って、なおかつその判断力に的確な指標を与えている。その安定と自信は、青年期特有の精神の保護区で育まれ、戦争がもたらした危機に対抗して不撓不屈の強さをふるいたたせようとするものだ。

彼はまた、若者たちと多くの時間を過ごす。その快活さ、

『ライプシュタンダルテ』の補充大隊第5（機甲偵察）中隊の記念撮影、1939年10月、ベルリン-リヒターフェルデの兵営。ヴィットマンSS軍曹は最前列左から4人目。

1941年9月、東部戦線でヴィットマンの突撃砲の砲手を務めたアルフレート・ギュンター SS軍曹。1943年3月には『ライプシュタンダルテ』突撃砲大隊で初の騎士十字章受章者となった。

楽天性を獲得するために。笑うことによって、戦争の危険な局面を乗り切るのを可能にしてくれるだけの〝無敵〟の力を、大胆にも彼に保証するような快活さを。たとえ二〇両、三〇両と撃破を重ねた後でも、脅かされることのないその確かな力は、語るに値する。三〇両目の撃破は、その力の揺るぎなさの証明であるからだ。

それでも、五〇両目、六〇両目となると、どうなのか。言うまでもなく、それまでの戦車と同様に、五〇両目あるいは六〇両目も射撃演習場で撃破されたわけではない。それらもまた、旋回し、砲撃する友軍戦車の射界に、破壊への意志に導かれ、同じように動き回る死の道具として出現する。いちはやく必殺弾を加えようとする強烈な意志という点では彼らも我らと同等である。それに加えて、一一七両に至る一両一両が、それまで撃破してきた相手の記憶を呼び起こすのだ。だが、察するに一一七両目に遭遇したときのヴィットマンは、一両目のときよりも見るからに落ち着き払っていたのではなかろうか。そのとき彼は、おおいなる心の平静を保って、それまでの撃破数を思い浮かべることができたのではあるまいか。

一一七両目にして明らかになったことがひとつある。ヴィットマンのような男が、破壊への自身の意志、あるいは破壊者となる自分自身を扱う際の徹底性は、短期間の精神の高揚すなわち単一の目標に対する急激な集中などとは明らかに違う性質のものである。それは、専門分野に精通し、把握しようとする才能のあらわれなのだ。そして、そのために多大な代価が支払われた。

今やヴィットマンも足を踏み入れた、小さな選り抜きのサークルに所属する男たちの外貌は、そこに刻まれたかすかな、隠れた傷を読みとることのできる人々だけが見分けられるのだ。もしも彼らが超人であるならば――我々にはない天与の才に恵まれながら、自然の気まぐれによって我々のあいだに放り出された、いわば突然変異であるならば、彼らがどのような偉業を達成しようが、もはや驚くにはあたらないであろう。彼らの能力、器用さ、普通の人間が危機を乗り越えるために使う感覚を、易々と働かせたり遮断したりできる才能が、それを説明してくれるからだ。

しかし、彼らとて我々と同じ人間である。同じ情熱を分かち合い、我々を駆り立てているのと同じ力によって、彼らも決断を促されている。彼らと我々を分かつもの、彼らを高みに引き上げているものは、彼らの業績の総和だけではない。戦果の合計数ではないのだ。ただ、彼らの業績が実際にどれほどのものであるかを理解するのは困難であり、そのためには具体的に把握しやすい数字というものが提示される必要がある。彼らをかくも長期に渡って持ちこたえさせた能力が、どれほどのものであったのかを理解するには、数字がよりわかりやすいというだけのことなのだ。

『ライプシュタンダルテ』突撃砲中隊の所属車両（砲）。同中隊は1940年春にIII号突撃砲6両編成で新設され、ヴィットマンは車長のひとりに任命された。

読者諸氏は墜死したパイロットのマルセイユに関する記事を読んでおられることであろう。勇敢な行為に贈られるドイツ最高位の勲章たるダイヤモンド付き騎士十字章の受章者マルセイユ。彼の外貌はよく知られているところだ。紙面はさらに伝える。その有名な顔がこわばり、凄まじい集中力をもって計器盤に向かうより先に、奇妙にも彼自身をその虜にしてしまうという彼の輝く精神力を。そして、彼がいかに感覚を総動員して進むべき道を感じ取り、エンジンの音に集中し、その結果、機械と一体化するかを。空戦におけるマルセイユの直観的な確実性についても、いくつもの記事が書かれている。この男は機体に包まれるように存在し、機体の部品すべてが、それらを支配する彼の意志の力によって熱を帯び、輝くかのようであった、と。マルセイユは常に最大の危機の核心に突進し、ほとんど神秘的なまでの確実性をもって結果を出したのだが、それこそが最も高度な徹底性すなわち工業技術的創造物との完璧な一体化のあらわれであった。特派員は、空戦を終えてコクピットから降りてくる彼の様子について「その顔は死人のように青ざめ、ゆがみ、額には玉の汗が浮いていた」とも伝えている。

これが一〇回、二〇回、一〇〇回あるいはそれ以上繰り返されたのだ。絶え間ない人間的感情の放棄。普通の人間的な生活領域への容易ならざる帰還。かつて愛し、信頼していた人々との間に微妙に広がる違和感。やがてついに、勝利のための技術的条件との融合が保たれている限りにおいて、生命は万全で、安泰であるかのように思われてくる。

この新しい死生観、高度に凝縮された生命の充足感は、苦痛に満ちた対決を土台にしなければ発現し得ない。これは何もひとりマルセイユのみが証明しているわけではない。輝かしい偉業のなかに生きる男の外貌は、ある種の洞察を提供する。この場合の〝偉業〟は、この言葉によって表される名声を念頭に置いて言っているのではない。ここで言及している〝偉業〟は、そこから新たな世界が誕生すべき一連の〝おおいなる人間の勝利〟に属するものだ。新たな世界の誕生は、ヴィットマンや、彼と同種の人間たちの内部に用意されている。ここで言う〝偉業〟とは、沈黙のうちに享受され、尊ばれるべきものである。そしてこれは、我々が慣れ親しんできた概念と、もはや何の関係もあり得ない。

この新たな世界は、いたるところですでにその萌芽を感ずることができる。だが、それは必ず奇妙な、突き放したような冷静さを——然り、我々が依然として信奉する勇敢さについての定義からの隔絶をその特徴として、そこに発現するものだ。我々はそれを、彼と彼の任務との完全なる一体化と呼べるだろう。我々は、その実例をたとえば軍需工場の工員や技師や、あるいは化学者のなかにも見いだすことができる。彼らはまず、ある種の狂気として出現し、我々はおっかなびっくり彼らに近寄ろうとする。まるで彼らが超自然の存在であるかのように。実のところ、そのときまさしく我らが新世紀の現実を把握するための、最も困難な開幕戦が進行中なのである。また、この点でヴィットマンのような人間は、我々のひとりひとりがその厳しい条件をくぐり抜けねばならない新たな生き方の手本なのである。

かつての生き方——以前は我々の一部であった人生、我々の生きる決意の表明であったものとの、苦痛に満ちた対決は今や避けがたい。我々もまた、時には「疲労困憊して座席から引き出され」ることだろう。「その顔は死人のように青ざめ、ゆがみ、額には玉の汗」を浮かべて。あるいは書物に頼っては、苦い思いで確認することになるだろう。この古くからの信頼すべき戦友（書物）は、もう我々には何の助言もしてくれない、と。またあるいは、月並みな教訓を耳にしては、黙りこんでしまうことだろう。だが、その沈黙のなかで、突如として火花が燃え上がる。それは我々という存在を隅々まで取り込んで、武勲に導く火花である。そして、そのような場面で無言のまま、勇敢な決意を帯びて我々の眼前に立つのはヴィットマンのような人物なのだ。

〝ただおのれの本分を尽くすのみ！〟

柏葉章受章のミヒャエル・ヴィットマン、故郷フォーゲルタールに錦を飾る

【バイルングリース発】バイルングリース郡管区の南部境界に位置する人口およそ一四〇人の小村フォーゲルタールでは、このたび、村始まって以来の『郷土の英雄を称える日』を開催した。自らの武勲によって、この慎ましい小村の名前を今や管区さらには大管区の枠を超えて知らしめた、柏葉付き騎士十字章受勲者にして昇進間もないSS中尉ミヒャエル・ヴィットマンが今般帰郷し、温かい歓迎を受けることとなったのである。まさしく当地において、僻村特有の困難な条件下に彼は成長し、青春時代を過ごし、今日への土台を築いたのであった。

ヴィットマンSS中尉は、党を代表してノイマルクトの管区指導官ナイトハルトならびに行政を代表してDr・ブルガー郡長および軍関係者の出迎えを受け、村内の旅館で開催された晩餐会に登場し、「我が村の勇敢な息子」をこぞって待ちわびていた村民や、近在から駆けつけた友人知人から〝バイル〟の連呼を浴びた。ヴィットマンの高位受勲を祝う一連の祝辞の口火を切ったのはバイルングリース郡管区組織指導官ハースである。氏の祝辞は、戦場に斃れた騎士十字章佩用者フォン・アッシュブーフの思い出にも言及したものであった。

続いて、英雄のおじであるヴィットマン村長が挨拶に立ち、満場の拍手のなかで英雄にフォーゲルタール名誉村民証を手渡した。バイルングリース郡長のDr・ブルガーは、柏葉章帯勲者ヴィットマンSS中尉が当地の人々の誇りとなり、戦友たちの鏡となり、若い世代——この苦難の戦いは、まさに彼らの未来のために遂行されている——の模範的人物像になるとともに、その名は末永く郷土の歴史に残るであろうと述べた。

また、郡長はヴィットマンSS中尉に全一〇巻の『軍事的指導者』を贈呈し、あらためて敬意を表した。その後、陸軍の来賓がノイマルクト駐屯地司令の祝辞を代読したのに続いて、ノイマルクトおよびバイルングリース-リーデンブルク管区の最高指導者であるナイトハルト管区指導官が一場の訓話をおこなった。彼はヴィットマンSS中尉に祝福の言葉をかけ、フリッツ・ヴェクトラー大管区指導官からの記念品を授与し、ヴィットマンSS中尉の攻撃精神と勇猛果敢な態度こそドイツ軍人の最良なるものを体現しており、中尉が我々の一員であることはまことに欣快の至りであると述べた。戦闘を決するのは将兵の勇猛な精神にほかならず、優勢な敵にただ一両の戦車で立ち向かい、相手を打ち負かして勝利をつかむには、まさにこうした軍人精神が必要なのだと管区指導官は説いた。

祖国は我らが勇猛なる戦車兵たちの活躍に感謝するとともに、その義務を――特に軍需産業経営の分野において――果たし、前線の奮闘ぶりにふさわしい銃後であることを示すべく、また、最終勝利の達成に必要なあらゆる物資を前線に供給すべく努めている。最終勝利が我々のものであることに疑問の余地はない。ヴィットマンSS中尉はこの休暇中に行く先々で敬意を払われ、賞賛を浴びることであろうが、それもやはり、銃後の人々の、前線兵士に対する熱い思いのあらわれである。ナイトハルト管区指導官が、地元の画家リンドル描く一枚の油彩画をヴィットマンに贈ったのも、そうした敬愛の念を表そうとしてのことだが、これにはヴィットマンの表情も喜びにほころんだ。

こうして数々の賞賛を浴びた柏葉章佩用者ヴィットマンSS中尉は、そこに素朴なオーバープファルツ弁を交えつつ軍人らしい簡潔な言葉で謝意を伝えた。「自分にできるのは、ただおのれの本分を尽くすことのみです」と、この勇敢なSS中尉は語り、次のように続けた。「戦闘のときに身の危険のことは思い浮かばないものです。なんとか敵と交戦し、相手を倒したい。その一心です。それが達成されたときは、本当にうれしく感じます。我々ドイツの兵士は、単に辛く苛酷な日々に耐えているのではありません。全員が徹底した戦友愛で結ばれており、それを通じて人生最良の日々を経験しているとも言えます。」SS中尉はさらに言葉を継いで、英米の空のギャングどもによる残虐なテロ攻撃への反感を示した。彼らは戦争の惨禍を祖国ドイツの奥深くにまで拡大させたが、それでもドイツ国民の抵抗力を弱めることはできずにいる、と。前線の戦友たちは、銃後の人々が秩序を保つことを期待し、総統への揺るぎなき信頼のもと、我々がいつの日かドイツの歴史に燦然と輝く勝利を祝うであろうことを確信している――。SS中尉は、そのように言葉を結んだ。

かくて晩餐会の式次第は、総統への敬礼と国家斉唱で終了した。その後の親睦のひとときは、歌声とダンスに彩られ、BDM（ドイツ女子青年団）バイルングリース支部のユーリア・ミュラー率いる合唱隊が宴に華を添えた。ヴィットマンSS中尉は、彼のサインをねだり、その武勇伝に熱狂する若者たちにいつまでも取り囲まれていた。この夜、勇敢な柏葉章佩用者にして非凡なるヴィットマンSS中尉と親しく接した全員が、その武運長久ならんことを祈り、来るべき凱旋を心から念じたのは言うまでもない。以上ヴィルヘルム・プファッファー記す。

『デア・ドーナウボーテ』紙より
〝柏葉章受章のヴィットマン当市にあり〟

消息筋は次のように伝える。柏葉付き騎士十字章を受勲したドイツ軍屈指のティーガー戦車指揮官ミヒャエル・ヴィットマンSS少尉は、一九一四年四月二二日にバイルングリース近郊フォーゲルタール村で農業経営者ヨハン・ヴィットマンの息子として誕生、長じて後、当市カーゼル通り三四番地に居を移し、フライス工として働いた経歴の持ち主である。一九三六年から一九三七年にかけての同少尉は、地元SS中隊の現役隊員であったが、一九三七年四月一日付でベルリン-リヒターフェルデ駐屯のSS連隊『アードルフ・ヒットラー』に入隊。今や柏葉章帯勲者たるヴィットマンは現在、帰郷休暇を満喫中である。

〝柏葉章帯勲ヴィットマンSS中尉、インゴルシュタットに〟

インゴルシュタット出身の柏葉章帯勲ヴィットマンSS中尉は、このたび休暇で帰省を果たした。同中尉が総統からの同章親授という栄誉に浴したことはすでにお伝えしたとおりである。

一昨日、管区指導官兼上級地区指導官シュポンゼル党員は党の名において同中尉を出迎え、この休暇がすばらしいものになるように祈っていますと同中尉に歓迎の意を伝えた。市の歓迎行事は昨日、市庁舎にて挙行され、市長のDr・リストルが同中尉に記念品を贈呈した。

Oak Leaves Wearer (30/1/44) SS Obersturmführer Michael Wittmann of Ingolstadt Visits His Home Town:

17. 2. 44
Michael Wittmann
SS-Obersturmführer

インゴルシュタット市の芳名帳

インゴルシュタット出身、柏葉章受勲（1944年1月30日）ミヒャエル・ヴィットマンSS中尉来訪記念に／〈1944年2月17日、ミヒャエル・ヴィットマンSS中尉の署名〉

『ライプシュタンダルテ』突撃砲中隊の集合写真。同中隊は1940年3月、シェーンベルガーSS大尉の指揮下、ユーターボックで創設された。3列目（起立）の左から7番目にヴィットマンの姿が。

顕彰板――受勲者名鑑――

インゴルシュタットの騎士十字章佩用者
敵戦車八八両撃破――あるSS少尉の受勲の記録

【インゴルシュタット、一月一九日／ベルリンからの報告による】一九四四年一月一四日、SS戦車師団『ライプシュタンダルテSSアードルフ・ヒットラー』の戦車連隊で小隊長を務めるミヒャエル・ヴィットマンSS少尉は、前日一月一三日に国防軍公式発表で名前を挙げられたのに続いて、その戦功抜群なりとしてこの日総統から騎士十字章を贈られた。同少尉はドーナウ河畔インゴルシュタット出身である。

一九四三年七月から一九四四年一月初旬までの期間に、ヴィットマンはティーガー戦車をもってソ連のT-34および超重量級突撃砲、英米の供与戦車を含む五八両の敵戦車を撃破した。一月八、九日の両日、彼とその小隊はソ連軍戦車旅団の襲撃を阻止し、これを粉砕。その過程において彼はさらに一〇両の戦車を撃破する。引き続いて一月一三日、ヴィットマンはまたもや強力な敵戦車部隊と交戦、T-34計一九両と突撃砲三両を撃破した。これで彼は個人の戦車撃破記録を八八両にまで伸ばした。この偉業は、彼の攻撃精神と熱意の賜（たまもの）であり、また、ティーガー戦車の傑出した性能にも理由を求めることができる。

ヴィットマンは一九一四年四月二二日、フォーゲルタール（オーバープファルツ）生まれである。

ヴィットマンSS少尉に柏葉章
バイロイト大管区出身者が七ヶ月で一一七両の戦車を撃破

一月三〇日、SS戦車師団『ライプシュタンダルテSSアードルフ・ヒットラー』の戦車連隊で中隊長を務めるミヒャエル・ヴィットマンSS少尉は、ドイツ軍人で三八〇人目の柏葉章受章者となり、総統からこれを親授された。去る一月一四日に国防軍公式発表でその名を挙げられ、騎士十字章を授与されて間もなくの快挙であった。

　東部戦線南部戦区において大規模な攻勢および防御作戦が展開されるなか、ヴィットマンはティーガー戦車を駆使して、きわめて短期間で一一七両の敵戦車を撃破した。このとてつもない偉業は、ひとえに彼の果敢な攻撃精神と積極性のなせる技であり、優秀な戦車を巧みに戦術運用した結果と言えよう。彼がこの記録樹立への第一歩を踏み出したのは一九四三年七月である。以来、一九四四年一月初めまでの期間に彼は五六両撃破を達成、続く数週間で――絶えず激戦を戦いながら――その数字を一一七にまで伸ばしたのであった。

　ミヒャエル・ヴィットマンは一九一四年四月二二日にバイルングリース（オーバープファルツ）近郊フォーゲルタールに、農業経営の傍ら工場で働く父親のもとに生まれた。国民学校を終えた後、一時は農業に従事するも、一九三七年四月には『ライプシュタンダルテ』に加わった。そして、ほどなく機甲科の一員として第1機甲偵察中隊に配され、次いで突撃砲の車長を務めるSS軍曹として、バルカン作戦を経て東部戦線に赴いた。東部戦線では二度の負傷を経験。バート・テルツのSS士官学校において士官訓練課程を受講した後の一九四二年一二月二一日にはSS少尉への任官を果たす。一九四三年初頭より、彼は東部戦線の焦点で展開されたあらゆる重要な攻勢作戦に、まずティーガーの車長として、続いてティーガー中隊の中隊長として参加してきた。

1941年夏、東部戦線。『ライプシュタンダルテ』のIII号突撃砲B型。

自分の突撃砲とともに写真におさまったヴィットマン。

1941年11月、ロストフ攻撃を控えて。2列目（起立）右から3番目がヴィットマンSS軍曹。左にシュテュービングSS少尉、フィッシャー SS曹長。

1942年初め、タガンローク某所の中庭で。ヴィットマンSS曹長、突撃砲大隊の4人の先任下士官とともに。左から、エルンスト・ヴァルター、ミヒャエル・ヴィットマン、リヒャルト・ハインツ、ヴァルター・コッホ、ジークフリート・ポーネルト。

柏葉章を授与されて後、休暇に入ったヴィットマンは、まず婚約者ヒルデガルト・ブールメスターが待つ北ドイツはリューネブルクに近いエプストルフに直行した。そして彼女を伴い、『ライプシュタンダルテ』入隊まで住んでいたインゴルシュタットに戻って、父親を訪ねた。二月一七日には、リストル博士が市長を務めるインゴルシュタット市の市庁舎でヴィットマンの歓迎会が催された。席上、ヴィットマンは市から記念品を贈呈され、市の芳名帳（賓客署名簿）に記帳を求められた。そこには「インゴルシュタット出身、柏葉章受勲（一九四四年一月三〇日）ミヒャエル・ヴィットマンSS中尉来訪記念」として、彼の署名が日付、階級とともに残された。

二月一九日、ヴィットマンは生まれ故郷のフォーゲルタールを訪れた。同村の人々は――おおいにもっともなことだが――「いちばん有名な村民」となって戻ってきたヴィットマンとの再会を心待ちにしていた。ヴィットマンは彼の両親の家まで迎えに来た人々とともに、雪におおわれた谷あいの道を通って、村の旅館に向かった。村が主催する、彼のいわば〝凱旋式〟が用意されていたのである。同村では後にも先にも類を見ないというほどの、一大行事であったようだ。出席者の数は村の人口より多かった。ヴィットマンは東部戦線での体験を語り、例によって人をひきつけずにはおかない謙虚な態度と穏やかな話しぶりで、集まった人々を魅了した。

ともに突撃砲の車長であったミヒャエル・ヴィットマンとハンネス・フィッシャー、1941年晩夏の東部戦線で。

左から、ヴィットマンとフィッシャーの両SS軍曹、ヴァルター SS曹長、続く2名は未詳、ポールSS軍曹。『バルバロッサ』を目前に控えた1941年6月、ディーディッツにて。

「自分にできるのは、ただおのれの本分を尽くすことのみです」という彼の声明は聴衆の全面的賛同を得た。これぞまさしくヴィットマンがひとりの軍人として自分の任務をどのように捉えているのかを端的に示す言葉であると理解されたからだ。

何はともあれフォーゲルタールのような小村にとって、村出身者にこれほどの著名人が出たというのは大変なことで、この祝賀行事は地元紙も報じているように「記念すべき日、村始まって以来の大騒ぎ」となった。この評価は、関係者全員の気持ちを正直に反映したものであった。婚約者を連れたヴィットマンは、限りない称賛の言葉を浴び、数々の記念品を贈られたうえ、その場で〝名誉村民〟の認定を受けた。続いて全員そろっての夕食会となり、これは戦争も五年目という状況も手伝って、当然ながら非常に喜ばれた。食事のあとは、老いも若きもヴィットマンの周囲に集まり、東部戦線の話に長いこと聞き入った。ヴィットマンは請われるままに幾度も「戦車同士の決闘」について語らねばならなかったということである。

休暇の残りの日々を彼はエプストルフで過ごした。また、同じ頃、ザールラントの一小村であるヴェーメッツヴァイラーでも、村民が「地元の英雄」すなわち騎士十字章受勲のバルタザール・ヴォルを熱烈に歓迎する光景が展開していたはずだ。

1944年1月16日、バルタザール・ヴォルは戦車88両撃破の功績により、戦車砲手としては武装SS全体を見渡しても初の騎士十字章受章者となった。同年2月、故郷ヴェーメッツヴァイラーに戻った彼は、熱烈な歓迎を受けた。

『ライプシュタンダルテ』第17（機甲偵察）中隊、1937年ベルリン-リヒターフェルデの兵営にて。最前列右から2番目にミヒャエル・ヴィットマンSS上等兵の姿が確認できる。中央付近に、小隊長のバールスとプファイファー、シェーンベルガー中隊長、マックス・ヴュンシェ。

ヴォルの帰郷にあわせてヴェーメッツヴァイラーで開かれた歓迎会。地元の名士やヴォルの友人らが並ぶ主賓席。

『ダス・シュヴァルツェ・コーア』より

【SS宣伝中隊発】ヴェンドルフSS中尉が、平静な、むしろ素っ気ない口調で通算六八両の戦車を撃破したことについて語ってくれたとき、記者は即座に理解した。彼の飾らない、率直で溌剌とした態度が、いかに上官に好かれ、部下の信頼を得ているかを。自分はただ夢中で立ち向かうしかない、と彼は明言する。自分自身と、配下の乗員を語るときも「誰だって同じことができるはずだ」と言う。この言葉は、彼そのものである。一九四三年のクリスマス明け、迫り来るソ連戦車を相手に、友軍の救援に乗り出した彼は一日で一二両を撃破した。その夜、彼はティーガー四両でひとつの村を守りぬき、友軍の撤退を掩護した。さらに翌日、村が敵に占領されそうになると、彼は来襲した二〇両のT-34のうち一一両を撃破し、みごとに敵の戦車戦力を粉砕した。引き続き一九四四年初頭から、友軍の撤退支援に、またチェルカースィ解囲攻撃に、奔走するティーガー部隊がそこにいた。カメネッツ-ポドルスク地区、あるいはプロスクーロフとタルノポーリ間の戦闘においても、彼はティーガーを率いて戦い、またしても短時間で八両の戦車を撃破する活躍ぶりであった。以上SS宣伝中隊オットー・ヴレーデ記す。

プロスクーロフとタルノポーリ
ヴェンドルフ指揮下の中隊
一九四四年二月二九日〜四月九日

さて、ここで再びロシアの大雪原に話を戻したい。一九四四年二月二八日まで『ライプシュタンダルテ』隷下部隊は防御戦闘に従事した。二月二三日には、ハインツ・クリングSS大尉が——彼はすでに中隊を離れていたのだが——騎士十字章を授与された。実のところ、これは二度目の推挙で実現したものだ［訳注／前述のとおりクリングは前年夏のイタリア駐屯中に同章に推挙されたことがあったが却下されている］。が、やはり受章にこぎつけるまでにはいささか問題があったらしい。推薦文のうえでは、クリング独自の判断による戦果あるいは抜群の戦績といった、当然必要とされる受章条件が欠落していたからである。だが、どうやら彼が指揮を執っていた間のティーガー中隊の、全体として見れば圧倒的な成功が評価され、晴れて受章の運びとなったようである。

これでティーガー中隊は、シュタウデッガーSS軍曹、ヴィットマンSS少尉、ヴォルSS伍長、ヴェンドルフSS少尉、クリングSS大尉と、五名の騎士十字章佩用者——うち一名は柏葉章付き——を輩出したことになった。したがって、この中隊は『ライプシュタンダルテ』隷下戦車中隊にとどまらず、武装SS全体を見渡しても、最も成功した部隊と言ってもよかった。クリングは黄金ドイツ十字章も獲得している。つまり第13中隊は、一個の中隊に複数の高位帯勲者がいるという点でも、ドイツ軍有数の——と言うより、むしろ無類の部隊なのだった。

すでに二月二二日、予備に回った中隊はヴェンドルフSS中尉の指揮下、シューベヌィイに退いたが、その際、ティーガー四両は牽引されて移動した。二月二八日には、ターリノエで師団の装軌車両部隊およびティーガー部隊の貨車積載が始まった。このときも装輪車両部隊は自走行軍であった。ティーガー中隊では、数ヶ月に渡って戦闘に明け暮れた下士官および兵約五〇名が休暇を許された。だが、休養期間が終わったとき、彼らが第13中隊に復帰することはなかった。彼らはそのままSS第101重戦車大隊に移籍という扱いになったからである。

『ライプシュタンダルテ』師団は、二月二九日から三月二日までの間に、師団Ia（首席作戦参謀）レーマンSS中佐に率いられて新たな戦区であるプロスクーロフ地区に入った。しかし、ティーガー中隊の大半の隊員にとって、幕切れは予想外に早く訪れた。自分たちの車両のないクルーは『ライプシュタンダルテ』前線連絡所を経由して、デンビーツァに送られた。彼ら約三〇名は同地で列車に乗り込み、さらに西へ向かった。三月第二週、彼らはSS第101重戦車大隊の創設地であるベルギーのモンスに到着した。

このグループには、いずれもSS曹長のレッチュとベーレンス、カップSS軍曹、いずれもSS上等兵のガウベ、ラウ、カマー、ヘーぺらがいた。これを引率していたのは先任下士官のコンラートSS曹長である。一方、まだ中隊とともにあった下士官および兵は、同じく三月早々にクリスチノフカで装備資材を列車に積み込み、やはり鉄路西を目指した。つまり、彼らは再び生きて東部戦線を後にすることができたのだ。

ところが、ここに中隊から抽出され、ヴェンドルフSS中尉指揮のもと東部戦線にとどまって戦闘を続けるグループがあった。一ヶ月余りにおよんだ、この残留組の戦いぶりに関する情報は、残念ながらほとんどないも同然だ。ただ、一九四四年三月五日、新品のティーガー一〇両が中隊に引き渡されたことはわかっている。これは言うなればヴィットマンと総統との会談の副産物であった。ヴァルムブルンやアウマン（いずれもSS伍長）といったおなじみの砲手は、古参の下士官――カール・ミュラーSS曹長、クレーバー、ザイファート、ヴィルヘルミの各SS軍曹ら――とともにティーガー車長となった。彼らにとって、またその他の師団各隊にとっても、それから数週間の戦闘は労多くして功少ない、つまりは戦力を大幅に減らすだけの結果に終わった。もっとも、この期間にヴァルムブルンSS伍長は、すばらしい活躍を見せた。彼の日記を検証すると、この時期の中隊の活動状況がおぼろげながらわかる。そこにはたとえば「三月六日／貨車積載。三月九日／プロスクーロフにて下車。三月一〇日／街道掃討」という記載があり、実際、一九四四年三月一〇日にヴァルムブルンは対戦車砲一門を破壊している。続いて同一二日、彼は『ライプシュタンダルテ』偵察大隊の指揮下に入った。「三月一四日／攻撃。エンジンハッチを開けたままだった。戦車一両、対戦車砲四門（七・六二センチ砲と五センチ砲各二門）を撃破。」この翌日の日記には、「クルーのために」とヴェンドルフからチョコレートを受け取ったという記述がある。

三月一八日、ティーガー部隊は包囲孤立地帯からの脱出を果たす。ヴァルムブルンはT-34を二両のほか、一五〇ミリ砲一門、対戦車砲二門を撃破している。

さらに三月二一日、ヴァルムブルンは九二ミリ対戦車／対空砲を一門撃破した。

「三月二四日／二つ目の包囲網からの脱出を開始。七・六二センチ対戦車砲一門撃破。通路は遮断されたまま。物資の投下あり。全周からロシアの猛攻。

三月二八日／師団は敵の継続砲撃を縫って突進。吹雪。履帯破損。エンジン火災。修理に四時間を費やす。包囲網脱出まであと三九キロ。

三月六日／履帯破損。

四月七日／セレト河畔。被弾一一回。七・六二センチ対戦車砲二門撃破。いずれも隠蔽対戦車砲。多数の被弾はこのため。損傷箇所を応急修理。予備履帯を吊していたので深刻な損傷は免れた。」

四月六日、戦力減損著しい『ライプシュタンダルテ』の残存部隊は、セレト河畔ウラースコフツェに到達する。解囲救援に乗り出していたSS第II戦車軍団（『ホーエンシュタウフェン』『フルンツベルク』両師団）は、敵の激しい抵抗に遭いながらも、西へ突破してきた第一戦車軍の先鋒と手を握ることができた。翌日、『ライプシュタンダルテ』が守る橋頭堡を通じて、数個師団がセレト渡河を果たした。彼らの後を追って『ライプシュタンダルテ』後衛部隊がセレト川を渡ったのは四月九日のことである。その日、ヴァルムブルンは九二ミリ対戦車砲を二門破壊した。こうして包囲孤立地帯で戦う間に、彼が撃破した戦車は計八両にのぼった。

だが、当然ながらティーガー中隊も無傷では済まなかった。戦車長のひとりハンス・ローゼンベルガーSS軍曹が、三月以来行方不明であった。スカラートからの連絡を最後に、彼は消息を絶った。

ともあれフーベ・ポケットからの脱出行を経て、師団がレンベルク（リヴォフ）に移動した際、ティーガー中隊の生き残りはベルギーへ向けて列車で発った。だが、ヴァルムブルンSS伍長だけは、自分のティーガーとともにSS第10戦車師団『フルンツベルク』に合流し、新しいクルーの訓練にあたることになった。

四月一六日、ヴァルムブルンと『フルンツベルク』隷下部隊は――陸軍第506戦車大隊のティーガーも加わっていたが――ストルィーパ川の東西で展開された攻撃を支援、ボブリンスのソ連橋頭堡を粉砕した。ヴァルムブルンはT-34とシャーマン各一両を撃破、自身の戦車撃破数を五一両とした。

この東部戦線最後の戦闘における功績により、ゲオルク・コンラート、カール・ミュラー両SS曹長、クルト・クレーバー、ハンス・ザイファート、ハンス・ローゼンベルガー、ヨーアヒム・ヴィルヘルミ、エルンスト・ヴォールレーベン（いずれもSS軍曹）、ヴィリー・ヴィルス、ヴェルナー・リヒト（ともにSS伍長）、パウル・ベンダー、フリートヘルム・ツィマーマン、フリッツ・ヘーナイゼ、マックス・ガウベ、ヘルマン・グローセ、クリステル・ディーメンス（以上SS上等兵）、クルト・ケマー、ヨハネス・コッツォルト（ともにSS戦車二等兵）が、一九四四年六月三日に第二級鉄十字章を授与された。

第6章　ＳＳ第１０１重戦車大隊

チェルカースィ解囲戦と同時期、ベルギーのモンスでは
SS第101戦車大隊の残留組(第3中隊)が訓練中であった。
写真、左端に砲手のアルフレート・リュンザーSS上等兵。

SS第I戦車軍団『ライプシュタンダルテSSアードルフ・ヒットラー』
SS第101重戦車大隊の創設

ドイツでは、一九四三年二月二日のスターリングラード敗北の余波として、経済ならびに軍事技術の分野におけるあらゆる可能性を最大限に活用する努力が——何であれ、あまりに遅すぎたのだったが——始まった。〝総力戦〟に絡むあれやこれやの措置が、一刻を争って集中的に実施されねばならなかった。肥大する一方の需要に見合うだけ、軍需産業を拡大するために。一九四三年のドイツは、フィンランドの極北戦線から、フランス〜イタリア〜北欧諸国などドイツ占領下にある各国にソヴィエト連邦、さらにはクレタ島からアフリカにかけての長大な戦線に派兵し、これを維持していたのである。

大戦四年目のこの時期、陸海空の国防三軍がそうであったように、武装SSもまた盛んに部隊を新設した。『ライプシュタンダルテ』は、兵員の構成を——あるいは下士官や将校もできる限り——ヒットラーユーゲント組織からの志願者に限定した新しい師団と、密に連携することになった。ほかに類を見ない、この新しい師団の創設については一九四三年二月から総統大本営で検討がなされてきた。

一九四三年七月一九日〜一九四四年六月五日

その名も『ヒットラーユーゲント』と定められた新設師団と、歴戦の『ライプシュタンダルテ』は、揃って一個の戦車軍団を形成することになる。すなわちSS第I戦車軍団『ライプシュタンダルテSSアードルフ・ヒットラー』である。

一九四三年六月二四日、総統命令に続く形で、SS中央司令局（SS作戦本部）は、SS機甲擲弾兵師団『ヒットラーユーゲント』の創設命令を下した。ただし、その編成作業の過程で、同師団は戦車師団に改められる。続いて一九四三年六月二七日、SS中央司令局は、SS第I戦車軍団『ライプシュタンダルテSSアードルフ・ヒットラー』の軍団司令部直轄部隊の編成を命じた。同軍団の司令官にはゼップ・ディートリヒSS上級集団指揮官兼武装SS戦車兵大将が任命された。言うまでもなく、それまでディートリヒは『ライプシュタンダルテSSアードルフ・ヒットラー』師団長を務めていた。SS第I戦車軍団は、軍団直轄部隊のほか、『ライプシュタンダルテSSアードルフ・ヒットラー』と『ヒットラーユーゲント』の両師団で構成された。なお、軍団と麾下師団がまったくの同名では混同されやすいため、これを明確に区別すべく、同軍団は短く〝ＳＳ第Ｉ戦車軍団『ライプシュタンダルテ』〟と名乗ることになり、他の部隊との通信連絡においても、この名称が使用されることになった。

七月一九日、同軍団直轄の重戦車大隊創設の正式命令が下った。創設地に指定されたのはフランスのマイー＝ル＝カン演習場である。同地は『ヒットラーユーゲント』師団の戦車連隊の創設地でもあった。それ以外の軍団直轄部隊はプラハに近いベネシャウで、また、軍団司令部はベルリン＝リヒターフェルデで、それぞれ編成作業がおこなわれることとされた。

戦車大隊以外の軍団直轄部隊には、重砲兵大隊、ヴェルファー（ロケット砲）大隊、通信大隊、医療大隊各一個に、軍団補給部隊、対空砲中隊、随伴中隊が揃っていた。その他に八個の部隊があったが、戦力は限られたものだった。軍団参謀長は騎士十字章佩用フリッツ・クレーマー、陸軍の参謀大佐であったが、一九四三年一〇月付けで武装ＳＳに移ったＳＳ准将である。この人物が軍団直轄部隊の訓練の総指揮も担当した。

さかのぼって一九四三年五月後半、ハリコフで再装備中だった機甲擲弾兵師団（当時）『ライプシュタンダルテＳＳアードルフ・ヒットラー』は、重戦車大隊要員としてふさわしいと思われる相当数の下士官および兵を、パーダーボルン近郊ゼンネラーガー演習場に送っている。同地で彼らは、全ティーガー部隊に補充要員を供給する陸軍第５００重戦車訓練・補充大隊に加わった。つまりそれが、ＳＳ第Ｉ戦車軍団の重戦車大隊創設に関連して実行された最初の措置であった。

軍団直轄部隊は〝１０１〟の番号を付与されたので、重戦車大隊もその番号を冠して呼ばれることになった。〝１０１〟というのは、軍団の名称が第〝Ｉ〟と定められたことから、それに１００を付け足してできた数字なのだろう。

ところで、編成途上のＳＳ第１０１重戦車大隊要員が、創設地とされたマイー＝ル＝カンに実際に姿を見せることはなかった。この当時、大隊要員はもっぱらゼンネラーガー演習場に駐屯していたのである。というわけで、編成の地はすぐにゼンネラーガーに改められた。すでに一九四三年五月後半には、操縦手の訓練が同地で順調に進行中であった。これと同時期に、最初の無線手要員も到着している。彼ら新人の訓練を引き受けたのは『ライプシュタンダルテ』通信将校のヘルムート・ドリンガーＳＳ少尉である。また、『ライプシュタンダルテ』突撃砲大隊から、多くの下士官と兵が転属してきたが、たとえば一九四三年三月三日に騎士十字章を受章したアルフレート・ギュンターＳＳ上級曹長もそのひとりである。『ライプシュタンダルテ』戦車連隊第13（ティーガー）中隊も、一定数の隊員をゼンネラーガーに送り込んでいる。

1944年4月16日、敵戦車51両撃破を果たした直後のボビー・ヴァルムブルンSS伍長（左）、砲手のフリッツ・ヘーナイゼン（本文中に登場したときはヘーナイゼ）SS上等兵と。砲身には51両撃破をあらわすキル・リングが描かれている。

大隊要員として突撃砲出身者の割合が高くなったのは、大隊長に就任予定のハインツ・フォン・ヴェスターンハーゲンSS少佐が、一九四二年六月以来『ライプシュタンダルテ』突撃砲大隊の指揮を執ってきた人物だったからであろう。ただし、彼は『ツィタデレ』攻勢中の一九四三年七月六日に頭部に重傷を負い、療養中の身であった。

一九四三年七月一九日、ゼンネラーガーに、また新たに大隊要員が到着し始めた。トラウエ、リヒター、オッターバイン、ロルフ・フォン・ヴェスターンハーゲン（大隊長の弟）、ハインツ・ベルベなどは、いずれも『ライプシュタンダルテ』突撃砲大隊から転属してきた下士官である。他方、この時期『ライプシュタンダルテ』師団は、『ツィタデレ』作戦の中止を受けて前線から退き、イタリアに移送された。

八月五日、ハインツ・フォン・ヴェスターンハーゲンSS少佐が正式にSS第１０１重戦車大隊長を拝命する。もっとも、彼は依然療養中で職務復帰には至らず、ただ一度だけ、それもごく短時間、ゼンネラーガーに顔を見せただけであった。

SS第１０１重戦車大隊の編成内容は次のように決定された。すなわち大隊本部および本部中隊に、ティーガー三個中隊、これに固有の整備中隊一個がつく。今までのティーガー中隊――『ライプシュタンダルテSSアードルフ・ヒット

ヴァルムブルン、搭乗車とともに。砲身のキル・リング手前に戦車が小さく描かれているのがわかる。この車両には左前面装甲に見られるように多くの被弾痕が確認できるが、いずれも貫通には至っていない。

ラー』戦車連隊第13（重）中隊――は、大隊の第3中隊として合流することになった。同様に、第13中隊の整備小隊は、大隊の戦車整備中隊に吸収され、その第II小隊になる予定であった。したがって、大隊創設命令によれば、大隊本部と本部中隊に加えて、現実に一（いち）から編み出す必要があるのはティーガー二個中隊と整備中隊で済むわけで、後者にしても第II小隊はすでに手配済みということになるのだった。士官・下士官および兵は「既存部隊の幹部から」あるいは「SS中央司令局の配慮により」供給された。兵器・装備の交付は、同じくSS中央司令局からの特別命令によって、調整された。

　大隊本部中隊は、偵察・工兵・通信の各小隊に加えて、対空砲小隊を保有することが予定されていた。当初、SS機甲擲弾兵師団『ノルトラント』の『ヘルマン・フォン・ザルツァ』戦車大隊のために編成された対空砲小隊のうちの一個を、第101重戦車大隊にまわす案が出された。だが、それが実行不可能とわかって、結局はSS対空砲補充大隊から供給された兵員をミュンヒェン郊外フライマンに集め、ハイン・スヴォボダSS曹長の指揮下に置いた。こうして編成された小隊は八月一八日にゼンネラーガーに送られたが、肝心の対空砲はまだ受領できていなかった。

　砲班長（分隊長）であったクルト・フィッカートSS軍曹は、パーダーボルン近郊ゼンネラーガーに滞在したときの状況を次のように回顧する。

「SS第101重戦車大隊に必要な何もかもが、パーダーボルンのドリンガーSS少尉の指揮下に集められた。シュピースはヘフリンガーSS上級曹長で、この人はバイエルン人だった。最初の頃、私たちは下士官と兵の単なる寄せ集めみたいなものだった。だが、ヘフリンガーは、新しく到着した者をそれなりにまとめる手腕を持っていた。ある晩、フォークト、ハーン、イリオーン、ルーカシウス、カリノフスキーといった面々が到着した。彼らはいささか酒に酔っていて、ちょうど当直下士官だった私に、駅に残した荷物を誰かに取りに行かせろと要求した。そこで私はヘフリンガーに報告した。ヘフリンガーは〝生意気な新入りども〟に凄まじい雷を落とし、誰に向かってそういう態度を取っているのかということを、とことんわからせた。それでも、胸に第一級鉄十字章をつけていたフォークトに対しては、その口調もいくらか丁寧にはなったが。その後間もなく、私たちはイタリアに行くことになった。」

ヘフリンガーの手厳しい歓迎を受けたのは、当時まだ予備士官候補SS曹長だったヴァルター・ハーン、ヴィルヘルム・イリオーン、パウル・フォークト、エードゥアルト・カリノフスキー、ヴィンフリート・ルーカシウス、ゼップ・シュティッヒらのグループである。彼らは、SS士官学校の予備士官候補生課程とそれに続く兵器課程を修了し、すでに一九四三年七月三〇日付けでSS第101重戦車大隊に配されていた。

SS第I戦車軍団の一九四三年八月一七日の日誌には次のような記述がある。

「SS中央司令局より下命される。重戦車（ティーガー）大隊は、ゼンネラーガー演習場からヴェローナ地区へ移動すべしとのこと。移送作業は一九四三年八月二三日に開始。」

八月二八日には、大隊の全要員が、ゼンネラーガーから列車でイタリアへ運ばれた。それより先、八月上旬にティーガー中隊――それに『ライプシュタンダルテ』師団全隊はイタリアに到着済みであった。ティーガー中隊は七月の『ツィタデレ』作戦の一環としてクールスク突出部で戦った後、『ダス・ライヒ』『トーテンコップフ』両師団に手持ちの戦車を引き渡して、前線から退いたのだった。

話はさらに前後するが、七月二九日、ティーガー中隊は装輪車両のみを従えて〝ブリッツプファイル〟と称された特急列車でインスブルックに向かった。インスブルックからは自動車行軍で南チロルを南下、熱烈な歓迎を受けながら同地方を通ってイタリア入りした。そして八月八日には、中隊はレッジョ・ネレミーリア郊外の広大なブドウ園に宿営を構えたのだった。クールスクでの負傷も癒えて職務に復帰した中隊長ハインツ・クリングSS大尉は、SS第101重戦車大隊の編成作業の責任者になっていた。大隊長たるハインツ・

1944年早春、ベルギーのモンスに駐屯中の
SS第101重戦車大隊第3中隊の隊員。

フォン・ヴェスターンハーゲンSS少佐は負傷療養中であったからだ。

八月中旬、指揮戦車二両を含む新品のティーガー計二七両が、レッジョ・ネレミーリアの駅に到着する。この出来事に続いて、第13中隊の第一回目の分割作業がおこなわれた。クリングSS大尉は（分割作業の結果生じた）第1中隊を、またヴェンドルフSS少尉が第2中隊を指揮することになった。ヘルムート・ドリンガーSS少尉は大隊副官と通信将校を兼任した。また、大隊管理将校アルフレート・フェラーSS中尉ほか、大隊車両技術将校（TFK）としてゲオルク・バルテルSS少尉、そしてヘルベルト・ヴァルターSS少尉が新たに到着した。後者二名は『ライプシュタンダルテ』戦車駆逐大隊からの転属である。それぞれの戦車中隊の小隊長にはヴィットマンSS少尉はじめ、ヘフリンガー、ギュンター、ハルテルの各SS上級曹長、ブラント、ルーカシウス、イリオーンの各SS曹長などが名を連ねた。ハーン、シュティッヒ、カリノフスキー、フォークトは、揃って大隊本部要員となった。

こうして生まれた大隊隷下部隊——二個の戦車中隊に加えて、本部中隊、整備中隊など——は、訓練に没頭した。この時期、どの部隊も万全の状態からはほど遠かった。講習やティーガー搭乗訓練、査閲などが、隊員たちを追いまくる日課となった。とは言え、やはり自由な時間も確保されていたわけで、イタリアの快適な環境を満喫する余地は充分にあった。たとえば、多くの者が付近の人造湖に泳ぎにでかけた。車でモデナの公営プールに行く者もいた。士官・下士官・兵の区別なく各種のスポーツに打ち興じた。食事も申し分なかったと伝えられている。

九月一日、予備仕官候補SS曹長だったハーン、フォークト、イリオーン、カリノフスキー、ルーカシウス、シュティッヒが、SS少尉に昇進する。また、ハリコフ戦で脚を負傷したハンネス・フィリプセンSS少尉は、この頃にようやく現場復帰したものの、回復が未だ完全ではないために、通常の任務遂行は不可能だった。一方、新たに大隊に編入された者のために訓練中隊が発足した。ドリンガーSS少尉は、戦車の無線要員の継続的な強化訓練をおこなうべく、無線訓練小隊を設置した。

一九四三年九月一〇日、アメリカ軍がサレルノに上陸した。シチリア島には、すでに七月一〇日に連合軍が上陸していたが、SS第101重戦車大隊の隷下各隊のいずれにも出撃命令が下ることはなかった。イタリアは、同盟国ドイツに対する義務を放棄し、九月八日には連合軍に降伏している。ドイツ軍は翌九日の0100時をもって、イタリア軍駐屯地で昨日までの盟友の武装解除に乗り出し、イタリアの諸都市を占領する。それでもやはりティーガー大隊がこれらの行動に参加を要請されることはなかった。同日1300時、レッジョ・ネレミーリアに駐屯するイタリア軍の武装解除が完了し、ラ・ヴィッラならびにサン・イラーリョ(?)軍用飛行場はドイツ軍に占拠された。

ティーガー大隊の隊員は、この機会を利用して、イタリア軍の被服倉庫から靴や革ベルトなどの在庫品を調達した。また、黒の戦車搭乗服の下に着ると実に粋に見えるというので、彼らは競ってあの名物の黒シャツに手を伸ばした。これと同時にイタリア軍の軍用車両を徴発して、大隊の装輪車両は一気に増えた。大隊本部要員も、何台ものフィアット製の乗用車を使用できるようになった。また、このとき何人かのイタリア人が、志願兵あるいは志願補助員すなわち〝ヒーヴィース〟として大隊に加わっている。

九月一六日、クールスク攻勢の戦功章が旧第13中隊の対象各人に授与された。

九月二一日、レッジョ市内のドーポラヴォーロ施設[訳注/これについては前出の訳注を参照されたい]を会場に、旧第13中隊の大々的な中隊祭が挙行された。その二日後、大隊はレッジョ北東のコルレッジョに移駐する。大隊員は、ある学校の校舎と党支部の建物に分宿した。車両は航空偵察で露見しないよう、すべて入念にカモフラージュを施されたうえで、付近の陸上競技場周辺に配された。ただし、当時パウ

上はアルフレート・リュンザーSS上等兵、下は未詳。

第3中隊の整備班に所属するジークフリート・ヴァルターとヴィルヘルム・ヴァイスハウプト。

ル・フォークトSS少尉が指揮を執っていた大隊本部中隊などは、まだ車両も装備もほとんど揃っていなかった。

本部中隊の対空砲小隊も未だ砲を受領していない。偵察小隊はメラーノにあった。ちなみに同地にはSS第I戦車軍団の司令部も駐屯していた。そうしたなかで一〇月某日、対空砲小隊員は、オストマルク（オーストリア）のケルンテン州フィラッハに向かう戦争捕虜移送列車の警護任務に動員されている。

ティーガー大隊に転属してくるまで『ライプシュタンダルテ』戦車駆逐大隊第3中隊長であったヘルベルト・ヴァルターSS少尉は、整備中隊の編成作業に従事していた。

およそこうした状況のなか、日々の訓練は進んでいたが、それに加えて大隊員は兵と将校の区別なくスポーツにもいそしんだ。また、コルレッジョ駐屯中にヴェンドルフSS少尉が指導する下士官教育課程が設けられた。これは有望な下士官兵に、SS軍曹への昇進の機会を提供するものであった。さらにティーガー大隊を作戦可能な状態に持ってゆくための努力が推し進められる過程で、一〇月一日より『ライプシュタンダルテ』戦車連隊から教育要員が派遣された。結果として大隊は、こと訓練に関しては同連隊に依存する形となったが、戦術的には師団の直接の指揮下にあるとされた。

一〇月一〇日、大隊はヴォゲーラ南西のポンテクローネへ移った。大隊員はここでも学校の校舎に宿営し、車両は付近の煉瓦工場の構内に置かれた。

これに先立つ一〇月五日には、訓練の進捗状況を基準に第二回目の人員分割が公式に開始されている。翌六日から、第3中隊の編成作業が実施された。フィリプセンSS少尉と、騎士十字章佩用アルフレート・ギュンターSS上級曹長などが、新たに誕生した同中隊に配属となった。そして一〇月七日、新設第3中隊の一員であったヘルベルト・シュテヴィッヒSS伍長が、レッジョ・ネレミーリア市内で事故のために命を落とした。彼の埋葬に際しては、戦友たちが儀仗兵を務めた。

総統随伴警護隊と宰相官房自動車部隊から一二名の下士官が大隊に移籍、車長あるいは操縦手候補として訓練を開始したのもこの一〇月中のことである。このなかには、ヘルムート・フリッチェ、マックス・ゲルゲンス、ヘルマン・バルクハウゼン各SS上級曹長、グロッサーSS曹長（名前未詳）、ハインリヒ・エルンスト、ヴァルター・シュトゥルハーン、ハイン・ボーデ各SS軍曹の姿があった［訳注／フリッチェの階級については、『イタリアのティーガー中隊』の章に既出の記述と矛盾あり］。

その間、大隊は固有の野戦郵便番号の交付を受けていた。旧第13中隊の野戦郵便番号48165は抹消された。新たな番号は、SS第101重戦車大隊本部および本部中隊が59450 A、同第1中隊が59450 B、同第2中隊が

５９４５０Ｃ、同第3中隊が５９４５０Ｄ、同整備中隊が５９４５０Ｅである。

一〇月一八日と同二四日にも、各中隊の再編がおこなわれた。その間の一〇月二一日には、東部戦線への派遣が目前に迫っているとの通告があり、続いて二七日には列車積載に関する事前命令が出た。また、大隊は公認定数を満たすため、ドイツ本国からさらに一〇両のティーガーを受領することになった。これにより大隊の戦力はティーガー三七両となり、一個小隊五両として、とりあえず四個小隊編成の中隊と三個小隊編成の中隊各一個の装備が整うほか、大隊長と副官にも各一両を用意できるはずであった。

この一〇両を受領すべく、車長のシュプランツＳＳ上級曹長、ヴェントＳＳ軍曹両名と、シュトゥルハーン、レップシュトルフ（以上ＳＳ軍曹）、ホフマン、ローヴェーダー（以上ＳＳ伍長）、ヤネクツェクＳＳ上等兵ら一〇名の操縦手がマクデブルク近郊ブルクの陸軍兵器廠に派遣された。彼らは現地でまずは車両の装備を整えなければならなかった。機銃や無線機を据え付け、銃・砲弾を搭載するのである。これに数日が費やされた後、装備完了のティーガーは二本の移送列車に積み込まれた。この列車はドイツを抜けて、レンベルクを目指した。一一月二日、上級司令部の指示により列車はレンベルクで停止、再びドイツ本国へ引き返し、数日後にパーダーボルンに到着する。その後も、パーダーボルンを出発して間もなく、空襲を避けようとゲーセケやザルツコッテンの鉄道駅で待避線にとどまるなどしていたため、結局のところ一〇両の戦車がイタリアの大隊に届くことはなかった。

そうこうする間にも、イタリアでは出発準備が佳境に入っていた。だが、大隊としては人員不足が続いていること、新人の練度にばらつきがあること、戦車その他の車両の数が未だ不充分であることなどから、即戦力たりうる隊員を抽出し、手持ちの二七両のティーガーをもって一個中隊が編成される。無論これは、戦力の点では並の中隊をはるかに超えていた。何しろティーガー各五両の小隊が計五個編成されて二五両、これに中隊長と中隊本部分隊長それぞれの車両を加えて二七両である。この特大規模の中隊は、旧ティーガー中隊の呼称——ＳＳ第1戦車連隊『ライプシュタンダルテＳＳアードルフ・ヒットラー』第13（重）中隊——をそのまま使用し、同戦車連隊の指揮下に入ることになった。実質的には、これはＳＳ第１０１重戦車大隊の第1および第2中隊が再びもとの第13中隊として統合したという構図である。これとともに、整備中隊から一個小隊が引き抜かれて、同行することになった。

中隊長はやはりクリングＳＳ大尉、小隊長はヴェンドルフ、ヴィットマン、ハーン、カリノフスキー、ハルテルの各ＳＳ少尉である。もっとも、部隊が東部戦線に復帰して最初の作戦行動時、第Ｉ小隊長はミヒャルスキＳＳ中尉であった（彼

1944年2月モンスで開講した戦車操縦手課程の訓練風景。
訓練用に砲塔を撤去したティーガーを使用している。

がその地位を失った経緯については先述のとおり)。

一〇月二九日、ヴォゲーラの駅で、ティーガーの貨車積載作業中、砲塔に立っていたシュティッヒSS少尉が頭上の送電線に接触し、感電死するという事故が起こる。まだ二三歳の若さであった少尉をパヴィーアの墓地に埋葬するにあたり、大隊は儀仗兵を用意した。

こうして、ティーガー中隊員にとってイタリアでの愉快な幕間劇は終わった。彼らは再び東部戦線へ赴き、戦闘に加わるのだ。一〇月二七日から彼らが順次列車で東部戦線に向かって出発する間、残留組となった大隊員はパーダーボルンを経て、今回はアウグストドルフ近郊ゼンネラーガー南演習場に送られた。二度目の東部戦線でのティーガー中隊の活躍については、すでに詳述したとおりである。

ジークフリート・ヴァルター。

アウグストドルフのSS第101重戦車大隊
一九四三年一一月五日〜一九四四年一月九日

一九四三年一一月、東部戦線への投入が見送られた大隊隷下部隊はすべて、列車でアウグストドルフ近郊ゼンネラーガー南演習場へ移送された。大隊の指揮は、移送直前からライナーＳＳ中佐が執っていた。三八歳のライナーは、一九四〇年の西方戦役時は『トーテンコップフ』師団の戦車駆逐大隊を率い、一九四三年にはハリコフ戦で同師団の戦車連隊を指揮していたという経歴の持ち主である。彼は『トーテンコップフ』師団長であったアイケＳＳ大将の娘婿でもあり、その引き立てをあてにすることもできたからか、同師団での勤務は長く続いた。反面、ＳＳ第１０１重戦車大隊の隊員の間で、彼の人気が高かったとは言い難い。どこか冷淡で、取り付く島もないといった彼の態度と「理解のなさ」が災いして、彼と隊員との間にはいかなる絆も生まれようがなかったのだ。

さて、先にブルクの兵器廠から大隊が受領したはずのティーガー一〇両は、貨車に積まれたままザルツコッテンとゲーセケの駅で立ち往生していたが、ようやくアウグストドルフに到着し、大隊に引き取られた。戦車受領班の面々も大隊に無事合流できた。大隊の第１および第２中隊が、揃って一個の中隊として——すなわちＳＳ第１戦車連隊『ライプシュタンダルテSSアードルフ・ヒットラー』の第13中隊として、再び東部戦線へ送られたので、残留人員は、ここアウグストドルフで第3中隊としてまとめられた。東部戦線で負傷した者も、回復後は、さしあたって大隊唯一の戦車中隊である第3中隊に直接移って来た。というわけで、大隊と言っても、その戦力は目下のところ上記のティーガー一〇両でしかなかったのである。なお、アウグストドルフには大隊本部中隊と整備中隊も移ってきたが、後者は一個小隊を（東部へ送ったために）欠いていた。

この第3中隊の指揮官に着任したのはシュヴァイマーSS大尉である。三〇歳のギュンター・シュヴァイマーは、一九三八年にSS士官学校からSS少尉として『ライプシュタンダルテ』入りする。だが、間もなく――同年八月二五日付けで――SS大尉に昇進するとともに外務省に派遣され、公使館書記官の肩書きで外務大臣フォン・リッベントロップの副官を務めることになった。その後、『ライプシュタンダルテ』に復帰したシュヴァイマーは、一九四三年五月以来、同戦車連隊の本部要員であった。

一九四三年一一月九日、ハンネス・フィリプセンSS少尉がアウグストドルフに到着した。彼は三月のハリコフ戦時、同市郊外で搭乗車が撃破された際に重傷を負った。部隊がイタリア駐屯中にいったん現場復帰するも、膝蓋骨骨折の合併症で通常の任務遂行がかなわず、ひとまずは教官を務める特務将校として第3中隊に配されたのであった。

大隊は煉瓦造りの建物に本拠を構え、戦車その他の車両は演習場敷地内の、空いている格納庫に置かれた。部隊の士気は高く、一九四三年秋の陰鬱な空気に影響されることもなかった。この駐屯地には映画館もあって、非番の者で賑わっていた。三キロほど歩けばデトモルト郊外であり、そこから路面電車に乗って市街地に行くこともできた。

大隊にはさらに二名の将校――ハノ・ラーシュSS中尉とユルゲン・ヴェッセルSS少尉――が転属してきた。こうした新顔の将校あるいは下士官や兵を対象に、陸軍第500ティーガー訓練・補充大隊のフェルケル少尉の指導を仰いでティーガー搭乗の集中訓練課程が組織された。

その一方で、このアウグストドルフの演習場では赤外線暗視装置の初期搭載実験が実施された。この画期的な装置は未だ試験段階ではあったが、一両のティーガーに装着された。もっとも、残念ながらそれはSS第101重戦車大隊の所属車両ではなかった。これを用いた夜間射撃試験は上々の結果であった。二回目の射撃試験にはハノーファーのナチ党大管区指導官ハルトマン・ラウターバッハーが招かれた。ラウターバッハーと言えば、一九四二年一一月に『ライプシュタンダルテ』のティーガー中隊が創設された際にも庇護者然として視察に訪れたことがある。

それはさておき、旧第13中隊からの古参のティーガー搭乗員であるアルフレート・リュンザーSS上等兵は、アウグストドルフの思い出を次のように語った。

「訓練は陸軍のティーガー教育中隊の指導でおこなわれた。私はフェルケル少尉の当番兵をやらされた。私たち13中隊以来の古参組は――一五名だったが――訓練にはほとんど参加しなかったので、何かほかの仕事を引き受けなければならなかったんだ。軍の将校は全員同じ営舎に寝起きしていた。私たちの中隊長のシュヴァイマーSS大尉もそこに自分の部屋を持っていた。

ある日、ハノ・ラーシュSS中尉が私たちのもとにやって来た。彼の当番兵は――シュヴァイマーの当番兵もそうだったが――やはり私ら古参組一五名のなかのひとりだった。ハノ・ラーシュはティーガーのことはまるで知らなかった。それでも〝そこらの素人っぽく〟見られたくないと言うんで、私も手を貸してやらねばならなかった。毎日、午後になると彼は一両の訓練用ティーガーを格納庫の前に置かせた。私たち――私と彼とは、そこに悠然と彼のキューベルヴァーゲンで乗りつけるわけだ。それから一緒にティーガーに乗り込んで、当然ながら私が何もかも説明し、やってみせるしかなかった。彼の呑み込みは早かった。

そのうち自然に私は彼のことをよく知るようになった。彼は優秀な男だったが、それでいて上役風を吹かしたりするようなところはまるでなかった。絵が上手で、ガールフレンドが三人いたんだが、彼女らの誰かひとりが来るとなると、部屋に飾ってある額の中身をその女性の肖像画にパッと差し替えるんだ。ところがある日、予告なしにひとりが面会に来て、勤務時間が終わるまで中尉さんの部屋で待っていていいかと尋ねた。当番兵は中尉の修羅場を未然に防ぐべく、『少々お待ちを』と彼女を待たせ、額の肖像画を彼女のに差し替えてから彼女を部屋に通した。これで彼は中尉から臨時に週末外出許可証をもらったよ。」

大隊はさらに人員を追加され、『ライプシュタンダルテ』SS機甲擲弾兵訓練・補充大隊の、訓練済みの補充中隊一二〇名がアウグストドルフに到着した。また、同じく一一月中にロルフ・メービウスSS大尉が加わった。彼はケルンテン出身の三〇歳で、一九四一年のバルカン作戦時は『ライプシュタンダルテ』第7中隊の小隊長としてこれに参加した。東部戦線で戦端が開かれたとき、彼は三・七センチ対空砲中隊の中隊長であった。一九四二年六月、彼は八・八センチ対空砲中隊の指揮を執るようになる。このいずれの中隊もメービウスの的確な指揮により、多大な戦果をあげた。ハリコフ奪回後の一九四三年三月二八日、彼は黄金ドイツ十字章を授与された。続いて彼は同年六月一五日から九月四日ま

1944年2月、ハイン・フォン・ヴェスターンハーゲンSS少佐がSS第101重戦車大隊長に着任する。写真は1942年4月20日にタガンロークで撮影されたもの。フォン・ヴェスターンハーゲンSS大尉（中央）、ヴュンシェ SS大尉（左）、ギュンター SS曹長（右から2番目）。

で在ヒルシュベルクの陸軍軍事大学校の第一二期参謀将校養成課程に参加する。しかし、残念ながら課程修了要件を満たすことができず、その後はSS第I戦車軍団に配属となった。一九四三年一一月一六日、彼はティーガー大隊に加わり、まずは本部中隊長を拝命した。

同月中に、本部中隊の対空砲小隊は、八トン牽引車に搭載された四連装対空機関砲三門（三両）を受領した。小隊長は、大隊創設と時期を同じくしてSS曹長となったハイン・スヴォボダである。機甲偵察小隊——まだ装甲兵員輸送車を受領していなかったが——を率いるのはユルゲン・ヴェッセルSS少尉、ティーガー大隊に移籍するまでは『ライプシュタンダルテ』のSS第1機甲擲弾兵連隊第Ⅲ大隊の本部当直将校の地位にあった人物である。

この時期、なぜかよくわからない理由でシュヴァイマーSS大尉の当番兵が虱をわかして、そのために全隊が虱駆除をおこなう羽目になったことがあると伝えられている。もっとも、これは関係者一同にまたとない気晴らしを提供したらしい。

大隊は移動準備にとりかかっていたが、一九四三年一二月に入り、フィリプセンSS少尉に率いられた総勢一五名の下士官と兵から成る先遣隊が、ベルギーのモンスに出発した。

フィリプセンのクリスマス

一九四三年一二月二五日、フィリプセンは、モンスの軍人保養所でささやかなクリスマス会を企画した。当時彼らが置かれた状況のなかでクリスマスの祝辞を述べるのに、この堂々たる理想主義者フィリプセンほどうってつけの人物はいなかったであろう。長期に渡って前線勤務を強いられた兵士が、こうした日にはどれほど感傷的になるものであるかを彼はよく知っていた。それなりに趣味良く飾りつけられた保養所のホールに、大隊員とドイツ人看護婦が並んで着席した。そして出席者全員が、若いSS少尉の語る言葉を期待に満ちて待ち受けるなか、フィリプセンの演説が始まった。

「戦友諸君！またクリスマスが来た。今次大戦で四度目のクリスマスだ。諸君のなかには、これが軍人として迎える初めてのクリスマスだという者もまた多かろう。今宵、我らの心に平安が訪れ、呼び覚まされた幼い日々の思い出と、遠いあこがれと、穏やかな幸せがそこに顔を出す。我らは地上で最も美しい祭りであるクリスマスを、ほかのどこでもない、この揺るぎなき戦友の共同体にあって祝うゆえに。式次第も長々しい予行練習も必要なければ、部屋の飾りつけも問題ではない。故郷からはたくさんのすてきなカードや贈り物の包みが届いている。諸君にも見えるだろう、クリスマスツリーに輝く灯が？　今この瞬間、我らはまさしく故郷にいるのだ。家族に囲まれ、疑うことを知らない幼年時代の澄みきった眼でツリーを眺めている。我らは心温まり、クリスマスの真の平安をそこに見い出す。なぜなら、クリスマスはドイツの祭りだからだ。ただ我らだけが、我ら啓蒙された民族だけが、この聖夜の深い意味を心得ている。我らは何世代も昔から、我らの先祖が最も大切な祭りとして光と生命の再生の日を祝ってきたことを知っている。曰く……、

豊かな実りは冬の夜あらばこそ／
種子は雪の下で育つもの／
太陽の微笑む春にこそ／冬の善行に気づくもの／
見捨てられ、心うつろであるなら／
寒く辛い日々が続くなら／
静かに我が身を省みよ！／
豊かな実りは冬の夜あらばこそ！

そして永遠なる母の胎内に宿った新たな命は、太古の大地のふところに潜む種子のごとく、いとけなくまた愛らしい。それは慈愛の心に守られた未来を約束する。すなわちこれがクリスマスの密かな意義である。クリスマスとは、今日この日に限って我らの前に明らかになるとともに、今この瞬間に、その権利を主張する永遠の真理である。何となれば荒んだ戦士の心を慰めてくれるのは、父や子らの愛にほかならぬからだ。父は彼の子どもたちがクリスマスツリーの下で幸せそう

1944年2月、ゼップ・ディートリヒSS大将の視察下、モンスで演習がおこなわれる。左からイェーシェ、ディーフェンバッハ、シェンク、レッシュナー。

に遊ぶ姿を眺める。それから愛する妻の瞳に涙が浮かぶ様を眺める。彼女もまた子どもたちを眺めて幸せだが、遠く離れた地で祖国のために戦う兵士のことを想い、その胸に鋭い痛みを覚えているのだ。そして息子は気苦労で皺の増えた両親の顔を覗き込む。彼らの想いも希望も、我らとともにある。

今宵はわずかに口が軽くなるのが人の常だ。各々が、その故郷を語り、妻や子や親兄弟のことを語る。失われて久しい幼い頃の思い出が、その昔の燃えたつ幼心（おさなごころ）そのままに語られて、再びよみがえる。それから写真が持ち出される。色あせて、ぼろぼろになった写真、辛く苦しいとき、もう幾度となく取り出されては眺められ、そうやって夜を乗りきるために大切にされている写真が。子どもの頃から慣れ親しんだ歌や詩も飛び出すだろう。こうしてともに過ごし、語りあい、歌声をあわせ、食べ、写真を見せあって、我らは我ら戦友の絆がいつしか深まるのを感ずるだろう。我らはそれを、来るべき戦いで、ますます必要とすることだろう。今ここに、我らの集いのなかに、過ぎし戦いで死神に連れ去られた戦友たちの姿もある。我らが語りあうことで、彼らもまたよみがえる。気高い態度で息子の死を悼む傷心の母親たちには、今宵、特別の挨拶が贈られる。かくて、偉大なる民族の偉大なる共同体が、ここに突如として顕現する。諸君の心は、はるかな憧れに――今宵、幾百万の兵士の心からわき出して故郷を目指し、やはり幾百万の両親や子どもたちの心

前ページと同じ車両、車長用司令塔（キューポラ）に立つのは砲手のアルフレート・リュンザーSS上等兵、右端は車長クルト・ディーフェンバッハSS軍曹。

に流れ込む、壮大な流れに合流することだろう。」

ヴィリー・シュミットSS伍長によれば、このクリスマス会は未明まで続き、路面電車の最終も出てしまったので、徒歩で帰らねばならないところを、全員が酔っぱらっていたために特別の計らいで臨時の電車を走らせてもらって明け方にメジエールの兵営に帰った、とのことである。

数日後、フィリプセンは両親に手紙を書いている。前線の兵士が訪れる新年に託す希望を、そのまま反映したかのような文面である。

「故郷の皆さん！　一九四三年一二月三一日、ベルギーにてお別れ以来もう三週間が過ぎました。このところ、多くの僕ら若い前線将校の常として、次から次へと移動を繰り返しています。実際、今もそうです。先に僕が書いた二通の手紙は、もう皆さんのお手もとに届いたでしょうか。僕は部下とともに、とてもすてきなクリスマスを過ごしました。当地の軍人保養所に勤める同胞の看護婦さんたちも一緒でした。前日、まだ秋のような森でツリー用の木を切り倒し、保養所の広いホールに立てて、それらしく、でも簡素に飾りつけました。お母さん、ちょうど我が家の、あの本当に好ましくも懐かしいクリスマスツリーのようにです。キャンドルもちゃんとつけましたよ。それから僕らは看護婦さんたちと一緒に、保養所全体をクリスマスらしく飾りました。僕がそれをどれほど楽しんだか、皆さんには想像もつかないでしょう。僕らは全員すっかり陽気になって、地上にこのうえない平和が訪れたかと思えるほどでした。けれども、世界戦争はかつてないほどの無慈悲さで最高潮に達しています。皆さんと一緒にクリスマスを過ごせなかったことは本当に申し訳なく思っています。

皆さんはきっとこう言ってくださるでしょう。少しくらい休んでもいいではないか、お前はもう何度も戦闘をくぐりぬけて来たんだからね、と。いいえ、僕は勝利の日まで我が身に休息を許すつもりはありません。健康が許す限り、常にドイツのために最前線の戦士たるべく力を尽くす覚悟です。『たとえ悪魔が世界を席巻しようが、我らはやはり最後に勝利するだろう。』これはキャンドルの穏やかな、無垢な光のなかで僕が部下に言って聞かせた言葉です。同時に僕は決して落ち込んだりしないと改めて誓ったのです。

この戦争五年目のクリスマス・イヴの夜、ツリーに輝くキャンドルの光が僕に教えてくれました。いつの日か正義はあらゆる不正と偽りと邪悪に勝つ、と。星の輝くその夜、僕は子どもの頃の美しい日々のことを思い返しました。それは、ご両親様、おふたりが僕に思いどおりの道を歩むことを許してくださった日々、豊かな実りある日々でした。僕は僕が指導した少年たちを誇りに思っています。今、僕らは揃って前線の兵士です。そして、僕らが少年たちに力説し、その精神に叩き込んだことは、ただ口先だけの信心ではなかったこと、それどころか決然とそれを実行に移すことを証明できる立場にいます。今は亡き英雄たちのはるかな隊列に、僕らの手本とすべき最良の人々が静かに歩む姿があります。彼らは生命の尽きるまで果たすべき義務があることを、僕らに思い起こさせてくれるのです。あの晩、僕らのクリスマスツリーのまわりには、懐かしい故郷の皆さんが一緒にいてくださいました。ここからそう遠くないところで眠っているはずのヨハネスおじさんも。どうかできるだけ早く返事をください。そして、おじさんのお墓の正確な場所と、ブリュッセルからならどう行けばいちばんいいかをお教えください。大隊の本隊が到着したら、大隊長に許可をもらって、そのうちお墓参りに行きますから。

それから、ハンス・ブラウンが埋葬された正確な場所もお知らせください。車で行ける所なら、いつかそこも見て来ようと思っています。仕事が山積みなので、当分どこにも行けそうにありませんけれど。全部うまく片づいてくれるといいのですが。そう、これも全部、ツリーを眺めていて思いついたことです。

さて、今日でまた我が民族の努力と犠牲の一年が終わります。この一年、僕らは大変な苦労を強いられました。しかし、新年を迎えるにあたり、僕らは総統への揺るぎない信頼にますます覚悟を固めているのです。総統は僕らを幸福な未来へと導いてくださいます。ですから、この戦争に忠実でいましょう。そうすれば、僕らは平和のため力を尽くしていることになるわけです！　僕らは今までどおりの道を歩むことを望んでいます。願わくは我らが主が新たな年も我が民族と総統をお守りくださいますように。そして我らに平和をもたらしてくださいますように。恐怖と欠乏とに打ち克って、最後まで持ちこたえる力を我らにお授けくださいますように！

　ここに故郷の皆さんのご多幸をお祈りします。何よりも皆さんが健康でありますように。それから、僕が入院していたとき、皆さんが僕に示してくださった愛情に改めて心から感謝します。――特にペーター、いちばん辛かったとき一緒にいてくれた君には感謝の気持ちでいっぱいだ。君がいてくれたおかげで、僕はずいぶんと気が楽になったし、今や僕が永遠の愛を捧げるグードルーンを紹介してくれたのも君だ――。

　入院中は辛い日々でしたが、あのひとときは愉快でした。ご両親様、マイニンゲンに僕の見舞いに来てくださったときのこと、お忘れにならないでください。お母さん、あのとき、僕はまるで小さい子どもに戻ったみたいにあなたの腕にすがり、ギプスで固めた脚で苦労しながら、でも幸福な気持ちで歩いたのでしたが、あれはなかなか得難いひとときでした。それから皆さんと、そしてグードルーンと過ごした、すばらしい長期休暇の日々。きっと僕はこの世でいちばん幸せな男だったでしょう。皆さんがそれに気づいておられたかどうかはわかりませんが。と言うのは、それがほとんど外からは見えぬであろう、密かな幸福感だったからです。僕らフィリプセン一家七人は、すばらしい収穫の季節を一緒に過ごし、僕はもう一度我が故郷アングル地方を自転車で方々走りまわることができました。

　愛する家族の皆さん、年の終わりにあたって、こうしたすべてのことで皆さんに感謝したいと思います。どうか来年はもっと頻繁に手紙をください。そうすれば、いつも一緒にいるのと同じことですから。もし僕の手紙が途絶えがちになっても、そのときは、ハンネスは何か大事な任務があって忙しくしているんだろうとお考えください。そして僕が相変わらず元気でいると思ってください。

　皆さんに心からの挨拶を送ります。どうかよいお年を！

　　ハイル！　皆さんのハンネスより。」

　アウグストドルフでは、クリスマスの時期、多くの隊員が休暇を得て帰郷した。その間、騎士十字章佩用アルフレート・ギュンターSS上級曹長が第3中隊の指揮を任された。

　クリスマス当日、ハインツ・ベルベSS上級曹長が重症の扁桃炎になり、ジフテリアの疑いもありとして病院に送られた。彼はその後ドイツ本国テンプリーンの病院に移送され、大隊にジフテリアが蔓延するという事態は避けられた。

SS第101重戦車大隊第3中隊所属車両、モンス。

静かなクリスマス休暇が終わると、第3中隊および本部中隊の各小隊、整備中隊で、ただちに集中訓練が再開された。第3中隊の各小隊長は、ラーシュSS中尉、ルーカシウスSS少尉、ギュンターSS上級曹長という顔ぶれであった。

SS第101重戦車大隊の戦力は、戦時兵力定数表の形で厳密に規定された。一九四四年一月一日付けで大隊が提出した状況報告では、次のような数字が明らかにされている。

定員	士官二七／	下士官一五三／	兵四一九／	総員五九九
実数	一八／	八三／	三六五／	四六六
不足	九／	七〇／	五四／	一三三

一九四四年一月三日、シュプランツSS上級曹長とヴェントSS軍曹に、もう一度ブルクの陸軍兵器廠から新しいティーガーを受領してくるという任務が与えられた。同行の操縦手らとともにブルクに赴いた彼らは、受領した新車に各種装備を搭載する作業にあたり、二両の指揮車両を含む計九両のティーガーを二本の列車に積載した。彼らは一月九日に大隊の新たな宿営地モンスに到着した。ところが、モンスにはまだひとりの大隊員もおらず、シュプランツとヴェントを当惑させる。大隊はその日ようやくゼンネラーガーで列車に乗り込んだところであった。大隊員を乗せた列車がすべてモンスに到着したのは一月一三日のことである。

1942年5月、マックス・ヴュンシェ（右）からフォン・ヴェスターンハーゲンに突撃砲大隊の指揮権が委譲されるところ。

1941年6月、ブリュンに近いハブロヴァーヌイで妻エリーザベトと短い再会を楽しむフォン・ヴェスターンハーゲン。

1941年5月13日、第2級鉄十字章受章直後のフォン・ヴェスターンハーゲン。ギリシアにて。

モンス駐屯　一九四四年一月一〇日～四月三日

こうしてベルギーのモンス近郊メジエール演習場がSS第101重戦車大隊の新たな駐屯地となった。この広大な軍事演習場はモンスの北東三キロメートル、モンス～ソワニ街道に沿って広がっていた。演習場への進入路を経て、正門を入るとすぐに兵卒用の平屋建ての宿舎が軒を接するようにして並んでいる。将校用のゆったりした宿舎は、街道反対側の森にあった。ほどなく、将校の何名かは妻を呼び寄せた。大隊所有の戦車その他の車両は、偵察機に発見されぬよう入念に偽装を施したうえで、この森のなかに置かれた。第3中隊には新着のティーガー七両が、大隊本部には指揮用の二両が——一両は大隊長車、もう一両は大隊通信将校の専用車として——配された。

第3中隊は今や一七両のティーガーをその裁量下に置くようになった。一七両は四個の小隊に各四両ずつ振り分けられた。小隊長には前述のラーシュ、ルーカシウス、ギュンターに加えて、シュプランツSS上級曹長が新たに名を連ねた。さらに、東部戦線で負傷したヴァルター・ハーンSS少尉が大隊に到着した。彼は一九四三年にパーダーボルンで最初に大隊に加わった将校のひとりである。一九一三年六月九日、ケルンに生まれたハーンは、兵役に志願するまでは参事官の肩書きを持つ公務員であった。彼はSS第９歩兵連隊勤務を経て、『ダス・ライヒ』師団に移った。そして予備士官候補生訓練課程と兵器訓練課程を履修後、一九四三年七月三〇日付けでSS第１０１重戦車大隊に配され、部隊がイタリア駐屯中の同年九月一日付けでSS少尉に任官した。彼は東部に派遣された〝第13中隊〟の一員として同年一一月から戦闘に参加し、第二級鉄十字章を得ていた。

メジエールに落ち着いた大隊は集中訓練を再開した。イタリア駐屯中にヘルベルト・ヴァルターSS中尉が編成にあたった整備中隊は、一九四三年一二月二三日、ゴットフリート・クラインSS中尉に引き継がれた。ヴァルターは歩兵訓練教官を務める特務将校として、改めて大隊本部中隊に配属となった。また、一九四四年一月七日には、ウィーンの車両技術専門学校からラインホルト・ヴィーヒャートSS上級曹長が整備中隊の回収小隊長として赴任してきた。なお、彼は二月一日付けでSS連隊付上級士官候補生に昇進する。整備小隊長はオスカル・グレーザーSS上級曹長であった。一九四四年一月二八日には、第１０１軍団通信大隊から、ティーガー大隊にテレタイプ通信班が派遣された。

第３中隊の第一回目の戦車戦演習は一九四四年二月一二日に実施され、SS第I戦車軍団司令官ゼップ・ディートリヒSS大将がその視察に訪れた。

一方、フォン・ヴェスターンハーゲンSS少佐は数ヶ月がかりで頭部負傷の後遺症をどうにか克服し、パリにある戦車隊学校の大隊指揮官養成課程を経て、このほど一九四四年二月二三日、大隊に着任した。大隊に一定の輪郭を与え、無類の有力な部隊に仕立て上げたのは紛れもなくこのハインツ・フォン・ヴェスターンハーゲン――大隊員の間では〝ハイン〟で通った大隊長であった。

評伝ハインツ・フォン・ヴェスターンハーゲン

フォン・ヴェスターンハーゲンは自らの半生を次のように語っている。

「私は一九一一年八月二九日にレットラントすなわちラトヴィアのリガで、歯科医カール・フリードリヒ・マックス・フォン・ヴェスターンハーゲンと妻ヘートヴィヒ・アンゲーリカ・フォン・ヴェスターンハーゲン旧姓ベルテルスの四番目の息子に生まれ、プロテスタントとしてハインツ・オットー・アレクサンダーと命名された［訳注／今日言うところのバルト三国すなわちバルト海東南岸地域には一二世紀末から北方十字軍の騎士団の勢力を背景にドイツ人の入植が始まった。彼らはバルト・ドイツ人と呼ばれ、二〇世紀に至るまで地域の上層階級を形成し続ける。特にドイツ人司教が建設した町リガはハンザ都市としての歴史を持ち、バルト・ドイツ人の拠点として繁栄を誇った。フォン・ヴェスターンハーゲンの一家も典型的なバルト・ドイツ人の末裔なのだろう」。

一九一四年から一五年にかけての冬、父がシベリアから戻ったのを機に、私たちの一家はフィンランドとスウェーデンを経てドイツに逃れた。そして一九一七年にドイツ軍がリガに進駐したとき、ドイツ軍の輸送船に便乗して私たち一家は再びリガに帰った。ところが、ロシア革命が勃発して私たちはすべてを――このときはボルシェヴィキによってであったが――失った。私たちは一九一九年夏にリガの家を永久に去り、三〇〇〇人のドイツ人避難民に混じって船でハンブルクに向かった［訳注／バルト・ドイツ人の流出あるいは〝祖国〟への帰還は、ロシア革命を経て、第一次大戦後のバルト三国独立とともに散見されるようになった。なお、独ソ不可侵条約が締結され、バルト三国がソ連の影響下におさまった一九三九年末には約六万五〇〇〇人のバルト・ドイツ人がドイツ本国に帰還させられたと言われる。ハンブルクはバルト・ドイツ人が多く移り住んだ町のひとつであった――以上、志摩園子著『バルト三国の歴史』を参考に］。その後一九二一年一〇月、私たちはノイマルクのベルリーンヒェンに移った。私はリガの実科学校とハンブルクの国民学校を経て、当地の中等学校に通った。一九二七年三月二五日に学校を終えた私はハンブルクに行き、一九二九年夏までの契約で帆船の乗組員になった。その後は農業に転向を試みた。その頃にNSDAP（国家社会主義ドイツ労働者党／ナチ党）に入党したのだが、一九三〇年の初めにまた海の仕事に戻った。一九三二年四月に解雇されてから一九三三年の二月までは失業者だった。この間に（ハンブルク近郊の）ハルブルクで新編のSSに入隊を志願した。

一九三三年二月一五日、私はハンブルクから出航する汽船に、また船員として雇われた。ところが、船の賄いがあまりにひどくて、文句をつけたらあっさり解雇されてしまった。これが同年の一一月二〇日だ。それで私はシュテッティーンの国家水上警察に願書を出し、受理された。実際に採用を待つ間、陸（おか）の仕事を探し、一二月一三日から翌三四年の九月二七日までハルブルクでフェニックス社というゴム製品製造会社で働いた。一〇月一日からはシュテッティーンで正式採用されることになっていたが、その数日前にハンブルクのSS執行部隊［訳注／Verfügungstruppe 武装SSの前身、略称SS-VT）に召集されて、水上警察のことはそれっきりになってしまった。」

正確に言うと、ハインツ・フォン・ヴェスターンハーゲンは一九三二年四月一日に一般SS (Allgemeine-SS) に入隊し、第17連隊第1中隊に配属された。一九三三年二月から一一

ティーガー“313”、モンス。

月までは船員として海上にあったが、以降はドイツに戻った。それまでの航海を通じて彼は、オーストラリアを含む世界の多くの地域を自分の目で見て、豊富な経験を積んでいた。その七つの海での波瀾万丈の冒険談を自ら何編かの文章にまとめてもいる。船乗りの暮らしを綴った興味深いエッセーもあり、うち何編かは新聞に掲載されたことがある。その一方で、彼は一九三三年一一月一日付けでSS上等兵に、さらに一九三四年五月一日には分隊指揮官（SS伍長）に昇格した。かつての船乗りは、そのとき、ハルブルクのフェニックス社の工場労働者として平穏な生活を送っていたのだった。一九三四年八月二〇日、彼は下級小隊指揮官（SS軍曹）に昇進するが、当時はまだSSの勤務といっても仕事が休みのときに限られていた。

一九三四年一〇月一日、フォン・ヴェスターンハーゲンはSS-VT（SS執行部隊）に加わり、ハンブルク-フェッデルを本拠地とする『ゲルマーニア』連隊第1中隊の一員となった。そして、豊富な人生経験と、それに裏打ちされた人間的成熟ぶりが買われて、わずか六ヶ月後にはバート・テルツに送られたのであった。同地で第二期士官候補生訓練課程を上首尾で終えた彼は、一九三六年二月一日、連隊付上級士官候補生となった。それに伴い、彼は同二月一〇日から四月四日まで、小隊指揮官訓練課程に参加する。バート・テルツを出た後の彼は、やはり豊富な海外経験と成熟した人格を買われ

ティーガー“314”、モンス。

て、SS-VTではなく、SDすなわち保安諜報部に配される［訳注／保安諜報部 Sicherheitsdienst は、一九三一年にヒムラーが組織したSS本部〝Ic課〟に端を発する、SS組織の保安・諜報部門。保安部あるいは保安情報部などの訳語もある。一九三六年当時は三つの局で構成され、第I局が組織局、第II局が政敵対策局、第III局が外務局であった。これを束ねる部長は言わずと知れたラインハルト・ハイドリヒ］。

四月から五月にかけてベルリンのグルーネヴァルトでさらに講習を受ける一方で、彼は四月二〇日に下級中隊指揮官すなわちSS少尉に任官を果たす。そして、一九三六年の全国党大会の記念行事の一環として、フォン・ヴェスターンハーゲンは他のSS少尉とともに、アードルフ・ヒットラーに紹介されることになった。

若きSS少尉フォン・ヴェスターンハーゲンは、この出来事を次のように綴っている。

「今日はすばらしい日だった。我々はハインリヒ・ヒムラーSS国家指導者から〝名誉の剣〟を贈られた。否、『授けられた』と言うべきだろう。今朝、我々若手の中隊指揮官はホーエンツォレルン城の広間で総統に迎えられた。総統はその場で我々ひとりひとりと握手してくださった。そして、演説をされた。広間には我々しかいなかった。」

フォン・ヴェスターンハーゲンはSDの第III局——外務

局――に勤務しており、しばしば国外に出る機会があった。また、一九三七年九月にムッソリーニがベルリンを訪れた際は、ドゥーチェ（ムッソリーニの称号。〝統領〟）の警察隊長ボキーニのもとに連絡将校として配された。なお、それに先立つ九月一三日にはSS中尉に昇進している。

その翌月――一九三七年一〇月一三日、二六歳のフォン・ヴェスターンハーゲンは、二歳年下の婚約者エリーザベト・ツヴィックと結婚する。彼女はベルリーンヒェン出身であり、フォン・ヴェスターンハーゲン一家が同地に居を移した二〇年代に、ふたりは出会ったのだった。

一九三八年、彼はオーストリアにあり、続いてローマへの長期出張を経て、同年九月一〇日、ミュンヒェンのSS連隊『ドイッチュラント』第I中隊に配転となった。さらにそこから陸軍に出向することになり、一九三八年九月二三日から一二月二一日まで、彼は第94歩兵連隊第16中隊に小隊長として勤務した。

明けて一九三九年一月一日、フォン・ヴェスターンハーゲンはSD本部に戻り、一月三〇日にはSS大尉に昇進する。だが、もはや犯罪者の洗い出しという仕事に興味を持てなくなっていた彼は、SS-VTへの復帰を望み、特に大戦が勃発すると、その思いを強くした。そして念願かなって『ライプシュタンダルテ』第I大隊の本部に配され、一九四〇年のオランダ〜ベルギー〜フランス戦では、臨時中隊長として戦闘に参加する。ところが、部隊にとどまることを切望したにもかかわらず、一九四〇年九月になると彼は再びSDに戻され、ローマでアフリカ関連の研修会に参加する。それでも彼は前線部隊への転属を勝ち取ろうと積極的に運動を始めた。「後になって、自分自身と世間に対して恥ずかしく思わずに済む」ように。

このとき、彼を助けてくれたのがバート・テルツの士官学校で同室だったリヒャルト・シュルツェSS大尉、当時『ライプシュタンダルテ』で中隊長を務めていた人物である。彼の助力で、フォン・ヴェスターンハーゲンは一九四一年三月一四日に『ライプシュタンダルテ』復帰を果たした。

その後間もなくバルカン作戦が始まり、フォン・ヴェスターンハーゲンは、フリッツ・ヴィット率いる『ライプシュタンダルテ』第I大隊の本部に勤務することになった。その地位について、彼はこんな風に語っている。「それは自分にはまるで不向きだった。弾丸など一発も飛んで来ない。そこで自分がやったことと言えば、ひたすら万年筆を握っての書類戦争だ」と。だが、この状況はギリシア戦で変わる。彼が後日、一通の手紙に記したように。

「ギリシア戦の初日、僕らはトミー（イギリス兵）の爆弾やら機銃掃射やらに追い回された。スピットファイアが何度も突っ込んできて、二〇メートルから五〇メートルくらいの低空から掃射する。そのたびに僕らは物陰に飛び込まなくてはならない。でも、味方の対空砲が奴らを何機も落としてくれたことで、僕らは溜飲を下げた。

この作戦で、僕は多くを学んだ。実際に砲火にさらされると、人間の思考は普通じゃなくなる。飛んでくる砲弾の唸りを聞き分けて、それが待避壕の手前で炸裂するか、背後で炸裂するかを判断し、背中に破片を食らったりしないように壕の適切な側の壁に体を押しつける。総統が『戦争とは狂気である』と言っておられるが、僕はようやくその意味を理解した。」

一九四一年五月一三日、ハインツ・フォン・ヴェスターンハーゲンは第二級鉄十字章を受章した。ギリシアでの戦闘が終結すると、『ライプシュタンダルテ』はベーメン-メーレン保護領のヴィッシャウ-ブリュン地区に送られた。このとき多くの将校が、妻を呼び寄せている。フォン・ヴェスターンハーゲンもハブロヴァーヌイで妻エリーザベトと何日か楽しく過ごした。

ソ連侵攻作戦が開始されたとき、フォン・ヴェスターンハーゲンは『ライプシュタンダルテSSアードルフ・ヒットラー』の首席当直将校の地位に就いた。ドイツ軍の全将兵にとってそうであったように、彼にとってもまた、ソヴィエト-ロシアにおける戦いは、これまでの戦いとは次元の違う、まったく新しい様相をもって迫ってきた。緒戦の数ヶ月間、南ロシアへの進撃は息を呑むほどのスピードで展開する。『ライプシュタンダルテ』もアゾフ海に沿って着々と東進した。だが、相手の実力は未知数であり、その国土は計り知れぬほど広大であった。そのことで『ライプシュタンダルテ』兵士らも、戦争の行く末について、常にない胸騒ぎを覚えていた。次々に展開された史上空前の包囲戦で、ソ連側は人員資材ともに未曾有の損害を出したのだが、それでいて彼らの予備兵力は無尽蔵であるかのようだった。

だが、それとは別にドイツ兵を震撼させた事実がある。

「部隊とはぐれたか、あるいは捕虜になったドイツ兵がむごたらしく殺されているのを何度も見ていれば、冷静さを失う理由としては充分だ。」

一九四一年一一月、『ライプシュタンダルテ』はロストフ攻撃に乗り出した。彼らは同市を奪取するものの、命令により再び後退せざるを得なかった。フォン・ヴェスターンハーゲンは一一月二五日に次のように綴った。

「ロストフは我らのものだ。我が方の砲声は片時も止むことなく、砲弾が夜の闇を切り裂いて飛んでいく……ここ何週間か我々がへばりついているこの地域ほど荒涼たる風景もほかにないだろう。そのうえ、〝赤い狂気〟は、なおもありったけの執拗さで戦いを挑んでくる……実際、我々がロシアの機先を制したのは幸いだった。哀れなるかなドイツよ、こんな

ティーガー“314”の前で、車長オットー・ブラーゼSS軍曹。

ハイン・フォン・ヴェスターンハーゲンSS少佐、1944年春。

連中が大挙して押し寄せて来ていたら、我々はいったいどうなっていたことか。」

その後『ライプシュタンダルテ』は、サンベク川に沿った冬季陣地に収容された。それまでの六ヶ月におよぶ絶え間ない戦闘で、部隊の戦力は危険なレベルにまで落ち込んでいた。一九四二年六月一日、マックス・ヴュンシェSS大尉がベルリンの士官学校に配属されたのに伴い、フォン・ヴェスターンハーゲンはその後任として突撃砲大隊長となる。すでに彼は、しばらく前から同大隊本部付きであったので、突撃砲という独特の兵器については、いささかの経験を積んでいた。

一九四二年七月、『ライプシュタンダルテ』は休養・再装備のためフランスへ送られ、このとき機甲擲弾兵師団として再編されることになった。突撃砲大隊は本部中隊ほか三個中隊編成である。

七月一〇日、フォン・ヴェスターンハーゲンSS大尉は、ブルガリアの勲二等第Ⅳ級勇敢勲章を、九月三日にはルーマニアの王冠章第Ⅴ級（剣付きリボンなし）、翌四日には東部戦線従軍メダルを授与された。さらに、一一月九日には突撃砲大隊長にふさわしく、SS少佐に昇進している。彼の大隊は、次の前線配備も迫っているとして、ヴェルヌイユで訓練に励んだ。また、大隊には彼の実弟ロルフも突撃砲の車長として勤務していた。

フォン・ヴェスターンハーゲンとパイパー、
1943年3月ハリコフ戦当時。

このフランスでの平穏な日々は、たちまち終わりを告げる。明けて一九四三年一月、大隊はまたも東部戦線へ送られた。フォン・ヴェスターンハーゲン以下大隊は、ハリコフ地区でただちに戦闘に投入され、それまでほとんど抵抗らしい抵抗を受けずに進んできたと見られるソ連の強襲部隊と交戦した。大隊の隷下各中隊は『ライプシュタンダルテ』の機甲擲弾兵部隊に分散配備された。そのため、フォン・ヴェスターンハーゲンが大隊全隊をまとめて率いる機会は滅多になかった。

二月二五日付けの手紙で、彼は前線の様子を活き活きと伝えている。「ここで僕らが何を賭して戦っているのかを世界の人々に知ってもらいたいと思います。そして、それが戦って守りとおすにふさわしい大義であることも。僕ら全員、ただそれを願うばかりです。ここでは、弾薬不足に文句をつけこそすれ、炊事班に自分の皿の盛りが多いの少ないのと文句をつけたりする者は誰もいません。歩兵は二週間以上も温かい食事にありつけないままですが、その敢闘精神は損なわれていません。いちばん若い兵も、ここが正念場だということを理解しています……。

日頃の習慣だとか、身のまわりのこまごましたものすべてが、僕らから遠ざかってしまいました。けれども、人間がここまで環境に順応できるものだとは思いもよりませんでした。なにものも僕らを脅かすことはできません——皆さんにもどうか耐えていただきたいものです。そうすれば、僕らも後顧の憂えなく任務に邁進できますから。

今、僕は悪臭芬々たる土壁の小屋に座っています。ストーブの周囲に少なくとも一〇人の人間がひしめき合い、ついでに豚と山羊が一頭、それから壁の棚に鶏と鳩がうずくまっています。空気はムッと濃密で、切り取ることができそうなほどです。わずか四週間前、僕はタイル張りの浴室と、真っ白のシーツをかけたベッドを当たり前と思っていました。今、足は凍傷にやられ、体じゅう虱に食われ、顔は霜焼けというひどい有様です。最近ようやく、干し草の山のなかで熟睡するのに成功しました。と言うのは、ついに虱や霜焼けを気にせず眠れるようになったということなのですが。つまり、それが僕らの戦争です。

――僕は不平を言っているわけではありません。僕らの誰ひとりとして、不平を言いたがる者はいないでしょう。ただ、祖国の人々に、ここで何が遂行されつつあるのかを知らせたいだけなのです。祖国がいつまでも忘れずにいてくれるように。誰も僕らからユーモアを奪うことはできやしません。僕らの祖国が、この前線にいる若者たちと同じくらい強ければ、たとえ全世界が束になってかかってきても、僕らを踏みつけることはできないでしょう。」

その後、ロシアの冬季戦の言語に絶する苦難に加えて、捕虜や負傷兵に対する残虐行為の痕跡を目の当たりにし、衝撃さめやらぬままに彼はこう綴っている。

「我が軍の兵士は想像を絶する――一六歳の若者が三週間で一人前の兵にならざるを得ないほどの――苦難と戦っています。明らかに僕らは世界最低の人間の屑どもを相手にしているのです。いずれの側にも慈悲という言葉はありません……まるで僕らの前に地獄の軍勢が立ちはだかっているようです。けれども、僕らはそれを乗り越えるでしょう。そして、もしも僕らのうちの誰かが戦場に倒れても、親愛なるご両親様、それはこの洪水から祖国と家族を守るための、ささやかな犠牲なのです。」

一九四三年三月六日、ハリコフ奪還に向けて、攻撃が始まる。これで『ライプシュタンダルテ』もようやく攻勢に回ることになった。フォン・ヴェスターンハーゲンは第一級鉄十字章と戦車突撃章銀章を獲得する。彼の突撃砲は数々の戦闘に参加した。大隊長自ら中隊を率いることも珍しくなかった。彼は常に機甲擲弾兵部隊の指揮官あるいは隷下の中隊長や突撃砲の車長との協議を重ねつつ、忙しく動き続けた。彼には――他の者も同様であったが――ひとときの休息さえなかった。

三月二四日、ハリコフ奪還から一〇日を経て、彼は次のように記した。

「僕らの背後に横たわるのは恐怖そのものだ。これを再現することはとうてい不可能だし、これよりひどい光景はあり得ない。たとえば今一度ハリコフに戻っても、そうとは気づかないだろう。無傷の家屋はほとんどない。誰もこの市街戦を決して忘れられないだろう。そして、誰も今回の冬季戦で何が起こっているかを説明することはできないだろう。全員が騎士十字章を受けるに値する。ハリコフで、要塞と化した家々に向かって、僕らは突撃砲で三〇メートルまで接近し、砲撃した。敵は束にした手榴弾を投げつけてくる。そして煉瓦の破片や粉塵がおさまると同時に、射撃が再開された。」


この熾烈な、犠牲の大きかった戦闘を終えて『ライプシュタンダルテ』はハリコフの休養地区に入った。ドイツ本国から補充要員が到着し、各部隊は徐々に定員を回復した。訓練も活発におこなわれたが、その平穏な日々も一時的なものでしかなかった。すでに新たな攻勢作戦の準備もたけなわであった。そのなかでハインツ・フォン・ヴェスターンハーゲンは、ひそかに戦争が終わった後のことに思いを巡らせている。

「このあたりは、土地が隅々まで耕作されている。小麦に根菜類、ヒマワリなど、どれも豊作だ。避難せずに残った少数の、腰の曲がった老人たちが、広大な土地を鋤（すき）一挺で耕し、みごとに耕作しているその様子には、ただ驚かされるばかりだ。僕はロシアという土地に慣れ始めている。ここには魅力的な風物も多々ある。何と言っても土地の広さには圧倒されるし、心を奪われる。いつか将来、ロシアに住む自分が想像できる。僕はいつまでも軍隊にいるつもりはない。自分は戦時志願兵だと思っている。もちろん、五体揃っているうちは戦うつもりだ。戦う理由があるところなら。そして、僕もまた休息のときを迎えるだろう。ともかく、いずれそう遠い先の話ではない。」


一九四三年七月五日、クールスク周辺に生じたソ連軍の突出部を分断すべく長らく検討されてきた『ツィタデレ』作戦が発動した。そのまさに初日、ハインツ・フォン・ヴェスターンハーゲンは頭部に重傷を負う。危険な状態だったにもかかわらず、七月一七日、彼は病院から兄弟宛てに手紙を認めた。

「母さんから聞いていると思うが、僕は負傷した。重傷だが、快復はきわめて順調だ。ハリコフのSS野戦病院でドイツ人看護婦の世話になっている。彼女らの仕事ぶりは模範的だ。一〇日から一二日のうちには、僕はライヒ(ドイツ本国)に空輸で移送されるらしい……〝苦痛〟と〝不快〟の境界線が通常はどこに置かれているのか僕にはわからないが、そもそも僕にそんなものはないように思う。僕は意識があるままで頭の手術を受けたが、別に気が触れたりはしなかった。今もこうしてなかなか立派に耐えているし、元気で意気盛んといったところだ……。そうとも、ハーラルト、僕ら兵隊というやつは、いつだって陽気で、しぶとくて、ちょっとやそっとじゃ死なないんだ。」

彼はドイツに移送され、七月末にはハンブルクで妻と再会した。臨月にさしかかっていたフォン・ヴェスターンハーゲン夫人は、イギリス軍の空襲に遭って後、ヨーン通りの診療所を頼った。ところがそこも被災して電気も水道も復旧の目処が立たないという理由から、夫人の入院希望は受け入れられなかった。そこで、頭を包帯で分厚く覆ったハインツ・フォン・ヴェスターンハーゲン自ら妻を乗せた車を運転し、マルク-ブランデンブルク州へ向かった。結局、夫妻の長女は八月五日にペルレベルクで生まれた。今回の負傷によって、戦争終結後は除隊するというフォン・ヴェスターンハーゲンの決意は、いっそう強まったようだ。「もし、この戦争を生きのびることができたら、僕は軍服を脱ぎ捨てて、バルト三国のどこかで農夫をやろう。でなければ、死神に連れて行かれるまでのことだ。」

どうにか健康を回復したフォン・ヴェスターンハーゲンには、新たな任務が待っていた。彼は新設SS第I戦車軍団のための重戦車大隊の編成作業に協力することになったのだ。一九四三年八月五日付けで、彼は正式にSS第101重戦車大隊の指揮官となった。とは言え、頭部の治療がまだ残っており、パリの戦車隊学校の大隊指揮官養成課程に参加しなければならなかったこともあって、赴任は遅れた。彼が実際に大隊長として着任したのは、それから半年を経た一九四四年二月二三日である。

新任の大隊長は、大隊員への自己紹介を兼ねて印象的な就任演説をおこなった。彼は、近い将来、大隊に課せられるであろう任務の困難さに言及し、ひとりひとりの責任感に訴えた。また同じ演説のなかで、士官と下士官あるいは兵の間の、いわば人間対人間の、相互の信頼関係を基本とする自分の指揮方針について触れた。「諸君の前に立っているのは男爵でも何でもない。」

こうして、フォン・ヴェスターンハーゲンの指揮下におさまったとたんに、大隊の雰囲気は一変した。人生経験豊かな彼は、その人間味あふれるやりかたで、大隊員との間に友人同士のような親しい関係を築いた。彼は穏やかで「理解がある」と同時に、活動的、意欲的で果敢な前線指揮官を体現する大隊長であった。まるで格式張らない、ざっくばらんな態度を示しながらも、自らの権威を失わずにいる彼は、たちまち隊員の好意を獲得したのだった。いずれにせよ、少なからぬ数に達していた突撃砲大隊からの転属組にとっては、フォン・ヴェスターンハーゲンは旧知の指揮官だったわけだが。

訓練は総合段階に入っていた。周辺地域で種々の演習がおこなわれたが、モンスでは市街戦の訓練も実施された。各クルーはティーガーの整備という地味で不人気の、しかし必要不可欠な作業にも慣れ、この技術的洗練をきわめた戦車の複雑な内部構造にもすっかり精通した。ヴェッセルSS少尉率いる偵察小隊も、戦車に搭乗して訓練をおこなった。

大隊軍医士官のDr・ヴォルフガング・ラーベSS大尉は一九四四年一月一八日に到着した。ラーベは一九一七年二月二七日ウィーン生まれ、一九四〇年に同地で博士号を取得している。同年、歩兵の基礎訓練を受けた後、『ライプシュタンダルテ』の医療大隊に加わった。一九四二年初め、彼は突撃砲大隊の大隊軍医士官となり、一九四三年春のハリコフ戦では突撃砲に同乗して攻撃に参加した。そしてハリコフ戦終了後の四月一三日に第1級鉄十字章を受章し、六月二一日にはSS大尉に昇進する。その後、彼は医療補充大隊を経てSS第101重戦車大隊に勤務することになるが、この人事はフォン・ヴェスターンハーゲンの意向によるものであった。

大隊員の連帯感は、小隊単位あるいは中隊単位での親睦会によっても高められた。彼らは連れだってモンスの映画館や軍人保養所に出かけ、あるいはカバレットの舞台を見物に行くなど、非番の時間をともに楽しんだ。下士官の親睦会があれば、第3中隊はユーモラスな挿絵入りの新聞を限定発行して盛り上げた［訳注／カバレット Kabarett とは、フランスの〝キャバレー〟を手本に、一九二〇年代のベルリンを中心に隆盛を見た大衆演芸場。時局風刺の歌や漫談、寸劇などで自在に構成された「寄席」である］。

第13中隊、大隊に合流

一方、第13中隊として東部戦線に派遣された大隊員は、きわめて厳しい状況に置かれたにもかかわらず、多大な成果をあげていた。先述のとおりミヒャエル・ヴィットマンSS少尉はわずか二週間のうちに騎士十字章と柏葉章を獲得した(それぞれ一九四四年一月一四日と同三〇日)。彼の砲手バルタザール・ヴォルSS伍長も一月一六日に騎士十字章を受章している。二月一二日にはヘルムート・ヴェンドルフSS少尉が、また二月二三日にはハインツ・クリングSS大尉が、やはり騎士十字章の栄誉に輝いている。

彼ら第13中隊が東部戦線から引き揚げてきたのは一九四四年三月に入ってからのことである。戦車は持たず、少数の装輪車両のみを伴っての帰還であった。モンスの大隊は、非凡な戦果をあげて戻った中隊のために、盛大な歓迎会を催した。華やかに飾りつけられたホールに、サンドウィッチやビールその他さまざまな料理が満載されたテーブルが並んだ。お祭り気分は真夜中になって最高潮に達した。フォン・ヴェスターンハーゲン自ら先頭に立って全員でホールを行進し、馬蹄形に並べたテーブルを飛び越えるという馬鹿騒ぎが演じら

クリングSS大尉（中央）と副官ヴェンドルフSS中尉（右）、
SS第101戦車大隊にヴィットマンを訪ねる。

れた。当然ながら、翌日は全員が昼まで起き上がれず、大隊はひっそりと静まりかえっていたという。

ちなみにクリングSS大尉は、このときすでに第13中隊長ではなかった。中隊は一九四三年一二月にクリングからヴィットマンに引き継がれており、クリングは『ライプシュタンダルテ』のSS第1機甲擲弾兵連隊第II大隊長に就任した。その際、彼は第13中隊から副官としてヴェンドルフSS中尉、さらには〝シュピース〟のハーバーマンや、整備小隊長の〝ビンボ〟ことポルプスキSS上級曹長を含む数名を連れて転任した。ハーバーマンSS上級曹長は上記第II大隊の本部中隊を任され、一時は自動車輸送中隊長も務めた。後にポルプスキはSS中尉に昇進し、連合軍上陸を控えて『ライプシュタンダルテSSアードルフ・ヒットラー』戦車連隊の戦車整備中隊主任（職工長）になった。

他方、一九四四年三月に大隊はヴェッセルSS少尉の監督下に下士官訓練課程を設けていた。ヴェッセルは、同課程参加者に教養を身につける機会も提供したいと考えたらしい。そこで一同をブリュッセルに連れて行き、劇場で上演中だったゲーテの『ファウスト』を見せた。そしてモンスに帰ってから、一同にその感想文を書かせた。もっとも、まじめな感想文の代わりに、『ファウスト』を下敷きにしたパロディーもどきを書き上げた悪戯好きもいたという話である。同課程が終了すると、ヴェッセルSS少尉と対空砲小隊長スヴォボダSS曹長は、戦車中隊勤務となった。

大隊は、東部戦線からの帰還組を迎えて再編成に着手し、ここにようやく第1および第2中隊が成立を見る。旧第13中隊の要員は第2中隊を構成することになり、その中隊長には柏葉章佩用ミヒャエル・ヴィットマンSS中尉が選ばれた。上記ヴェッセルSS少尉は、この第2中隊に配されたのである。

このほか、シュプランツSS上級曹長の第3中隊第Ⅳ小隊が第1中隊に移り、その第Ⅲ小隊となった。第1中隊の他の二個小隊は、第2中隊を構成した旧第13中隊の余剰人員と、通常の補充システムから供給される人員で編成された。なお、シュプランツ小隊は、保有する戦車ごと、そっくり第1中隊へ移動した。第1中隊長はメービウスSS大尉である。第Ⅰ小隊長にはフィリプセンSS少尉、第Ⅱ小隊長にはルーカシウスSS少尉が配された。ウィーン出身のレーオ・シュプランツSS上級曹長は、大戦勃発以来ずっと軍隊勤務を続けて、イタリアでSS第101重戦車大隊に加わっている。

本部中隊長メービウスが第1中隊長に転任したのに伴い、本部・補給中隊はフォークトSS少尉に引き継がれた。もっとも、イタリア駐屯中の一九四三年九月当時は、彼が本部中隊を率いていたのだったが。

パウル・フォークトは一九〇七年一〇月二〇日、ピルマゼンスに生まれた。海運会社の発送係、帳簿係、会計係などの職を転々としたフォークトは、一方では〝古参闘士〟であり、一九二九年五月一日には一般SSに入隊している［訳注／古参闘士とは、国家社会主義ドイツ労働者党が権力を掌握するはるか以前の〝闘争時代〟からの党員。党が国会選挙で大勝利をおさめた一九三〇年九月以降に入党した〝九月組〟や、一九三三年一月の政権奪取後に入党した〝ニオイスミレ派〟とは、同じ党員とは言え一線を画し、種々の恩恵あるいは特権を享受した］。

一九三五年、彼は高級小隊指揮官（SS上級曹長）としてSS第10連隊第9中隊に所属するピルマゼンス自動車小隊を率いるようになっていた。一九三五年一一月九日には下級中隊指揮官（SS少尉）、その二年後には上級中隊指揮官（SS中尉）、さらに一九三九年四月二〇日には高級中隊指揮官（SS大尉）に昇進する。ただし、これはいずれも一般SS隊員としての昇進である。一九四〇年三月六日からは志願して武装SS勤務となり、東部戦線には歩兵として赴いた。その結果、彼は第二級および第一級鉄十字章、歩兵突撃章、東部戦線従軍メダル、戦傷章黒章を授与された。一九四三年春、彼はバート・テルツのSS士官学校、次いでプロセチュニッツSS機甲擲弾兵学校へ送られ、同年七月三〇日にSS第

第3中隊に戦車長として配されたトーマス・アンゼルグルーバーSS上級曹長を歓迎するヴィットマン。1944年3月、モンス。

101重戦車大隊に配されたのである。イタリア駐屯時、彼はゼップ・ディートリヒとも親しくつきあい、同年九月一日には武装SSの少尉に任官を果たした。

本部中隊で教官を務めていたヘルベルト・ヴァルターSS少尉は、SS第12戦車連隊『ヒットラーユーゲント』へ転出した。

ともに古参のSS上級曹長であるハインツ・ベルベとトーマス・アンゼルグルーバー両名は「敵前における勇敢な行動」が認められ、連隊付上級士官候補生に昇格した。ベルベは第3中隊から第2中隊へ移動した。大隊のTFWすなわち兵器技術将校はベルガーSS少尉、これを補佐する兵器担当下士官はハインツ・ニーズラーSS曹長であった。

大隊管理将校はイタリア駐屯以来のアルフレート・フェラーSS中尉であり、主計将校とともに給与支払いなどの業務を担当した。

アルフレート・フェラーは一九〇八年八月一九日、グマースバッハに近いシュプライトゲンに生まれた。いくつかの企業で経営管理を担当した経歴を持ち、一九三二年五月一日に一般SSの隊員になった。一九三三年五月一〇日に『ライプシュタンダルテ』に加わり、同第I大隊勤務中の一九三四年一〇月一日にはSS上級軍曹に昇進、さらに特務曹長として勤務を続ける。一九四〇年四月二九日から七月一〇日までは主計学校に送られ、一九四一年一月三〇日にSS少尉に任官する。一九四二年六月四日、彼はSS管理局からSS長官専属司令部に糧食担当士官として配された後、七月二〇日には、そこからまた在ベルリン『ライプシュタンダルテ』警護大隊に回される。なお、一九四二年四月二〇日にはSS中尉に昇進している。その後、彼は『ライプシュタンダルテ』砲兵連隊を経て、一九四三年八月二〇日にSS第Ⅰ戦車軍団に移籍し、同九月二四日、イタリア駐屯中のSS第101重戦車大隊の管理将校のポストに就いたのだった。

大隊車両技術将校は、やはりイタリア駐屯以来のゲオルク・バルテルSS少尉である。彼は『ライプシュタンダルテ』戦車駆逐大隊からの転属組であった。

一九四四年三月中旬になると、第1中隊は（メジエールよりも）さらにモンスに近いシャトー・ニームに移った。同中隊の戦車保有状況は、未だ定数をはるかに下回っていた。このとき完全に装備が整っていたのは第3中隊と第1中隊第Ⅲ小隊のみである。

さて、この当時、ミヒャエル・ヴィットマンは第2中隊に時折姿を見せるだけだった。彼は二月二日に総統大本営〝ヴォルフスシャンツェ〟で、ヒットラーから柏葉章を授与された後、東部戦線の第13中隊に戻ることなく、そのままSS第101重戦車大隊に配転となっていた。とは言え、彼はまず休暇に入り、婚約者のヒルデ・ブールメスターに会うため、総統大本営からリューネブルクに近いエプストルフへ直行した――彼は、この一九歳の女性と、一九四二年の暮れに知り合ったということである――。ふたりはエプストルフから、彼の父親が待つインゴルシュタットに向かい、二月一五、一六日の両日に渡って、市の歓迎を受けた。続いてふたりはヴィットマンの生地であるフォーゲルタールを訪れた。その僻村では、やはり住民が盛大な歓迎会の準備を整えて待っていた。

その後、ふたりはエプストルフに戻って休暇の残りを過ごした。ヴィットマンはそこから数日間ベルリンに出向くこともあった。そして一九四四年三月一日、ヴィットマンはリューネブルク市庁舎の宣誓所でヒルデと挙式する。新郎介添え人を務めたのは、ヴィットマンの砲手ボビー・ヴォルであった。新郎新婦には、総統からの個人的な結婚祝いとして、さまざまな銘柄のワイン五〇本が贈られた。この日、ヴィットマンはリューネブルク市の賓客芳名帳に彼の名前を残している。また、地元紙はヴィットマンの結婚の話題を大々的に取り上げ、このような高位帯勲の軍人を新たな居住者として迎えることを当管区は誇りとするものであるとの記事を掲載した。「柏葉章佩用者、挙式」という見出しの後に、記事は以下のように続く。

ミヒャエルとヒルデのヴィットマン夫妻、
1944年3月1日の結婚記念写真。

「昨日、市庁舎宣誓所にて柏葉章佩用ミヒャエル・ヴィットマンSS中尉と、リューネブルク管区エプストルフ出身のヒルデガルト・ブールメスター嬢が挙式、これに多くのSS隊員とヒットラーユーゲントの少年少女が参列し、式を華やかに盛り上げた。冒頭、新郎新婦はユーゲント音楽隊の演奏に導かれて登場、これに応じて女子青年団の合唱隊が、ふたりの前途に幸多かれと澄んだ歌声を響かせた。市の戸籍係職員による結婚の認定は滞りなく終了、市当局の祝福の言葉に添えて結婚記念の『我が闘争』が贈られると、パイン大隊指揮官（SS少佐）が一場の訓話をおこなった。

曰く、ゲルマン民族の人生観は今なお我らの生活様式において確固たる意味を持つものである。彼らの本質は闘争にあった。自らの内に潜む過誤と、そして外敵との闘争に。あらかじめ名誉と忠誠と、敵味方双方に対する誠実さとを自明の理として備える彼らの高い士気は、彼らの後裔たる我らに受け継がれている。だが、これらの美徳が有効であるのは戦場に限った話ではない。結婚生活においても、また有効なのである――。

大隊指揮官はこのように述べ、さらに、家庭を持つことの意義と、先祖と子孫に対して新郎新婦が共有する責任について語った。このあと、ドイツ女子青年団指揮官の厳かな言葉と美しい音楽に乗せて指輪の交換がおこなわれ、パイン大隊指揮官が、この若い花嫁をSSの家族的共同体の庇護下に迎え入れると宣言し、集団指揮官（SS中将）からの祝辞を代読した。そして最後に歌と詩の唱和により、それを抜きにしてはいかなる婚姻も真の生活共同体とはなり得ないゲルマン的美徳が今一度称えられて、式次第は終了したのであった。

バイエルン出身の柏葉章帯勲ミヒャエル・ヴィットマンSS中尉は、今後エプストルフに居を構える予定とのことで、昨日は挙式とともに、リューネブルク市の賓客署名簿に記帳をおこなった。」［訳注／SS隊員の結婚式は、SS独自の規定に則っておこなわれた。キリスト教会からの離脱を推奨されていたSS隊員は教会での挙式を禁じられており、近親者だけの結婚届け出式の後、地方支部の指揮官の主催する「結婚奉納式」が取りおこなわれることになっていた。新郎新婦は指輪を交換し、SSから〝パンと塩〟を受け取った。以上、ヘーネ著『SSの歴史』を参考に。］

ミヒャエル・ヴィットマンは、今や最も有名なドイツ軍人であり、新聞はこぞって彼に関する記事を掲載した。ヴィットマンが新妻を連れて町を歩けば、ふたりの周囲にはサインや記念写真をねだる若者たちによって、たちまちのうちに人垣ができた。カフェに避難しても目ざとく見つけられた。誰かひとりがヴィットマンに気づいて声をあげれば、人々が押し寄せ、その場はたちまち大騒ぎになる。こうして、夫婦ふたりだけの静かな時間は、あっと言う間に失われてしまうの

家族に囲まれて。後列右寄りにヴィットマンの妹アナ、
その右端に陸軍中尉の弟ハンス。中列、ヴィットマンの
すぐ後ろには結婚立会人を務めたボビー・ヴォル。

ヴィットマンと妻ヒルデ、1944年3月。

1944年4月某日、カッセルのヘンシェル社ティーガー生産工場で工員その他関係者を前に演説するヴィットマン。

柏葉章帯勲者の体験談に、熱心に聞き入る聴衆。

だった。この人気はヴィットマン本人も持て余すほどに過熱し、間もなく彼は柏葉付きの騎士十字章が人目につかないよう、制服の襟元までぴたりとボタンをかけるようになった。彼の自宅には、彼のサイン入りの写真が欲しいという依頼の手紙がドイツ全土から殺到し、山をなしていた。

そうしたなか、一九四四年四月某日、ヴィットマンはカッセルに赴き、ヘンシェル社のティーガー生産工場で講演をおこなっている。彼は同社の工員を前に、彼らの卓越した仕事ぶりとたゆまぬ生産努力を前線の将兵は高く評価し、感謝していると伝えた。

それに先立つ三月八日、ヴィットマンはファリングボステルのSS戦車隊士官候補生第二期特別訓練課程に参加中の旧第13中隊員四名――シュタウデッガー、シャンプ、クネーシュ、ゼフカー――を訪ねた。一九四二年一一月から一九四三年一二月までヴィットマンと同じ中隊に勤務していたあのロルフ・シャンプSS上等兵は、すでにSS士官候補生であった。彼はこのときのヴィットマンの訪問のことを次のように回想している。

「最後に彼と会ったのは、ファリングボステルにいたときだった。一九四四年三月、彼は、ファリングボステルの戦車隊士官候補生訓練課程に参加中だったかつての中隊員を訪ねてくれたのだ。そういうところが、まさしくヴィットマンだった！　士官食堂で、厳粛かつ簡素な昼食会が開かれ、教官が居並ぶなか、校長が演説した。言うまでもないだろうが、私たち士官候補生は目眩がしそうなほど興奮し、食事どころじゃなかった！」

ヴィットマンは、ティーガー大隊にもらい受けたい者として、もう間もなくSS少尉に任官を果たすであろうシャンプ、騎士十字章帯勲者シュタウデッガー、それにクネーシュとゼフカーら四名の名前を手帳に記した。

そのほか彼の手帳のリストには、ユルゲン・ブラントSS曹長の名前も記されていた。ブラントもやはり当時ファリングボステルに在籍していたが、副鼻腔炎を患い、受講できずにいた。すでに彼はヴィットマンに手紙を出し、自分をヴィットマンの部隊に戻してくれるよう頼んでいる。その文面からは、ヴィットマンと部下との絆の強さがうかがえる。

「親愛なるミヒェル

一九四四年二月八日、ファリングボステルにて

前に書いた私の手紙も、それに続けて出した騎士十字章獲得のお祝いの手紙も、まだあなたは受け取っておられないでしょう。それなのに、私は今日またこうして早くも三通目の手紙を書かねばなりません。私はご存じのとおりの筆無精ですが、あなたが息つく暇もなくご活躍なので、私としてもせっせと書かざるを得ないわけです。騎士十字章から柏葉章

ティーガー生産責任者のローベルト・ペルトゥス、設計者のエルヴィーン・アーダースと言葉を交わすヴィットマン。

まで、たったの二週間とは、おそらく前代未聞ですよ！　というわけで、ミヒェル、今回のあなたのとてつもない手柄と柏葉章獲得に、心からおめでとうと言わせてください。ヴァルスローデに問い合わせて教えてもらいましたが、休暇をエプストルフで過ごされるそうですね。あなたを迎える最初の大騒ぎがおさまったら、ふたりで会うわけにはいかないものでしょうか。またあなたに助けていただかねばならないのです。これまでのところ、私はここの課程を二〇時間も聴講し損ねています。営外勤務については言うまでもありません。つまり、私は副鼻腔炎で、おまけに顎に膿瘍までこしらえて、じっと座っているだけなのです。そうこうしているうち六週間か七週間で講座は終了です。どうか私がここから出られるようにしてもらえませんか。そして、あなたの中隊に――いえ、どこでもかまいませんから、あなたが私を必要とされるところに――一緒に連れていってもらえませんか。もし、次回の講座を受けなければならないというなら、私は前線から遠く離れたライヒ（ドイツ本国）に、ひと夏まるまる足止めされることになってしまいます。これだけは信じてくださっていいですよ、このままでは私はゆっくりと、ですが確実に気が変になるでしょう。

では、親愛なるミヒェル（いや、本来なら高名なSS少尉にこんな手紙を書くべきではないのでしょうが）、くれぐれもよろしくお願いします。それから、あなたの花嫁さんにも

1944年3月8日、ヴィットマンは、ファリングボステルのSS戦車隊士官候補生第2期特別訓練課程で受講中の部下を訪問した。これはその際の記念写真のうちの一枚。右のギルグSS少尉は、後にスコルツェニー部隊の一員として柏葉章を受章することになる。

ヴィットマンと『ライプシュタンダルテ』第2機甲擲弾兵連隊の兵器技術将校オスカル・レントゲンSS中尉（左）。

よろしく。どうかよい休暇を。

あなたの〝ケプテン〟

モンスでは訓練が続行されていた。某日、グデーリアン上級大将の参観を得て、演習場で模擬戦がおこなわれた。終了後、士官食堂での大隊士官会食の席上、グデーリアンはヴィットマンに説明を求めた。どうすれば走行中に敵を撃破することが可能になるか、と。ヴィットマンは次のように応じた。ティーガー戦車の重量と走行速度の速さに鑑み、腕の良い砲手であれば、目標に命中弾を与えるためその都度停車するには及ばないのであります――。

会食が終わると、グデーリアン上級大将は、将校たちの輪に歩み寄って声をかけた。

「若き少尉諸君も腹いっぱいになったかね？」機転の利くルーカシウスSS少尉が、さっと直立不動で答えた。「自分はまだであります、上級大将閣下！」「では、君は何杯食えば満足かね？」「二杯です、上級大将閣下。」これを聞いてグデーリアンはこう言ったと伝えられている。「私が少尉だった頃は、いつも三杯は食った。来たまえ、一緒にもう一杯食おうじゃないか。」

第3中隊のティーガー〝314〟、左は車長のオットー・ブラーゼSS軍曹。

ティーガー〝314〟砲手のヴィリバルト・シェンクSS上等兵。

SS突撃旅団『ヴァローニエン』のブリュッセル凱旋

一九四四年四月一日、ブリュッセルで、ミヒャエル・ヴィットマンSS中尉ほか錚々たる招待客が見守るなか、ある印象的な凱旋行進がおこなわれた。SS突撃旅団『ヴァローニエン』が、東部戦線からベルギーに帰還してきたのである。SS第I戦車軍団司令官ゼップ・ディートリヒSS上級集団指揮官兼武装SS大将、SS第12戦車師団『ヒットラーユーゲント』師団長フリッツ・ヴィットSS旅団指揮官兼武装SS少将、SS第12戦車連隊『ヒットラーユーゲント』連隊長マックス・ヴュンシェSS中佐らもその場に列席し、閲兵した。

『ヴァローニエン』を率いるレオン・ドゥグレルSS少佐は次のように記している。

「この行軍縦隊は一七キロメートルに渡って続いた。我らが武装SSの若きベルギー兵は灰色の制服に身を包み、授与されたばかりの勲章を胸に飾って、戦車の砲塔から沿道の群衆を誇らしげに見下ろした。彼らはそれぞれに鉄十字章で報われた。その一方で、我々の勇姿をさらに引き立たせてくれた戦車は、実は本物ではなかった。全部この行進のための借り物だったのだ。実際のところ、我々はただ一台の車両も持たず、徒歩でチェルカースィの包囲網から逃れてきて、このときはまだ再編成の途上であった。

我々は一九四四年三月二八日に、我々の補充部隊の本拠地であるヴィルトフレッケンからバヴェルロー演習場へ移動したが、そこにSS第12戦車師団『ヒットラーユーゲント』が宿営していたのは幸運だった。彼らは『ライプシュタンダルテSSアードルフ・ヒットラー』と並んで、あの伝説のゼップ・ディートリヒ麾下にSS第I戦車軍団を構成していた。つまり、エリートの中でも極めつけのエリートが、我々ブルグントの義勇軍に戦車を貸してくれたというわけだ。

私自身は、我がヴァローン人義勇軍の行進を、証券取引所の前に駐車した装甲車の車上から閲兵した。ゼップ・ディートリヒの部隊から借り受けた装軌車両に我がベルギー兵が乗り、それらが轟々と目の前を通り過ぎていくとき、私は自分の生涯にかつてなかったほどの誇らしさを感じ、幸せであった。私は車両の一台一台に、右手を高く上げて答礼した。頭には鉄かぶとを被り、頸もとにはやはり拝受したばかりの騎士十字章を帯びて。だが時々は誰かと交代しながら四人の子どもたちの手を掴まえていなければならなかった。私の四人の子どもたちは特例で装甲車に乗り込み、私の横に立っていることを許されたのだった。沿道に詰めかけた群衆は――その数、一〇万人ほどであったか――歓呼の声をあげ、我々に向かってひっきりなしに花を投げてくれた。」

その晩、ヴィットマンは、レオン・ドゥグレルが閲兵式の

小隊長ハノ・ラーシュ SS中尉の搭乗車。

ラーシュの砲手クルト・ディーフェンバッハSS軍曹（右）と、操縦手ルートヴィヒ・ホフマンSS伍長。

招待客のためにブリュッセル市内ドレーヴ・ド・ロレーヌの自宅で催した晩餐会に出席した。そこにはゼップ・ディートリヒの姿もあった［訳注／レオン・ドゥグレルは一九〇六年生まれのベルギーの政治運動指導者。ベルギーにおけるフラマン人とヴァローン人の根深い対立を背景として、一九三〇年にヴァローン人の自主独立を視野に入れた民族主義的でファシズム臭の強い政党〝レックス党〟を設立。一九四〇年のベルギーの敗戦以降、改めて反共親独を表明して、レックス党員を中心とするヴァローン人部隊のドイツ軍への編入を図り、独ソ戦開始後にこれを認められる。そもそもヴァローン人は——ゲルマン系のフラマン人とは対照的に——ベルギー南東部のケルト系住民である。つまり〝非ゲルマン〟であるため武装SSからは拒絶されたのだが、彼らの話すフランス語の方言にはゲルマン語の影響が濃く、〝フランス語を話すゲルマン〟という建前で一九四三年に入って武装SSへの編入も承認され、国防軍のヴァローン義勇兵を吸収合併して同年七月、武装SS突撃旅団『ヴァローニエン』が創設された。彼らにしてみれば、独立という悲願を達成するには、ベルギー軍と協力関係にある国防軍傘下にいるよりは、武装SSに転属する方が都合が良いという事情があったらしい。なお、戦後、ドゥグレルはベルギー政府の追及をかわし、スペイン経由でアルゼンチンへ逃れたとされる］。

グルネ地区のSS第101戦車大隊
一九四四年四月二〇日～六月四日

その間もミヒャエル・ヴィットマンは、再び自宅に戻っていたが、一九四四年四月二一日、妻ヒルデを伴い、ランゲSS曹長の運転する車でベルギーの大隊に向かった。ブリュッセルの軍人保養施設で一夜を過ごした翌朝、ヴィットマンは電話で、東部戦線にとどまった旧第13中隊の残余がその日モンスの駅に着くと知らされる。彼の旧友ヴェンドルフSS中尉の指揮下、カメネッツ-ポドルスクの孤立地帯で戦いぬいた部隊は、ようやく東部戦線を離れ、鉄道移送されてきたのだった。

ヴィットマンが妻を連れてモンスの駅まで車で急行すると、すぐに懐かしい第13中隊員を乗せた列車が到着した。彼らはヴィットマンがわざわざ駅で出迎えてくれたというのでひどく感激し、その場で再会を祝っての大騒ぎが始まった。そこでヴィットマンは、プラットホームに温かいエンドウ豆のスープを運ばせ、妻と戦友とともに、粗末な木箱に座ってそれを味わった。その日は奇しくも四月二二日、彼の誕生日であった。

一方、大隊は、懸念の的である連合軍の北フランス上陸に備えて、想定される作戦地域の近辺へ移動することになった。

大隊の新たな宿営地に選定されたのは、ルーアンとボーヴェの中間にあたるグルネ-アン-ブレ地区である。一九四四年四月二三日、ヴィットマンは、やはり妻ヒルデを連れて車で一足早く発ち、同地で中隊のための宿舎の手配に取りかかった。ところが、人間が寝泊まりする宿舎は周辺の村々で何とか確保できそうだったが、車両に関しては、上空を飛び交う敵機から隠しておくための場所がどこにもない。ヴィットマンは、ある村の村長に相談を持ちかけ、支援を要請した。その結果、グルネ-アン-ブレから四キロメートルほど離れたところにあるシャトー・エルブフ（エルブフ城）ならば、周囲に広い森があってティーガーを密かに待機させるにもうってつけであることがわかった。城館そのものは庭師を兼ねた管理人以外に住む者もいないと言われて、ヴィットマンはここを宿舎とすることに決めた。妻ヒルデもまた、その牧歌的な風情をおおいに気に入ったようであった。翌日から、城館の徹底的な清掃がおこなわれた。中隊の先遣隊も到着し、各部屋の手入れが急ピッチで進められた。こうしてヴィットマン夫人はじめ、ヴィットマンの当番兵アルフレート・ベルンハルトSS上等兵や、ボビー・ヴォル、コンラート中隊先任下士官、それにふたりのウクライナ人ヒーヴィースらは、中隊員を迎える準備に忙殺された。

他の中隊もそれぞれグルネ-アン-ブレ近辺に適切な宿舎を確保し、移駐を開始した。大隊保有の戦車と装輪車両はモンスで貨車に積み込まれ、新たな宿営地に無事到着した。兵員は宿舎として割り当てられた周辺の民家等に分宿した。

大隊隷下各隊の宿営地を詳しく示すと以下のようになる。

大隊本部および通信小隊／グルネ北東、クリヨン

偵察・対空砲・工兵小隊／クレムヴィル

第1中隊／グルネ南東、サン-ジェルメール-ド-フリ

第2中隊／グルネ西四キロメートル、エルブフ-アン-ブレ

第3中隊／グルネ北東一三キロメートル、ソンジョン

当時の鉄道輸送は困難を極めたが、このときは何の損失も出さずに遂行された。対空砲小隊は、貨車積載あるいは卸下に際して、さらには移送途上も対空防御を提供した。

一九四四年四月のこの時期、数名の下士官や兵に久しぶりの休暇が与えられた。また、大隊は不足分二六両のティーガーをようやく受領する。大隊本部には、足まわりを新装したティーガー一両が支給された。すでに本部が所有している二両のティーガーの走行装置は旧来の――ゴム製タイヤを履いた転輪が片側に二四枚並ぶ――タイプであった。新しい走行装置には、いわゆる鋼製リム転輪が採用されていた。第1中隊は、第Ⅲ小隊の四両に加えて、同じく旧来型走行装置の車両をもう一両、それから新型走行装置の車両九両を保有することになった。また、一両は初期のボルト留めキューポラ、兵の隠語で言うところの〝騎士十字章キューポラ〟を載せて

ヴィットマンと旧友ふたり。ハンネス・フィリプセン（左）、
騎士十字章佩用アルフレート・ギュンター。

おり、すでに標準装備となっていたペリスコープもまだ取り付けられていなかった。一方、第3中隊の場合、保有全車両とも走行装置は旧来のタイプであったが、これは同中隊がしばらく前に装備完了していたからである。

かくて三個の中隊いずれも、ティーガー各一四両の定数を満たした。ちなみに、当時なお有効であった戦時兵力定数表によれば、戦車中隊は士官四名・下士官五八名・兵一〇七名と規定されており、小隊長は必ず士官が務めることになっていた。

四月第三週には、大隊隷下全隊が前述のグルネ-アン-ブレ周辺の各町村に移駐を完了した。新たな宿営地での住環境は、おおむね良好であったと伝えられる。彼らが数週間を過ごすことになる、これらの宿営地について、ここで少し具体的に記述しておこう。

第1中隊

サン-ジェルメール-ド-フリの市（いち）の開かれる広場に面して、威風堂々たる大教会がふたつ重なりあうように建つ［訳注／より正確に言えば、七世紀の聖ジェルメールを開祖とする大修道院の付属教会堂と、増築された聖母マリア礼拝堂である］。傍らの門をくぐるとすぐに教会堂の入り口があり、さらに奥に進むと数棟の付属の建物に囲まれた昔日の修道院の中庭（内庭）に出る。門の建物の右手は士官に割り

フィリプセンとギュンターは、1944年2月のモンス駐屯時、
ともにSS第101重戦車大隊第3中隊の小隊長であった。

当てられ、一階には中隊事務室が置かれた。一方、中庭を挟んで教会堂の反対側の建物が、中隊の営舎になった。舗装された中庭を突っ切り、裏門を抜けると、広い空き地にティーガーが敵の偵察機の目を逃れて留置されていた。ティーガーの出入り口は別にあり、教会と礼拝堂の脇に出られるようになっていた。こうして、小村の旧修道院は、メービウスSS大尉以下、第1中隊の仮の住まいとなった。

第2中隊

グルネの西四キロ、街道の分岐点に魅力的なシャトー・エルブフへの入り口がある。入り口の門を過ぎてすぐに一軒の小さい家があり、ここに歩哨が配された。城館は三階建てで、外壁は屋根までびっしりとキヅタに覆われていた。また、城館に隣接して、ガラス張りの温室（あるいはおびただしい数のガラス窓をはめた室内庭園）が建っていた。これらの建物の裏手に小さい湖があり、その岸辺は背の高い木々に縁取られ、湖面の中央には小島が浮かんでいて、なかなかの絶景であったという。城館の周囲には広い森が広がっていた。中隊のティーガーは、昼なお暗いその森のなかに停め置かれた。

城館の敷地は広大で、その境界に沿って高い石垣が延々と巡らされていた。中隊の戦闘部隊の士官・下士官、兵は城館の本館に寝起きした。ヴィットマンSS中尉と妻は二階に夫婦ふたりだけの部屋を持った。整備隊や段列その他は本館の背後の各付属棟を宿舎にした。総じて、ここシャトー・エルブフが、大隊の各宿営地のなかでも、いちばん居心地が良かったに違いない。のどかな庭園のなかに、美しい城館が鬱蒼たる木々に囲まれて建つその光景は、メルヘンの一場面を見るようであった。城館の裏手の森と湖がまたこれに夢のような、ロマンティックな風情を添える。かくも美しい城館が空き家のままであった理由は不明だ。

第3中隊

ソンジョンの町の東の出口にあたるところにシャトー・ソンジョンが建つ。代々、高位の貴族を主として迎えてきた歴史をもつ城館である。一七二〇年、アルマンティエール侯にしてドゥルシ子爵ミッシェル・ド・コンフランの妻であった、ベリ公妃女官ディアーヌ・ガブリエル・ド・ジュサックによって造営され、以後サン・レミ・ダルマンティエールのコンフラン家が城主であったが、地所は一七七八年に売却された。その後、所有者は何度も変わり、第一次大戦時には城館がセネガル軍の宿営となったこともある。戦後、城館は再び個人所有に帰すが、第二次大戦が勃発すると、ここにフランス軍の野戦病院が置かれた。

第3中隊がここを宿営に定めた際、華麗な城館も庭園も保存状態は良好ながら、まったくの無人であった。住人のいない城館の正面には芝生の前庭、正門を挟んでその外には果樹園が広がっていた。そこに中隊のティーガーがカモフラージュを施したうえで留置された。城館の裏手には大庭園が控えていた。戦闘部隊は城館を宿舎とし、中隊事務室もここに置かれたが、中隊長と各小隊長、中隊先任下士官、衛生班は戦争記念碑のあるソンジョンの町なかに宿営した。また、城館のなかには充分な数のベッドがなかったので、受領証［訳注／あるいは通貨の代わりとなる軍票のようなものか］と引き換えに町でそれらを確保してこなければならなかった。

一九四四年四月上旬、ハントゥシュ、シュタム、ヘンニゲスら三名の若いSS少尉が数ヶ月の訓練を完了して大隊に加わった。彼らはいずれも同じ訓練課程で戦車小隊長としての訓練を受け、移籍してきたのだった。

ゲオルク・ハントゥシュはヴィットマンの第2中隊に配された。彼は一九二一年一〇月七日、オーストリアはザンクト・ペルテン郡アイヒグラーベンに、（大学もしくはギムナジウム）教授の息子として生まれた。国民学校および実業中等学校を終えると、自動車修理工場で働き始める。勤労奉仕義務を済ませて［訳注／ナチ体制下のドイツでは一九三五年六月に国家勤労奉仕法が成立、一九歳から二五歳までの青少年に対し、兵役義務の履行に先だって勤労奉仕活動に従事することが求められた）、一九三九年一二月一五日、武装SSに志願。『ライプシュタンダルテ』第2中隊に配属さ

左から、このときいずれもSS少尉のルーカシウス、
フィリプセン、ギュンター、イリオーン。

れ、西方戦役のあらゆる戦闘に参加した。当初は迫撃砲要員、後に中隊整備士兼車両主任として。オストマルク［訳注／一九三八年にドイツとの〝合邦〟成立後、オーストリアはこう呼ばれた］出身のこの若者は、この間に一般突撃章、東部従軍メダル、ルーマニア剣付き勇敢褒章を獲得した。

一九四二年初頭、彼は選ばれてSS工学校の車両整備担当下士官養成課程に送られた。同校で二学期（つまり一年）を過ごして、一九四三年春、彼はビッチュのSS戦車訓練・補充連隊に配される。そこで彼は戦車長になり、士官候補生の訓練課程に参加した。次いで一九四三年八月一七日から一一月六日まで、彼はプットロスでSS戦車隊士官候補生特別訓練課程を受講する。その間一〇月一日には連隊付士官候補生になり、その一ヶ月後には連隊付上級士官候補生に昇格した。続いてアルト－グリーニッケの戦車隊士官候補生訓練課程に加わり、さらにプットロス軍事演習場で開かれた射撃学校の特別訓練にも参加した。

一九四四年三月一日、彼はSS少尉に任官を果たし、同日付けでSS第101重戦車大隊に転属となる。だが、まずは三月六日から四月一日まで、パーダーボルンで〝ティーガー戦車教習〟に参加しなければならなかった。

フリッツ・シュタムは、一九二二年一二月一一日、グレーヴェンブロイッヒ（ケルン北西）に近いヴェーヴェリングホーフェンに生まれた。アビトゥーア（高校卒業／大学入学資格）試験の前に、戦時修了証をもって学業から離れた彼は、一九四一年初頭、『ライプシュタンダルテ』に志願する。同年六月二二日に始まったソ連侵攻には『ライプシュタンダルテ』第16中隊の一員として従軍、一〇月三一日には第二級鉄十字章を得る。一九四三年、彼は在東部戦線のSS第2機甲擲弾兵連隊第11（装甲車化）中隊に勤務するSS軍曹であった。ハリコフ奪回後の四月二〇日には第一級鉄十字章を、また、休暇でドイツに戻っていた九月一日には白兵戦章銅章を授与された。ハントゥシュやヘンニゲスと同じく、彼もまたビッチュで戦車長になり、上記二名とともに各種の講習に参加した。一九四四年四月からSS第101重戦車大隊勤務になった彼は、機甲偵察小隊を（ヴェッセルSS少尉から）引き継いだが、六月に入って、第1中隊の小隊長に移動した。

ロルフ・ヘンニゲスSS少尉は、シュタムと同じく大隊本部中隊に配され、斥候小隊を率いることになった［訳注／上記ヴェッセルからシュタムに引き継がれた機甲偵察小隊は、ドイツ語原著では gepanzerten Aufklärungszug であり、ヘンニゲスが率いるのは Erkundungszug である。英訳版ではともに reconnaissance platoon で、ここでは特に訳し分けていないが、ヘンニゲスの部隊は scout platoon であり、装輪車両配備の経路偵察部隊と解するのが適当かと思われる。紛らわしさを避けるため、訳語は斥候小隊とした］。［編注／四四年型編成による（書類の上での）戦車大隊の本部中隊は、指揮班以下、指揮通信および偵察用の戦車を擁する第I小隊、斥候および工兵用の車両（半装軌車を含む）とバイクを持つ第II小隊、対空を任務とする第III小隊で編成されていた］

一九二一年八月二一日ベルリン生まれのヘンニゲスはアビトゥーア取得後、一九四〇年三月一日、その身を武装SSに投じた。フランス戦当時は『デア・フューラー』連隊に勤務、戦闘で負傷した。バルカン作戦および東部戦では『ライプシュタンダルテ』第18中隊に、まず運転兵として、次いで分隊長として勤務した。一九四一年八月、ニコラーエフで二度目の負傷を経験。補充大隊を経て、SS工学校へ送られる。同校で彼はゲオルク・ハントゥシュと同様に機械工学を学んだ。

整備士になる代わりに戦車隊員となった経緯について、ヘンニゲスは次のように説明している。

「ウィーンのSS工学校で二学期間だけ学んだところで、総力戦を呼びかける通達があり、私は同校を後にせざるを得なかった。それから私はビッチュのSS戦車補充連隊で戦車長訓練課程に参加し、さらに戦車隊上級士官候補生の課程に進んだ。次に、ホルシュタインのプットロスで開かれていたSS戦車隊士官候補生特別訓練課程に送られた。こうして私は最後にグロース・グリーニッケの戦車隊士官候補生課程に加わることになった。」
このように、ハントゥシュやシュタムと同様の道筋をたどって、ヘンニゲスはティーガー大隊へ配されるに至った。彼はすでに歩兵突撃章銅章と戦傷章を得ていた。

少しさかのぼって一九四四年初頭、新たな車両技術将校が大隊に着任した。フランツ・ホイリッヒSS中尉である。彼は一九一四年四月一六日にドルトムントで生まれた。パン焼き職人であったが、一九三四年九月一二日に『ライプシュタンダルテ』に入隊し、第3中隊へ配属された。その後、ポーランド戦の頃から第I大隊の本部勤務となり、一九四〇年の西方戦役には上級車両主任のSS上級曹長として参加、第二級鉄十字章を獲得した。だが、負傷も経験し、その結果、片方の脚がもう片方より短くなるという後遺障害が残った。そのため、ウィーンの車両技術専門学校に送られることになった。同校で車両技術将校の養成課程を修了した彼は、一九四二年六月二一日付けでSS少尉に昇進し、『ライプシュタンダルテ』師団の整備補修大隊に配される。その後一九四三年一二月一日にSS第I戦車軍団へ移籍、一九四四年一月にはティーガー大隊に加わった。それまで車両技術将校を務めていたゲオルク・バルテルSS少尉は、次席車両技術将校（TFK II）となり、ホイリッヒと業務を分担することになった。

ハインツ・フォン・ヴェスターンハーゲン大隊長の副官を務めるのはヘルムート・ドリンガーSS少尉であった。彼は通信将校も兼任していた。
一九二二年六月八日生まれのドリンガーは、『ライプシュタンダルテ』通信大隊の無線第2中隊の一員であった。SS上等兵当時の一九四一年一二月三〇日に第二級鉄十字章を獲得、一九四二年になってブラウンシュヴァイクのSS士官学校へ送られた。一九四三年五月、ドリンガーSS少尉はゼンネラーガーでティーガー大隊の創設期メンバーのひとりになった。
大隊当直将校（本部付き将校）はヴィリー・イリオーンSS少尉である。当時二七歳のイリオーンは、ルーマニアのグロース-シャーム出身のいわゆる〝民族ドイツ人〟であった。彼は一九四三年七月三〇日付けで大隊に配属となった何人かの士官学校卒業者のひとりである。

一九四四年四月二〇日、大隊の傘下全隊で昇進の発表があった。第1中隊では、第I小隊長ハンネス・フィリプセンが、SS中尉に昇進した。同じく第2中隊第I小隊長ユルゲン・ヴェッセルも、SS中尉に昇進した。なお、この直前に第3中隊長シュヴァイマーSS大尉は黄疸を発症し、大隊を去らねばならなくなった。後任としてハノ・ラーシュSS中尉が中隊を引き継ぎ、有能というだけでなく、人望もある中

左はティーガー大隊を訪問したレットリンガーSS大尉。1940〜42年当時、突撃砲中隊でヴィットマンの小隊長、後に中隊長であった。右にフォン・ヴェスターンハーゲンとヴィットマン。

隊長になった。第3中隊のトーマス・アンゼルグルーバーSS連隊付上級士官候補生は、SS少尉に任官を果たした。大隊のTFK Iすなわち首席車両技術将校であるフランツ・ホイリッヒはSS大尉に昇進した。整備中隊ではオスカル・グレーザーSS上級曹長と、ラインホルト・ヴィーヒャートSS連隊付上級士官候補生が、ともにSS少尉に任官を果たした。

ところで、東部戦線から、まっすぐ大隊に戻ってきた旧第13中隊員のなかにヴァルター・ラウの姿があった。彼も今ではSS伍長である。

「SS第101重戦車大隊は、一九四四年四月初めにモンスからボーヴェ近辺に移駐しました。これは今日知られているとおり、最高司令部が連合軍の上陸地点をカレ地区だと予想していたからです。ヴィットマンSS中尉の第2中隊は、エルブフ城に宿営を構えました。第3中隊は、そこから一五キロほど離れたところにいて、その間に整備中隊と大隊本部が置かれました。私は、キエフ〜ジトーミル〜チェルカースィと五ヶ月の激戦を戦い抜いて、新編のSS第I戦車軍団のティーガー大隊にベルギーで合流した、旧第13中隊四〇名から五〇名のうちのひとりでした。

第13中隊の人間を振り分けるにあたって、大隊長のフォン・ヴェスターンハーゲンSS少佐は、大隊における人事上

第3中隊のティーガー。1944年春、ミンスで演習中の一葉。

の利害関係といったことを優先したのでしょう。ほとんどが第2中隊に行き、余った者だけが第1中隊や第3中隊に回りました。思ったとおり私は運が悪くて、第3中隊に回されてしまいました。仲の良かった連中は皆、ヴィットマンの第2中隊に行ったというのに。けれども巡り合わせでしょうか、柏葉章を受章して結婚もしたヴィットマンSS中尉が整備中隊の宿営地を訪れたとき、たまたま私も、変速機に問題を抱えた（第3中隊第I小隊の）自分の車両とともにそこにいたのです。私は彼に直接頼んでみました。自分は中尉の第2中隊に移りたいのです、と。すると、早くも翌日、一台のシュヴィムヴァーゲンが迎えに来て、私を第2中隊へ連れて行ってくれました。中隊はもうクルーの編成を済ませていたので、とりあえず私はいわゆる〝Wechselbesatzung〟つまり〝補欠組〟の乗員として登録されましたが――これが五月初めの頃でしたか。その後、ザイファートSS軍曹の中隊本部車両の装塡手になりました。実は公式に規定された〝補欠組〟なんてものは一組もなくて、これは先任下士官の裁量で集められ、〝お客さん〟として中隊について行く一〇名前後の砲手や装塡手、無線手、操縦手の集団のことです。何もないときは、適当に振り分けられて第I小隊から第III小隊のどれかに訓練のために配されるのでした。」

ヴァルター・ラウを含めた一行が大隊に合流した後、

一九四四年四月二二日、旧第13中隊の最後の東部残留組がようやくベルギーに引き揚げてきた。前述の、モンスの駅でヴィットマンに出迎えを受けたグループだ。彼らの大半もヴィットマンの第2中隊に配属となった。ボビー・ヴァルムブルンSS伍長の到着はそれよりさらに遅れ、彼が文字通り旧第13中隊最後の帰還者になった。

これで大隊隷下の三個戦車中隊は、すべて定員に達し、各小隊長の人事も確定した。個別のティーガー搭乗訓練、小隊単位あるいは中隊単位での演習も、いつでも可能となった。

ヴィットマン率いる第2中隊の小隊長は、ヴェッセルSS中尉、ハントゥシュSS少尉、ベルベSS連隊付上級士官候補生という顔ぶれであった。ハノ・ラーシュを中隊長とする第3中隊の小隊長は、騎士十字章佩用ギュンターSS少尉、ゲルゲンスSS上級曹長、アンゼルグルーバーSS少尉である。第1中隊第Ⅲ小隊長シュプランツSS上級曹長は、『ヒットラーユーゲント』師団のSS第12戦車連隊に転属となり、先方で同第Ⅱ大隊に配されるとともに、一九四四年四月二〇日付けでSS少尉に昇進した。

各中隊は、それぞれの宿営地に落ち着いた。第2中隊と第3中隊の営舎は小さいながら快適な城館であった。自身も絵の才能に恵まれていたラーシュ第3中隊長は、ここで芸術への理解ある態度を示したようだ。アルフレート・リュンザーSS上等兵が、このソンジョン駐屯当時を回想するところによれば――。

「私たちはモンスからフランスのソンジョンに移った。時は一九四四年の春だ。移ったとたんに灰緑色のペンキの缶が大量に運び込まれてきて、壁から天井から、そこらじゅうを刷毛や靴ブラシまで使って塗った。ホールの壁を塗りあげたあとで、ロルフ・フォン・ヴェスターンハーゲンSS曹長が、そこにでかでかと風刺画というか、漫画というか、ともかくそういうのを描いた。それで何となく全体が気のおけない、くつろいだ感じになった。

ソンジョンでは砂盤演習を含めて、いろいろ講習があった。あるとき、そうした講習の最中に、ハノ・ラーシュSS中尉が私に質問した。『教会の尖塔が見える。君はそれを狙って撃ったが、初弾を外した。さあ、どういう手順で射程を修正する？』私は答えた。『もし私が初弾を外したら、除隊者名簿に載せてくださってかまいませんよ、SS中尉！』車長のオットー・ブラーゼSS軍曹が後ろから私を小突いて、ささやいた。『おい、おれたちに恥をかかすな。』だが、ハノ・ラーシュが何か言うより先に、出席者のなかで最古参の砲手であった私は、この我ながら人をくった答えをきちんと補足してみせた。『その尖塔が高さ一二メートルで、距離一〇〇〇メートルから三〇〇〇メートルだと仮定します。その場合、私はその中間すなわち二〇〇〇メートルに照準点をあわせ、八・八センチ砲によるVo（弾着一〇〇〇メートル刻みの射撃）を実施します。これでいつでも命中です！　お求めの答えはこれでしょう、ＳＳ中尉。距離二〇〇〇までなら二〇〇メートル刻みで加算、二〇〇〇以遠であれば四〇〇刻みで加算です。』これでハノ・ラーシュは満足した。」

大隊員と地域との関係は、どこの町でも穏やかで適切なものであった。地元住民と個人的に親しい関係を結ぶ者も多かった。ドイツの若い戦車兵に夢中になるフランスの女性もいたのである。当時、大隊が宿営している地域においては、地下組織によるいかなる活動の気配もなかった。もっとも、第３中隊は、城館の正面に広がる果樹園に留置したティーガーの警護を四月いっぱいは強化しなければならなかったという報告がある。警護の人数は五人に増やされ、内訳を言えば小銃で武装した兵二名に、機関銃を携えた兵一名がつき、さらには短機関銃を携えた兵二名がこれを支援するというものものしさであった。とは言え、予想されたような敵対行為の兆候は認められなかったので、警戒態勢はすぐに通常のレベルに戻されたとのことだ。各中隊間を行き来する車両を狙ったレジスタンス活動さえ一切なかったというのだ。たとえばエルブフとソンジョン間の連絡には、広い森林地帯を通り抜けなければならなかったにもかかわらず。

第３中隊の隊員はソンジョンの城館の一室にラジオを持ち込んだ。彼らは禁じられていたにもかかわらず、折に触れて敵国の宣伝放送〝ラジオ・カレ〟を聴いた。ある日、ラーシュ中隊長が、何の前触れもなくその部屋に入って来た。全員が凍りつき、静まり返った部屋にラジオのアナウンサーの声だけが響いた。「何を聴いているんだ？」と中隊長。リュンザーＳＳ上等兵が真っ先に平静を取り戻して説明した。「ＳＳ中尉、我々がこんな敵のプロパガンダに好んで影響されると本気でお考えなら、我々はどうも気まずいことになっちまいます。」ラーシュの反応が傑作だった。「では、せめてもう少し小さい音で聴け。」この一言で、ことは済んだのだという。

ところで、そのラジオだが、連合軍の侵攻前線へ出発するとの警報が中隊に出された後、ソンジョン在住の本来の持ち主に返されたそうである。

ハノ・ラーシュことギュンター・ハノ・オスヴァルト・ヨハネス・ラーシュは、一九二一年三月一四日、シェーネベック近郊ラッツドルフ生まれ、大隊の中隊長のなかでは最年少の二三歳であった。もとは『ゲルマーニア』連隊第５中隊の長期勤務隊員である。東部戦線で、両等級の鉄十字章と歩兵突撃章銅章、東部従軍メダルを獲得し、一九四三年六月二一日、ＳＳ中尉に昇進した。このラーシュの下に、ギュンターとアンゼルグルーバーという経験豊かな小隊長がついた。このふたりはまた、もう一人の小隊長ゲルゲンスＳＳ上級曹長

（上下とも）同じ演習中に。

8t牽引車搭載2cm 4連装対空機関砲装備の対空砲小隊。
左に小隊長のクルト・フィッカートSS軍曹が立つ。

の良き手本でもあった。

アルフレート・ギュンターは、一九一七年四月二五日、マクデブルクに生まれた。父親は第一次大戦で戦死している。正式の職業訓練を受けた植字工であったが、一九三七年四月に武装ＳＳの前身ＳＳ-ＶＴに入隊、『ゲルマーニア』連隊を経て、一九四〇年に『ライプシュタンダルテ』勤務となった。彼は、その突撃砲中隊の創設時の隊員のひとりである。一九四一年、彼はヴィットマンの砲手として東部戦線へ赴き、後には突撃砲の車長となった。ギュンターＳＳ軍曹は、砲手としても車長としても成功し、一九四一年のうちに両等級の鉄十字章を得た。一九四三年三月三日、このときＳＳ曹長であった彼は、突撃砲大隊初の騎士十字章受章者となった。同年五月、彼は突撃砲第１中隊を去り、ＳＳ第１０１重戦車大隊の創設に加わるべくゼンネラーガーに出立した。同年一一月、大隊主力がイタリアから東部戦線へ送られるなか、彼は残留組の一員としてアウグストドルフに向かう。一九四四年一月三〇日、ＳＳ少尉に任官。

マックス・ゲルゲンスＳＳ上級曹長は、一九一四年一一月七日、ハムボルンに生まれた。一九三四年八月一一日、『ライプシュタンダルテＳＳアードルフ・ヒットラー』第１中隊に入隊。その後、第２中隊へ移り、ポーランド戦〜西方戦役に従軍する。ダンケルクの手前で負傷した後、総統随伴警護隊に転属、総統大本営勤務となった。一九四三年、彼は『ライプシュタンダルテ』師団長ゼップ・ディートリヒSS大将の運転手になる。同年秋、彼はインスブルックで偶然ハインツ・フォン・ヴェスターンハーゲンに会い、編成途上のティーガー大隊に加わる気はないかと尋ねられた。実は、そのようにして大隊に加わった者はゲルゲンスひとりではない。フォン・ヴェスターンハーゲンは、常にそうやって以前からの知り合いに声をかけ、優秀な人間を大隊に勧誘していたのである。同様にしてフォン・ヴェスターンハーゲンは軍団司令部長の専属運転手を務めていたヴァルデマール・ヴァルネッケSS伍長も獲得している。

ゲルゲンスはアウグストドルフで車長訓練を受け、第3中隊第II小隊の分隊（半小隊）長として勤務した。そして、小隊長であったフィリプセンSS少尉が第1中隊に移ることになったとき、後任の第II小隊長になったのだった。なお、彼の分隊長として、やはり総統随伴警護隊から来たバルクハウゼンSS上級曹長が選ばれた。

トーマス・アンゼルグルーバーは、一九〇五年一二月一八日、オーバーバイエルンのキルヒヴァイダッハに生まれた。一九三一年七月にミュンヒェンで一般SSに入隊、一時は党出版局エーア・フェアラーク（エーア出版）に務め、ベルリンへ出てヒムラーSS長官の車庫主任になった。一九三八年四月二〇日、（一般SSの）SS少尉に昇進。一九四〇年、彼は『ライプシュタンダルテ』突撃砲中隊に加わり、当初は操縦手として、やがては車長として、同中隊が関わったすべての戦闘を経験した。一九四三年七月二日、SS上級曹長になっていたアンゼルグルーバーは、第一級鉄十字章を得た。『ツィタデレ』攻勢中は、敵の対戦車砲一八門とT-34を八両撃破している。だが、同攻勢も終盤の七月一二日、彼は左手の指四本をなくす重傷を負った。戦車突撃章と戦傷章銀章、それにブルガリアの前線兵士勇敢十字章第II級を手にしたアンゼルグルーバーは、回復すると、一九四三年一二月付けで彼をティーガー大隊に移籍させたフォン・ヴェスターンハーゲンのもとに出頭した。ほどなく彼は「敵前における勇敢な行動」が認められ、SS連隊付上級士官候補生に昇進、一九四四年四月二〇日にはSS少尉に任官を果たした。

〝アンゼル〟と呼ばれていたアンゼルグルーバーは、三九歳になろうかという〝高齢〟にもかかわらず、並はずれて勇敢で精力的な小隊長であり、中隊の外にもよく知られた存在であった。ヴィットマンやフィリプセン、ギュンター、ブラント、Dr・ラーベ、ベルベ、トラウエ、ツァーナー、そしてハインツとロルフのフォン・ヴェスターンハーゲン兄弟、オッターバイン、レンフォートといった面々と同じく、彼もまた、突撃砲出身の中心的人物に数えられよう。

この頃になると、それまで本部中隊を構成していた斥候・工兵・偵察・対空砲の各小隊が、いずれも本部中隊から切り離され、改めて独自の中隊としてまとめられることになった。最終的には一九四四年六月に成立するこの第4中隊——軽中隊とも称されたが——は、ひところ大隊本部の当直将校として勤務していたこともあるヴィルヘルム・シュピッツSS中尉の指揮下に置かれた。

ヴィルヘルム・シュピッツは一九一五年五月六日、ミュンヒェンに生まれた。徒弟制度のもとでステンドグラス職人としての修業を積み、工芸学校に二学期間通った後、一九三四年一月八日にミュンヒェンのSS連隊『ドイッチュラント』に入隊する。もっとも、彼は前年一九三三年七月以来、一般SSの隊員ではあった。その後、彼はSS裁判所本部［訳注／触法SS隊員は、SS基本法の規定により一般の裁判所ではなく、SS独自の裁判所で審理されることになっていた。当初このSS裁判所は行政裁判所であったが、後には刑事審判にも手を広げ、開戦後は国防軍軍法会議と同等の権限をもってSS隊員を対象とする軍事法廷としての機能を果たすようになる］の首席書記官になり、一九四一年一月三〇日付けでSS少尉に昇進した。

途中、戦地勤務による中断を経て——その間、彼は戦車突撃章銀章と第二級剣付戦功十字章、戦傷章黒章を獲得し、一九四二年一月三〇日にはSS中尉に昇進するが——一九四三年七月七日付けでSS裁判所本部からSS第I戦車軍団に移動した。そして一九四四年二月二一日、SS第101重戦車大隊勤務となったのである。

彼が率いる第4中隊は、本来の編制の枠外、つまり定員外の中隊であって、例外的にSS第101重戦車大隊だけに設置された。通常、重戦車大隊に第4中隊は存在しない。

ヴェッセルSS少尉が機甲偵察小隊を離れた後、同小隊はいったんフリッツ・シュタムSS少尉に引き継がれ、さらに一九四四年六月からはベノ・ペーチュラークSS上級曹長が指揮を執ることになった。ペーチュラークは、一九四二年の『ライプシュタンダルテ』ティーガー中隊発足当初の車長に名を連ねたひとりであり、東部戦線では第一級鉄十字章を獲得している。この偵察小隊のほか工兵小隊にも装甲兵員輸送車が配備されることになっていた。工兵小隊長はヴァルター・ブラウアーSS連隊付上級士官候補生である。

ブラウアーは、一九二一年一〇月六日、アンガーミュンデに生まれた。SS-VTの工兵大隊を経て、一九四〇年には『ライプシュタンダルテ』工兵大隊勤務となる。一九四二年八月一五日、同第2中隊所属のSS伍長として第二級鉄十字章を獲得、SS軍曹になっていた一九四三年四月七日には戦車突撃章銅章と戦傷章黒章を授与された。同年秋、士官訓練のためSS工兵隊学校に送られ、一九四四年春にSS第

ティーガー〝312〟番車両。車長シェップナーSS軍曹、無線手ゲーアハルト・イェーシェSS上等兵（左）、装塡手ヴィリー・シェンクSS上等兵（砲塔上左）。

101重戦車大隊に配された。

斥候小隊は、シュヴィムヴァーゲン各三台配備の斥候班三個で構成された。小隊長はヘンニゲスSS少尉、各班長はハイデマン、マンケヴィッツ、クレープスSS軍曹である。また、対空砲小隊はハイン・スヴォボダSS曹長から、同砲班長のひとりであったフィッカートSS軍曹に引き継がれた。

クルト・ヴォルフガング・フィッカートは、一九二一年一〇月四日、フォークトラント（ザクセン州南西部の丘陵地帯）のプラウエンに生まれた。大戦が勃発する前は、ツァーナの音楽学校で三年間オーボエを専攻したという経歴の持ち主である。一九四〇年四月、SS第6歩兵連隊に従ってオスロ上陸に参加した後、（同連隊を基幹部隊のひとつにして発展した）SS山岳師団『ノルト』の一員として、負傷するまで北部戦線で戦う。その結果、歩兵突撃章と戦傷章を獲得。負傷から回復後、軍事訓練キャンプの教官職を経て、一九四三年三月にヴィルトフレッケンで下士官訓練を完了する。一九四三年六月一日付けでSS軍曹となり、ミュンヒェン-フライマンで編成途上にあったSS第101重戦車大隊対空砲小隊に合流した。

上記各小隊が分離してから、大隊本部中隊は——燃料・弾薬輸送縦列、車両整備隊、戦闘段列IおよびII［編注／Iは

ティーガー〝305〟は中隊長車である。

4連装対空砲の前で、クルト・フィッカートSS軍曹
(前列中央)。右端はルーカシウスSS少尉。

戦闘部隊に随伴して補給や車両回収などの直接支援をおこなう。IIは後方段列とも呼ばれ、要員の補充や後方での兵站を担当する」、衛生班、管理・支援隊、大隊糧食段列、荷物（行李）段列、車両技術将校と兵器技術将校を構成要素とする――純然たる補給中隊になった。ただし、通信小隊は〝本部および補給中隊 Stabs- und Versorgungskompanie〟――というのが新たな呼称である――にとどまった。

指揮通信小隊はティーガー（指揮戦車）三両――すなわち大隊長と副官、通信将校用の本部車両――を装備すると考えて良い。これらの車両には、大型無線装置が搭載され、傘型アンテナが増設された。当然ながら、乗員の業務分担も多少は異なってくる。たとえば、計三名の装填手のうち二名は、無線手も兼ねることになる。また、この小隊は、野戦電話班の機材を搭載した通信用車両のホルヒKfz・15のほか、無線局を収容した〝ゴッファー Koffer〟すなわち箱型キャビンの〝シェルター〟車両を保有する。小隊要員は、士官一名、下士官一二名、兵六名の構成である。小隊長は大隊通信将校ヘルムート・ドリンガーSS少尉、『ライプシュタンダルテ』通信大隊無線中隊の出身であることは前述した。

燃料輸送縦列はトレーラーを連結した一〇台を含む二二台のトラックを備える。一方、弾薬輸送縦列の保有車両は二〇台（すべて二軸＝四輪）である。

衛生班を率いるのは大隊軍医将校のDr・ラーベSS大尉である。大隊歯科医はDr・ハウザームSS少尉、通称を〝ドクトル・グラウザーム〟といった［訳注／もちろん本名と韻を踏んでいるのだが、グラウザーム Grausam とは〝冷酷な〟〝残酷な〟といった意味。冷血先生というわけである。ドイツの戦車兵も歯科治療はやはり苦手だったのか。いささか陳腐だが〝歯医者さん〟のイメージというのは古今東西あまり変わらないということか］。大隊軍医将校のもとには、病院車仕様の装甲兵員輸送車一両、救急車――〝ザンクラ Sankra〟（Sanitätskraftwagen の略）――一台、医療器具その他を積んだトラック一台が配備された。

こうして大隊が編成を整えてゆくなかで、多くの大隊員がそれぞれの旧友と再び顔を合わせることになったのだが、これは何も突撃砲大隊出身者や旧第13中隊員だけに限った話ではない。一九四四年二月、大隊通信将校ドリンガーSS少尉は、ブラウンシュヴァイクのSS士官学校で教官と生徒の間柄であったヨハン・ショットSS曹長と再会した。ドリンガーはショットを無線主任として通信小隊に迎えた。この時期の訓練は厳しく、しかも各指揮官は部下に対し、来るべき戦闘に備えて可能な限り現実に即した訓練を課そうと務めた。

第1中隊には、一九四二年の旧ティーガー中隊以来の古参の戦車長が二名いた。フィリプセンSS中尉とヴェントSS

軍曹である。ともに突撃砲大隊出身のツァーナーSS曹長とオッターバインSS軍曹ほか、空軍出身のカップSS軍曹などはいずれも東部戦線の経験者だ。その他はいわば〝新顔〟であって、砲手クルト・ミヒャエリスSS上級曹長、フリッツ・ヒッベラーSS上級曹長、車長ハインリヒ・エルンストSS曹長、操縦手ハイン・ボーデSS曹長、同ヴァルター・シュトゥルハーンSS軍曹は総統随伴警護隊からの移籍組である。

ミヒャエル・ヴィットマンは、旧第13中隊のクルーの多くを指揮下の第2中隊に集めることができた。言うまでもないが、彼は東部戦線で敵戦車一一七両を撃破し、今や最も著名なティーガー車長である。同じくらい有名になった彼の砲手ボビー・ヴォルは——ヴィットマンに続いて騎士十字章を獲得したわけだが——SS軍曹に昇進するとともに、今ではやはり車長である。砲手を務めていた間に、ヴォルはソ連戦車八一両、対戦車砲一〇七門、一七二ミリ砲と一二五ミリ砲各四門、火焔放射器五基、装甲車一両を撃破、重迫撃砲の陣地ひとつを壊滅させた。

ヴォル以外にも、第2中隊には、あの〝ケプテン〟ことブラントSS曹長、レッチュSS曹長、ヘフリンガーSS上級曹長など歴戦の分隊長が揃っていた。他方、第I小隊長ヴェッセルSS中尉と第II小隊長ハントゥシュSS少尉は戦車隊員としては新人であったが、第III小隊長のベルベSS上級士官候補生は少なくとも突撃砲大隊で経験を積んでいた。

ユルゲン・ヴェッセルは、一九二〇年七月一九日、ロストック管区テッシーンに教師の息子として生まれ、パルヒムで育った。学業を終えると、規定どおり勤労奉仕活動に参加する。彼が所属する勤労奉仕隊は、第3建設大隊隷下でポーランド戦にも投入された。一九三九年一一月、彼は志願して『ライプシュタンダルテ』に加わり、在ベルリンの『ライプシュタンダルテ』警護大隊第18中隊勤務となる。その後、下士官訓練を経て、一九四〇年七月一日、SS上等兵に昇格。年末には同中隊がフランスのメッスに移動して野戦連隊に合流し、『ライプシュタンダルテ』第13中隊に改まる。一九四一年七月一日、東部戦線にあってヴェッセルはSS軍曹に昇進、それとともに第二級鉄十字章、歩兵突撃章銅章、戦傷章黒章、ブルガリア前線兵士勇敢十字章第IV級を授与された。

一九四一年一一月一日から一九四二年四月三〇日までをブラウンシュヴァイクのSS士官学校で過ごした後、彼はゼンネラーガーの『ライプシュタンダルテ』第VI大隊に配された。同大隊で彼はヴァイデンハウプトSS少佐の当直将校に任ぜられ、一九四二年六月二一日にはSS少尉に任官を果たす。一九四二年六月、『ライプシュタンダルテ』が師団に昇格するのに伴い、第VI大隊は、SS第1歩兵連隊第III大隊と

左から装填手シェンク、無線手イェーシェ、
車長シェップナー、操縦手。

ティーガー“312”。

なる。ヴェッセルは一九四三年五月まで当直将校の地位にとどまるが、以後、一九四三年一二月まで『ライプシュタンダルテ』補充大隊に回る。そこからティーガー大隊に赴任したヴェッセルの当初の地位は機甲偵察小隊長であった。他方、ハントゥシュSS少尉は当初から第2中隊第Ⅱ小隊長であった。また、第Ⅲ小隊長のベルベSS連隊付上級士官候補生は、『ライプシュタンダルテ』機甲偵察・補充中隊でともに過ごして以来の、ヴィットマンの旧友であった。

〝バルボ〟ことハインツ・ベルベは、一九一六年四月二〇日、ウッカーマルク／テンプリーン管区ヒンデンベルクに生まれた。子だくさんの一家で、彼には後述の兄弟ばかりでなく姉妹が七人もいた。彼は訓練を受けた農芸技官として父親の経営する農場で働き、三〇年代にはSS-VTで兵役義務を果たす［訳注／一九三四年九月、ブロンベルク国防相が三軍司令官に指令を出し、内政におけるSSの特殊な地位に鑑み、SS-VT服務を兵役と同等扱いすることを正式に容認している］。

彼は一九三四年に一般SSに入隊していたが、一九三九年八月二七日には『ライプシュタンダルテ』機甲偵察・補充中隊で軍務に復帰、一九四〇年に入って突撃砲中隊勤務になった。東部戦線では突撃砲車長として戦い、両等級の鉄十字章その他を受章している。一九四三年夏、ベルベ上級曹長はティーガー大隊に配され、モンス駐屯時にSS連隊付上級士官候補生に昇進した。

「眼鏡のベルベ」は、一九四〇年初頭に創設された『ライプシュタンダルテ』突撃砲中隊以来の、ヴィットマンの古い戦友のひとりである。この一群にはほかにフィリプセン、ギュンター、アンゼルグルーバー、ブラントなどがいる。

ちなみに、ベルベには同じティーガー大隊勤務の兄弟がふたりいて、第3中隊の装填手アウグスト-ヴィルヘルム・ベルベ通称〝ビューディング〟、第1中隊の無線手フリッツ・ベルベSS軍曹、それにハインツ・ベルベ本人をあわせて「ティーガー大隊のベルベ三兄弟」と呼ばれた。

第2中隊で車長を務めるアウクスト、シュティーフ、メリー、クレーバー（いずれもSS軍曹）らは、東部戦線を経験した旧第13中隊員である。また、レッヒナーSS伍長やラウSS伍長といった砲手もしくは装填手、ハイルSS上等兵やエルマーSS伍長といった無線手あるいは操縦手にも東部戦線の経験者は少なくない。

まだ一九歳の若さながら東部戦線で名砲手として鳴らしたボビー・ヴァルムブルンSS伍長は、今回、中隊で最年少の車長になった。砲手としての彼の戦績は、敵戦車四四両、対戦車砲六二門、一二二ミリ砲二門、トーチカ7ヶ所、火焔放射器一〇基、装甲車一両を撃破という堂々たるものだ。プロ

整備中隊長クラインSS中尉と、ルーカシウスSS少尉、グレーザー SS少尉。

メービウスSS大尉とヴェッセルSS少尉、本部中隊勤務当時。

第2中隊所属の無線手パウル・ベンダー SS伍長。

スクーロフ〜セレト河畔にかけての戦闘に戦車長として参加した際も、少なくとも戦車六両と対戦車砲六門を撃破している。なお、彼は一九四四年六月一日付けでSS軍曹に昇進した。

他の中隊と比べた場合、ヴィットマン中隊の隊員はティーガーでの戦闘経験が豊富であるだけに、熟練者が揃っていたと言える。もちろん、ヴェッセルとハントゥシュは例外になるわけだが。だが、とりわけハントゥシュは、結束の固い中隊員のなかに溶け込んで良好な関係を築くべく格別の努力を惜しまなかった。彼は積極的に下士官や兵の輪のなかに入って、しょっちゅう夜遅くまで話しこんでいたりしたのだという。

エルブフ駐屯中、ヴィットマンは卓越した技量と豊富な経験を頼りに、中隊を厳しく、かつ熱心に鍛えた。中隊員の方もヴィットマンをひたすら尊敬し、これに応えた。彼は中隊員の憧れの的であった。無論、彼が部隊の枠を超えて全国級の有名人であり、人気者でもあったことは今さら言うまでもない。彼のもとには故郷のバイエルン-オストマルク大管区当局から、バイロイトに来て講演をしてほしいとの依頼が届いていた。だが、ヴィットマンにとってはバイロイトに招かれて演説するよりも、次に控える戦闘に備えて部隊を鍛え、準備を整えておくほうが、はるかに重要なことであった。結局、彼は、自分の地元の管区指導官ナイトハルトに断りの手紙を書いている。

「管区指導官殿、私宛てのバイロイトへの招待状を、どうか撤回してくださるようお願いいたします。少なくとも、戦争が続く限りは。部下たちのなかに、もう一年以上も休暇をもらっていない者がいる以上、私としては、自分だけが内地に戻るのをどうしても正当化できないのです。私は部下たちを愛しておりますし、厳しいばかりでなく、良き指揮官でもありたいと思っております。」

ヴィットマンは、自分がどこに必要とされているかをはっきりと自覚していた。そして、中隊への責任感に基づいて判断すれば、取るべき行動は自ずと決まってくるのだということも。

当時、シャトー・エルブフには新婚間もないヴィットマンの妻も滞在していたので、中隊長夫妻のために何かしたいと考えた隊員たちは、ある日、ケーキを焼いて、ついでに「本物の豆のコーヒー」をいれて、夫妻に献上しようとした。ヴィットマンは、それが中隊全員に行き渡るだけあるのか、と尋ねた。そんなにはありません、という返事を聞いて、ヴィットマンは隊員たちが善意で申し出てくれたのを承知で、この提案を却下した。こんな些細なできごとにも、ミヒャエル・ヴィットマンがどういう人間であったのかがよくあらわれている。いかに高位の勲章を身に帯びることになろうとも、ヴィットマンは変わらなかった。彼はひとりの人間であり戦友であり、どこまでも自分自身に、あるいは自分の人生観に忠実であり続けた。疑いなく彼は、戦車兵の典型であり、鏡でもあった。だが、それ以上に、ひとつの模範的な人間像でもあった。人格においても、また、人間としての在りようそのものにおいても。

かたやヴィットマン夫人にとって、シャトー・エルブフ滞在は、当時は望むべくもなかった新婚旅行の代用になったようだ。だが、夫のそばにいる以上、当然ながら彼女は中隊の日常業務に否応無しに巻き込まれた。中隊がモンスからフランスへ移駐するのを機に、彼女は夫に従う形で中隊と行動をともにしているが、その間の宿営地探しからエルブフ滞在中の様子は彼女の日記からもうかがい知ることができる。

「一九四四年四月二三日。夜更かし、朝寝坊。午後、ホイリッヒSS大尉夫妻と整備中隊を訪問。それから中隊の宿営探し。女子修道院は解体中だった。すてきなハーブ園と果樹園があったのだけれど。でも思いがけなくエルブフ-アン-ブレでお城を見つける。そこに即決。広い庭園と大木。

四月二四日。ホイリッヒ夫人と各中隊を訪問。ラーベ先生も一緒に。歯科医のハウザーム先生にも会う。〝親知らず〟

大隊の次席車両技術将校（TFK II）ゲオルク・バルテルSS少尉。

レーオ・シュプランツSS上級軍曹（左）とヘルベルト・ヴァルターSS少尉（右）は1944年4月に『ヒットラーユーゲント』師団に転属となった。

を治療してもらった。ミヒェル、準備のためエルブフに。何もかも混乱。何という騒ぎ！　引っ越しは水曜に決定。木曜はパリ？

四月二五日。とりたてて何もなし。また中隊巡り。

四月二六日。引っ越し。ベルンハルト、ボビー、〝シュピース〟とふたりのウクライナ人助手が手伝ってくれて、何とか片づく。みちがえるようになった。

四月二七日。ホイリッヒ夫妻、パリへ。私はひどい風邪をひいて、熱が三九度もある。

四月二八日。朝、陸軍司令部から大尉さんがやって来た。若いドイツ婦人——つまり私だ——がいるので驚いていた。夕方、軍人保養所を経営する女性を連れてブリュッセルから大尉さん再訪。花束と自家製ケーキをもらった。日曜日に招待される。

四月二九日。いくらか具合が良くなる。庭園を探検。庭師に会った。花瓶を手に入れる。今日はとても静か。手紙を書く。ミヒェルは大忙しで、一日中姿が見えなかった。

四月三〇日。花を摘む。午後、軍人保養所を訪問。とても感じのいい所。夕方まで滞在。

五月一日。大隊長と打ち合わせ、私も同行。午後、ホイリッヒ夫人がお別れの挨拶に来たと言って立ち寄る。明日発つとのこと。残念。夜、全員で大隊長と会食。シュヴァイマー夫人〝御自ら訓練なさった〟犬が、花瓶を壊した！　部

以下3名のSS少尉は、1944年3月1日付けでSS第101重戦車大隊に配属された。

クルト・シュタム。

ゲオルク・ハントゥシュ。

ロンフ・ヘンニゲス

屋に帰り着いたら午前四時。その前三時頃、飛行機が三機墜落。怖かった。今日はちょうど結婚二ヶ月目。ふたりきりで祝うことはできなかったけれど、本当に楽しかった。

五月二日。あれだけ騒いでも全然二日酔いにならない。不思議。ホイリッヒ夫人、今朝五時に発つ。見送るのは辛かった。少し洗濯をして、手紙を書く。雨。

五月三日。快晴。お昼にミヒェルと水辺で日光浴する。少し怠惰な気分。読書。それからヴェッセルとハントゥシュとピンポンをする。

五月四日。ベルベ（彼はバルボと呼ばれている）が来た。彼についてきてもらってグルネの美容院に。恐ろしく下手な美容師だった。便せんを買う。さほど高くなかった。ミヒェル、午後は大隊長に会い、夕方、ボーヴェにホイリッヒを迎えに行き、また大隊長のところへ。帰ってきたのは午前一時だった。

五月五日。ミヒェルは大隊長と一緒にパイパーのもとへ。戻るのは明日の夜だとか。雨。読書して、手紙を書く。ヴェッセルが時々顔をのぞかせ、相手をしてくれる。

五月六日。午前中は映画『Die Grosse Nummer』を観る。午後、ハントゥシュとピンポン。ライラックの花を飾る。チェス。ミヒェル、戻らず。一晩じゅう起きている。頻繁に飛行機の音。朝方、ヴェッセルが本を持ってきてくれた。

五月七日。読書。午後三時頃、ミヒェルが帰ってきたと思ったらすぐ食事をして、眠ってしまった。まったく寝ていなかったらしい。ハントゥシュは大隊へ。相変わらず飛行機の音。それでもミヒェルは眠りこけている。

五月八日。ミヒェル、大隊へ。私はパリへ行く準備。明日はシュヴァイマー夫人とラーベ先生と、パリまでドライブだ。夕方、クライン、アンゼル、ハーフナーと一緒に食事する。自家製の卵酒［訳注／ブランデーに卵、砂糖、香料を加えて温めたもの］を飲む。それから、シュヴィムヴァーゲンに初めて乗った。最高に面白かった。水曜日に招待。一〇時に散会。ミヒェルは引き続き任務予定表を作成。また遅くまでかかるのだろう。」

シャトー・エルブフは確かに美しい城館で、周囲の環境も抜群であったが、やはり血気盛んな中隊員は、自由時間があれば四キロほど離れたグルネの市街地で過ごす方を好んだようだ。彼らはそこまで徒歩で行き来するのも厭わなかった。

この時期の逸話をもうひとつ。ある日、エルブフで、ちょっとした騒ぎが持ち上がった。一台のカメラが行方不明になったのだ。ヴィットマンは、この事件を深刻に受け止めた。彼は中隊員を集め、私的財産は何人たりといえどもこれを侵すべからずと短い演説をし、武装SS軍規を改めて思い出すようにと強い口調で訴えた。それから彼は、カメラを持ち去った犯人にもう一度チャンスを与える、と宣言した。

「これから一時間以内に、私の部屋の前の机に、問題のカメラが戻されることを期待する。」それまで諸君には着替えを繰り返してもらう、と彼は言い渡したものだ。数分後、全員が迷彩服に着替えて整列した。続いて作業服、次に体操着、黒の戦車搭乗服という調子で、着替えと集合・整列が延々続けられた。ヴィットマンは決してふざけていたわけではない。彼は大まじめだったのだ。果たして、ほぼ三〇分も経過した頃、先任下士官コンラートは再び全員を集めたうえでヴィットマンに報告することができた。中隊長、いつの間にかカメラが戻されておりました、と。［訳注／たとえば大日本絵画刊『武装SS戦場写真集』にはバート・テルツSS士官学校宿舎の写真に添えて「鍵のないロッカーは私的財産の尊重、戦友への信頼のあらわれである。この原則は……最前線の壕でも遵守されつづけた……云々」との説明がある。またヘーネ著『SSの歴史』にも「SSの兵営では、部屋の扉は開け放たれた」との記述がある。となると、確かにこの一件は武装SSの精神の根幹にかかわる大事件であったには違いない。］

他方、ヴィットマンは、全戦線の戦況の推移を注意深く見守っていた。ドイツの各都市は毎晩のように米英の〝テロ空襲〟にさらされていた。彼らの目標は、もはや軍需工場だけに限定されていなかった。死と破壊の波は一般の住宅地域を

ミヒャエル・ヴィットマンSS中尉と、整備中隊長ゴットフリート・クラインSS中尉。

大隊管理将校のアルフレート・フェーラーSS中尉。

も覆い尽くした。ドイツの諸都市は壊滅的な損害を被っていたのである。

ティーガー大隊員のなかにも、空襲で家族を亡くし、あるいは家や全財産を失った者がいた。彼らが怒りと悲しみにすっかりとらわれたとしても、それは無理もないことであった。ヴィットマンは、ある一通の手紙のなかで、戦争五年目を生きる部下たちの心情について語っている。彼もまた、その心情を共有するひとりであった。何と言っても、彼らは強い絆で結ばれた共同体だったのだ。
「我々兵士は、祖国が――特に美しい我がドイツの諸都市が、多大な犠牲を払わねばならぬ状況にあることを承知しております。かくも無意味な破壊の光景には、断腸の思いを禁じ得ません。彼らはわかっていないのです。この苦境によって、我々の民族共同体意識は、かえって強固になるということを。最も重要なのは、イギリスとアメリカが我々に〝相手を憎むこと〟を教えたという事実です。けれども、あの紳士がたは、我々がこの憎悪の念を戦いに必要な強さとエネルギーに変えるのを見ることになるでしょう。管区指導官殿、私と私の中隊は、目下、西部方面におります。私の部下たちの願いはただひとつ、最後にはトミー（イギリス兵）とアメリカ兵を、自分の砲の正面に捉えることです。我々の唯一の合い言葉、それは〝報復〟です。
とは言え、我々は、ただ闇雲に敵の眼前に身を投げるような真似はしません。どうかご安心いただきたいのですが、自分たちがなすべきことは、きちんと了解しております。我々は、我々の士気と敢闘精神、戦闘力の前に敵が膝を屈し力尽きるまで、このことを彼らに知らしめるつもりでおりますし、また実際にそうするでしょう。この先、さらなる苦難の時が我々を待ちかまえているでしょう。しかし、信じて戦うことを我々はすでに学んで知っているのです。」

大隊隷下の三個戦車中隊は、ティーガー各四両配備の小隊×三個で構成され、これに中隊長車と中隊本部分隊長車を加えれば、それぞれ計一四両のティーガーを保有する計算になる。また、当時の兵力定数表に従えば、独立大隊の戦車中隊は、士官四名・下士官五六名・兵八七名から構成されることになっていた。

戦闘部隊であれば、各小隊は士官一名・下士官一一名・兵八名で構成されるはずであったが、実際にはこれとは異なる事例がしばしば見られた。さらに詳しく検証してみると、兵力定数表では、各小隊を構成するクルーの階級内訳も規定されており、それによれば、四名の戦車長のうち一名は士官（小隊長）、他の三名は下士官である。砲手四名のうち三名は下士官、一名は兵である。操縦手四名は全員が下士官である。無線手は一名が下士官、三名が兵である。装塡手は四名とも兵である。中隊指揮本部は、士官一名（中隊長である）・下士官六名・兵七名で構成されるが、これは中隊長車と本部分隊長車のクルーのほか、オートバイ伝令兵三名（車両は三五〇ｃｃ、一台はサイドカー付き）と運転兵一名（本部には中型乗用車と自転車各一台も配された）をあわせた数字である。

また、各戦車中隊には、戦闘部隊のほかに、戦場で擱座した車両に応急修理を施す整備・補修部隊が存在する。この整備隊 Instandsetzungsstaffel/I-Staffel は公式には二六名の要員から成り、彼らは個々の任務に応じて装備された車両八台に分乗して活動した。彼らのなかには、エンジン、変速機、最終減速機の専門技術員が含まれる。その他、戦車整備員（もしくは整備兵）一八名と、無線特技兵二名、溶接工と電気技師各一名、武器工作助手二名、運転兵が従う。車両はフォルクスヴァーゲン（Ｋｆｚ・１）三台、小型の整備トラック（Ｋｆｚ・２／40）一台、修理用の装備を搭載した中型無蓋の三トン トラック一台、交換用の部品を積んだ大型無蓋の四・五トン トラック一台、一トン牽引車（Ｓｄ・Ｋｆｚ・10）二両という構成である。

中隊先任下士官（ＳＳ特務曹長）率いる戦闘段列Ｉは、車両主任と無線主任、武器工作主任、需品主任、炊事班、衛生班、武器工作助手、運転兵、中隊書記（事務官）という構成である。また、この段列は、燃料・特殊機材輸送用の四・五トン トラック五台、野戦炊烹車として三トン トラック一台、フォルクスヴァーゲン二台を裁量下に置く。要員の階級的な内訳は下士官八名、兵一八名である。

戦闘段列IIは、交替要員としてのトラック運転兵と志願補助員、やはり交替要員の戦車搭乗員で構成され、兵員（下士官五名と兵一一名）と装備輸送用の四・五トン トラック一台が配備されていた。

上記以外に、いずれの段列にも機関銃一挺と自転車一台が備えられ、ソ連やイタリアの志願補助員が加わっていた。

荷物（行李）段列は経理・俸給担当下士官がこれを率い、被服縫製士と製靴士（志願補助員）、運転兵が従っていた。この四名は、三トン トラック一台を使用した。

もう一度改めてまとめると、戦闘部隊は士官四名、下士官三九名、兵三二名の計七五名である。整備隊を含めた支援部隊は、下士官十七名、兵五五名の計七二名である。したがって、一個ティーガー中隊の兵力はあわせて一四七名ということになる。もっとも、前述したように、これらはあくまでも公式の定数表をもとにした数字であって、現実は必ずしもこのとおりにはいかない場合が多かった。

さて、第4中隊の機甲偵察小隊は、その頃ようやく装甲兵員輸送車七両を受領した。Ｓｄ・Ｋｆｚ・２５１Ｃ型と呼ばれるタイプで、ＭＧ42機関銃一挺を装備した車両である。１両は小隊長車で、残る六両は配下三個分隊に配された。兵力定数表によれば、機甲偵察小隊は士官一名、下士官七名、兵三三名の計四一名で構成される。

ブラウアーＳＳ連隊付上級士官候補生率いる工兵小隊には、Ｓｄ・Ｋｆｚ・２５１装甲兵員輸送車とＳｄ・Ｋｆｚ・３ハーフトラック〝マウルティーア（騾馬）〟が各三両配備された。つまり、配下の工兵三個分隊が、それぞれ装甲兵員輸送車と〝マウルティーア〟を一両ずつ装備したということである。

1944年4月、SS第101重戦車大隊はモンスから北フランスのグルネ-アン-ブレ地区に移送された。

フィッカートSS軍曹指揮の対空砲小隊は、前年一九四三年一一月に、八トン牽引車搭載の四連装対空機関砲三門を受領していた。発射速度の速い対空砲は、橋梁などの重要目標の防衛ばかりでなく、部隊が鉄道を使い、あるいは自走行軍して移動する場合の対空防御にも欠かせない。二センチ四連装対空機関砲38型は、すでにこの分野の傑作として定評があり、低空飛行で迫って来る相手には特に有効であった。この砲は八トン牽引車Sd・Kfz・7／1――クラウス・マッファイ製作のハーフトラック（KM11）に搭載されていた。

目標捕捉は、立体式の測距装置（測距照準器）でおこなう。これを操作する照準手は、目標を立体的に、もしくは三次元的に把握できる。立体測距方式においては、接近しつつある目標の立体像を、照準器の十字線に映し出されるもうひとつの補助的な像と対照することにより距離を決定する。このとき照準画面上に数字が立体的にあらわれ、一〇〇メートル単位で距離を示す。照準手は、選定された目標までの距離を特定し、これを読みとり、砲員に報告する。射弾が飛んで行く間に、目標の航空機が飛行方向や高度、飛行速度を変えない限りは、命中確実であった。だが、問題は、射弾が飛んでいく間に目標機が移動して到達するであろう照準点の算出（つまり未来修正）にある。もちろん、種々の要素――風速、砲身の摩耗度合い、空気抵抗、大気密度、射弾の質量――も関わってくる。目標機の動きについては、それまでの飛行形態から予測するしかない。原則として、目標の直線移動距離は、目標の速度と射弾の飛翔時間の積により求められる。

八トン牽引車搭載の二センチ四連装対空砲の操作には、砲指揮官（砲班長）以下一一名――六名の砲手、三名の弾薬運搬手、二名の運転手――を要する。また、このほかに照準手（測距装置の操作員）一名が必要である。照準をさだめるには照準環と曳光弾を使用する。二センチ四連装対空機関砲の最大射程は四・八キロメートル、射高は三・七キロメートル、実用発射速度は八〇〇発／分、最大一八〇〇発／分で、非常に集中度の高い火力を誇った。

フィッカート指揮下の砲班長三名は、ゴットロープ・ブラウン、ハインリヒ・ヘルシャー、ヴェルナー・ミュラー（いずれもSS軍曹）である。兵力定数表によれば、対空砲小隊は下士官五名に兵四一名で構成された。四連装対空砲38型の最大の難点は、砲員の防御態勢がごく限られていたことだ。正面からの攻撃に対しては、装甲板が多少は役立っていたかもしれないが、それ以外の方向からの攻撃――つまり、敵の戦闘爆撃機の機関砲あるいは機関銃による掃射に対して、砲員はあからさまに無防備であった。半装軌式の牽引車と砲そのものは、ドゥンケルオーカーゲルプ（暗い黄土色）の地色の上にドゥンケルグリューン（ダークグリーン）とブラウンの迷彩模様がスプレー塗装されていた。

クラインSS中尉指揮の整備中隊も今や、任務遂行に充分なだけの装備を整えた。

ゴットフリート・クラインは、一九一五年四月一五日、ケルンに近いインメコッペルに生まれた。一九三六年、すでに一人前の機械整備工であった彼は、『ライプシュタンダルテ』第5中隊に加わった。一九四〇年、突撃砲中隊へ転属になり、そこに一九四一年後半までとどまる。続いてクラインSS上級曹長は、ウィーンの武装SS車両技術専門学校で車両技術将校の訓練課程に参加。同課程修了後は原隊復帰し、一九四二年一月三〇日、SS少尉に任官を果たす。それから一九四三年秋までは『ライプシュタンダルテ』突撃砲大隊の車両技術将校を務めた後、再び車両技術専門学校へ派遣された。なお、一九四二年四月二〇日（原文ママ）、彼は第二級鉄十字章、第二級および第一級剣付き戦功十字章、ブルガリア前線兵士勇敢十字章第Ⅱ級を授与され、SS中尉に昇進している。彼がティーガー大隊へ移ってきたのは一九四三年クリスマス直前のことであった。

整備中隊の回収小隊長はラインホルト・ヴィーヒャートSS少尉、同整備小隊長はオスカル・グレーザーSS少尉、火器修理小隊長は当初ハルトマンSS連隊付上級士官候補生であったが、後にライヒャートSS曹長が引き継いだ。

ラインホルト・ヴィーヒャートは、一九一一年六月二一日、

モンスでの貨車積載風景。

東プロイセンのブラウンスベルク管区グロース・マウレンに生まれた（ブラウンスベルクは現ポーランドのブラニェボに当たる）。一九三三年七月二五日、自営販売業から『ライプシュタンダルテ』に身を投じ、まず機関銃中隊に配され、やがて技術下士官になる。一九四三年、彼は、第3戦車整備中隊からウィーンの車両技術専門学校へ送られた。一九四四年一月七日、装甲車両整備の専門家となったヴィーヒャートSS上級曹長は、SS第101重戦車大隊に回収小隊長として配される。二月一日にはSS連隊付上級士官候補生に昇格、四月二〇日にはSS少尉に任官を果たした。

オスカル・グレーザーは、一九一三年一一月一一日、トリーア近郊クヴィントに生まれた。国民学校修了後、鉄工所で働く。さらに一九三〇年一二月から一九三四年五月まではハンガリーの機械製作・鋳鉄工場で琺瑯引き職人として働き、帰国後の一九三四年六月から一九三五年四月までは勤労奉仕義勇軍に参加。一九三五年四月一日からは『ライプシュタンダルテSSアードルフ・ヒットラー』の一員となり、第11中隊に配された。一九四二年、第20中隊勤務のSS軍曹であった彼は、ウィーンの車両技術専門学校へ派遣され、車両主任を養成する課程を受講。その後は『ライプシュタンダルテ』のSS第2機甲擲弾兵連隊へ配属となる。一九四二年九月一日にSS曹長に、また、翌四三年六月一日にはSS上級曹長に昇進。なお、ここまでの間に彼は第二級剣付き戦功十字章、

移送されるティーガー“313”。

優良運転手章金章、東部戦線従軍メダルを獲得している。SS第101重戦車大隊配属後の一九四四年四月二〇日、上記ヴィーヒャートと並んでSS少尉に昇進。

兵力定数表によれば、整備中隊は二個小隊編成で、各小隊には戦車エンジン整備士三名、変速機整備士三名（うち二名は電気系統の整備士）、車両整備士二名、交換部品管理士一名が揃っていなければならない。これらはいずれも下士官が望ましいとされた。とは言え、兵卒がこれを務める場合もあった。電気機械工、電気溶接工、旋盤工、鍛造工、皮革製品の補修、大工といった人材についても同様である。

二個小隊の保有車両一六台のうち、一四台は四・五トントラック、二台は旋回式クレーン搭載車――一台は吊り上げ荷重三トン（Sd・Kfz・100）、もう一台は一〇トン（Sd・Kfz・9／2）――である。

また、各小隊とも士官一名・下士官九名・兵四七名で構成される。

回収小隊は第Ⅲ小隊に当たる。この小隊は、一八トン牽引車Sd・Kfz・9を四両、砲塔を除いたパンター戦車の車台を利用した回収車両〝ベルゲパンター〟を一両（ただし、これについては定数表の枠外）、戦車牽引用トレーラー付き牽引車Sd・Kfz・360を三両、旋回式クレーン搭載のトラックを二台――それぞれ吊り上げ荷重三トンと一〇ト

車上にて。

ン——保有し、擱座したティーガーの回収をその任務とした。
このほか同小隊は、ティーガーの砲塔を撤去する必要のある大がかりな補修作業用に、ガントリークレーン（門型クレーン）一基を備えた——これもやはり定数表の枠外——。
回収小隊の要員は士官一名、下士官五名、兵二五名である。

整備中隊には、武器工作助手六名と電気機械工二名による武器工作部門も存在した。彼らが裁量下に置く車両はフォルクスヴァーゲンKｆｚ・1が一台、各種の道具箱を積んだKｆｚ・15が一台、四・五トントラックが二台である。無線主任（下士官）の指揮下に置かれる通信機器修理班は、故障した無線装置の補修にあたる。さらに、各戦車中隊と同様に、中隊先任下士官の指揮下に段列も組織される。また、マイバッハ社から派遣されたエンジンと変速機の専門家であるゼップ・ハーフナーもSS曹長の階級をもらって、この中隊に加わっていた。

一九四四年五月には、SS第101重戦車大隊は定員を満たした。他方、軍団内では、この時期まだ人事異動が繰り返されている。たとえばエルンスト・ヴェラーSS伍長が、SS第101通信大隊からティーガー大隊に、操縦手として移籍した。

大隊演習

各中隊は、大変な意気込みをもって訓練に励んだ。全隊に強い連帯感と戦友意識が芽生えていた。将校は下士官や兵らと良好な関係を築いた。おそらく戦闘時には、それこそが彼らの支えになると思われるような。

五月には大隊演習が計画されていた。実に二年ぶりの休暇をもらって隊を離れていた者もいたが、演習に備えて各クルーが欠員なく揃うよう、彼らには帰隊を促す電報が打たれた。最初で最後となった大隊演習は、一九四四年五月一〇日から一七日にかけて実施された。もっとも、大隊保有の戦車すべてをこれに投入するというわけにはいかなかったのだが。

第2中隊のヴァルター・ラウSS伍長は、この演習を以下のように回想する。このときラウは、ヘフリンガーのクルーのヘンSS上等兵が不在であったため、代わりに砲手を務めたのだった。無線手はフーベルト・ハイルであった。

「五月のある時期、編成完結したSS第101重戦車大隊の演習が、ボーヴェから海岸までの地域で大々的におこなわれました。当時の私は、ヴィットマンの口添え力添えのおかげで第3中隊から第2中隊へ移って、旧第13中隊以来の気心の知れた仲間とまた一緒になることができたばかりのところでした。で、早速この演習期間中、何かの理由で——病気か賜暇中だったのでしょうが——欠員が生じたヘフリンガーSS上級曹長の車両に、砲手として乗り組むことになりました。ヘフリンガーSS上級曹長はヴェッセルSS中尉の第I小隊の分隊長でした。演習地域が選定された理由は、今日知られているとおり、最高司令部がそのあたりに連合軍の上陸を想定していたからです。大隊演習に先だって、周辺の土地鑑を養うため、各小隊長と分隊長はシュヴィムヴァーゲンに乗って大隊行軍の隊形を組み、海岸まで夜間行軍演習をしたそうです。営舎で隣の部屋にいたハントゥシュSS少尉などは、しょっちゅう私たちの部屋に雑談しに来ていたものですが、その行軍演習のことも彼から聞かされたのです。

ところが、大隊演習で、しかも行軍中の警戒活動というのも演習課題に入っていたにもかかわらず、期間中に第1中隊や第3中隊を見かけることは一度もありませんでした。重点は〝中隊による展開訓練〟に置かれていたのでした。我らが中隊長ヴィットマンSS中尉は、演習の進展をじっと見守っていました。このとき三個の小隊は、いわゆる開豁地で、あらゆる高低差を勘案しつつ〝逆楔隊形による攻撃を展開する〟ことになっていました。個々の演習が終了するたびに、参加者は講評を受けるため集合します。するとヴェッセルSS中尉が、まず皆を半円形に並ばせましてね。日に何度も聞くことになった、あのきびきびした彼の口調を今も思い出しますよ。彼は報告するときこんな風に言うのでした『SS中尉、

第3中隊の野戦炊烹車。

謹んで報告いたします。戦闘部隊、全員揃いました』〔原注／この〝謹んで〟というのはヴェッセルの口癖であったらしく、報告の際こうした言い方をする者は彼以外いなかった〕。それを受けて、ヴィットマン中隊長が、おもむろに各小隊長や戦車長その他の参加者に向かって、鋭くかつ説得力に満ちた批評を始めるのですが、それこそが彼の実戦経験の豊かさを如実に物語っていました。

演習の締めくくりは、中隊単位で〝行軍隊形から逆楔隊形に移行して攻撃をおこなう〟というものでした。その最終局面で、ヴィットマンが命令を下したときの『カーバイド、カーバイド！』という声が今も聞こえるようです〔訳注／これは彼らが使用した暗号の一種。後述〕。

とりわけよく憶えているのは、低木林で露営した一夜のことです。そこは林道の三叉路でした。ヴィットマンは三叉路の付け根あたりに彼の車両を置き、テントを張りました。本道に沿って第Ⅰ小隊の四両——ヴェッセル、ヴォル、ヘフリンガー、ヴァルムブルン——が、そして、二またに分かれた方の道にそれぞれ第Ⅱ小隊（ハントゥシュ）と第Ⅲ小隊（ベルベ）の車両が並びました。この露営も演習計画の一部でした。テントを設営し、食料は携帯口糧だけです。夜間に警報が出ました。各乗員は真っ暗闇のなかで、必要な確認作業をおこない、戦闘準備完了を報告しなければなりません。その他、上空から見えないよう車両にカモフラージュを施したり、

対空防御を提供する4連装対空砲。ヘルシャー SS軍曹（左、立っている人物）は卸下作業を見守っている。砲の手前に立つのは小隊長のフィッカートSS軍曹。

車両の轍（わだち）を消したりという作業に追いまくられました。

海岸地域にいたすべての部隊が、私たちの大隊ほど入念かつ熱心に準備していたとは考えられません。この演習で、ヴィットマンは彼の膨大な経験を活かして、まさに本領発揮といったところでした。厳格かつ緻密な訓練課題は、ヴェッセルSS中尉からいちばん下の若い兵卒にいたるまで、行き届いていました。戦闘場面で誰かが何か間違いをしでかすと、『城塞』作戦や、ジトーミルからチェルカースィにいたる冬季戦での実例と比較検討され、厳しく批評されました。」

ハインツ・フォン・ヴェスターンハーゲンSS少佐は、この演習の進展状況に満足を示した。もっとも、次のような話も伝わっている。演習終了後、解放感が高じたのか、第３中隊員が付近の村に置かれていた子ども用の回転木馬に乗って大はしゃぎの大騒ぎを演じた。その後、各中隊は宿営地への帰路についたのだが、途中、第3中隊はある村を徒歩で通過する際、フォン・ヴェスターンハーゲン大隊長の命令で〝ゲッベルス博士式の行進〟をおこなわねばならなかった。それがどういうものかと言うと、片足を（街路より一段高い）歩道に乗せ、片足を街路に下ろした状態で歩調を取る――つまりは、必然的に跛行することになる――のである。これは、羽目を外した第３中隊への懲罰であると同時に、フォン・ヴェスターンハーゲンが時折見せた批判精神あるいは痛烈な皮肉の一例でもあった（周知のとおり宣伝相ゲッベルスは幼少期の病気の後遺症で左足を引きずって歩いていた。そのゲッベルスを揶揄したものだったのだろうが、随分と危ない行為であったことは確かだ）。もとより、部隊の規律は抜群であった。違反行為が些細なものであれば寛大な処分で済ませるのが、この大隊長のやりかたであった。彼は部下が今何を望んでいるかということについて常に理解と思いやりを示した。だからこそ部下たちも彼に感謝し、彼を心から称賛していたのだった。

隊員たちは、勤務時間外もほとんど一緒に過ごした。とは言いながら、たとえ自由時間がどれほどあったにせよ、フランスの田舎町では、そのへんのパブにでも入り浸る以外にこれといった楽しみはなかったのだが。

大隊にはイタリア駐屯以来、五人ほどのイタリア人のヒーヴィース（志願補助員）と若干の志願兵がいた。本部中隊にイタリア人のSS伍長がいたほどである。ウクライナ人ヒーヴィースも勤務態度はいたって良好であった。

大隊は今や編成完了し、準備態勢も万全、いつでも投入可能であった。大隊員の練度は高く、彼らは自分たちの兵器――ティーガーに確かな信頼を寄せていた。もちろん彼らは、この先自分たちに課せられるであろう任務の困難さについてはよく自覚し、決して何の幻想も抱いてはいなかった。それでも、米英と渡り合って行けるだけの楽天主義を彼らが捨てることもまた、決してなかったのだ。

一九四四年六月一日、大隊の可動ティーガーは三七両、ほかに八両が整備補修中であった。これら全四五両は、敵の肉薄攻撃班の磁気吸着式成形炸薬弾による攻撃に備え、〝ツィンメリット〟対磁性ペーストを塗布した車両である。そのうえで、周辺の景観にあわせ、黄土色（オーカーゲルプ）に緑と茶を被せた迷彩塗装が施されていた。砲塔側面と後面には、赤に白い縁取りで砲塔番号が記入された。

大隊章の〝交差する二本の鍵〟は、興味深いことに――もともとの〝『ライプシュタンダルテ』の鍵〟とは違って――先端が上向きである。この大隊章は、車体の複数箇所――車体前面の装甲板、側面のサイドスカートの上方――に描かれた。各中隊の記入位置は次のとおりである。

第1中隊／右前面、左側面
第2中隊／左前面、左側面
第3中隊／右前面、左側面

なお、第1中隊のティーガーに限り、車体前面左側に戦車中隊を示す平行四辺形の戦術標識を記入した。平行四辺形の内側には〝重中隊〟を示す〝S〟の文字と、その横に中隊番号の〝1〟が描き込まれた。この戦術標識は車体後部右にも描かれた。

ちなみに第1中隊には、騎士十字章佩用フランツ・シュタウデッガーSS連隊付士官候補生が加わった。彼はファリングボステルでSS戦車隊士官候補生第二期特別訓練課程を病気のため断念せざるを得ず、同中隊に合流したのだった。

さて、これまで大隊の創設から訓練期間までを記述するのにあわせて、大隊の将校たちの経歴あるいは軍歴を順次紹介してきた。SS将校は、彼の指揮下にある兵に教育的影響を与え、また――特に戦場では――彼らの模範たるべきことを要求されていた。だからこそ、彼らに、あるいは彼らの軍歴には、特別な意義が認められていたと見るべきである。

以下に改めて挙げたSS第101重戦車大隊の将校団のリストについては、専らその軍歴に着目し、おおよその前線経験あるいは戦車部隊での作戦経験の有無、戦車隊学校で特別訓練を受けたか否かなどを記述の基準とした。

ハインツ・フォン・ヴェスターンハーゲンSS少佐は、もと『ライプシュタンダルテ』突撃砲大隊長であった当時、必要不可欠の前線経験を身につけた。突撃砲大隊出身の士官・下士官は多く、彼らの前線経験は、戦車隊における経験と同等――少なくとも〝類似している〟と――評価されたのである。それに加えて、フォン・ヴェスターンハーゲン大隊長は、パリの戦車隊学校で大隊指揮官養成に参加し、その職務に必要な資格を完全に満たしているものとみなされた。

通信将校ドリンガーSS少尉と副官イリオーンは、いずれも必要な訓練を経て着任した。ドリンガーは優秀な無線手であり、前線勤務に対しても意欲的であった。イリオーンは、戦車兵としての戦闘経験はない。

第1中隊長メービウスSS大尉は、歩兵部隊勤務を皮切りに八・八センチ対空砲中隊長を経験、参謀将校養成課程を経て、ティーガー大隊に配属となった。ただし、戦車兵としての訓練に関しては、純粋に理論学習にとどまっている。

第1中隊第I小隊長フィリプセンSS中尉は、ティーガー車長としての前線経験がある。

第II小隊長ルーカシウスSS少尉は、歩兵部隊に勤務していた一九四三年にSS士官学校へ送られ、その後、戦車隊員として再訓練を受けた。ティーガーに搭乗しての戦闘は未経験である。

第III小隊長ハーンSS少尉は、予備士官候補生訓練を経て、イタリア駐屯中のティーガー大隊に加わった。その後、一九四三／四四年の東部戦線における冬季戦に、小隊長として参加している。

第2中隊長ヴィットマンSS中尉は、戦車戦のあらゆる状況に通じた第一人者である。東部戦線における彼の比類なき

サン-ジェルメール-ド-フリの、SS
第101重戦車大隊第1中隊営舎。

第1中隊営舎となった修道院の居住棟へ通ずる門。
右の建物は修道院の付属教会堂。

左／旧修道院付属の教会堂と礼拝堂（写真右の建物）。この奥に居住棟がある。

上／ヴィットマンの第2中隊が宿営としたシャトー・エルブフ。窓辺に立つ女性はヴィットマン夫人。

戦果は、彼の配下の中隊員に勇気を与え、良き手本となった。

第2中隊第Ⅰ小隊長ヴェッセルSS中尉は、歩兵部隊出身で、戦車部隊での戦闘経験はない。

第Ⅱ小隊長ハントゥシュSS少尉は、一九四一年一二月以来、前線勤務からは遠ざかっていた。ウィーンのSS工学校で二学期間、整備技術を学んだ後、さらに一連の訓練課程を経て大隊に配属される。

第Ⅲ小隊長ベルベSS連隊付上級士官候補生は、『ライプシュタンダルテ』突撃砲中隊古参の突撃砲車長として東部戦線で名を馳せた。この歴戦のSS上級曹長は、敵前での勇敢な行動を認められ、SS上級士官候補生に昇格したのだった。

第3中隊長ラーシュSS中尉は、戦車隊での経験はない。また、ティーガー搭乗経験も訓練時に限定されている。

第3中隊第Ⅰ小隊長は騎士十字章佩用ギュンターSS少尉、一九四三年三月三日に突撃砲大隊初の騎士十字章受章者となった人物である。当然、豊富な前線経験を有する。

第Ⅱ小隊長ゲルゲンスSS上級曹長は、総統随伴警護隊出身で、戦車兵としての再訓練を済ませている。

第Ⅲ小隊長アンゼルグルーバーSS少尉は、経験豊富な古参の突撃砲車長であった。敵前での勇敢な行動により、SS上級曹長からSS上級士官候補生に昇格、現職にいたる。

シャトー・エルブフの正面入り口で、ヴィットマン夫妻。

第4(軽)中隊長シュピッツSS中尉と、本部中隊長フォークトSS中尉は、ともに予備役将校であった。ただし、いずれの中隊も、中隊単位では戦闘に参加していない。また、通信小隊を除いて、本部中隊は純粋に補給中隊として組織されたもの。

第4中隊の小隊長は、シュタムSS少尉、ペーチュラークSS上級曹長、ブラウアーSS連隊付上級士官候補生、フィッカートSS軍曹で、全員が前線経験を有する。ペーチュラークは古参のティーガー車長であり、ブラウアーは訓練された工兵として前線経験を積んでいる。フィッカートは歩兵部隊出身で、対空砲小隊長としては新人であった。

大隊車両技術将校ホイリッヒSS大尉(首席)とバルテルSS少尉(次席)は、いずれもその職務に必要な資格要件を満たしている。両名とも、勤続一〇年目を迎えたところであった。

整備中隊長クラインSS中尉と、配下の各小隊長も、それぞれに資格充分の適任者であった。

各戦車中隊とも、経験豊富な戦車長のみならず、訓練課程を終えたばかりの若い車長を抱えていた。東部戦線で経験を積んだ車長と、学校を出たばかりの車長の比率は一対一、つまり、いずれの中隊にも歴戦の車長が六名いれば、戦車戦の

絵画的なエルブフの情景。城館敷地内にある小さな湖水で、シュヴィムヴァーゲンに乗って水上ドライブに興ずるヴィットマン夫妻。

経験のない新人車長も六名いたわけである。

訓練課程から大隊に配された若い車長には、言うまでもなく戦車隊員としての前線経験は皆無である。それでも、彼らはその職責に耐え得る小隊長たらんとして訓練に励んできたのだ。彼らは眼前の任務を通して、自分たちが学んできた優れた——疑いもなく優れた理論を、戦闘の現場で実践に移すことになる。彼らについては、少なくともこれだけは言える。彼らは下士官や兵との間に良好な関係を築き、強い絆で結ばれた部隊をともに作り上げたのだと。

シャトー・エルブフ正面。

"海峡の守り" ——一九四四年六月二日——

あわせて戦車三個旅団を葬った六名のティーガー戦車長／シェック特派員の特派員報告〔訳注／例によって独語版原著にも出典が明示されていないのだが、当時の『シュヴァルツェ・コーア』もしくはその他の新聞記事からの引用と思われる。〕

ゲオルク・レッチュSS曹長

戦友たちは彼を"戦車の大将"と呼ぶ。だが、これは決して揶揄ではなく、本当にティーガー戦車のことでゲオルク・レッチュSS曹長が知らないことはない。一九三三年に一般SSから武装SSに移ったが、優秀な自動車整備工であった彼が心からの満足を覚えたのはティーガー戦車に接してからだ。適材適所とはまさにこのこと。以降、彼はティーガー戦車の開発作業の一端に連なり、長期に渡って工場で過ごし、同戦車の実用化に向けた最初の走行試験にも参加している。レッチュSS曹長、ドレスデン出身、現在三〇歳である。

ゲオルク・レッチュ SS曹長。

ハンス・ヘフリンガーSS上級曹長

その名前から明らかなようにバイエルン出身のハンス・ヘフリンガーSS上級曹長は、実のところ戦車科勤務歴はそれほど長くない。一九四二年まではSS『ライヒ』師団に所属し、東部戦線で戦う歩兵であった。その後、彼は再訓練を経て、ティーガー導入に間に合う形で戦車部隊に移籍、その揺籃期を見守る。ロシア戦線を経て一九四三年秋、彼の大隊はイタリアに展開、数ヶ月後には再びロシアへ赴いた。ヘフリンガーSS上級曹長、現在二六歳、ティーガー車長にして分隊長である。

バルタザール・ヴォルSS軍曹

バルタザール・ヴォルSS軍曹は砲手として騎士十字章を受章している。まだ二二歳にもならぬこのザールラント出身の若者が何を成し遂げたかについては、いくつかの数字を挙げるのがいちばんだろう。彼が撃破した敵戦車の数は八一両、

カールハインツ・ヴァルムブルンSS伍長。

バルタザール・ヴォルSS軍曹。

ハンス・ヘフリンガーSS上級曹長。

対戦車砲なら一〇七門。その他に彼は一七二ミリ砲と一二五ミリ砲各一個中隊相当（各四門）、トーチカ七ヶ所、火焔放射器五基、装甲車一両、砲牽引車二両、重迫砲陣地一ヶ所を粉砕した。ここまで数字を積み重ねるには、大変な努力が必要であったことは疑いない。

カールハインツ・ヴァルムブルンSS伍長

若干一九歳ながら、身の丈一八七センチ、ご覧のとおりの偉丈夫は、ニュルンベルク出身カールハインツ・ヴァルムブルンSS伍長である。中隊最年少の車長であり、砲手時代は一日で一三両の敵戦車を撃破したという凄腕の持ち主だ。これまでの戦果は、敵戦車五一両、対戦車砲六八門、トーチカ七ヶ所、一二二ミリ砲二門、火焔放射器一〇基にのぼる。

クルト・クレーバーSS軍曹

ビュートウ出身のクルト・クレーバーSS軍曹は、〝クヴァックス〟の愛称で呼ばれる。空軍からの移籍組のひとりで、成年に達したばかりの元気者だ。彼が落ち込んだところなど見たこともないと誰もが口を揃える。そんな彼には、車両が直撃弾を受けた際に爆風で司令塔から放り出されたものの無傷だったという逸話があり、そのとき彼が転げ落ちた様子は今も仲間うちで陽気な笑い声とともに繰り返し語られる。彼自身は、それを〝脱出〟と称しているそうだが！

ミヒャエル・ヴィットマンSS中尉。

クルト・クレーバーSS軍曹。

ミヒャエル・ヴィットマンSS中尉

敵戦車一一七両撃破の記録をもって、ミヒャエル・ヴィットマンSS中尉は彼の中隊の頂点に立つばかりでなく、ドイツ軍全隊を見渡しても最も成功した戦車長である。また、彼のみならず、敵前における著しく勇敢な行動を授与基準とする騎士十字章の受章者を彼の中隊は五名も輩出している。こうした事実だけでも、この中隊に隅々までみなぎる敢闘精神が証明されよう。そのうえヴィットマンSS中尉は、騎士十字章から二週間で柏葉章をも獲得した。その二週間で彼が上乗せした戦果は数にすれば二八両だが、その大半がT-34という快挙であった。このオーバープファルツの寒村フォーゲルタール出身、現在三〇歳で、配下の車長たちともそれほど変わらぬ年齢の中隊長が部下と話す様子をひと目見れば、数々の戦闘を通して培われた戦友愛の何たるかを即座に感じ取ることができる。それは、個々の戦士を結びつけ、強力な部隊を作りあげるのに欠かすことのできぬ要素である。

庭園のリスと遊ぶヴィットマン。

名称	ティーガーI、E型	ティーガーII、B型
接地圧	1.088kg/cm2	1.037kg/cm2
出力重量比（常用出力）	12.3（10.5）hp/t	10.1（8.6）hp/t
最低地上高	47cm	49cm
超壕幅	2.30m	2.50m
超堤高	0.80m	0.85m
徒渉水深	1.20m 4.00m（潜水装置付）	1.60m
砲身前方位置の全長	8.241m	10.286m
砲身後方位置の全長	8.350m	9.966m
砲身除く車体長	6.200m	7.734m
前方の砲身突き出し長	2.040m	2.912m
履帯接地長	3.605m	4.300m
全幅（含フェンダー）	3.705m	3.755m
全幅（履帯外側まで）	3.560m	3.590m
ホイールベース	2.822m	2.790m
戦闘用履帯幅	0.725m	0.800m
輸送用履帯幅	0.520m	0.600m
車筐幅	1.800m	1.760m
砲塔バスケット直径	1.790m	1.850m
全高	2.880m (3.00m)	3.075m
砲身中心高	2.195m	2.250m
エンジン名称	マイバッハHL230P45 (初期の250両は同HL210P45)	マイバッハHL230P30
エンジン出力	600hp/2500rpm 700hp/3000rpm	700hp/2500rpm 700hp/3000rpm
エンジン形式	V型12気筒、水冷、ガソリン	V型12気筒、水冷、ガソリン
総排気量	23.880（21,353）ℓ	23.880 ℓ
変速機形式	プリセレクター	プリセレクター
変速機名称	オルファー 40 12 16	オルファー 40 12 16B
変速段数	前進8速、後退4速	前進8速、後退4速
履帯	戦闘／輸送用ともに片側96枚	戦闘／輸送用ともに片側92枚
履帯ピッチ	130mm	150mm
転輪配置	三重式大型転輪×8組 挟み込み式、総計48輪	二重式大型転輪×9組 千鳥式、総計36輪
操向装置形式	二重半径、油圧式	二重半径、油圧式
操行装置操作方式	ステアリングホイール	ステアリングホイール
ブレーキ形式	アルグス製機械式ディスク	アルグス製機械式ディスク
望遠照準器	TZF9b	TZF9b/1、後に1/d
車内通話装置	インターコム×1組	インターコム×1組
無線機	超短波送信機／受信機	超短波送信機／受信機

（指揮戦車は同軸機銃を外し、装填手が操作する無線機を増設）

VI号戦車ティーガーI／II　主要性能諸元

名称	ティーガーI、E型	ティーガーII、B型
特殊車両番号	Sd.Kfz.181	Sd.Kfz.182
製造所（最終組み立て）	ヘンシェル＆ゾーン	ヘンシェル＆ゾーン
戦闘重量	56.9t	67.7t
乗員数	5名	5名
主砲（口径、年式、砲身長）	8.8cm KwK36 L/56×1門	8.8cm KwK43 L/71×1門
砲塔同軸機銃	7.92mm MG34×1挺	7.92mm MG34×1挺
車体前方機銃	7.92mm MG34×1挺	7.92mm MG34×1挺
車載短機関銃	9mm MP40×1挺	9mm MP40×1挺
主砲弾薬搭載数	92発	72～84発
機銃弾薬搭載数	3,920～4,500発	5,850発
短機関銃弾搭載数	192発（32発弾倉×6本）	192発（32発弾倉×6本）
主砲弾薬重量	10kg	10.4kg
主砲砲口初速度	810m/秒	約1,000m/秒
主砲装甲貫徹力 ・射距離500m ・射距離1,000m ・射距離1,500m ・射距離2,000m ・射距離2,500m	 140mm 122mm 108mm 92mm 82mm	 205mm 186mm 170mm 154mm 140mm
車体装甲厚／角度（水平を0°として） ・下部前面 ・上部前面 ・下部側面 ・上部側面 ・後面 ・天面 ・底面	 100mm/66° 100mm/80° 60mm/90° 80mm/90° 82mm/82° 26mm/0° 26mm/0°	 100mm/40° 150mm/40° 80mm/90° 80mm/65° 80mm/60° 40mm/0° 25～40mm/0°
砲塔装甲厚／角度（水平を0°として） ・防盾 ・側面 ・後部 ・天面	 110mm/90° 80mm/90° 80mm/90° 26mm/0～9°	 80mm/円錐形 80mm/69° 80mm/70° 44mm/0～10°
路上最高速度	38～45km/h	38km/h
最高巡航速度 ・路上 ・中程度の不整地	 約20km/h 約15km/h	 15～20km/h 約15km/h
戦闘行動半径（航続距離） ・路上 ・中程度の不整地	 100～110km 約60km	 130～140km 85～90km
燃料タンク容量	534ℓ	860ℓ
燃料消費率 ・路上 ・路外	 187～200m/ℓ 107～111m/ℓ	 154～167m/ℓ 約100m/ℓ

階級対照表

武装親衛隊階級	直訳	本書表記	国防軍階級
SS-Panzerschütz	SS 戦車兵	SS 戦車二等兵	Schütz
SS-Panzeroberschütz	SS 上級戦車兵	SS 戦車一等兵	Oberschütz
SS-Sturmmann	SS 突撃兵	SS 上等兵	Gefreiter
SS-Rottenführer	SS 分隊指揮官	SS 伍長勤務上等兵（伍長）	Obergefreiter
SS-Unterscharführer	SS 下級小隊指揮官	SS 軍曹	Unteroffizier
SS-Scharführer	SS 小隊指揮官	SS 下級曹長	Unterfeldwebel
SS-Fahrenjunker	SS 士官候補生	SS 士官候補生	Fahrenjunker
SS-Oberscharführer	SS 上級小隊指揮官	SS 曹長	Feldwebel
SS-Hauptscharführer	SS 高級小隊指揮官	SS 上級曹長	Oberfeldwebel
SS-Standartenjunker	SS 連隊付士官候補生	SS 連隊付士官候補生	Oberfahrenjunker
SS-Standartenoberjunker	SS 連隊付上級士官候補生	SS 連隊付上級士官候補生	——
SS-Sturmscharführer.	SS 中隊付准尉	SS 特務曹長	Hauptfeldwebel
SS-Stabsscharführer	SS 連隊付准尉	SS 本部付曹長	Stabsfeldwebel
SS-Untersturmführer	SS 下級中隊指揮官	SS 少尉	Leutnant
SS-Obersturmführer	SS 上級中隊指揮官	SS 中尉	Oberleutnant
SS-Hauptsturmführer	SS 高級中隊指揮官	SS 大尉	Hauptmann
SS-Sturmbannführer	SS 大隊指揮官	SS 少佐	Major
SS-Obersturmbannführer	SS 高級大隊指揮官	SS 中佐	Oberstleutnant
SS-Standartenführer	SS 連隊指揮官	SS 大佐	Oberst
SS-Oberführer	SS 上級指揮官	SS 准将	——
SS-Brigadeführer	SS 旅団指揮官	SS 少将	Generalmajor
SS-Gruppenführer	SS 集団指揮官	SS 中将	Generalleutnant
SS-Obergruppenführer	SS 上級集団指揮官	SS 大将	General der …
SS-Oberstgruppenfürer	SS 最高集団指揮官	SS 上級大将	Generaloberst

※ドイツ軍の場合、下士官の昇級は一般的に、二等兵から伍長、軍曹から曹長へと一足飛びであった。
※上等兵もしくは下級曹長に昇進するのは、通常、適格性の最高水準に到達し、同階級に留まる場合だった。
※士官候補生および上級士官候補生は一般的に兵卒から昇進した熟練下士官を指し、この資格で部隊の指揮を執った。
※大将の「…」には兵科名が入る。戦車部隊の場合は当然「戦車兵大将」となる。

【翻訳者紹介】

岡崎 淳子（おかざきあつこ）

1961年新潟県長岡市生まれ。明治大学文学部文学科（英米文学専攻）卒業。訳書に『原色版 恐竜・絶滅動物図鑑』『パンツァータクティク　WWIIドイツ軍戦車部隊 戦術マニュアル』『グロースドイッチュランド師団写真史』『ハリコフの戦い ── 戦場写真集1942～1943年 冬』『JV44 第44戦闘団 ザ・ガランド・サーカス』（いずれも大日本絵画刊）などがある。戦間期ドイツの政治や社会体制、風俗などに興味をもちつつ、ジム通いに精を出している。猫6匹とともに東京都府中市在住。

ヴィットマン
LSSAHのティーガー戦車長たち　㊤

発行日　2005年9月25日　初版第1刷

著　者　パトリック・アグテ
翻　訳　岡崎 淳子
装　丁　寺山 祐策
D T P　小野寺 徹

発行人　小川 光二
発行所　株式会社 大日本絵画
〒101-0054東京都千代田区神田錦町1丁目7番地
Tel. 03-3294-7861（代表）　Fax.03-3294-7865
URL. http://www.kaiga.co.jp
編集人　浪江 俊明
企画・編集　株式会社 アートボックス
〒101-0054東京都千代田区神田錦町1丁目7番地
錦町1丁目ビル4F
Tel. 03-6820-7000（代表）　Fax. 03-5281-8467
URL. http://www.modelkasten.com/
印刷　大日本印刷株式会社
製本　株式会社関山製本社

MICHAEL WITTMANN
and the Tiger Commanders of the Leibstandarte
by Patrick Agte